U0166634

THE ASTRONOMY BOOK

“人类的思想”百科丛书
精品书目

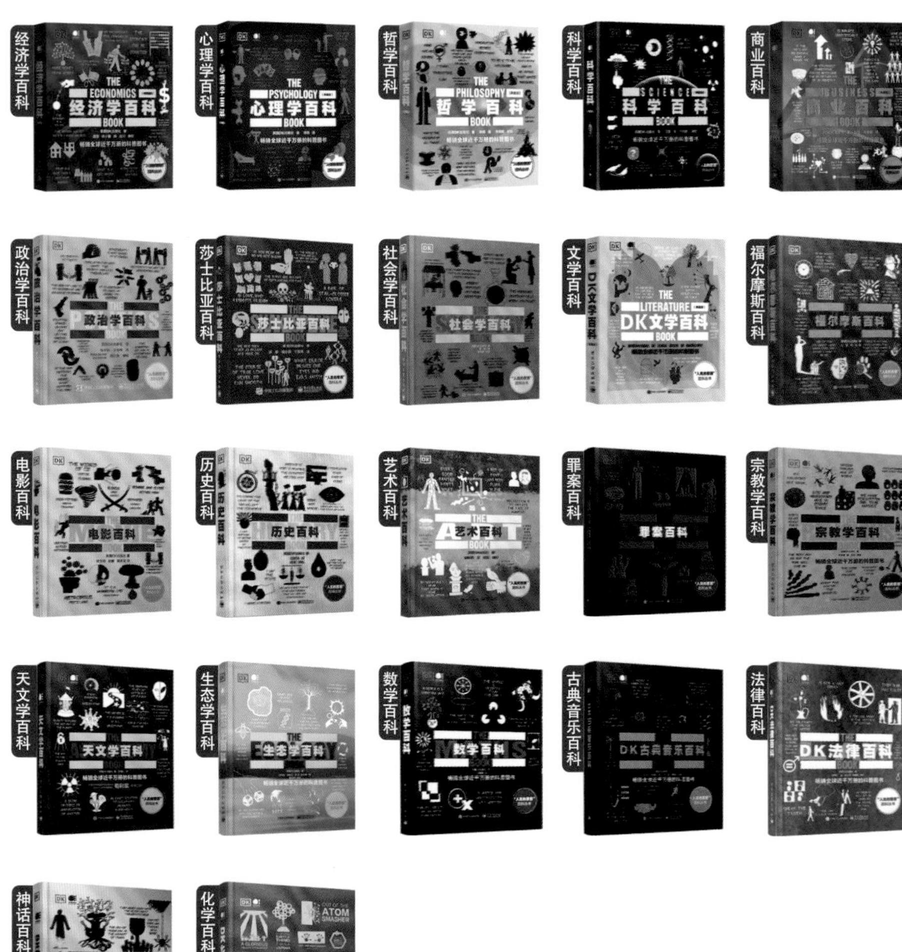

更多精品图书陆续出版，
敬请期待！

"人类的思想"百科丛书

天文学百科

英国DK出版社 著
李海宁 译

電子工業出版社
Publishing House of Electronics Industry
北京 • BEIJING

Original Title: The Astronomy Book

版权贸易合同登记号　图字：01-2020-6111

图书在版编目（CIP）数据

天文学百科 / 英国 DK 出版社著；李海宁译. — 北京：电子工业出版社，2021. 7
（“人类的思想”百科丛书）
书名原文：The Astronomy Book

ISBN 978-7-121-41085-7

Ⅰ. ①天… Ⅱ. ①英… ②李… Ⅲ. ①天文学－通俗读物 Ⅳ. ① P1-49

中国版本图书馆 CIP 数据核字（2021）第 080061 号

责任编辑：郭景瑶　刘　晓
印　　刷：鸿博昊天科技有限公司
装　　订：鸿博昊天科技有限公司
出版发行：电子工业出版社
　　　　　北京市海淀区万寿路 173 信箱　邮编：100036
开　　本：850×1168　1/16　印张：22　字数：704 千字
版　　次：2021 年 7 月第 1 版
印　　次：2024 年 1 月第 4 次印刷
定　　价：168.00 元

凡所购买电子工业出版社图书有缺损问题，请向购买书店调换。若书店售缺，请与本社发行部联系，联系及邮购电话：（010）88254888，88258888。

质量投诉请发邮件至 zlts@phei.com.cn，盗版侵权举报请发邮件至 dbqq@phei.com.cn。

本书咨询联系方式：（010）88254210，influence@phei.com.cn，微信号：yingxianglibook。

www.dk.com

扫码免费收听 DK“人类的思想”
百科丛书导读

“人类的思想”百科丛书

本丛书由著名的英国DK出版社授权电子工业出版社出版，是介绍全人类思想的百科丛书。本丛书以人类从古至今各领域的重要人物和事件为线索，全面解读各学科领域的经典思想，是了解人类文明发展历程的不二之选。

无论你还未涉足某类学科，或有志于踏足某领域并向深度和广度发展，还是已经成为专业人士，这套书都会给你以智慧上的引领和思想上的启发。读这套书就像与人类历史上的伟大灵魂对话，让你不由得惊叹与感慨。

本丛书包罗万象的内容、科学严谨的结构、精准细致的解读，以及全彩的印刷、易读的文风、精美的插图、优质的装帧，无不带给你一种全新的阅读体验，是一套独具收藏价值的人文社科类经典读物。

“人类的思想”百科丛书适合10岁以上人群阅读。

《天文学百科》译者简介：李海宁，中国科学院国家天文台星云研究员，中国科学院青年创新促进会优秀会员，主要研究领域为银河系考古，译有《宇宙的真相》《图说宇宙》《宇宙简史》等科普书籍。

目录

从天王星到海王星
1750年—1850年

天体物理学的崛起
1850年—1915年

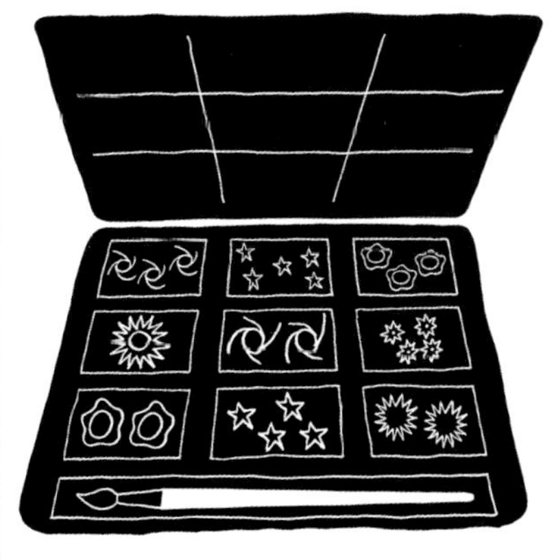

原子、恒星和星系
1915年—1950年

宇宙新窗口
1950年—1975年

科技的胜利
1975年—现在

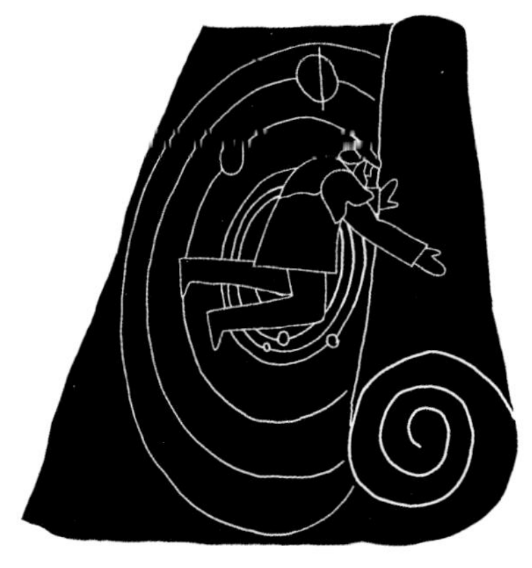

INTRODUCTION

前言

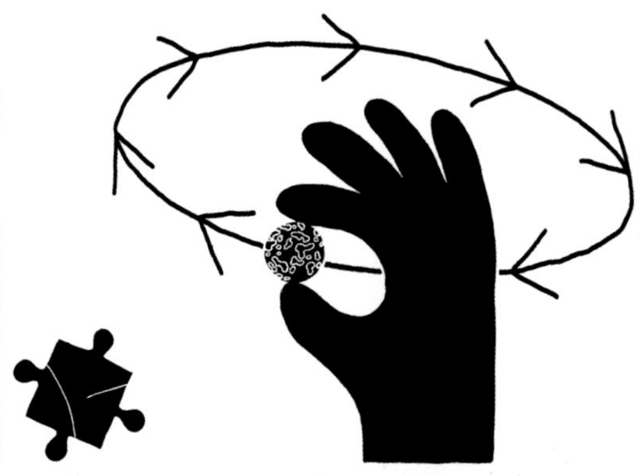

纵观历史，天文学的目标始终是了解宇宙。在古代，天文学家不断遇到难解的谜团，在繁星满天的背景下行星以何种方式又为什么运动？神秘彗星出现的意义是什么？太阳和星星为什么看起来如此遥远？而今天，重点已转向有关宇宙如何起源、由什么构成以及如何演化等新问题。宇宙的组成部分，如星系、恒星和行星在大框架下扮演着怎样的角色，以及地球之外是否存在生命，是人类仍在努力回答的问题。

走近天文学

令人困惑的宇宙问题总能激发出伟大的思想。数千年来，它们不断激发人类的好奇心和创造性思维，推动着哲学、数学、技术和观测方法开创性的发展。正当一项新的突破似乎能解释引力波时，另一项发现又引出了一个新的难题。通过望远镜和各种探测器，我们已经了解到了宇宙的组成，然而我们最大的发现之一恰恰是我们完全无法理解的问题：超过95%的宇宙物质是以暗物质和暗能量形式存在的。

天文学的起源

今天，仍有很多人对夜空几乎一无所知。在地球上许多人口密集的地区，我们看不到它，因为人造光掩盖了星星微弱而奇妙的光芒。20世纪中叶，成规模的光污染已经产生。过去，天空中星图、月相和行星的运行轨迹是人们日常生活中熟悉的一部分，也是永恒的奇迹之源。

在一个真正漆黑的夜晚，当人们第一次看到晴朗的夜空时，很少会有人不为之动容。我们的祖先被好奇和敬畏所驱使，在他们头顶的天穹中努力寻找秩序和意义。天空的神秘和宏伟被用精神和神性来解释。然而与此同时，周期的有序性和可预测性在标记时间的流逝方面具有重要的应用价值。

考古学提供的大量证据表明，即使在史前时期，天文现象也是世界各地的文化资源。在没有书面记录的地方，我们只能推测早期社会的知识和信仰。现存最古老的书面天文记录来自位于底格里斯河和幼发拉底河流域之间的美索不达米亚，也就是今天的伊拉克及其邻近区域。刻有天文信息的泥版文书可以追溯到公元前1600年左右。我们今天所知道的一些星座（恒星群）来自美索不达米亚神话，这些神话可以追溯到更早的公元前2000年以前。

天文学和占星术

美索不达米亚的古巴比伦人非常重视占卜。对他们来说，行星是神的象征。行星神秘的踪迹和天

哲学写在这本宏大的书——《宇宙》里，它一直豁然接受着我们的注视。

——伽利略·伽利莱

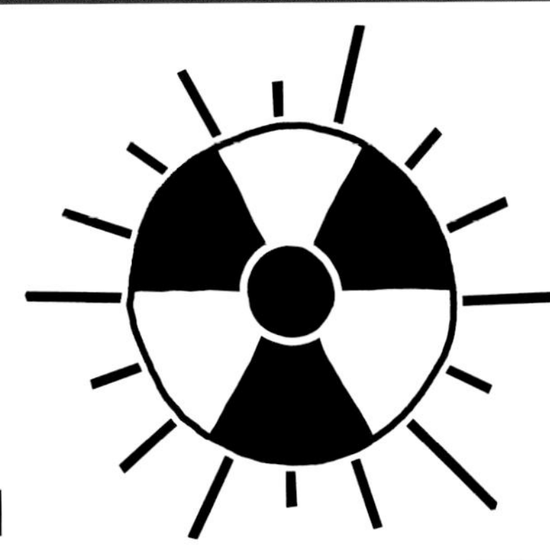

空中不寻常的事情都是神出现的征兆。古巴比伦人把它们与过去的经验联系起来以寻求解释。在他们的认知中，长期详细的记录对于建立天上和地上的联系至关重要，而解释占星术始于公元前6世纪。占星术图表显示了太阳、月亮和行星在黄道十二宫的某些关键时刻出现的位置，而这事关一些重要的事情，比如一个人的出生。

在大约2,000年的时间里，占星术（利用天体的相对位置来追踪人类生活和历史的进程）和它所依赖的天文学之间几乎没有任何区别。占星术，绝非纯粹的好奇心，它的必要性证明了人们对天空的观察是正确的。然而，从17世纪中叶开始，天文学作为一项科学活动与传统占星术产生了分歧。今天，天文学家拒绝占星术，因为它没有科学依据，但他们有充分的理由感谢过去的占星家为他们留下了宝贵的历史记录。

时间和潮流

曾经用于占星术的系统天文观测开始作为计时和导航的手段，并变得越来越重要。随着世界工业化的演进和国际贸易的增长，各国有非常实际的理由——民用的和军事的——建立国家天文台。几个世纪以来，只有天文学家才拥有世界时间记录的技能和设备。这种情况一直持续到20世纪中叶原子钟的出现。

人类社会围绕着三个自然的天文钟来调节自己：地球的自转，地球自转一周的时间即为一天；地球绕太阳公转，公转一周的时间就是一年；月相的循环。地球、太阳和月球在空间中的相对运动也决定了海洋潮汐的时间和大小，这对沿海地区和海员来说至关重要。

天文学在航海方面也发挥了同样重要的作用，恒星就像一个框架式的参考点，在海上任何地方都可以看到（如果云允许的话）。1675年，英国国王查尔斯二世在伦敦附近的格林尼治建立了皇家天文台。第一位皇家天文学家约翰·弗拉姆斯蒂德接到的指示是，要全身心投入“完善航海艺术”所需的观测中。

到了20世纪70年代，天文学作为导航的基础在很大程度上被放弃了，取而代之的是人造卫星，它创造了一个全球定位系统。

天文学的目的

研究天文学和空间科学的实际原因可能已经有所改变，但仍然存在。例如，天文学需要评估我们的星球在太空中面临的风险。20世纪60年代，“阿波罗号”宇航员在太空中拍摄了一些标志性的照片，如“地出”和“蓝色大理石”，没

当你获得一个发现时，你必须有足够的想象力来识别它。

——克莱德·汤博

有什么比这些照片更有力地说明了地球表面的脆弱。这些照片提醒我们，地球是一颗漂浮在太空中的小行星。作为地球上的居民，大气和地球磁场提供的保护可能会让我们感到安全，但实际上，我们受制于严酷的太空环境，受到高能粒子和辐射的冲击，并有与巨石块相撞的危险。我们对这种环境了解得越多，就能越好地应对它带来的潜在威胁。

宇宙实验室

研究天文学还有一个非常重要的原因。宇宙是一个巨大的实验室，可以用来探索物质、时间和空间的基本性质。在宇宙中，时间、大小和距离的尺度，以及密度、压力和温度的极值，都远远超出了我们可以在地球上轻易模拟的条件。在地球上进行的实验既不可能验证黑洞的预测性质，也不可能观察恒星爆炸时的情况。

天文观测惊人地证实了阿尔伯特·爱因斯坦广义相对论的预言。正如爱因斯坦自己所指出的，他的理论解释了水星轨道的明显异常，而牛顿的引力理论在这一点上失败了。正如相对论所预测的那样，1919年，阿瑟·爱丁顿利用日全食观察了星光穿过太阳的引力区域时如何偏离直线路径。后来相对论再一次得到验证，1979年，人们发现了引力透镜的第一个例证，由于在视线方向上存在一个星系，类星体的图像呈现重影。爱因斯坦理论在2016年得到了验证，人类首次探测到了引力波，这是两个黑洞相融产生的时空结构中的波动。

我们在这里看到的是多么奇妙而惊艳的浩瀚宇宙啊！

——克里斯蒂安·惠更斯

何时去观测

科学家用来检验想法和寻找新现象的主要方法之一是设计实验并在受控的条件下进行实验。然而，在大多数情况下，除了太阳系——它离我们很近，可以进行机器人实验——天文学家们不得不适应被动收集者的角色，收集偶然到达地球的辐射和基本粒子。天文学家所掌握的关键技能是，对观测的对象、方式和时间做出明智的选择。例如，正是通过对望远镜数据的收集和分析，天文学家才得以测量星系的自转。而这又反过来引发了出乎意料的发现——不可见的暗物质一定存在。以这种方式，天文学对基础物理学做出了巨大的贡献。

天文学的范畴

直到19世纪，天文学家还只能绘制出天体的位置和运动图。这使得法国哲学家奥古斯特·孔德在1842年指出，永远不可能确定行星或恒星的组成。大约20年后，光谱分析的新技术使研究恒星和行星的物理性质成为可能。为了将这一新

领域与传统天文学区分开来，人们发明了一个新词：天体物理学。天体物理学在20世纪成为研究宇宙的众多学科之一。天体化学和天体生物学是较新的分支。它们结合了宇宙学（研究宇宙整体的起源和演化）和天体力学（天文学的一个分支，研究天体的运动，特别是在太阳系中的运动）。行星科学一词包括对地球在内的行星研究的各个方面。太阳物理学是另一门重要的学科。

技术和创新

随着与宇宙万物（包括地球）相关的许多分支学科的诞生，天文学一词的含义已再次演变为一个涵盖整个宇宙研究的集合名称。然而，有一门与宇宙密切相关的学科不属于天文学范畴，那就是空间科学。它是技术和实际应用的结合，伴随着20世纪中叶“太空时代”的到来而蓬勃发展。

协作的科学

每一个探索太阳系世界的空间望远镜和任务都利用了空间科学，所以有时很难把它与天文学分开。这只是一个例子，说明其他领域的发展，尤其是技术和数学的发展，在推动天文学向前迈进方面起到了至关重要的作用。天文学家们很快就开始充分利用先进的技术，比如望远镜、摄影、探测辐射的新方法、数字计算和数据处理。天文学是“大科学”的缩影——一个大规模的科学合作。了解我们在宇宙中所处的位置，是我们了解自己的核心，例如了解维持生命的行星——地球的形成、形成太阳系的化学成分的产生，以及整个宇宙的起源。天文学是我们解决这些大问题的途径。■

如果说天文学教会了我们什么，那就是告诉我们，人类只是宇宙演化过程中的一个细节。

——珀西瓦尔•洛厄尔

FROM MYTH TO SCIENCE

600 BCE—1550 CE

从神话到科学

公元前600年—1550年

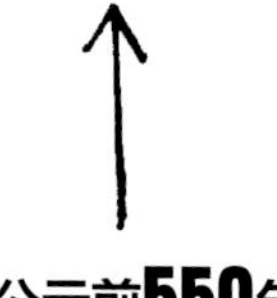

米利都的阿那克西曼德是最早尝试用科学解释宇宙的先驱之一。

约公元前550年

亚里士多德在他的《论天》一书中讲述了一个以地球为中心的宇宙模型。他的许多思想主宰人类思想长达2,000年。

公元前350年

在亚历山大港，埃拉托色尼测量了地球的周长，并估计了地球到太阳的距离。

约公元前200年

约公元前530年

毕达哥拉斯在Croton建立了一所学校。在那里他提出了宇宙的概念，在这个宇宙中，物体做着完美的圆周运动。

约公元前220年

萨摩斯的阿里斯塔克斯提出了一个以太阳为中心的宇宙模型，但他的想法没有被广泛认可。

约150年

托勒密撰写了《天文学大成》一书，提出了一个被广泛接受的以地球为中心的宇宙模型。

现代天文学的建立，传统上始于古希腊及其殖民地。在邻近的美索不达米亚，虽然古巴比伦人已经非常精通于使用复杂的算术进行天体预测了，但他们的天文学根植于神话，专注于预测未来。对他们来说，天空是神的领域，超出了人类理性研究的范畴。

相比之下，古希腊人试图解释他们在天空中观察到的现象。普遍认为米利都的泰勒斯（约公元前624—公元前546年）是第一位相信可以通过逻辑推理来揭示自然中不变原则的哲学家。两个世纪后，亚里士多德提出的理论在16世纪之前一直支撑着整个天文学。

亚里士多德的信仰

亚里士多德是柏拉图的学生，两人都受到毕达哥拉斯及其追随者的思想的影响。他们认为自然界是一个“宇宙”，而不是“混沌”，这意味着它是以一种理性的方式排列的，而不是不可理解的。

亚里士多德说，与人类经历的世界不同，天堂是不变和完美的，他的理论是符合普遍“常识”的。除此之外，这意味着地球是静止的，是宇宙的中心。虽然他的理论本身并不完全自洽，但在当时是被广为接受的整体科学思想框架，并且随后被纳入了基督教神学。

几何秩序

从数学上讲，古希腊天文学大部分建立在几何运动上，尤其是被认为最完美的圆周运动的基础上。为了预测行星的位置，人们建立了精细的几何模型，将圆周运动组合起来。150年，在亚历山大工作的天文学家托勒密编纂了希腊天文学的最终纲要。然而，到500年，希腊人对天文学的研究已经失去了动力。实际上，在托勒密之后的近1,400年里，天文学中并没有出现重大的新思想。而另一边，在欧洲天文学没有什么进展的数个世纪中，伟大的文化在中国、印度和伊斯兰世界发展起了自己的传统。中国、日本和阿拉伯国家的天文学

印度天文学家阿耶波多在《阿耶波提亚》一书中指出，恒星之所以在天空中运动，是因为地球在自转。

499年

1025年

阿拉伯学者伊本·阿尔-海森姆创作了一部批判托勒密宇宙模型复杂性的著作。

克雷莫纳的意大利学者杰拉德将包括托勒密的《天文学大成》在内的阿拉伯语文本翻译成拉丁文，在欧洲出版。

约1180年

1279年

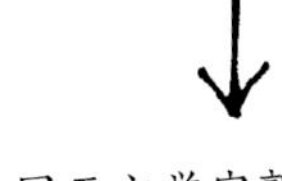

中国天文学家郭守敬精确测量了太阳年的长度。

乌鲁格·贝格修正了许多在《天文学大成》中发现的恒星的位置。

1437年

1543年

尼古拉斯·哥白尼的著作《天体运行论》出版，他在书中描述了一个以太阳为中心的宇宙。

家记录了形成著名的蟹状星云的金牛座1054超新星。虽然它比金星亮得多，但欧洲却没有关于它出现的记录。

天文学家的职责是通过细致而专业的研究来撰写天体运动的历史。

——尼古拉斯·哥白尼

学习的传播

最终，希腊的科学通过一条迂回的道路回到了欧洲。从740年起，巴格达就成了伊斯兰世界的学习中心。托勒密的著作被翻译成阿拉伯语，并因其阿拉伯语书名而被称为《天文学大成》。12世纪，许多阿拉伯语文本被翻译成拉丁文，因此许多希腊哲学家以及伊斯兰学者的著作传到了西欧。

15世纪中叶，印刷机的发明拓宽了人们获取书籍的渠道。1473年出生的哥白尼一生都在收集书籍，包括托勒密的作品。在哥白尼看来，托勒密的几何结构没有达到之前古希腊哲学家们所认为的标准：通过寻找简单的基本原理来描述自然。哥白尼直觉上认为，以太阳为中心的理论可以产生一个简单得多的系统，但最终不愿放弃圆周运动的他没有获得真正的成功。然而，他提出的物理定律实实在在地支撑着天文思想到达了一个关键的时刻，从而奠定了望远镜革命的基础。■

地球显然是不动的

地心说宇宙模型

背景介绍

关键天文学家：

亚里士多德（公元前384—公元前322年）

此前

公元前465年 古希腊哲学家恩培多克勒斯认为存在四种元素：土、水、空气和火。亚里士多德认为，恒星和行星是由第五种元素以太构成的。

公元前387年 古柏拉图的学生欧克多索提出，行星处在透明的旋转球体中。

此后

公元前355年 希腊思想家赫拉克里德斯声称天空是静止的，地球是自转的。

12世纪 意大利天主教牧师托马斯·阿奎那开始教授亚里士多德的理论。

1577年 第谷·布拉赫表明那颗巨大的彗星比月球离地球更远。

1687年 艾萨克·牛顿在他的《自然哲学的数学原理》中解释了力。

亚里士多德是所有西方哲学家中最具影响力的一位。他来自古希腊北部的马其顿，相信宇宙是由物理定律控制的。他试图通过演绎、哲学和逻辑来解释这些。亚里士多德观察到，恒星之间的相对位置似乎是固定的，它们的亮度从未改变；星座保持不变，每天围绕地球旋转；月球、太阳和行星似乎也沿着不变的轨道围绕地球运行。

月食时，地球在月球上投下一个圆形阴影。这使亚里士多德确信地球是一个球体。

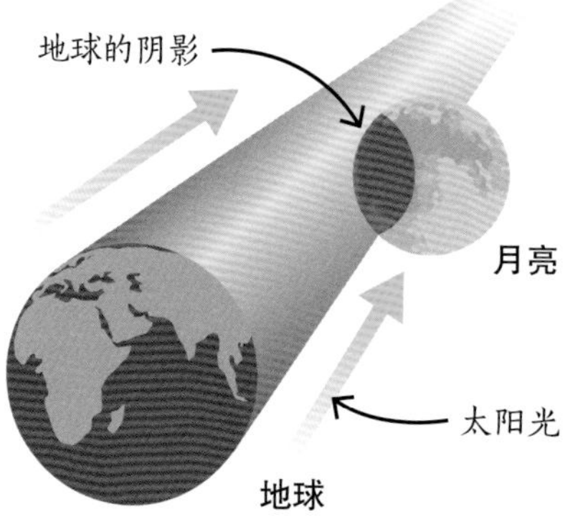

他相信它们的运动轨迹是圆形的，速度是恒定的。

通过观察地球在月食时投射在月球表面的阴影，他确信地球是一个球体。他的结论是，地球在太空中保持静止，从不旋转和改变它的位置，而宇宙则永远围绕着它，即地球是宇宙中心一个静止的物体。

亚里士多德认为地球的大气层也是静止的。在大气层的顶部，大气和上面旋转的天空会发生摩擦。火山喷出的气体断断续续地上升到大气层的顶部。这些气体被摩擦点燃，就产生了彗星；如果被迅速点燃，就会产生流星。他的推理直到16世纪才被广泛接受。■

参见：知识巩固 24~25页，哥白尼模型 32~39页，第谷模型 44~47页，引力理论 66~73页。

地球绕太阳以圆轨道公转

早期日心说宇宙模型

背景介绍

关键天文学家：

阿里斯塔克斯（公元前315—公元前230年）

此前

公元前430年 克拉顿的菲洛拉勒斯提出，宇宙中心有一团大火，太阳、月亮、地球，以及另外五颗行星和恒星都绕着它旋转。

公元前350年 亚里士多德说，地球是宇宙的中心，其他一切物体都围绕着它运动。

此后

150年 托勒密出版了他的《天文学大成》一书，描述了一个以地球为中心的宇宙模型。

1543年 哥白尼提出了日心说（太阳为中心的）宇宙模型。

1838年 德国天文学家弗里德里希·贝塞尔首次使用视差法精确测量了一颗恒星到地球的距离。

阿里斯塔克斯是古希腊天文学家和数学家，他是已知的第一个提出宇宙中心是太阳而不是地球、地球围绕太阳旋转的人。

另一位古希腊数学家阿基米德在他的一本书中提到了阿里斯塔克斯对这个问题的看法。阿基米德在《沙计算手册》中说，阿里斯塔克斯提出了一个假设，即“恒星和太阳是固定的，地球围绕太阳旋转”。

不流行的观点

阿里斯塔克斯至少说服了一位后来的天文学家——生活在公元前2世纪的塞琉西亚的塞琉克斯——相信他的日心说（以太阳为中心）是正确的。但除此之外，他的观点似乎没有得到广泛的认可。到托勒密所处的时代，大约在150年，普遍认可的仍然是以地球为中心的观点。这种情况一直持续到15世纪，哥白尼重新提出以太阳为中心的观点。

阿里斯塔克斯是哥白尼假说的真正创始人。

——托马斯·希斯爵士

数学家和古典学者

阿里斯塔克斯还认为，这些恒星比之前想象的要远得多。他估算了太阳和月球相对于地球的距离和大小。他对月球的估计相当准确，但他低估了太阳的距离，主要是因为他其中的一次测量不准确。■

参见：地心说宇宙模型 20页，知识巩固 24~25页，哥白尼模型 32~39页，恒星视差 102页。

随时间运动的二分点

移动的恒星

背景介绍

关键天文学家：

依巴谷（公元前190—公元前125年）

此前

公元前280年 古希腊天文学家提莫查里斯记录说，角宿一位于秋分点以西8°处。

此后

4世纪 中国天文学家虞喜发现并测量了岁差。

1543年 哥白尼将岁差解释为地轴的运动。

1687年 艾萨克·牛顿证明了岁差是引力的结果。

1718年 埃德蒙·哈雷发现，除了恒星与天球上的参考点之间的相对运动，恒星之间也有相对的渐进运动。这是因为它们在以不同的方向和速度运动。

公元前130年左右，古希腊天文学家、数学家依巴谷注意到，一颗名为角宿一的恒星相对其150年前记录的位置，也就是天球上的秋分点，向东移动了2°。此后，进一步研究表明，所有恒星的位置都发生了移动。这种移动被称为“分点岁差”。

天球是一个假想的围绕地球运动的球体，恒星处在这个球体上特定的点上。天文学家使用球体上精确定义的点和曲线作为参考来描述恒星和其他天体的位置。球体有南北两极和天赤道，天赤道是地球赤道上方的一个圆。黄道是天球上另一个重要的圆，它记录了一年中太阳在恒星背景下的视运动轨迹。黄道与天赤道相交于两点：春分点和秋分点。它们分别标记了3月和9月太阳到达二分点时在天球上的位置。“分点岁差”指这两点相对于恒星位置的稳定漂移。

依巴谷将这种岁差归结为天球运动中的“摆动”，他认为天球是真实存在的，可以绕地球旋转。现在我们知道，由于太阳和月球的引力作用，地球的摆动实际上是在地球自转轴的方向上发生的。■

勤奋，热爱真理。

——托勒密

描述依巴谷

参见：引力理论 66~73页，哈雷彗星 74~77页。

月球的光辉来自太阳的光芒

月球理论

背景介绍

关键天文学家：

张衡（78–139年）

此前

公元前140年 依巴谷发现了预测日食的方法。

公元前1世纪 京房提出了“辐射影响”理论，认为月亮反射了太阳的光。

此后

150年 托勒密制作了计算天体位置的星表。

11世纪 沈括在《梦溪笔谈》中解释说，天体不是扁平的，而是圆的，就像球一样。

1543年 哥白尼的《天体运行论》描述了日心说宇宙模型。

1609年 约翰尼斯·开普勒将行星解释为做椭圆形运动的自由漂浮物体。

中国汉安帝时期的太史令张衡是一位学术精湛的数学家，也是一位细致的观测者。他记录了2,500颗“明亮闪耀”的恒星，并估计还存在另外11,520颗“非常小”的恒星。

张衡还是一位杰出的诗人，他用明喻和暗喻来表达他的天文思想。在他的专著《灵宪》中，他把地球置于宇宙的中心，并说天空就像一颗蛋，圆如弹丸，而地球是蛋黄，独坐中心。

日如火，月似水。火发出光，水反射之。

——张衡

有形但无光

张衡认为，月球本身不发光，而是“像水一样”反射太阳光。在他的专著中，他采纳了京房的理论。一个世纪前，京房曾宣称月亮和行星有形但无光。张衡看到，月球面朝太阳的一面被完全照亮，背向太阳的一面是黑暗的。他还描述了一次月食，在月食期间太阳的光线无法到达月球，因为地球挡住了它的去路。他认识到行星同样也会发生掩食。

11世纪，另一位中国天文学家沈括进一步发展了张衡的理论。沈括表明月亮的盈亏现象证实了月亮和太阳是球形的。■

参见：哥白尼模型 32~39页，椭圆形轨道 50~55页。

所有对天体理论有用的东西

知识巩固

背景介绍

关键天文学家：

托勒密（90—168年）

此前

公元前12世纪 古巴比伦人将恒星组成星座。

公元前350年 亚里士多德断言恒星是固定的，地球是静止的。

公元前130年 依巴谷编制了一个记录1,022颗恒星位置和亮度的星表。

此后

964年 波斯天文学家苏菲更新了托勒密的星表。

1252年 《阿方索星表》在西班牙托莱多出版。根据托勒密的理论，星表中列出了太阳、月亮和行星的位置。

1543年 哥白尼指出，如果宇宙的中心是太阳而不是地球，那么预测行星的运动就容易得多了。

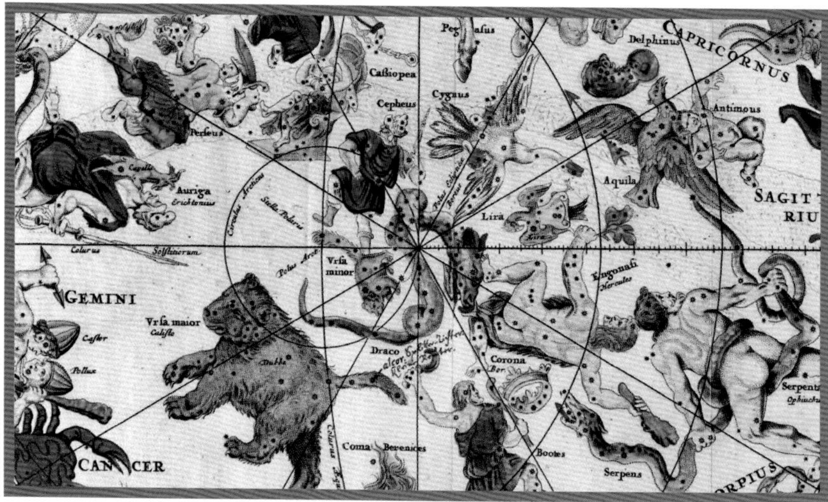

托勒密设计的星座在这幅17世纪的星图中被使用。每个星座的恒星数量从2颗（小犬座）到42颗（水瓶座）不等。

在他最著名的作品《天文学大成》中，希腊天文学家托勒密总结了他那个时代的天文学知识。托勒密并没有提出自己激进的新观点，而是在很大程度上巩固并发展了前人的知识，尤其是天文学家依巴谷的知识，他的星表构成了《天文学大成》中大部分计算的基础。托勒密还详细说明了预测行星位置所需的数学知识。他的系统被数代占星家使用。

托勒密的太阳系模型的中心是一个静止的地球，宇宙万物围绕着它旋转。他的模型需要复杂的附加物，以使其与数据相匹配，才能用来计算行星的位置。尽管如此，直到哥白尼在16世纪将太阳置于宇宙的中心，它才在很大程度上受到了挑战。

托勒密编制了一份包含1,022颗恒星位置的星表，列出了希腊

参见: 地心说宇宙模型 20页, 流星雨 22页, 哥白尼模型 32~39页, 第谷模型 44~47页, 椭圆形轨道 50~55页。

人所知道的那部分天空中的48个星座——即从北纬32° 左右可以看到的一切。托勒密的星座至今仍被使用。它们的许多名字甚至可以追溯到古巴比伦时期，包括双子座（双胞胎）、巨蟹座（蟹）、狮子座（狮子）、天蝎座（蝎子）和金牛座（公牛）。古巴比伦的星座名字记录在一种叫作Mul Apin的楔形文字板上，它可以追溯到公元前7世纪，然而，通常认为它们是在大约300年前被编制出来的。

早期的象限仪

为了改进他的测量技术，托勒密建造了一个基座。作为最早的象限仪之一，他的基座是一个巨大的长方形石块，其中一个垂直的侧面精确地排列在南北平面上。一根横杆从石头的顶端伸出去，它的影子精确地反映出正午太阳的高度。托勒密每天进行测量，以获得对二至点和二分点时间的准确估计，这证实了之前季节长度不同的测量结果。他认为太阳绕地球旋转的轨道是圆形的，而他的计算结论是地球不可能在那个轨道的中心。

占星家托勒密

像他那个时代的大多数思想家一样，托勒密相信天体的运动深刻地影响着地球上的事件。在接下来的1,000年里，他的占星术著作《占星四书》的受欢迎程度堪比《天文学大成》。托勒密不仅提供了一种计算行星位置的方法，而且针对这些运动对人类的影响做出了全面的解释。■

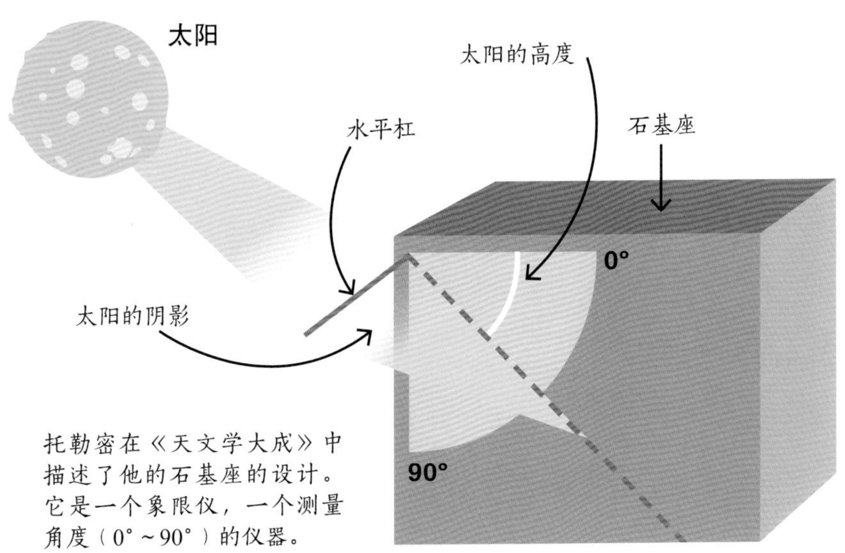

托勒密在《天文学大成》中描述了他的石基座的设计。它是一个象限仪，一个测量角度（0°~90°）的仪器。

克劳迪亚斯·托勒密

托勒密是一个博学多才的人，他的著作涉及广泛的领域，包括天文学、占星术、地理学、音乐、光学和数学。人们对他所知甚少，他可能一生都在亚历山大港度过。亚历山大港以学术闻名，那里有一座巨大的图书馆，著名数学家席恩·士麦那曾在那里教过托勒密。他丰富的作品幸存了下来，被翻译成阿拉伯文和拉丁文，在整个中世纪传播着他的思想。《地理学》列出了当时世界上大多数已知地方的位置，15世纪的克里斯托弗·哥伦布在他的发现之旅中就带着这本书。直到1643年左右，《天文学大成》仍始终为学术界广泛使用，那时托勒密的宇宙模型已经被哥白尼挑战了一个世纪。

主要作品

约150年 《地理学》
约150年 《天文学大成》
约150年 《占星四书》

静止的星星统一向西运动

地球自转

背景介绍

关键天文学家：

阿耶波多（476—550年）

此前

公元前350年 柏拉图的学生赫拉克里德斯指出地球每天绕地轴自转一次。这一观点没有得到广泛传播，因为它与亚里士多德的理论相矛盾，而后者更权威。

公元前4世纪 亚里士多德认为地球在太空中是静止的。

此后

950年 伊朗天文学家al-Sijzi支持地球自转的观点。

1543年 哥白尼称地球自转是他的日心说宇宙模型的一部分。

1851年 里昂·福柯在巴黎首次展示了钟摆，为地球自转提供了最关键的科学证据。

从公元前4世纪到16世纪，西方世界普遍认为地球是静止的且位于宇宙的中心。地球可能在旋转的说法被驳回了，理由是这将导致地球表面的物体飞向太空。然而，在印度，一位名叫阿耶波多的天文学家确信，恒星在夜空中运动不是由于恒星绕着地球在一个遥远的球体中旋转，而是因为地球本身在自转。

虚幻的运动

阿耶波多说，这些恒星是静止的，它们向西的“视运动”是一种幻觉。直到17世纪中叶，也就是哥白尼赞同地球自转的说法一个世纪后，他的观点才被广泛接受。

阿耶波多的成就是不容忽视的。他的《阿耶波提亚》是6世纪最重要的天文学著作。

它本质上是一本天文学和相关数学的基础纲要，对阿拉伯天文学产生了重大影响。在其他成就方面，阿耶波多非常精确地计算了恒星日的长度（地球相对于恒星自转一周的时间），并创造了新颖而精确的天文表编制方法。■

> **他是印度循环天文学之父，循环天文学能更精确地确定行星的真实位置和距离。**
>
> ——海莲·塞林
>
> 《天文学史》

参见：地心说宇宙模型 20页，哥白尼模型 32~39页，第谷模型 44~47页，椭圆形轨道 50~55页。

夜空中的一小片云

绘制星系地图

背景介绍

关键天文学家：

阿卜杜勒-拉赫曼·阿尔-苏菲

（903—986年）

此前

公元前400年 德谟克利特指出银河系是由大量恒星组成的。

150年 托勒密在《天文学大成》中记录了几个星云（或云状天体）。

此后

1610年 伽利略用望远镜观察银河系中的恒星，证实了德谟克利特的理论。

1845年 罗斯勋爵首次清晰地观测到了旋涡星云，现在被称为旋涡星系。

1917年 维斯托·斯莱弗发现旋涡星云在银河系之外独立旋转。

1929年 埃德温·哈勃表明，许多旋涡星云远在银河系之外，它们本身就是星系。

阿卜杜勒-拉赫曼·阿尔-苏菲，在西方曾被称为Azophi，是一位波斯天文学家，他第一次记录了今天被认为是星系的天体。在阿尔-苏菲看来，这些模糊、朦胧的物体就像夜空中的云。

阿尔-苏菲的大部分观测是在伊斯法罕和设拉子进行的，也就是现在的伊朗中部地区，但是他也咨询了去过南部和东部并看到过更广阔天空的阿拉伯商人。他的工作主要是将托勒密的《天文学大成》翻译成阿拉伯语。在这个过程中，阿尔-苏菲试图将希腊星座（主导了今天的星图）与阿拉伯星座合并，它们中的大多数是完全不同的。

从欧南台位于智利的帕拉纳尔天文台看到的大麦哲伦云，在南天半球用肉眼就可以很容易地看到它。

这项工作的成果是964年出版的《星体位置》。这部著作中有一幅“小云朵”的插图，就是我们今天所知的仙女座星系。早期波斯天文学家很可能已经知道了这个天体，但是阿尔-苏菲的描述是关于这个天体最早的文字记录。同样，《星体位置》也记录了另一个云状天体——白牛。它今天的名字是大麦哲伦云，这是一个环绕银河系运行的小星系。阿尔-苏菲本人应该无法观测到这个天体，他大概是从也门的天文学家和穿越阿拉伯海的水手那里得到相关信息和记录的。■

参见：知识巩固 24~25页，检查星云 104~105页，旋涡星系 156~161页，银河系之外 172~177页。

中国新历法

太阳年

背景介绍

关键天文学家：

郭守敬（1231—1316年）

此前

公元前100年 汉武帝建立了以太阳年为基础的中国历法。

公元前46年 尤里乌斯·恺撒改革了古罗马日历，确定一年的长度为365天6小时，每四年增加一个闰日。

此后

1437年 天文学家乌鲁格·贝格使用50米的指时针（日晷的中心柱），测量了太阳年的长度，为365天5小时49分15秒。

1582年 教皇格里高利采用公历作为对古儒略历的改革，认定一年为365.25天。

传统的中国历法是月球和太阳周期的复杂混合，根据太阳推算的季节对应12或13个农历月。这套历法首次形成于公元前1世纪的汉代，使用的是365.25天（365天6小时）的太阳年长度。中国的计算领先于西方。50年后，恺撒大帝采用了同一套历法建立了罗马帝国的儒略历。

作为一名训练有素的工程师，郭守敬发明了一种水动力浑天仪，那是一种用来模拟天体位置的仪器。

1276年，忽必烈征服了中国的大部分地区，当时使用的大明历是原始历法的变体，但已有几百年的历史，所以需要修改。他决定用一种新的、更精确的历法来强化自己的政权，这种历法后来被称为授时历。建立它的任务就交给了郭守敬，他是忽必烈手下一位杰出的太史令。

测定历年

郭守敬的工作是测量太阳年的长度，为此他在新的帝国首都汗巴里克（汗之城），也就是现在我们所熟知的北京建立了一个天文台。他所建立的天文台可能是当时世界上最大的天文台。

郭守敬与数学家王春合作进行了一系列跟踪太阳全年运动的观测。

参见: 移动的恒星 22页，改良仪器 30~31页，祖冲之（目录）334页。

这两个人四处旅行，在中国各地建立了26个天文台。1279年，两人宣布一个月有29.530593天，真正的太阳年长度是365.2425天（365天5小时49分钟12秒）。这只比目前认可的测量结果多26秒。中国再次领先于西方。直到300年后，欧洲才开始独立测量并采用公历。

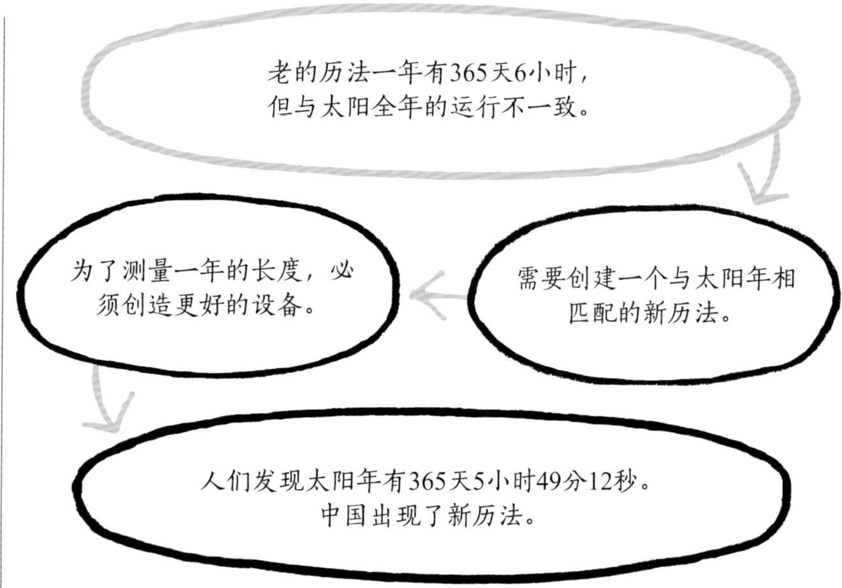

持久的日历

作为一位伟大的技术革新者，郭守敬发明了几种新的观测仪器，并对忽必烈统治下开始传入中国的波斯仪器进行了改进。最重要的是，他建造了一个高达13.3米的巨型圭表，比之前波斯设计的高了五倍，并配备了一个独特的标有测量值的水平横杆。这使得郭守敬能够以更高的精度测量太阳的角度。

普遍认为授时历是当时世界上最准确的历法。它被持续使用了363年，成为中国历史上最长的官方日历，这是其成功的证据之一。中国在1912年正式采用公历，但传统历法，即今天的农历或旧历，仍然在中国文化中扮演着重要角色，它决定了婚礼、家庭庆典和公共假日最吉祥的日子。■

郭守敬

郭守敬出生在中国北方一个贫穷的家庭，当时的统治者正在巩固他们对这个地区的统治。郭守敬是一个神童，14岁时就造出了一个非常先进的水钟，他的祖父教他数学、天文学和水力学。他成为一名工程师，为光禄大夫刘秉忠工作。13世纪50年代末，忽必烈登基，选择在黄河附近大渡镇周边区域建立新的首都汗巴里克，即现在的北京。

郭守敬的任务是开凿一条运河，把山里的泉水引到新城。在13世纪90年代，郭守敬——现在来看是可汗的首席科学和工程顾问——把汗巴里克与连接长江和其他主要河流的古代大运河系统连接了起来。除了继续他的天文工作，郭守敬还监督了各地类似的灌溉和运河工程。他的理论和技术创新在他死后的几个世纪里持续影响着中国社会。

重新观测托勒密星表的所有恒星

改进的设备

背景介绍

关键天文学家：

乌鲁格·贝格（1394—1449年）

此前

约公元前130年 依巴谷发表了一个星表，列出了1,022颗恒星的位置。

150年 托勒密在《天文学大成》中发表了一个星表，它以依巴谷的著作为基础，被视为一千多年来天文学的权威指南。

964年 阿卜杜勒-拉赫曼·阿尔-苏菲在他的星表中首次提到了星系。

此后

1543年 尼古拉斯·哥白尼认为宇宙的中心是太阳而不是地球。

1577年 第谷·布拉赫的星表记录了一颗新星，表明恒星不是永恒的，是会变化的。

一千多年来，托勒密的《天文学大成》是世界上关于恒星位置的权威著作。托勒密的著作被翻译成阿拉伯语后，在伊斯兰世界也产生了影响，直到15世纪，天文学家乌鲁格·贝格指出，许多最权威的数据都是错误的。

乌鲁格·贝格是帖木儿帝国的创建者帖木儿的孙子，1409年，年仅16岁的他成为撒马尔罕（今乌兹别克斯坦）的统治者。乌鲁格·贝格决心把这座城市变成一个受人尊敬的学习之地。他邀请来自四面八方的许多学科的学者来到他新建的学校——伊斯兰学校学习。

乌鲁格·贝格本人的兴趣是天文学，可能是因为他发现了《天文学大成》中恒星位置的严重错误，所以才下令建造了一座当时世界上最大的天文台。这座天文台位于城市北部的一座小山上，用了五年时间才于1429年最终建成。正是在那里，他与他的天文学家和数学家团队编纂了一

乌鲁格·贝格

乌鲁格·贝格这个名字的意思是“伟大的领袖”。这位天文学家的本名是米尔扎·穆罕默德·塔拉盖·本·沙鲁克。他出生在帖木儿的军队穿越波斯的迁徙途中。

1405年，他的祖父去世，在随后对土地控制权的争夺中，乌鲁格·贝格的父亲沙鲁克最终取得了胜利。1409年，乌鲁格·贝格被他父亲派遣到撒马尔罕。到1411年他18岁的时候，他对这座城市的统治已经扩展到了周边的省份。

乌鲁格·贝格在数学和天文学方面的天赋与他的领导才能并不匹配。当沙鲁克于1447年去世时，乌鲁格·贝格继承了帝国的王位，但他没有足够的权力。1449年，他被自己的儿子斩首。

主要作品

1437年 《乌鲁格·贝格天文表》

参见：移动的恒星 22页，知识巩固 24~25页，绘制星系地图 27页，哥白尼模型 32~39页，第谷模型 44~47页。

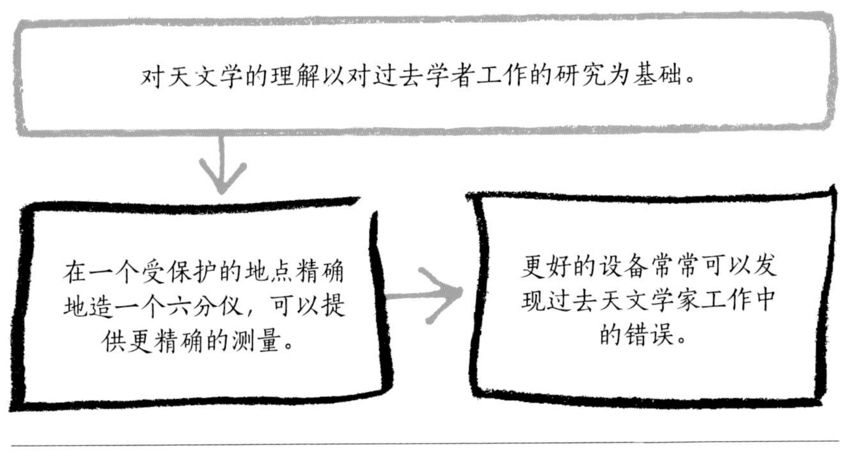

本新的恒星星表。

巨大的设备

托勒密的星表很大程度上来自依巴谷的著作，且里面许多恒星的位置并不是基于新的观测得到的。

为了精确测量，乌鲁格·贝格建造了规模巨大的天文台。它最令人印象深刻的设备是所谓的法赫里六分仪。事实上，它更像一个象限仪（形如四分之一圆，而不是六分之一圆），半径超过40米，有三层楼高。这个仪器被放在地下以避免受地震的影响。它被放置在一条沿着南北子午线的弯沟里。当太阳和月亮从头顶经过时，它们的光汇聚在黑暗的沟渠中，位置测量精度可达百分之几度，恒星位置测量也可达到一样的精度。

1437年，《乌鲁格·贝格天文表》出版。乌鲁格·贝格对《天文学大成》1,022颗恒星中的922颗的位置进行了修正。《乌鲁格·贝格天文表》还包含了太阳年、行星运动和地球轴向倾斜的新测量数据。这些数据非常重要，可以用来预测日食、日出和日落的时间，以及天体的高度，这些都是导航所需要的。在200年后第谷·布拉赫的成果问世前，乌鲁格·贝格的恒星星表一直都是最权威的。■

现在法赫里六分仪仅剩下一条在山坡上凿出的2米宽的壕沟。这座天文台在1449年乌鲁格·贝格去世后被摧毁，直到1908年才被发现。

“宗教散去，王国分崩离析，但科学著作却经久不衰。

——乌鲁格·贝格

最终太阳被置于宇宙的中心

哥白尼模型

背景介绍

关键天文学家：

尼古拉斯·哥白尼（1473—1543年）

此前

约公元前350年 亚里士多德认为地球是宇宙的中心。

约公元前220年 阿里斯塔克斯提出了一个以太阳为中心的宇宙模型，且认为恒星位于很远的地方。

约150年 托勒密发表了《天文学大成》。

此后

1576年 英国天文学家托马斯·迪格斯建议修改哥白尼体系，移除其外边缘，用一个充满恒星的非束缚空间取代它。

1609年 约翰尼斯·开普勒发现行星轨道是椭圆形的。

1610年 伽利略发现了金星和木星卫星的相位，强化了日心说的观点。

对于15世纪中叶欧洲的大多数人来说，希腊数学家托勒密在2世纪就回答了有关地球在宇宙中的位置的问题，并修改了亚里士多德首先提出的观点。当时的那些思想将地球置于宇宙的中心，并得到了教会的官方认可。然而，这一正统学说受到的第一个有说服力的挑战恰恰来自教会内部，挑战者就是波兰教会领袖尼古拉斯·哥白尼。

在所有的发现和观点中，对人类精神影响最大的莫过于哥白尼学说。

——约翰·冯·歌德

静止的地球

根据亚里士多德和托勒密对宇宙的描述，地球是宇宙中心的一个静止点，周围的一切都围绕着它；恒星被固定在一个巨大的、看不见的、遥远的球体上，这个球体绕着地球快速旋转；太阳、月亮和行星也以不同的速度围绕地球旋转。

这种关于宇宙的想法似乎合乎常理。毕竟，一个人只要站在外面仰望天空，就会发现，地球是固定在一个地方的，而其他一切都从东方升起，划过天空，然后从西方落下。此外，《圣经》认为太阳是运动的，而地球是静止的，所以任何反驳《圣经》观点的人都有被指控为异类的危险。

挥之不去的疑虑

以地球为中心的宇宙模型从

尼古拉斯·哥白尼

1473年，尼古拉斯·哥白尼出生于波兰托伦。1491年到1495年，他在克拉科夫大学学习数学、天文学和哲学，从1496年开始，他在意大利博洛尼亚大学学习教会法和天文学。1497年，他被任命为波兰弗龙堡大教堂的牧师，并终生拥有这一职位。1501年到1505年，他在意大利帕多瓦大学学习法律、希腊语和医学。随后，他回到了弗龙堡，并在那里度过余生。到1508年，他已经开始发展他的日心说宇宙模型。尽管他在1514年就已发表了核心思想，但直到1530年才完成这项工作。哥白尼意识到自己面临着被嘲笑或迫害的风险，因此一直推迟到生命的最后几周才发表了自己理论的完整版本。

主要作品

1514年 《天体运动假说》

1543年 《天体运行论》

参见: 地心说宇宙模型 20页，早期日心说宇宙模型 21页，知识巩固 24~25页，第谷模型 44~47页，椭圆形轨道 50~55页，伽利略的望远镜 56~63页，恒星光行差 78页，阿尔-巴塔尼（目录）334页。

未使所有人信服——事实上，在1,800多年的时间里，对它的怀疑不时浮出水面。最关键的是关于预测行星的运动和外观方面的问题。根据亚里士多德的地心说，行星和其他所有天体一样，都嵌在围绕地球旋转的、不可见的同心球体中，每个球体都以自己稳定的速度自转。但如果这是真的，那么每颗行星都应该以恒定的速度和不变的亮度划过天空——而我们所看到的并非如此。

托勒密的修复

最不能被忽视的反常天体是火星，中国古代的天文学家和古巴比伦人都曾仔细观察过它。它似乎时而加速，时而减速。如果比较它的运动与快速旋转的外球体上的固定恒星的运动，就会发现火星通常沿着一个特定的方向运动，但偶尔它也会反向运动——这种奇怪的现象被称为逆行运动。此外，它的亮度在一年中变化很大。其他行星也存在类似的奇怪现象，只是不那么明显。为了回答这些问题，托勒密修正了亚里士多德的地心说宇宙模型。在他修正的模型中，行星本身并没有附着在同心球上，而是附着在同心球的圆圈——本轮上。这些是行星绕转的子轨道，而这些子轨道的中心轴绕着太阳旋转。托勒密认为，这些修正足以解释观测到的异常现象，并与观测数据相匹配。然而，他的模型变得非常复杂，因为需要增加更多的本轮来使预测与观察的保持一致。

托勒密试图修正亚里士多德的地心说宇宙模型中的一些反常现象。他提出每颗行星都在一个被称为本轮的小圆圈内运动。每一个本轮都嵌在一个叫作均轮的球体中。每颗行星的自转方向都与地球在空间中的位置略有偏离。这个点连续地绕着另一个叫作“等距点”的点旋转。每颗行星都有自己的等距点。

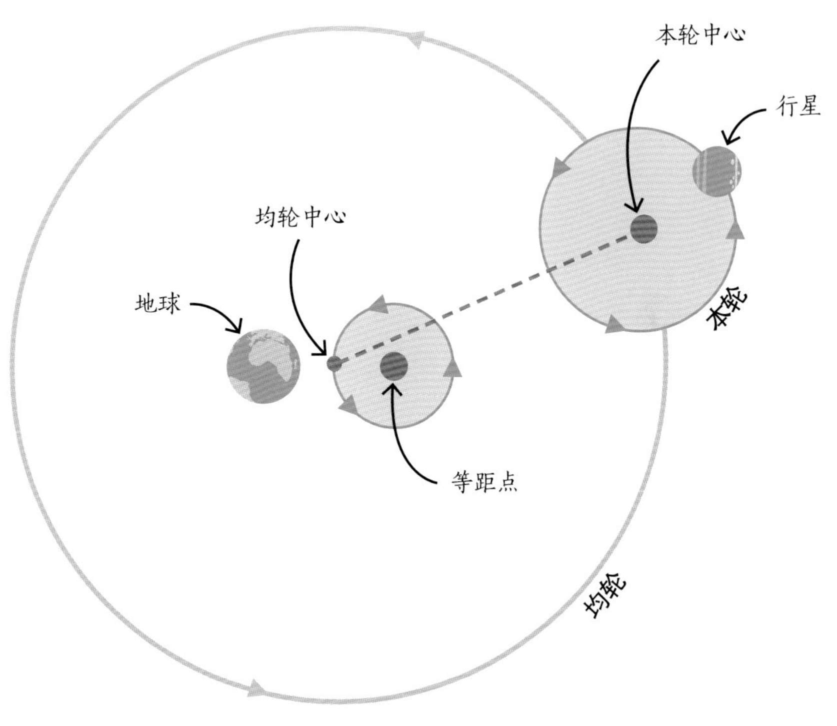

行星以许多重要的方式见证了地球的运动。

——尼古拉斯·哥白尼

另类观点

大约从公元前4世纪开始，许多天文学家就提出了推翻地心说宇宙模型的理论。其中一个理论是，地球绕地轴自转，这可以解释大部分天体的每日运动。地球自转的概念最先由古希腊人赫拉克里德斯在公元前350年左右提

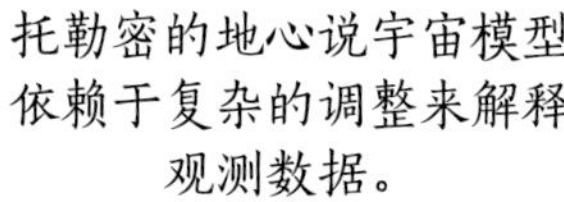

托勒密的地心说宇宙模型依赖于复杂的调整来解释观测数据。

哥白尼的日心说宇宙模型只需较少的调整来解释同样的数据。

哥白尼认为他的模型更优雅，因此更有可能是正确的。

把太阳放在宇宙的中心。

出，后来被阿拉伯和印度的不同天文学家提到。地心说的支持者认为他的想法是荒谬的，他们认为地球自转会产生巨大的风，这样地球表面的物体就会飞走。另一个理论是地球在绕着太阳运动，这个理论由阿里斯塔克斯于公元前220年左右提出。这不仅违背了亚里士多德根深蒂固的思想，而且几个世纪以来，地心说的支持者们也引用了一个似乎有科学依据的理由来反驳它——“缺少恒星视差”。他们认为，如果地球绕着太阳转，那么就有可能观察到恒星相对位置的一些变化。他们认为没有探测到这样的变化，说明地球是不会动的。

面对这样一种既成的哲学传统，几乎没有观测的证据来反驳，再加上神学论据的支持，几个世纪以来，地心说都没有受到挑战。然而，大约在1543年，欧洲出现了一个极具说服力的挑战——一本名为《天体运行论》的书出现了，作者是波兰学者尼古拉斯·哥白尼。

哥白尼革命

哥白尼的工作是非常全面的，他基于多年的天文观测，提出了一个新的翔实的数学和几何模型来诠释宇宙是如何运行的。

哥白尼的理论是以一些基本命题为基础的。首先，地球每天都绕自转轴转动，这种自转解释了绝大多数恒星、太阳和行星在天空中的周日运动。

德国地图绘制者安德烈亚斯·塞拉留斯在他1660年绘制的星图中描绘了托勒密、第谷·布拉赫和哥白尼的宇宙体系。三者都有各自的拥护者。

哥白尼认为，每24小时就有成千上万颗恒星围绕地球快速旋转的可能性微乎其微。相反，他认为它们在遥远的外球体上是固定不变的，它们的视运动实际上是地球自转造成的错觉。为了反驳地球自转会产生巨大的风，以及地球表面的物体会飞离地球的观点，哥白尼指出，地球的海洋和大气是地球的一部分，自然也是这种自转运动的一部分。用他自己的话说："我们只能说，不仅是地球和与之相连的水元素有这种运动，就连空气和任何以同样方式与地球相连的东西都有这种运动。"

于是，哥白尼提出宇宙的中心是太阳而不是地球，地球只是行星之一，所有行星都以不同的速度围绕太阳旋转。

优雅的解决方案

哥白尼理论的这两个中心原则是至关重要的，因为它们无须借助托勒密的复杂调整，就可以解释行星运动和亮度的变化。如果地球与另一个星球，比如火星以不同的速度、花费不同的时间围绕太阳旋转，那么它们有时会在太阳的同一侧互相接近，有时会在太阳两侧互相远离。这一下子就解释了观测到的火星和其他行星亮度的变化问题。日心说也解释了人眼看到的逆行运动。与托勒密复杂的本轮不同，哥白尼解释说，这种运动可以归结为地球和其他行星以不同的速度运动所造成的视觉差。

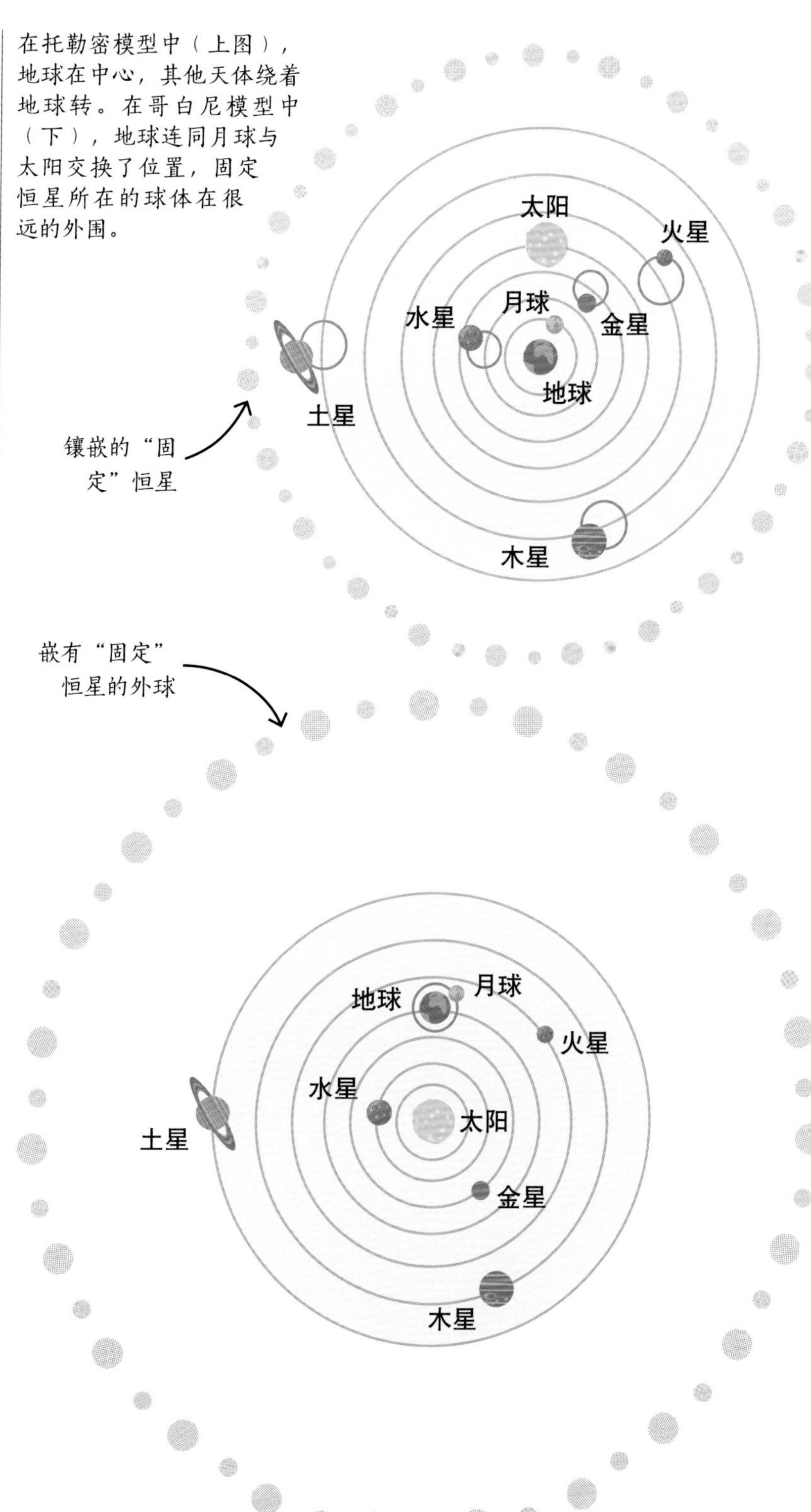

在托勒密模型中（上图），地球在中心，其他天体绕着地球转。在哥白尼模型中（下），地球连同月球与太阳交换了位置，固定恒星所在的球体在很远的外围。

遥远的恒星

哥白尼理论的另一个原则是，恒星离地球和太阳的距离比之前认为的要远得多。他说：“地球和太阳之间的距离与地球和太阳到恒星之间的距离相比微不足道。”早期的天文学家知道这些恒星很遥远，但很少有人会想它们到底有多远，而那些知道的人，比如阿里斯塔克斯，也没能说服所有人。即使是哥白尼也可能从未意识到恒星离我们有多远——现在我们知道，离我们最近的恒星与我们的距离是我们与太阳距离的260,000倍。但哥白尼的论断非常重要，因为它暗示了恒星视差的存在。几个世纪以来，地心说的支持者一直认为，不存在视差只是因为地球不动。现在，还有另一种解释：视差并非不存在，只是我们与恒星的距离太远，它的数值对于当时的测量仪器来说实在是太小了。

我所说的也许现在看来是模糊不清的，但当它出现在适当的位置时，一切都会明朗清晰。

——尼古拉斯·哥白尼

哥白尼还指出地球位于月球轨道的中心。哥白尼坚持认为月球绕着地球转，正如它在地心说宇宙模型中所做的那样。在他的日心说宇宙模型中，月球跟随地球一同绕着太阳转动，它是唯一一个不围绕太阳运动的天体。

尽管哥白尼的研究成果广为流传，但他的基本思想花了一个多世纪才被大多数天文学家接受，更不用说公众了。困难之一是，尽管它解决了托勒密体系的许多问题，但他的模型也包含了需要后来的天文学家修正的缺陷。这些缺陷中有

在托勒密模型（左）中，火星偶尔的逆行（向后运动）被认为是火星在太空中形成的循环运动。在哥白尼模型（右）中，由于地球和火星以不同的速度围绕太阳公转，逆行仅仅是由视角的变化引起的。地球会不时地“从内部超越火星”，如图所示，因此导致人们认为火星在几周内改变了它的运动方向。

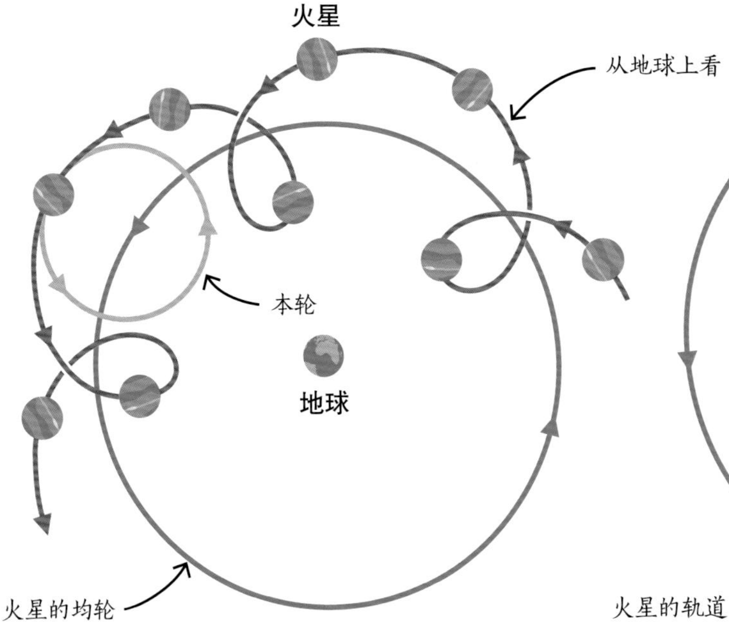

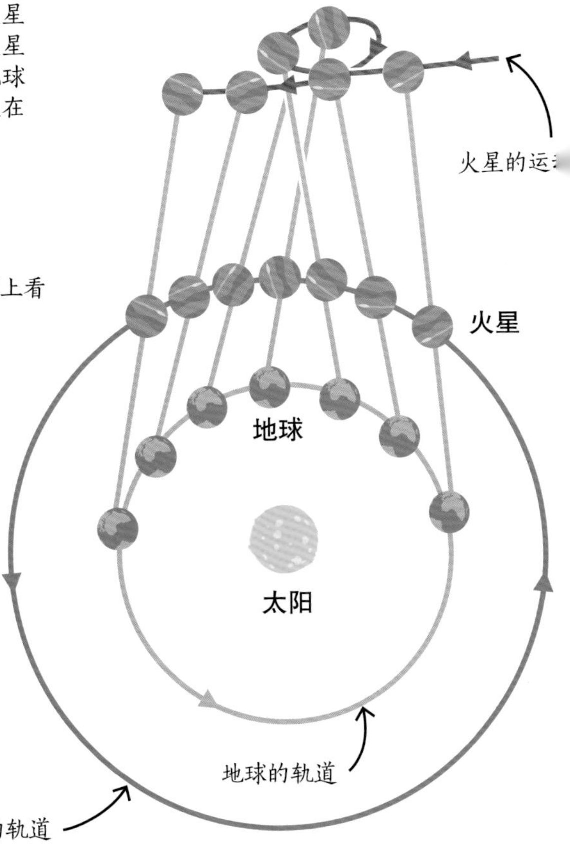

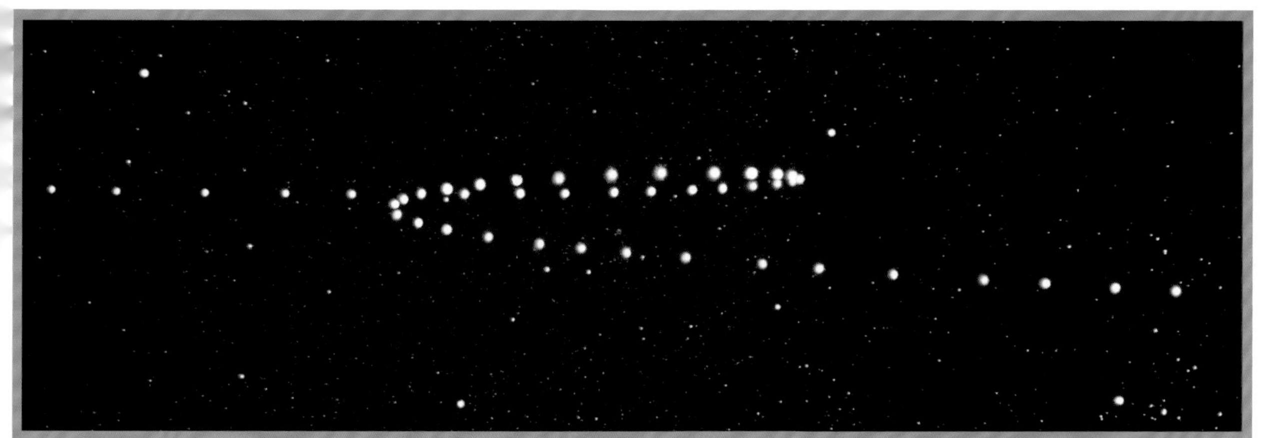

火星的明显逆行大约每26个月发生一次，每次持续72天。它的轨道在一个与地球略有不同的平面上，形成明显的环。

许多是由于哥白尼出于哲学上的原因，坚持认为所有天体的运动都是嵌在看不见的球体中发生的，而且所做的一定是完美的圆周运动导致的。这就迫使哥白尼在他的模型中保留了托勒密的一些本轮论。约翰尼斯·开普勒后来用椭圆形轨道取代了圆形轨道，消除了哥白尼模型中的大部分错误。直到16世纪80年代，在丹麦天文学家第谷·布拉赫的努力下，天球的概念才被抛弃，并被自由轨道所取代。

每每想到老师哥白尼的遭遇，我都心惊胆战。他虽然赢得了不朽的声誉，却遭到了无数人的嘲笑和谴责（因为有太多愚蠢的人）。

——伽利略·伽利莱

被教会驱逐

最初，尽管被一些新教徒谴责为异端，但是《天体运行论》基本没有遭到来自罗马天主教会的阻力。然而在1616年，天主教会谴责了哥白尼，他的书被禁止阅读超过200年。教会在做此决定的同一时间，也遭到了天文学家伽利略的质疑。伽利略是哥白尼学说的热心拥护者，他在1610年的发现有力地支持了日心说。伽利略与教会的争论导致教会对《天体运行论》进行了严格的审查，其中一些主张与《圣经》文本相违背的事实很可能导致了禁令的发布。

起初，天文学家对哥白尼日心说的态度有些模棱两可，而天主教会又禁止了它，因此，哥白尼的日心说花了相当长的时间才流行起来。直到几个世纪后，它的一些基本命题才被证明是准确无误的：地球与恒星之间的运动关系最终在1729年被英国天文学家詹姆斯·布拉德利证明了。地球自转的证据则来自1851年第一次傅科摆演示。

哥白尼的理论给了关于世界和更广阔的宇宙如何运行的旧观念一个沉重的打击——其中许多观念可以追溯到亚里士多德时代。正因为如此，人们常常认为它引发了科学革命——发生在16—18世纪的一系列科学领域的全面进步。■

THE TELESCOPE REVOLUTION
1550–1750

望远镜革命
1550年—1750年

第谷·布拉赫在赫文岛上建造了一所大型天文台，并在此从事了20年的天文观测工作。

1576年

荷兰眼镜制造者汉斯·利伯希为一架有三倍放大率的望远镜申请了专利。

1608年

约翰尼斯·开普勒利用行星运动三大定律描述了行星的椭圆形轨道。

1619年

1600年

意大利修士乔尔丹诺·布鲁诺因宣称太阳和地球并不独特而且不是宇宙中心而被教会判为异类，之后被处以火刑。

1610年

借助一架有三十三倍放大率的望远镜，伽利略·伽利莱首次发现了木星的四颗卫星。

1639年

英国天文学家杰里米·霍罗克斯观测到了金星凌日现象。

丹麦人第谷·布拉赫是前望远镜时代最后一位伟大的天文学家。第谷知晓更加准确记录天体位置的重要性，并制作了一系列高精度的设备用于测量角度。他一生积累了大量观测数据，这些数据远非哥白尼时期所能及。

图景的放大

在1601年第谷去世的时候，天体看上去仍旧异常遥远并不可触及。而到了1608年，望远镜的发明便将宇宙带到了我们的身边。

望远镜相比我们的肉眼有两大优势：它能够收集更多的光，并且呈现更多的细节。主镜头越大，望远镜的两大优势就体现得越明显。1610年，当伽利略首次使用望远镜观测时，月球粗糙的表面、银河系的星云尽收眼底；自此，望远镜就成为天文观测的首要工具，为我们带来了意想不到的景象。

行星的运动

第谷·布拉赫去世后，观测记录工作传到了他的助手约翰尼斯·开普勒手中。开普勒笃信哥白尼的理论，认为行星围绕着太阳运动。有了第谷的数据，他应用自己的数学能力及直觉发现了行星的运动轨迹是椭圆形的，而不是圆形的。1619年，他完成了关于行星运动三大定律的描述。

开普勒解释了行星如何运动的问题，但行星为何这样运动的问题依然留待后人继续思考。古希腊人曾经想象行星在一组不可见的同心球上，但第谷的观测显示彗星可以在行星之间无阻碍地穿行，看上

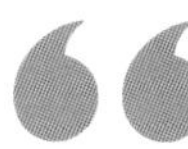

如果我能够看得更远，是因为我站在巨人的肩膀上。

——艾萨克·牛顿

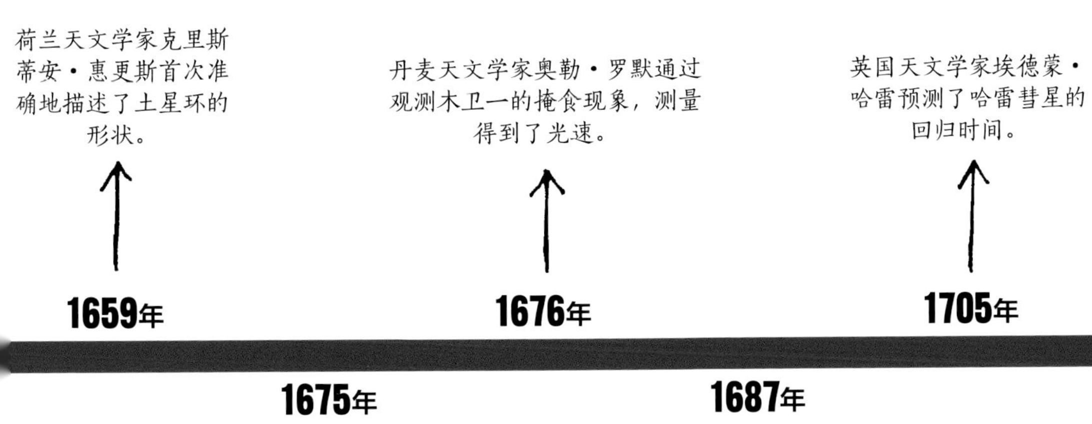

1659年

荷兰天文学家克里斯蒂安·惠更斯首次准确地描述了土星环的形状。

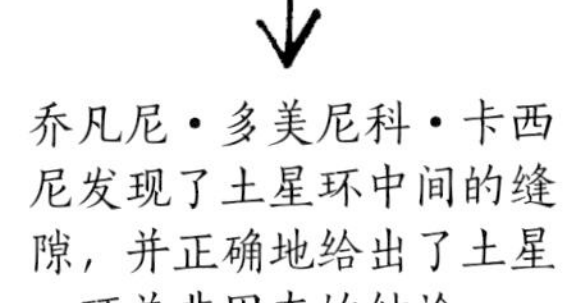

1675年

乔凡尼·多美尼科·卡西尼发现了土星环中间的缝隙，并正确地给出了土星环并非固态的结论。

1676年

丹麦天文学家奥勒·罗默通过观测木卫一的掩食现象，测量得到了光速。

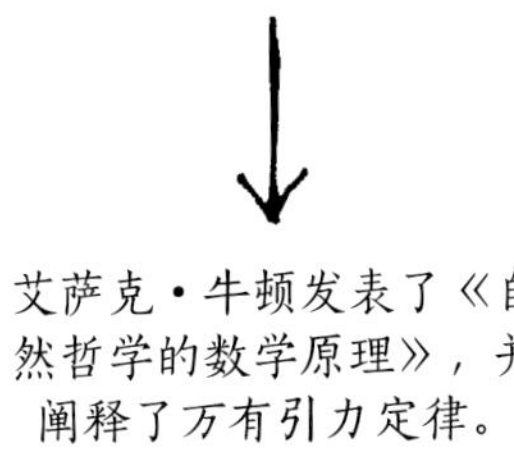

1687年

艾萨克·牛顿发表了《自然哲学的数学原理》，并阐释了万有引力定律。

1705年

英国天文学家埃德蒙·哈雷预测了哈雷彗星的回归时间。

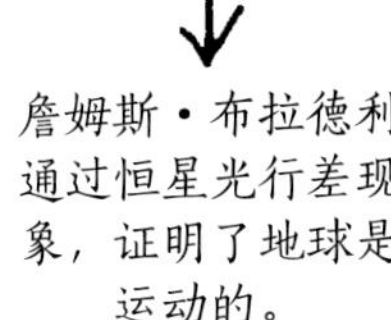

1725年

詹姆斯·布拉德利通过恒星光行差现象，证明了地球是运动的。

去又与这个观点相冲突。开普勒认为一些来自太阳的影响也许驱动着这些行星，但他始终没有找到一种科学的方法对其进行描述。

万有引力

寻找驱动行星运动的“力”的任务落到了牛顿肩上，牛顿提出的理论始终未受到挑战，直到爱因斯坦提出新的理论。牛顿认为天体之间互相吸引，并且通过数学方式证明了开普勒行星运动三大定律是这种引力的自然结果——如果两个物体之间的引力与距离的平方成反比的话。牛顿用“Gravitas”来指代这种“力”，拉丁语中的意思是“重量”，英语中“引力”（Gravity）一词也由此而来。

望远镜的改进

牛顿不仅用数学为天文学家构建了一套新的理论体系以解释天体运动，他还将自己的智慧应用在了实践中。早期望远镜制造者发现通过单一棱镜获得无色差的图像几乎是不可能的，虽然这种设计能够让望远镜变得非常长。例如，乔凡尼·多美尼科·卡西尼就在17世纪70年代使用一个没有镜筒的超长“空气”望远镜观测到了土星。

1688年，牛顿首次设计并制造了第一款反射望远镜，并解决了色差的问题。在英国发明家约翰·哈德利开发出用金属制作大型曲面镜镜面的方法后，牛顿设计的这一款反射望远镜开始广受欢迎。牛津大学教授也是此后的皇家天文学家詹姆斯·布拉德利，就对反射望远镜惊叹不已，并采购了一套。

透镜制造技术同样有进步。在18世纪早期，英国发明家切斯特·摩尔·霍尔也设计了一款透镜，能够极大地减少色差。光学仪器制造者约翰·多朗德利用这项发明设计出了性能得以大大提高的折射望远镜。随着高质量望远镜的普及，天文学实践开始转型。■

我发现了一颗不同寻常的新恒星

第谷模型

背景介绍

关键天文学家：

第谷·布拉赫（1546—1601年）

此前

1503年 当时最精确的恒星位置是由纽伦堡的柏那德·瓦尔特记录的。

1543年 哥白尼提出日心说，改进了行星位置的预测。但这些改进仍然是不精确的。

此后

1610年 伽利略对望远镜的使用掀起了一场取代裸眼天文学的革命。

1619年 约翰尼斯·开普勒完成了他的行星运动三大定律。

17世纪70年代 欧洲各国的首都先后建成了大型天文台。

行星的精确运动轨迹在16世纪依旧是一个谜。丹麦贵族第谷·布拉赫意识到，解决这一问题需要在一个更长的周期内获得更加准确的观测数据。1562年，土星与木星交会的时间与当时最好的天文星表给出的预测相差好几天——这一事实让当时只有17岁的第谷认识到需要获得更好的数据。于是第谷开始根据行星的完整可见轨迹进行测量。

第谷时代的天文学依旧遵循着1,900多年前亚里士多德的教

参见: 地心说宇宙模型 20页，知识巩固 24~25页，哥白尼模型 32~39页，椭圆形轨道 50~55页，赫维留 335页。

新恒星的出现挑战了亚里士多德关于恒星不变的理论。

细致的测量表明新的恒星并不是一种大气现象。

对彗星进一步的细致测量表明它比月球更加遥远。

细致测量是确立精确太阳系模型的关键。

第谷用他个人的大量财富设计并制作了一系列精密仪器，如用来模拟在地球上看到的夜空的浑仪。

导——恒星都固定在天穹之上，永恒不变。然而在1572年第谷26岁的时候，天空中一颗新的恒星被发现了。这颗恒星出现在仙后座中，直到18个月后才逐渐从视线中消失。受到当时占主导地位的亚里士多德理论的影响，很多观测者都假设这是一个存在于大气和月球之间的天体。第谷对这个天体进行了细致测量并表明它相对周围的恒星并没有运动，因此他推断这是一颗新的恒星，而并非大气现象。这颗恒星此后被确认是一颗超新星，而这颗超新星爆炸的遗迹——仙后座B依旧可见。观测到一颗新恒星在当时的确是罕见的事件——历史上仅有八次肉眼观测到超新星的记录。这次观测表明当时使用的星表并不完整，人们需要更加精确地观测。第谷将引领这项工作。

精密的设备

为了完成他的任务，第谷着手制作了一系列更加可靠的观测设备（象限仪和六分仪，见31页，以及浑仪）。这些设备能够以接近0.5角分（±1/120°）的精度来测量行星在天空中的位置。在接近20年的时间里，第谷亲自观测并记录了行星的位置。为了更方便观测，第谷于1576年，在厄勒海峡的赫文岛上建设了一个大型观测综合楼，这也是最早的天文研究所之一。

第谷仔细地测量了恒星的位置，并将它们记录在赫文岛上观测仪的黄铜盘上。这个观测仪是一个直径1.6米的木球。到1595年，这个木球上已经记录了大约1,000颗恒星。这个观测仪可以绕极轴旋转，并利用一个水平环来区分某个特定时间位于地平线上下的恒星。第谷曾携带着这个观测仪旅行，但它不幸毁于1728年哥本哈根的一次火灾中。

1577年第谷对大彗星的观测

进一步证实了宇宙是在变化的。亚里士多德曾声称彗星是大气现象，这一观点在16世纪依旧是主流。第谷将他在赫文岛上测量的彗星位置与天文学家哈格休斯的数据进行对比，发现在两次观测中彗星大致都在同一位置，而月球并没有，这意味着彗星处在更远的地方。

第谷对穿越天空的彗星进行了长达数月的观测，数据进一步证明彗星正在穿越太阳系。这推翻了另一个延续了1,500年的理论——天文学家托勒密认为，行星嵌套在一系列真实的、实心的、缥缈的、透明的同心球体中，而这些球体的自转带着行星在空中运动。然而，第谷观测到这颗彗星似乎毫无阻碍地穿行在空中，于是推断这些球体并不存在。他因此提出了一个在当时看来非常大胆的概念，即行星在太空中的运动并无支撑。

无视差

第谷同样对哥白尼的日心说非常感兴趣。如果哥白尼是正确的，那么当地球绕太阳公转时，周围的恒星看上去应该会从一边摇摆到另一边——这种现象称为视差。对此曾有过两种可能的解释：一种解释是恒星太过遥远，当时的设备并不足以测量到恒星距离的改变（如今我们知道，即便离我们最近的恒星的视差效应也比第谷当年的观测精度要小100倍）。另一种解释则是哥白尼错了，即地球并没有运动，而这也是第谷的结论。

第谷模型

第谷基于他的直观经验得到了这样的结论——他并没有感到地球在运动。事实上，他的观测结果没有一项让他相信地球在运动。地

从1576年建成到1597年关闭，第谷·布拉赫在赫文岛上的天文观测综合楼吸引了一批又一批来自全欧洲的学者。

球看上去是静止的，而外在宇宙是唯一在运动的物体。这也使第谷抛弃了哥白尼的宇宙模型并提出了自己的宇宙模型。在他的宇宙模型中，除地球外的行星环绕太阳运动，而太阳和月球环绕着固定不动的地球运动。

1601年第谷去世，此后的几十年里，这一模型在一部分天文学家中非常受欢迎。他们不满于托勒密的地心说，但又不愿意因为采纳被禁止的哥白尼的宇宙模型而激怒天主教会。然而，在第谷去世后不久，他坚持测量并记录的准确数据最终推翻了自己的观点。这些数据帮助约翰尼斯·开普勒阐释了行星的椭圆运动轨迹，并创建了一个第谷模型和哥白尼模型的替代者。

第谷改进的测量方式帮助此后的英国天文学家埃德蒙·哈雷在1718年发现了真实的恒星运动（恒星位置的变化取决于其在宇宙中的运动）。对比第谷时代的数据和1,850年前依巴谷记录的位置，哈雷发现天狼星、大角星和毕宿五这些最亮的恒星已经移动了超过半度。恒星不是固定在空中的，而且相邻恒星的位置变化是能够被测量出来的。但直到1838年人们才得以测量到视差。■

第谷模型保持了托勒密模型中地球在宇宙中的中心位置，但让五颗已知行星绕太阳运动。虽然哥白尼模型给他留下了深刻的印象，但第谷仍坚信地球并没有运动。

木星
火星
土星
金星
水星
太阳
地球
月球
外环恒星

第谷·布拉赫

1546年，第谷·布拉赫出生于一个贵族家庭，在1560年观看了一次被预测的日食后，他成了一名天文学家。

1575年，奥尔登堡王朝的弗雷德里克二世将厄勒海峡的赫文岛赐予第谷，随后他在此建立了一个天文台。后来第谷因为是否将此岛赠予自己的子嗣而与弗雷德里克二世的继位者克里斯蒂安四世发生了争执，并关闭了这个天文台。1599年，他被哈布斯堡王朝的神圣罗马皇帝鲁道夫二世任命为帝国数学家。在那里，第谷任命开普勒作为他的助手。

第谷曾因他独特的金属鼻子而出名，这是他学生时期的一次决斗留下的"遗产"。他于1601年去世，据说他出于礼节，拒绝在一次耗时很长的皇家宴席中去洗手间，而最终死于膀胱破裂。

主要作品

1588年 《论天界之新现象》

鸟藁增二是颗变星

一类新恒星

背景介绍

关键天文学家：

大卫·法布里奇乌斯

（1564—1617年）

此前

公元前350年 古希腊哲学家亚里士多德声称恒星是固定且永恒不变的。

此后

1667年 意大利天文学家杰米尼亚诺·蒙坦雷记录下了大陵五的亮度变化。

1784年 约翰·古德瑞克发现仙王座δ的亮度在五天内发生了变化；英国天文学家爱德华·皮戈特发现了变星天桴四。

19世纪 人们发现了不同的变星，包括长周期变星、激变变星、新星和超新星。

1912年 亨利埃塔·斯旺·勒维特证实了仙王座δ等变星的亮度和周期之间存在某种关系。

观测发现鸟藁增二的亮度存在周期性变化。

↓

鸟藁增二是一颗变星。

↓

一些恒星是变星。

↓

亚里士多德关于恒星是固定且永恒不变的论断是错误的。

在德国天文学家大卫·法布里奇乌斯的研究之前，人们一直认为宇宙中只有两类恒星。第一类是那些亮度恒定的，例如大约2,500颗在清晰夜空中能够被肉眼观测到的恒星。第二类是新恒星，例如1572年和1604年分别被第谷和开普勒发现的恒星。

亮度恒定的恒星是古希腊宇宙观中那些固定的、永恒不变的恒星的同义词——它们的排列被描绘成星座并且永远不会改变。相反，新恒星会出乎意料地在某处出现，然后逐渐消失，最后再也不会出现。

第三类恒星

当观测鲸鱼座中的鸟藁增二（也叫鲸鱼座o）时，法布里奇乌斯意识到还存在第三种恒星——一种亮度会发生规律性变化的恒星。1596年8月，他在绘制木星相对于附近一颗恒星在天空中的运动轨迹图时发现了这颗恒星。

让法布里奇乌斯惊讶的是，几天后，这颗恒星的亮度增加了三

参见：地心说宇宙模型 20页，第谷模型 44~47页，椭圆形轨道 50~55页，变星 86页，丈量宇宙 130~137页。

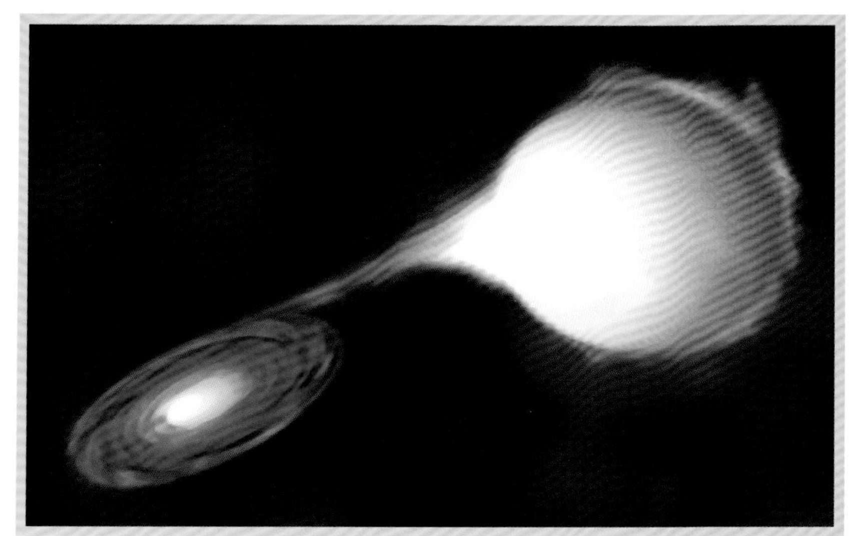

艺术想象图：物质从刍藁增二A（右侧）流向其白矮星伴星刍藁增二B（左侧）的炙热星盘。该系统中的热气体发射出X射线。

分之一。而几周后，这颗恒星又完全从视线中消失了，直到几年后才再次出现。1609年，法布里奇乌斯确认刍藁增二是一颗周期性变星。

法布里奇乌斯还和他的儿子约翰尼斯一起用暗箱观测了太阳。他们研究了太阳黑子，观测了黑子如何从日面东边以恒定速度运动到西边。随后太阳黑子消失，经过与穿过日面相同的时间后再次出现在了另一边。这也是第一次有确凿的证据表明太阳在自转，并再次为天体是变化的这一观点提供了证据。然而他在1611年发表的有关此研究的著作很大程度上被忽视了，发现太阳黑子运动的功劳也归于了1613年发表了研究成果的伽利略。

双星系统

如今我们已经知道刍藁增二是位于距地球约420光年外的一个双星系统。刍藁增二A是一颗不稳定的红巨星，已经大约60亿岁了，并处在其演化的晚期。它是一颗振荡的变星，大小和温度都在变化。在其振荡周期的冷却阶段，刍藁增二A通过红外辐射而非可见光释放能量，因此其亮度会迅速减弱。刍藁增二B是被刍藁增二A流出的热气体盘所包围的白矮星。■

总之，这颗新的恒星象征着和平……正如神圣罗马帝国会变得更好一样。

——大卫·法布里奇乌斯
在一封给约翰尼斯·开普勒的信中

大卫·法布里奇乌斯

1564年，大卫·法布里奇乌斯出生于德国的艾森斯，曾就读于海姆斯代特大学。他此后成为一名弗里西亚教会的路德宗牧师。

他热衷于天文研究。他的儿子约翰尼斯（1587—1615年）在一次前往荷兰的旅行中带回了天文望远镜。这之后，他与他的儿子一道成为早期天文望远镜的使用者。法布里奇乌斯和约翰尼斯·开普勒通信甚密，二人一道引领了用暗箱对太阳的观测。

除了法布里奇乌斯的信件和出版著作，很少有人了解他的生平。1617年，他在教堂谴责过的一个当地偷鹅贼用铲子击中了他的头部，法布里奇乌斯因此不幸去世。

主要作品

1611年 《太阳黑子观测及其随太阳视自转的描述》（同其子约翰尼斯共同完成）

最正确的行星运动轨道是椭圆形的

椭圆形轨道

背景介绍

关键天文学家：

约翰尼斯·开普勒（1571—1630年）

此前

公元前530—公元前400年 柏拉图和毕达哥拉斯的著作让开普勒相信可以通过数学来解释宇宙。

1543年 哥白尼的日心说帮助天文学家将物理的太阳系可视化，但天文学家仍然没有提出行星运动的真实轨迹。

1600年 第谷·布拉赫说服开普勒接受其行星观测数据的可靠性。

此后

1687年 艾萨克·牛顿认识到引力平方反比定律能够解释为什么行星运动轨迹符合开普勒行星运动定律。

1716年 埃德蒙·哈雷利用对金星凌日现象观测得到的数据，将开普勒的行星与太阳距离的比值转换为了绝对值。

开普勒从未满足于理论和观测数据的大致吻合。理论一定要准确解释数据，否则就需要考虑新的理论可能。

——弗雷德·霍伊尔

在神圣罗马皇帝鲁道夫二世（1576—1612年）的赞助下，开普勒迎来最高产的一年。鲁道夫二世对占星术和炼金术非常感兴趣。

17世纪前，所有的天文学家同样也是占星术士。他们中的大多数人，包括约翰尼斯·开普勒，以画天宫图作为主要收入来源。知晓行星此前在天空中的位置很重要，但更重要的是构建一个占星图进而能够预测它们在接下来的几十年中将出现的位置。

为了实现更精确的预测，占星术士假设行星沿着一条固定的轨道环绕着一个中心天体运动。在哥白尼之前，大多数16世纪的人认为这个中心天体是地球。哥白尼认为如果中心天体是太阳，那么这个预测的数学计算过程会被大大简化。然而，哥白尼依旧假设这个轨道是圆形的。为了得到更有效和更准确的预测结果，他的系统依旧要求行星沿着小圆运动，而小圆的中心则沿着大圆运动，并且他还假定这些天体的环绕速度都是恒定的。

开普勒支持哥白尼的体系，但其推导出的行星历表还存在一两天的误差。行星、太阳和月球总是出现在天空中一条被称为黄道的带上，但每颗行星自己的运动轨迹，以及它们运动的机制始终是一个谜。

寻觅轨迹

为了改进预测表，丹麦天文学家第谷·布拉赫曾用20多年的时间观测行星。为了匹配观测数据，他尝试为每一颗行星设定一条运动轨迹，这也是第谷的助手开普勒的数学才能派上用场的地方。开普勒参见：哥白尼模型 32~39页，第谷模型 44~47页，伽利略的望远镜 56~63页，引力理论 66~73页，哈雷彗星 74~77页。

依次测试了不同的太阳系模型和每颗行星的运动轨道，包括圆轨道和卵形轨道。在多次计算后，开普勒会判断数学模型预测的行星位置是否能够匹配第谷精确的观测结果。如果二者并不能完全吻合，开普勒就会抛弃这个模型并从头再来。

放弃圆轨道

1608年，开普勒经过10年辛勤工作终于找到了解决方案，其中就包括抛弃圆形轨道和恒定速度的假设。行星的运动轨道是椭圆形的，即一种被拉伸过的圆形，而这个拉伸的程度被称为离心率（参见第54页）。椭圆有两个焦点，椭圆上任意一点到两个焦点的距离和是一个常数，而开普勒发现太阳就处在其中一个焦点上。这两个发现帮助开普勒总结出了他的行星运动第一定律：行星的运动轨迹是椭圆形的，太阳位于其中一个焦点上。

开普勒同样认识到，在椭圆形轨道上行星的运动速度始终是变化的，并且这个变化遵循他的行星运动第二定律：在相同时间内，行星与太阳之间的连线扫过的面积是相同的。他于1609年在《新天文学》一书中发表了这两条定律。

开普勒曾选择钻研火星。火星有着巨大的占星术意义，并被认为能够对人类的欲望和行动产生影响。火星还有一些逆行圈，即在运动时会改变运动方向，并且会改变亮度。它的公转周期只有1.88个地球年，也就是说在第谷的观测数据中它已经绕太阳公转了11周。开普勒选择钻研火星是一个非常幸运的决定，因为其公转轨道的离心率是相对较高的，为0.093（离心率为

圆形或卵形轨道模型都不能够匹配第谷对火星的观测数据。

一种椭圆形轨道刚好匹配这个数据，因此推断火星的轨道是椭圆形的。

开普勒行星运动三大定律得到了新的、改进的预测表。

该预测表的成功反过来也证明了所有的行星轨道都是椭圆形的。

约翰尼斯·开普勒

开普勒早产于1571年，并在施瓦本的莱昂贝格他外公的旅店中度过了童年。因曾患天花，他的协调性和视力受到了影响。1589年他获得了奖学金，得以在图宾根的路德大学求学，并投入了当时德国顶级的天文学家迈克尔·梅斯特林的门下。1600年，第谷·布拉赫邀请他与自己一起在布拉格附近的本纳特凯城堡工作。1601年第谷去世后，开普勒取代第谷成为神圣罗马帝国的数学家。

1611年，开普勒的妻子去世，此后他在林茨成为一名教师。后来他再婚并又生育了七个孩子，其中五个不幸夭折。1615—1621年，因为要为母亲面临的“女巫指控”辩护，他的工作被打断了。1625年，天主教会反对宗教改革的运动给他造成了更多的困扰，并使他无法返回图宾根。1630年，开普勒因发烧去世。

主要作品

1609年 《新天文学》
1619年 《世界的和谐》
1627年 《鲁道夫星表》

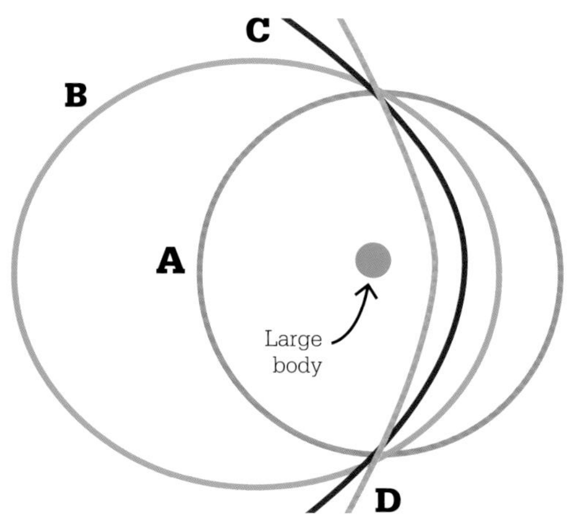

当一个天体不受干扰地围绕另一个更大的天体转动时，所沿的运动轨迹被称为“开普勒轨道”。这一组轨道的形状被称为圆锥曲线，其中包括椭圆、抛物线和双曲线。这些轨道的具体形状由离心率决定：离心率等于零时为圆形（A）。离心率在0和1之间时为椭圆形（B）。离心率等于1时为抛物线（C）。而离心率大于1时为双曲线（D）。

0时是圆形，离心率为1时是抛物线），并且这一离心率是金星的14倍。开普勒此后又花费了12年的时间观测其他行星，他发现其他行星同样也在椭圆形轨道上运动。

通过研究第谷的观测数据，开普勒计算出了行星的公转周期。地球绕太阳公转一周的时间计为一个地球年，火星的为1.88个，木星的为11.86个，而土星的为29.45个。开普勒意识到每颗行星公转周期的平方与其距日距离的立方成正比，而这也成为他的行星运动第三定律。这一定律同相当长的占星术记录、行星音乐及柏拉图式的图画一起发表在他1619年的著作《世界的和谐》中。写作这本书共耗费了开普勒20年的时间。

追寻意义

开普勒沉迷于找寻行星轨道中的规律。他注意到，若接受哥白尼的宇宙模型，就会发现水星、金星、地球、火星、木星和土星这6颗行星的轨道大小比例是8：15：20：30：115：195。

如今，天文学家可能会认为行星轨道大小和离心率是行星形成和百万年演变的结果。然而，开普勒希望去解释这些数字形成的原因。开普勒是一个非常虔诚的人，他总是在自己的科学成果中搜寻其背后的神圣启示。正因为他发现了6颗行星，所以他假设数字“6”一定有深远的意义。他制作了一个以太阳为中心的太阳系模型，其中每个行星轨道都嵌套在一个有特定规律的“柏拉图式”的实体中（其中5个实体的每个面和内角都是相等的）。包含了水星轨道的球面被放在一个八面体中，与这个八面体内部相切的球面上包含金星轨道，而这个球面又被放在一个二十面体中。接下来，地球的轨道被放在一个十二面体中，火星在四面体中，木星在正方体中，最后是土星。整个系统被华丽地组织起来，但它并

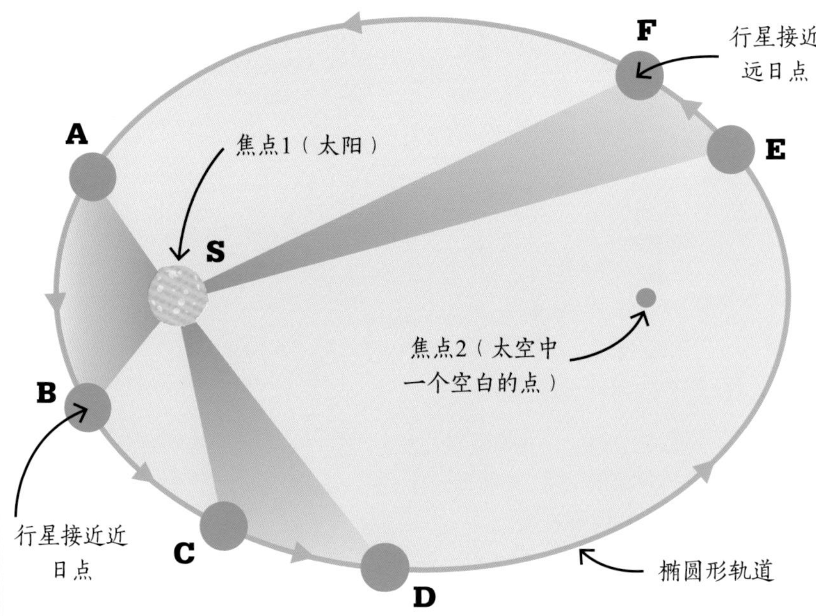

基于开普勒的行星运动第二定律，太阳和行星之间的连线在相同时间扫过的面积相同。这也被称为面积相等定律，并由ABS，CDS和EFS三块大小相等的阴影面积表示，即从A点到B点、C点到D点、E点到F点的运行时间相等。一颗行星在距离太阳最近——近日点时运动速度最快，而在距离太阳最远——远日点时运动速度最慢。

> **开普勒相信上帝依据一套完美的数学原则创造了整个世界，因此隐藏于万物背后的数学上的和谐……是真实存在的，并且也是行星运动的原因。**
>
> ——威廉·丹皮尔
>
> 科学史学家

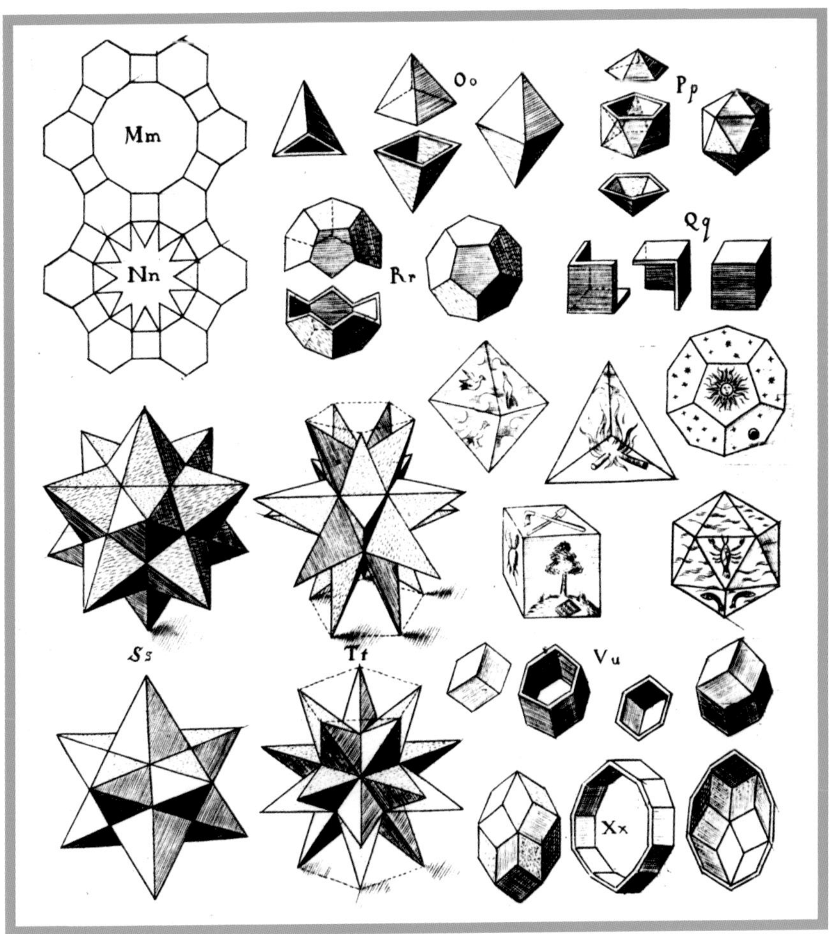

在《世界的和谐》中，开普勒曾尝试用规范形状来揭示宇宙的奥秘。他尝试用和声来将这些形状联系起来，并提出了一套“球体的音乐”理论。

不准确。

开普勒的伟大突破在于其对行星轨道形式的精确计算，但他似乎并没有特别关注其背后的物理学原理。相反，他提出火星是在一个马车上被“天使”牵引着，或者是因受到了一些太阳发出的磁力作用而运动的。关于运动的万有引力解释，则要等到70年后由牛顿提出。

更大的贡献

开普勒同样在光学研究上做出了卓越贡献，他于1604年出版的作品《天文光学说明》被视为这一领域的先驱著作。他对伽利略的望远镜产生了浓厚的兴趣，并曾建议通过在物镜和放大目镜上使用凸透镜来改进望远镜的设计。他还专门就1604年10月首次观测到的超新星做了记录，这颗超新星此后被称为“开普勒超新星”。继第谷之后，开普勒也意识到，不同于亚里士多德的恒定宇宙观点，天体其实可以变化。那颗新发现的恒星，加上一次最近的行星相合现象，让他开始猜测这正是《圣经》中提到的“伯利恒之星”。开普勒狂热的想象力让他创作了《梦》这一本书，他在其中讨论了月球旅行者中可能发现的月球地理问题，而这本书也被很多人认为是第一部科幻小说。

然而，开普勒最具影响力的著作，是一本叫《哥白尼天文学概论》的天文学教材。这本书是1630年到1650年间使用最广泛的天文学著作。他确保《鲁道夫星表》（由神圣罗马皇帝鲁道夫二世命名）最终得以发表。这一星表帮助他准确地预测了行星的位置，也使他在1617年到1624年间能够发表日历并得到丰厚的报酬。他所编制的星表的准确性在此后的几十年里不断得到验证，同样也鼓励人们接受哥白尼的日心说，以及开普勒行星运动三大定律。■

眼睛告诉我们有四颗卫星在绕着木星运动

伽利略的望远镜

背景介绍

关键天文学家：

伽利略·伽利莱（1564—1642年）

此前

1543年 尼古拉斯·哥白尼提出了以太阳为中心的宇宙模型，但需要证据证明地球在运动。

1608年 荷兰的眼镜制造者发明了第一架望远镜。

此后

1656年 荷兰科学家克里斯蒂安·惠更斯制造了一架更大的望远镜，它可以捕捉到更多的细节和更暗弱的天体。

1668年 艾萨克·牛顿制造了第一架反射望远镜，这种望远镜几乎不受色差的影响（参见第60页）。

1733年 第一个由火石玻璃制作的消色差透镜被制成。这种透镜将极大地提高折射望远镜的观测图像质量。

伽利略·伽利莱对天文望远镜的有效应用是天文学历史上一道重要的分水岭。这一事件同照相术、宇宙微波的发现，以及电子计算机的发明一样重要，望远镜的发明真正从根本意义上革新了天文学。

肉眼的局限

在伽利略之前，肉眼是观测宇宙的唯一工具。但其也受到两方面的限制：一是它不能记录细节，二是它只能观测到合理亮度范围内的天体。

当我们在地球表面观测满月的时候，月球对边两条延长线与眼睛相交形成的角度是1/2°，而肉眼只能分辨到1/60°的物体。这就是眼睛的分辨率，它决定了眼睛能够分辨的细节程度。使用肉眼观测月球，月球的直径将被分解为30个图像元素，正如数码照片中的像素一样（见下图）。肉眼能够分辨黑暗的月海和明亮的月面高地，但却不能观测到每个单独的环形山和它们的阴影。

银河只是一个包含无数恒星的聚合体。

——伽利略·伽利莱

伽利略在晴朗无月的意大利乡村瞭望星空，地平线上2,500多颗星星尽收眼底。在肉眼看来，太阳系所在的银河系就像一条河流。只有望远镜才能显示，银河系同样也是由无数颗星星组成的；望远镜越大，我们看到的星星越多。借助望远镜观测夜空，伽利略成为第一个真正能够欣赏这条恒星带的人。

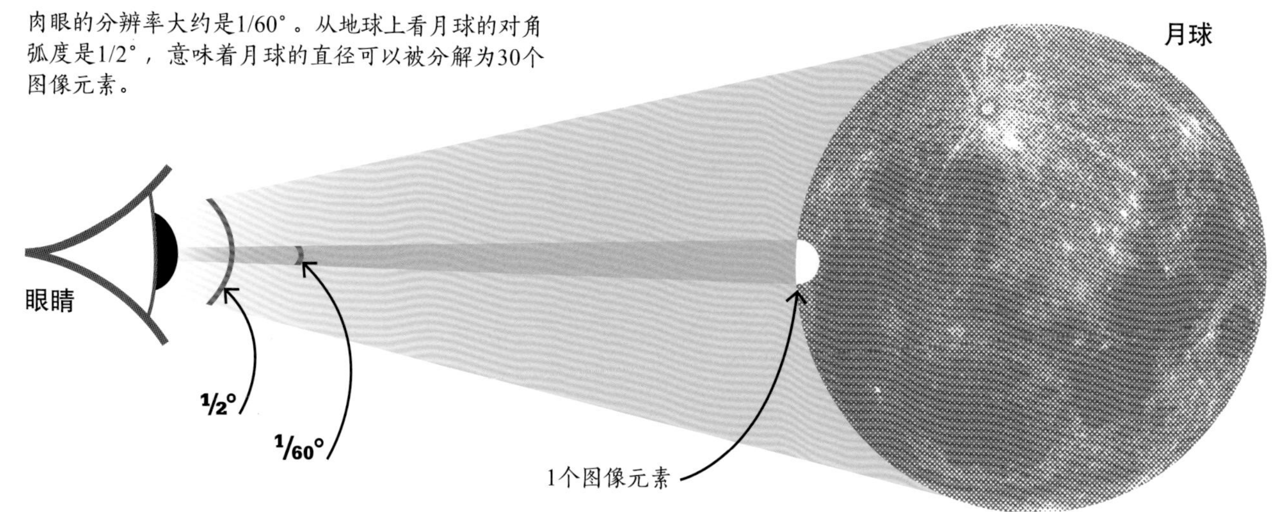

肉眼的分辨率大约是1/60°。从地球上看月球的对角弧度是1/2°，意味着月球的直径可以被分解为30个图像元素。

参见：哥白尼模型 32~39页，第谷模型 44~47页，椭圆形轨道 50~55页，巴纳德（目录）337页。

伽利略向威尼斯总督莱昂纳多·多纳特展示了他的望远镜。正如同时代的其他天文学家一样，伽利略依赖于赞助人的资助去合法化他的成果。

建造望远镜

并不是伽利略自己发明了望远镜。望远镜的设计想法是由荷兰人汉斯·利普西、雅克布·梅提斯和萨卡瑞斯·杨森在大约1608年9月提出的。他们将两个透镜组合在一起——大的放在镜筒前端收集光线，小的放在后端放大图像（从放大镜到望远镜的发明走过了300多年的历程）。在听到这个新工具的发明后，伽利略决定自己也做一个。

望远镜的分辨率（决定着能够观测的细节有多少）与物镜的直径成正比，这是一个在前端收集光线的透镜。物镜越大，分辨率越高。完全适应黑暗的人的眼瞳孔能够睁大到大约0.5厘米，并获得大约1/60°的分辨率。而分别借助直径为1厘米、2厘米和4厘米的望远镜，人眼的分辨率将相应提高到1/120°、1/240°和1/480°。更多的细节将跃然眼前，以木星为例，它将更像一个圆盘而非空中的一个点。

望远镜的作用就像一个“集光筒”。每次物镜的直径翻倍，望远镜能够收集到的光就增加四分之一，这样两倍距离外同样亮度的天体就将被发现。相应地，物镜直径为1厘米、2厘米和4厘米的望远镜将帮助人眼观测到2万颗、16万颗和128万颗恒星。

肉眼看来，木星也像一颗明亮的恒星。

望远镜能够实现比肉眼更加精细的分辨率。

它显示出木星是一个被四颗小卫星环绕的圆盘。

这四颗小卫星正在绕着木星转动。

木星至少有四颗卫星。

伽利略首次制作的望远镜放大倍数仅有三倍，对此他并不满意。他意识到望远镜的放大倍数与物镜和目镜的焦距比有直接关系，即物镜需要的是长焦距的凸透镜，目镜需要的是短焦距的凹透镜。鉴

亲爱的开普勒，你对于那些坚决反对使用望远镜的知识分子还能说些什么呢？

——伽利略·伽利莱

于当时并没有这样的设计，伽利略自学了打磨和抛光透镜的知识，并开始自行制作。伽利略住在当时世界的镜片制作中心——北意大利，并从中获益良多。他最终制造了一架放大倍数为33倍的望远镜，并用这个工具观测到了木星的卫星。

“三颗小星星”

在1610年1月7日的晚上，伽利略发现了木星的卫星。起初，他认为自己看见的是遥远的恒星，但他很快就意识到这是几颗绕木星运动的新天体。当时，伽利略还只是一名45岁的数学教授，在威尼斯附近的帕多瓦大学授课。当他发表自己开创性的天文观测时，他写道：“木星在望远镜中完整展现了自己。借助我制造的先进仪器，我发现木星附近有三个小而闪亮的天体（其他设备因为其局限性，此前并不能发现它们）。虽然我此前曾相信它们属于固定的恒星，然而它们却激起了我的研究兴趣，因为这三个天体看上去在同一条直线上，并且与木星的椭圆形轨道平行……”

重复观测

出乎意料的发现让他惊讶不已。他开始日复一日地观测木星，并且很快就发现这些卫星不是在距离木星遥远的天边。相反，它们伴随着木星在天空中运动，并且还绕着它公转。

正如月球绕地球公转一样，伽利略意识到木星在绕太阳公转时，也有四颗卫星绕着它公转。距离行星越远的卫星公转周期越长，这四颗卫星的公转周期分别是1.77天、3.55天、7.15天和16.69天。木星的卫星系统看上去就像是一个小小的太阳系行星系统，这也就推翻了前哥白尼时代“万物绕地球旋转”的宇宙观。伽利略对木星的四颗卫星运动的观测进一步推动了日心说理论的发展。

1610年3月10日，伽利略在《星际使者》一书中发表了他的发现。寄希望于推动科学的进步，伽利略将此书献给他此前的一名学生，即此后的托斯卡纳大公，美第奇家族的柯西莫二世。伽利略还用美第奇家族四兄弟的名字命名这四

伽利略也许是亲身经历真实宇宙的第一人。

——I. 伯纳德·科恩

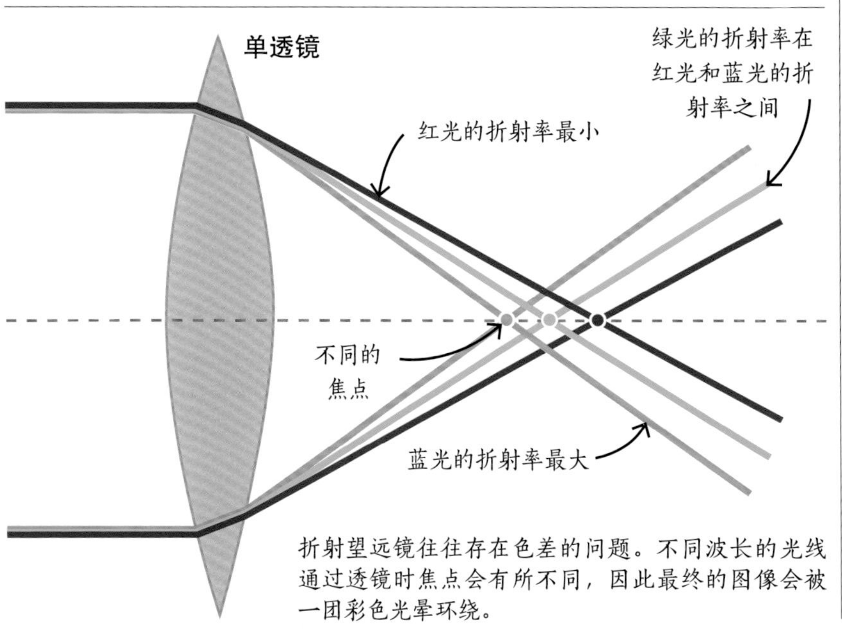

折射望远镜往往存在色差的问题。不同波长的光线通过透镜时焦点会有所不同，因此最终的图像会被一团彩色光晕环绕。

伽利略的望远镜使用凹透镜作为目镜。当观测遥远的天体时，两个镜头的距离应该等于物镜焦距减去目镜焦距。

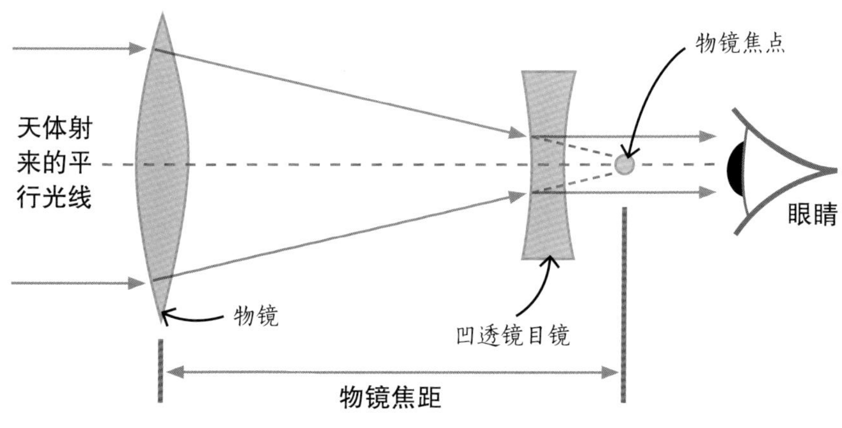

开普勒此后设计的望远镜则使用凸透镜作为目镜，望远镜的长度就等于物镜的焦距加上目镜的焦距。

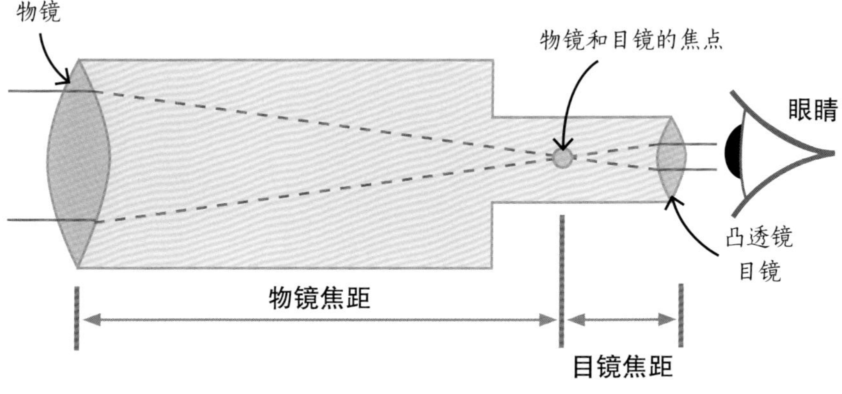

颗卫星。他的政治敏锐性帮助他赢得了比萨大学的美第奇首席数学家和哲学家的称号。但是，这些命名并没有得到认可。起初，很多人对他的观测结果表示怀疑，并认为这些卫星只是望远镜上的瑕疵。然而，当1610年木星在绕过太阳后再次出现时，众多天文学家相继证实了这四颗卫星的存在。他们包括托马斯·哈利奥特、约瑟夫·高提耶及尼古拉斯-克劳德·法布里。

争先恐后

1614年，德国天文学家西蒙·马里乌斯发表了《木星世界》，书中描述了木星的卫星并声称他在伽利略之前就发现了它们。伽利略此后指控马里乌斯抄袭，但大家一般认为是两人几乎在同一时间独立地完成了该天文发现。马里乌斯用罗马神话中朱庇特征服的对象命名这四颗卫星，它们分别是伊奥、欧罗巴、加尼米德和卡利斯托。这些

折射望远镜

折射望远镜有两种类型：伽利略式和开普勒式，后者由约翰尼斯·开普勒在1611年研发（见左图）。两类望远镜前端都有一个长焦距、大直径的透镜，被称为物镜。物镜收集光线并将其汇聚在焦点上。而焦点上的图像则被一个短焦距、小直径的目镜所放大。

望远镜的放大倍数等于物镜的焦距除以目镜的焦距。一个更平的凸透镜物镜能够减少色差，并且焦距更长，在目镜固定的情况下，能够产生更大的放大倍数。因此，17世纪的望远镜很长。伽利略和开普勒时代的目镜最短焦距大约是2–4厘米。这也意味着，为了实现30倍的放大倍数，物镜的焦距应该是60–120厘米。1888年制成的詹姆斯·里克望远镜（见上图）的物镜直径就有90厘米，而其焦距达到17.37米。

名字沿用至今，它们一并被称为伽利略卫星。

木星时钟

伽利略日复一日地仔细研究木星卫星的位置变化。他总结道，正如行星一样，卫星的位置也可以被提前计算出来。伽利略指出，如果能够准确地计算出木星卫星的位置，那么这套系统就可以被视为一种普遍的时钟，并解决在航海中经度测量的问题。需要知道时间才能测量经度，但在伽利略的时代，并没有能够带到船上的时钟。木星与太阳的距离至少是地球与太阳的距离的四倍，在地球上任何一处看去，木星似乎都在同一个位置，因此“木星时钟”在地球上任何一处都能派上用场。

伽利略对木星四颗卫星的发现还产生了另一个有趣的结果。在1726年发表的《格列佛游记》中，乔纳森·斯威夫特曾在“拉普达”一章中预测火星会有两颗卫星，因为地球有一颗而木星有四颗。1877年，这一预测竟幸运地被证实了。通过美国海军天文台直径66厘米的反射望远镜，阿萨夫·霍尔观测到火星的确有两颗卫星。

力挺哥白尼

在伽利略所处的时代，持《圣经》中古老的地心说观点的信徒和持哥白尼新式日心说观点的人们争论不已。地心说强调地球这颗行星的独特性，而日心说则提出地球只是行星大家庭中的一员。关于地球并不在宇宙中拥有特殊地位的假设如今被称为“哥白尼原则”。

至此，理论上的挑战需要找到相应的观测证据去支持一套理论同时证伪另一套，而对木星卫星的发现就是对日心说的巨大支持。如今大家已经清楚地知道，并不是所有天体都在围绕地球旋转，但仍然有很多问题并没有得到解答。如果日心说正确，那么地球一定是在运动的。而如果地球需要每年绕太阳公转，那么它的运动速度应该是30千米/秒。在伽利略时代，大家并不知道准确的日地距离，但显然地球必须运动得非常快，可是人类并没有感知到这样的运动。此外，这

《圣经》指示的是去天堂的路，而非天堂是如何运作的。

——伽利略·伽利莱

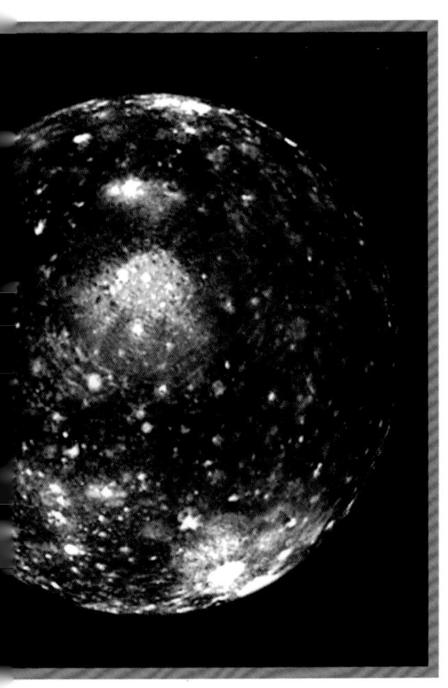

从距离木星最近的卫星开始，它们从左到右依次是木卫一、木卫二、木卫三和木卫四（名字分别为伊奥、欧罗巴、加尼米德和卡利斯托）。其中的木卫三比水星还要大。

样的轨道运动每年还会造成其他恒星从一边摇摆到另一边的视差现象（见第102页），这同样也不是当时的条件能够观测到的。伽利略和他所在时代的天文学家并不知道银河系中恒星之间的距离是日地距离的50万倍，所以视差小到难以被观测到。直到19世纪观测设备大大改进后，这样的摇摆现象才可能被探测到。

尽管仍存在这些问题，伽利略还是以他的发现证明了哥白尼学说是合理的。他还发现了金星的相变，解释了该行星是否在围绕太阳公转；通过观测太阳黑子的运动，他还发现了太阳自转的事实。1619年，因为激烈地捍卫哥白尼学说，伽利略被卷入了一场与教会的争端中。因为日心说被教会视为“异端学说”，伽利略受到了宗教审判。此后，他的书籍被禁，并且他人生最后的10年都被监禁在家中。

新的卫星

在以后283年的时间里，人们一直以为木星只有四颗卫星。1892年，借助加州利克天文台直径91厘米的反射望远镜，美国天文学家E. E. 巴纳德发现了它的第五颗卫星木卫五（阿玛尔忒亚）。这也是最后一颗通过直接观测发现的太阳系卫星。后来的人们通过对照片的细致检查来发现卫星。到20世纪50年代，已经有12颗木星卫星被发现，而如今这个数字增加到了67。预计未来还会有更多的卫星被发现。■

伽利略·伽利莱

1564年2月15日，伽利略·伽利莱出生在意大利比萨。他在1589年被任命为比萨大学的首席数学家，并在1590年前往帕杜瓦大学任教。伽利略是一名天文学家、物理学家、数学家、哲学家和工程师，在欧洲的科学革命进程中起到了知识先锋作用。他是第一位有效运用折射望远镜观测天空的人。1609—1610年，他发现了木星的四颗卫星、金星的相变、月球是多山的，以及太阳的自转周期大约是一个月。他是个高产的作家，并努力使自己的研究成果为广大群众所熟知。

主要作品

1610年 《星际使者》
1632年 《两大世界体系的对话》
1638年 《关于两门新科学的谈话和数学证明》

太阳中心的完美圆斑

金星凌日

背景介绍

关键天文学家：

杰里迈亚·霍罗克斯

（1618—1641年）

此前

150年 托勒密估计日地距离是地球半径的1,210倍，即大约800万千米。

1619年 开普勒的行星运动三大定律给出了行星运转轨道大小的比例，但并未提供具体数值。

1631年 法国天文学家皮耶尔·伽森狄观测到了水星凌日现象，这也是历史上第一次有记录的行星凌日现象。

此后

1716年 埃德蒙·哈雷指出准确记录金星凌日现象的时间能够帮助计算出准确的日地距离。

2012年 最近一次金星凌日现象发生。接下来两次会发生在2117年和2125年。

1639年，在发现开普勒星表上的一些错误后，20岁的英国天文学家杰里迈亚·霍罗克斯预测近期会有一次金星凌日现象。鉴于该现象将在4周后发生，霍罗克斯写信给他的同事威廉·克拉布特里，敦促他也对此进行观测。1639年12月4日，两人各自架起太阳望远镜，将望远镜中太阳的图像聚焦在一个平面上。他们成为最早观测到金星凌日的人。

当金星穿过太阳的时候，霍罗克斯尝试着记录下金星的大小及其与地球的距离。他记录到在地球上观测金星的对向弧度（见第58页）是76角秒，这比开普勒记录的数值要小。运用开普勒行星运动第三定律中的行星距离比，霍罗克斯认为从太阳上观测金星的对向弧度应为28角秒。

运用1631年水星凌日现象的数据，霍罗克斯计算得到水星的对向弧度与金星的相同。他因此估计所有行星在太阳上观测的对向弧度都相同，并由此计算出日地距离是9,500万千米。

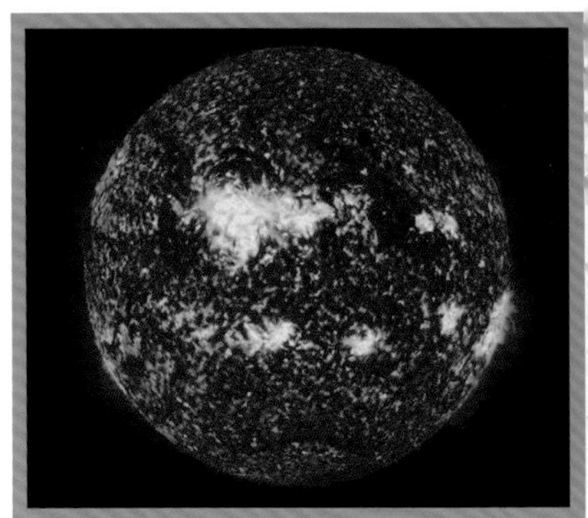

美国国家航空航天局（NASA）的太阳动力学天文台捕捉到最近一次发生在2012年的金星凌日现象（太阳右上部分的小点）。

霍罗克斯的估计如今被证实是错误的：在太阳上地球的对向弧度是17.8角秒，即两者实际距离是1.5亿千米。然而，霍罗克斯确实是第一个开始采用合理方法估计太阳系大小的人。■

参见：椭圆形轨道 50~55页，哈雷彗星 74~77页。

土星的新卫星

观测土星环

背景介绍

关键天文学家：

乔凡尼·多美尼科·卡西尼

（1625—1712年）

此前

1610年 伽利略声称发现了木星的四颗卫星。

1655年 克里斯蒂安·惠更斯发现了土卫六，一颗是月球1.5倍大的卫星。

此后

1801年 在火星和木星轨道间发现了第一颗小行星。

1859年 苏格兰物理学家詹姆斯·克拉克·麦克斯韦证明了土星环不是刚性的，因为它们会在引力的作用下断裂。

20世纪60年代至今 航天器已经进入木星和土星的卫星轨道，其中“旅行者2号”飞过了天王星和海王星。我们已经发现了更多的卫星。

意大利天文学家乔凡尼·多美尼科·卡西尼在博洛尼附近的帕扎诺天文台工作。那里配有乔治白·坎皮尼于1664年设计的最先进的折射望远镜。借助那里的设备，卡西尼发现了木星上的条带和斑块，测量了这颗行星的自转周期和极向扁率，并观测了木星四颗已知卫星的运动轨道。

观测土星

作为一名享有盛誉的天文观测者，卡西尼受邀去监督巴黎天文台的建造工作。在那里，他将望远镜对准土星最大的卫星土卫六。这颗卫星是1655年惠更斯发现的。随后卡西尼在1671年发现了土卫八，1672年发现了土卫五。1675年他发现土星环之间存在一个较大的空隙。由此，他准确地推断土星环并不是刚性的，而是由众多绕转的小天体组成的。1684年，他还发现了两颗更不明显的卫星，土卫三和土卫四。

通过这些观测，卡西尼独自一人就将太阳系内已知卫星的数量增加了一倍。自此这个数字增加得更快了，到现在我们知道木星和土星各自都有超过60颗卫星。外太阳系的气态巨行星有两类卫星，一类是和行星同时形成的大卫星，而另一类是此后由行星从小行星带中俘获而来的小卫星。在内太阳系中，火星有两颗俘获的小卫星，而水星和金星没有卫星。地球有一颗卫星，其质量仅为地球质量的1/81，而天文学家至今仍不清楚它是如何形成的。■

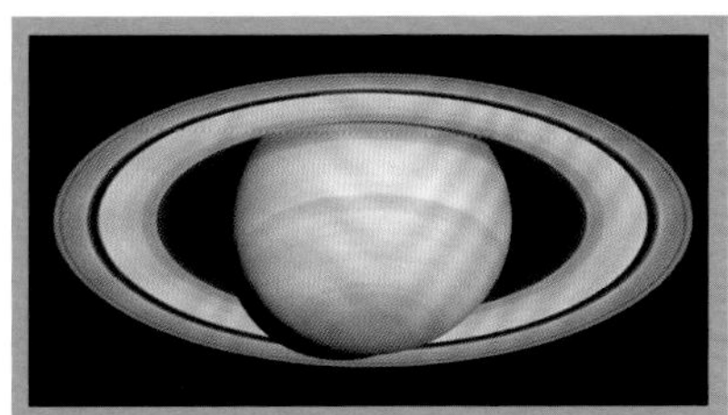

土星环之间最大的空隙被称为卡西尼环缝。这条环缝有4,800千米宽，并将外环A和内环B分开。

参见：伽利略的望远镜 56~63页，月球的起源 186~187页，惠更斯（目录）335页。

用引力解释行星运动

引力理论

背景介绍

关键天文学家：

艾萨克·牛顿（1643—1727年）

此前

1609年 约翰尼斯·开普勒发现火星轨道是椭圆形的。

此后

1798年 亨利·卡文迪许首次准确地测量了引力常数。

1846年 法国数学家奥本·勒维耶使用牛顿万有引力定律计算出了天王星的位置。

1915年 阿尔伯特·爱因斯坦引入广义相对论，并将引力解释为时空曲率的函数。

2014年 通过研究原子的行为重新计算得到了引力常数，为$6.6719 \times 10^{-11} m^3 kg^{-1} s^{-2}$。这个数值与卡文迪许的计算结果相比大约小了百分之一。

引力指两个有质量的物体之间的相互吸引力。这个力将所有物体引向地球，并赋予它们重量。它朝着地心方向拖拽物体。一个物体在质量明显小于地球的月球上所受到的引力将是在地球上所受引力的六分之一，而它的重量也会变成地球上的重量的六分之一。英国物理学家、天文学家和数学家牛顿是第一个意识到引力是一种普遍存在的力，作用于所有物体并能够解释行星的运动的人。

我只是一个在海滩边玩耍的小孩，面对真理的海洋却毫无察觉。

——艾萨克·牛顿

描述轨道

得益于开普勒的行星运动三大定律，牛顿时代的大众早已知晓了行星运动轨道的形状。开普勒的行星运动第一定律表明行星运动轨道是椭圆形的，而太阳位于椭圆形轨道的一个焦点上。第二定律描述了行星如何绕太阳公转，即它离太阳越近，运动速度就越快。第三定律描述了行星公转周期与其到太阳的距离之间的关系，即行星公转周期的平方等于它到太阳平均距离的立方。例如，地球的公转周期是一年，木星到太阳的距离是日地距离的5.2倍，5.2倍的立方约等于140，而140的平方根就是木星的公转周期，即11.86个地球年。

然而，尽管开普勒成功发现了行星运动的轨道形状和速度，但他并没有解释为什么行星会这样运动。在1609年发表的《新天文学》

艾萨克·牛顿

艾萨克·牛顿于1643年1月4日出生在林肯郡伍尔索普的一个农场中。在格兰瑟姆完成基础教育后，他进入剑桥大学三一学院求学，此后又成为该学院的物理学和天文学教员。他在《自然哲学的数学原理》一书中提出了引力原理和天体力学。

牛顿发明了反射望远镜，著有关于光学、棱镜和白光光谱的论文，也是微积分的创立者之一，他还研究了天体的冷却过程，解释了为什么地球的形状是一个扁球形以及为什么分点会移动，并规范化了声速物理学。他曾花很多时间研究《圣经》年表和炼金术。牛顿曾多次担任皇家科学会的主席、皇家铸币厂主管，他还是剑桥大学校委会委员。牛顿于1727年去世。

主要作品

1671年 《流数法》

1687年 《自然哲学的数学原理》

1704年 《光学》

参见: 椭圆形轨道 50~55页，哈雷彗星 74~77页，发现海王星 106~107页，相对论理论 146~153页，拉格朗日（目录）336页。

大彗星在1680年出现，并在1681年再次出现。约翰·弗拉姆斯蒂德曾提出这是同一颗彗星。牛顿起初并不同意，但在检查弗拉姆斯蒂德的数据后改变了想法。

中，他提出火星是在被“天使”拖着的“马车”中绕轨道运动的。一年后，他改变了想法，提出行星都是磁体，被自转的太阳伸出的“磁力臂”拖着转动。

牛顿的见解

在牛顿之前的许多科学家，如英国的罗伯特·虎克和意大利的乔瓦尼·阿尔方多·波雷里，都指出太阳和单颗行星之间存在一种引力。他们也都认为这种引力随距离的增加而减小。

1679年12月9日，虎克在给牛顿的一封信中说，两个物体间的引力可能与距离的平方成反比。然而，虎克并没有发表这个观点，也没有相应的数学能力来证明他的观点。相反，牛顿则能够严谨地论证引力平方反比定律其实是椭圆形轨道的自然结果。

牛顿通过数学方法证明了：如果太阳和行星之间的引力（F）随着它们之间距离（r）的平方而反向变化，那么开普勒的行星运动三大定律就能被完整解释。具体的数学公式可以写为$F \propto 1/r^2$。这也就意味着当两个物体间的距离翻倍后，它们之间的引力会缩小为原来的四分之一。

大彗星

牛顿是一个害羞的人，他不愿意发表自己的突破性成果。但有两件事情促使他最终将作品发表：其一是1680年出现的大彗星，其二是天文学家埃德蒙·哈雷的劝告。

1680年出现的大彗星是17世纪的彗星中最明亮的一颗，即便在白天也清晰可见（短时间内）。当时观测到了两颗彗星：一颗在1680年11月到12月之间靠近太阳，另一颗在1680年12月到1681年3月间远离太阳。和当时其他所有的彗星一样，它们的运动轨迹不为人知，而最初大多数人都不认为这两次观测到的是同一颗彗星。天文学家约翰·弗拉姆斯蒂德则提出这两次观测到的是同一颗彗星，它来自太阳系的边缘并绕着太阳摆动（因为距离太阳太近而没有被发现），然后再次离开。

哈雷对神秘的彗星轨道非常感兴趣，并且专程前往剑桥大学同他的朋友牛顿一起讨论了这个问题。牛顿运用力与加速度定律，凭着对距离与引力平方反比的坚持，计算出了彗星在太阳系内部运动轨道的周长。这项突破引起了哈雷的兴趣，他转而又计算了其他24颗彗星的运动轨迹，并证实有一颗彗星（哈雷彗星）大约每76年就要返回太阳系一次。也许更重要的是，哈雷被牛顿的研究成果深深打动了，并强烈地鼓励他将其成果发表。而这也促使牛顿在1687年发表了《自然哲学的数学原理》一书。在书中他描述了运动的定律、他的万有引力理论、对开普勒行星运行三大定律的证明，以及他用来计算彗星轨道的方法。

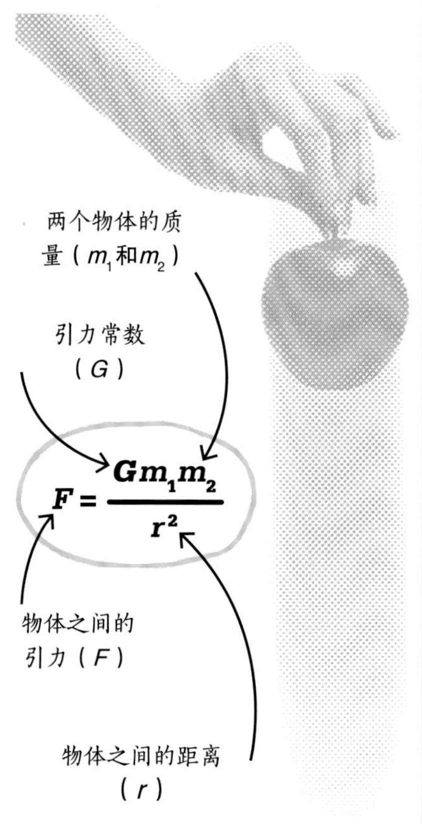

牛顿的万有引力定律表明，引力的大小取决于两个物体的质量和它们之间距离的平方。

行星椭圆形轨道是因天体间的引力作用而形成的。引力的大小与物体间距离的平方成反比。

引力普遍存在，它适用于各种距离、所有有质量的物体间。

引力解释了行星运动的原理，但并不能解释是什么让它们开始运动。

牛顿在书中强调了万有引力定律的普遍性，即宇宙中不同距离的天体都受到引力的影响。这也就解释了为什么他母亲所居住的伍尔索普庄园里的苹果会掉在他的头上，为什么海洋会有潮汐变化，为什么月球会绕地球公转，为什么木星会绕太阳公转，以及他在此后的研究中发现的恒星和遥远星系的关系。我们身边无数的案例都是牛顿万有引力定律的例证。它不但解释了行星过去的轨迹，还使得预测其未来的位置成为可能。

比例常数

牛顿的万有引力定律表明引力与两个物体质量（m_1和m_2）的乘积除以距离（r）的平方成正比（见左图）。引力总是将物体吸引到一起，并作用于它们的连线上。如果研究的对象是几何对称的，如地球，那么引力就可以被看作来自其中心的一点。为了计算出这个力的大小，需要获得比例常数的数值：也就是引力常数（G）。

计算引力常数

引力属于弱力，这也意味着很难准确测定引力常数。在牛顿去世71年后，英国贵族科学家亨利·卡文迪许在1798年第一次对牛顿理论进行了实验室测试。他借助地球物理学家约翰·米歇尔提出的实验系统，成功地测出了直径分别是5.1厘米和30厘米的铅球之间的引力（见第71页）。此后很多人开始重复并改进这一实验，逐步提高了引力常数的测量精度。一些科学家曾认为引力常数会随时间变化。

自然和自然的法则隐藏在黑夜之中。上帝说：让牛顿出生吧，于是一切都被照亮了。

——亚历山大·蒲柏

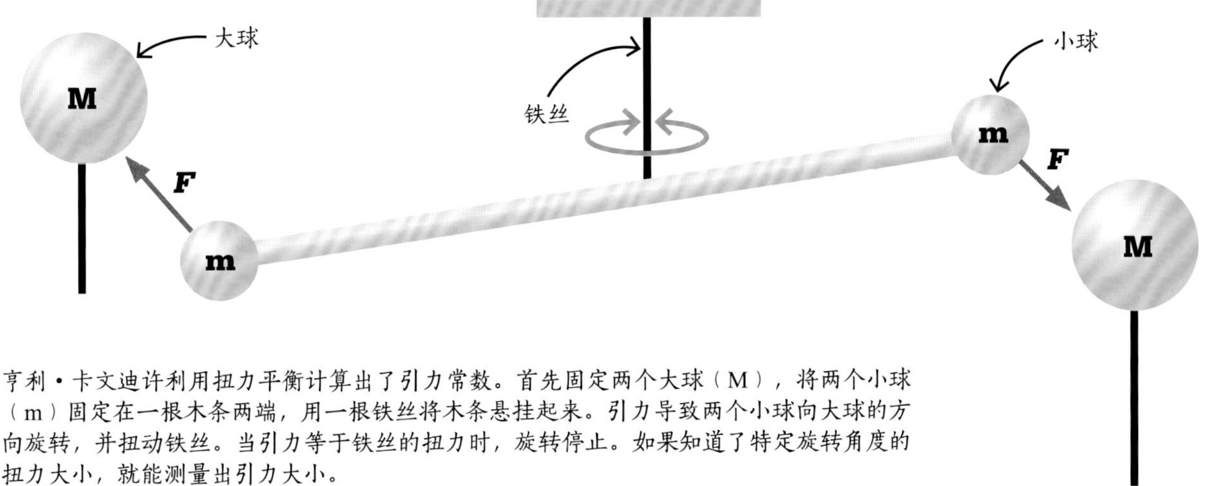

亨利·卡文迪许利用扭力平衡计算出了引力常数。首先固定两个大球（M），将两个小球（m）固定在一根木条两端，用一根铁丝将木条悬挂起来。引力导致两个小球向大球的方向旋转，并扭动铁丝。当引力等于铁丝的扭力时，旋转停止。如果知道了特定旋转角度的扭力大小，就能测量出引力大小。

但是，最近对于Ia型超新星的分析表明，如果引力常数确实会发生变化，那么在过去的90亿年时间里，其变化程度不超过100亿分之一。来自90亿光年外超新星发出的光，使得科学家能够研究遥远的过去的物理定律。

追寻意义

正如许多同时代的科学家一样，牛顿有着虔诚的信仰，并努力追寻他的观测和定律背后的宗教意义。太阳系不再被视为行星的随机组合，行星轨道的大小也被视为有其特定的意义。例如，开普勒曾用“形状的音乐”来表述这一意义。基于毕达哥拉斯和托勒密提出的观点，开普勒认为每颗行星代表一个无法被听到的音符，并且其频率与行星的公转速度成比例。行星运动速度越慢，其发出的音调就越低。相邻行星产生的音符之间的差异就形成了像大三和弦一样广为人知的音程。

开普勒的观点体现出了一些科学精神。太阳系有46亿年历史，在这漫长的时间里，行星和卫星之间相互发生引力作用，并形成同音乐和声一样错落有致的分布。比如木星的三颗卫星，木卫三公转一周，木卫二就公转两周，而木卫一则公转四周。长此以往，它们在引力的作用下锁定了这样的共鸣。

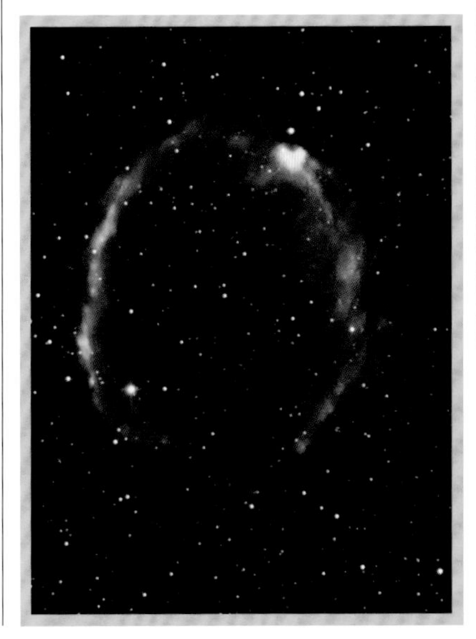

三体问题

太阳系整体也如同木星的卫星一样形成了相似的和谐比例。平均而言，每颗行星的轨道比旁边那颗距离太阳较近的行星的轨道要大73%。然而这里还存在一个牛顿一直在设法解决的数学问题：我们能够理解并预测一个质量轻的物体如何绕着质量重的物体运动，但一旦涉及三个物体，数学问题就变得异常复杂和难以解决。

一个典型的三体系统就是月球–地球–太阳。牛顿考虑了这个系统，但他认为数学上的困难是无法克服的，而关于月球在遥远的未来究竟会在哪里，人类的认知是十分有限的。哈雷彗星多变的轨道也表明除了太阳引力作用，还存

今天看到的超新星是它们几十亿年前的样子。分析它们的结构，我们认识到当时的万有引力定律依然依照与今天相同的引力常数在运行。

在其他行星的引力场作用。受到太阳、木星、土星和其他行星的综合影响，它最近几次的轨道周期分别是76.0年、76.1年、76.3年、76.9年、77.4年、76.1年、76.5年、77.1年、77.8年和79.1年。

我并不能从各种现象中发现是什么造成了引力的各种特征，而我也不提出任何假设。

——艾萨克·牛顿

塑造行星

牛顿并没有在引力理论中找到科研工作的宗教意义，也没有发现令所有行星开始运动的“上帝之手”，但他找到了塑造宇宙的一个公式。

引力作用是理解宇宙运行规律的关键。比如，引力造成了行星的球形形状。如果一个天体质量足够大，那么它的引力会超越组成它的物质的质量，并将它拉成球状。天文学上，直径小于380千米的岩质天体的形状都是不规则的（休-科尔极限），例如火星和木星轨道之间的小行星。

引力同样也能造成行星不同的表面。地球表面不存在海拔超过珠穆朗玛峰（8.8千米）的山峰。因为在重力作用下，太高的山会因重量超过地壳风化层的承重能力而下沉。而在质量更小的行星上，山峰则相对而言更高大。比如，火星的最高峰奥林匹斯山的海拔几乎是珠穆朗玛峰的三倍。火星的质量大约是地球的十分之一，而它的直径大约是地球的一半。将这些数字放入牛顿的引力公式中，我们就能发现同一物体在火星上的质量将是在地球上的三分之一，这也就解释了奥林匹斯山的高度。

引力还通过限制生物的大小塑造地球上的生命。最大的陆地动物是曾经的恐龙，它们有的重达40吨。当前最大的动物是海洋中的鲸鱼，它们通过水来支撑自己的重量。引力同样还能引发潮汐，这是因为当地球的一端接近太阳和月球时，海洋中的水会涌向它们；而当引力减弱时海洋中的水又会退回

基于准确的观测，牛顿在其巨著《自然哲学的数学原理》中画出了大彗星的抛物线轨迹，并基于地球的运动对其进行了修正。

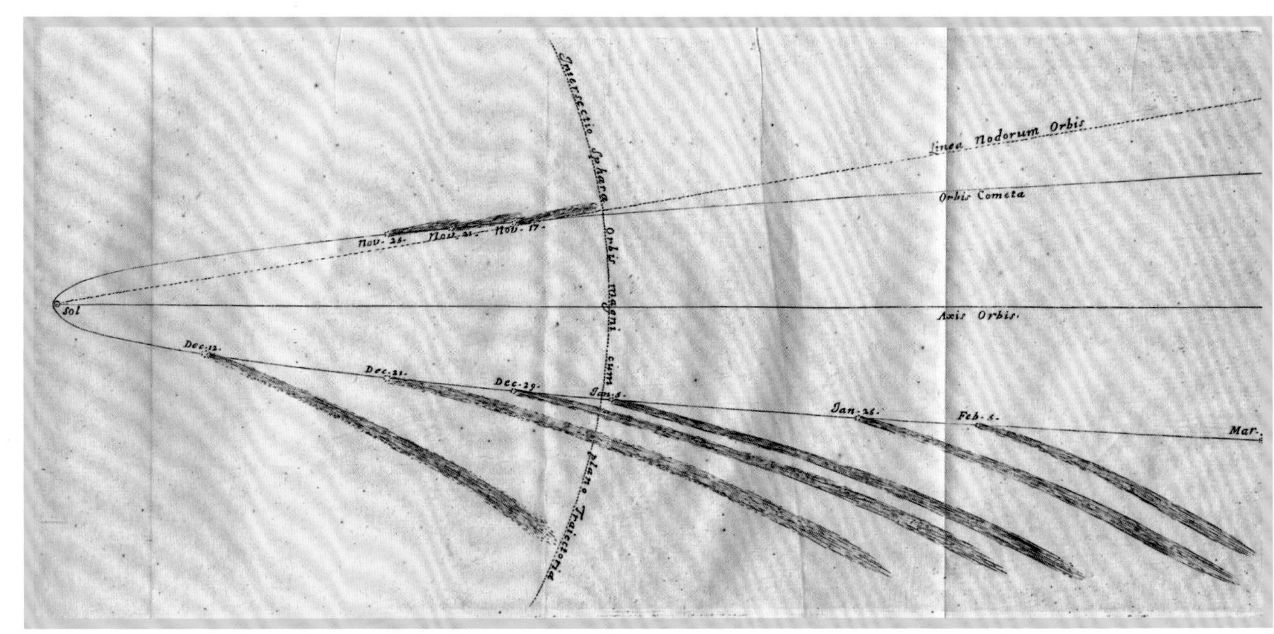

彗星的运动是非常规律的，它们与行星运动见证了相同的定律。

——艾萨克·牛顿

去。当太阳和月球在同一条线上时，最高的大潮便会出现；当二者成直角时，低潮便会出现。

逃逸速度

引力深远地影响了人类活动。一个人能够跳跃的高度受限于其所在地的引力场。牛顿意识到引力大小将影响在大气层外活动的难易程度。当物体运动速度达到40,270千米/小时时，物体就会脱离地心引力的作用。在质量更小的月球和火星上，物体会更容易摆脱引力束缚。反过来看，这个逃逸速度也是飞来的小行星或者彗星能够击中地球的最小速度，并且这个速度还将影响其造成的碰撞坑的大小。

如今，对引力最准确的描述来自阿尔伯特·爱因斯坦在1915年提出的广义相对论。他并没有将引力描述为一种力，而是将其看作连续时空中质量的不均匀分布造成不同曲率的结果。也就是说，牛顿引力的概念是绝大部分情况下的极佳近似。广义相对论仅仅在需要极端精确结果或引力场很强的情况下会被用到，例如太阳或黑洞的附近。在时空中做加速运动的大质量天体能够产生引力波，并以光速在宇宙中传播。2016年2月人类首次探测到引力波（参见第328～331页）。■

牛顿使用一个在高山上水平发射炮弹的实验来展现逃逸速度。当炮弹的速度小于此海拔的轨道速度时，它会落在地球上（A点和B点）。当两者速度刚好相等时，炮弹会进入圆形轨道C。当炮弹速度高于轨道速度但低于逃逸速度时，它将进入椭圆形轨道D。只有当速度超过逃逸速度时，炮弹才会飞入太空（E）。

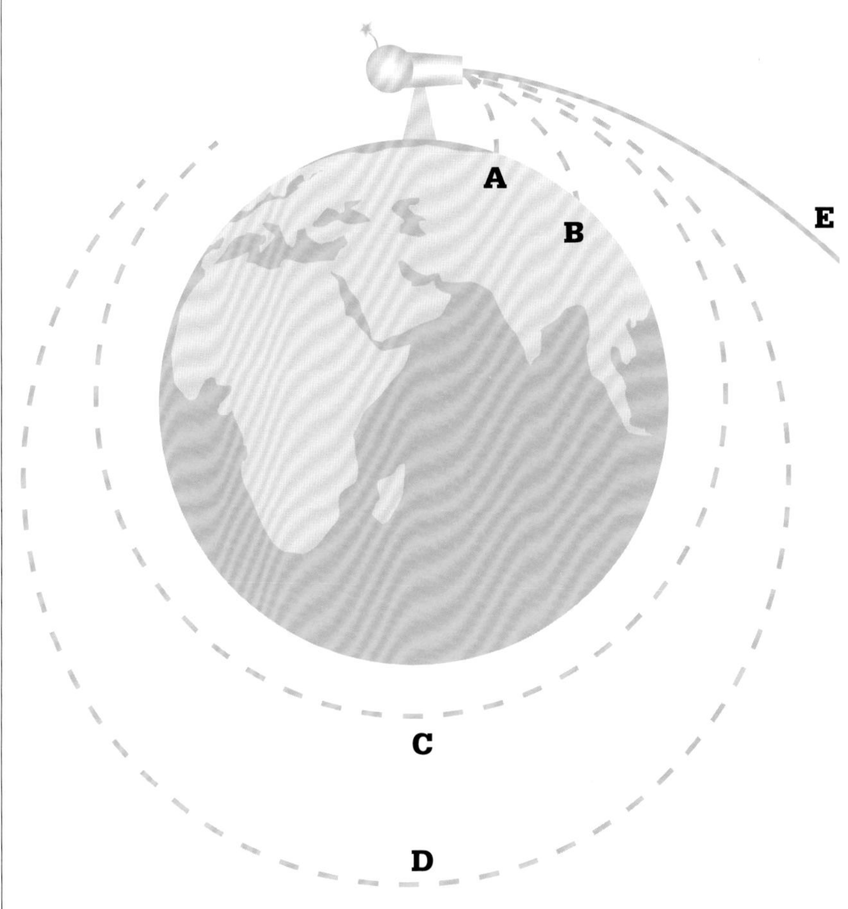

我预测这颗彗星将会在1758年再次出现

哈雷彗星

背景介绍

关键天文学家：

埃德蒙·哈雷（1656—1742年）

此前

约公元前350年 亚里士多德声称彗星只是地球上层大气的天气现象。

1577年 第谷·布拉赫通过计算推断他观测到的那颗彗星一定存在于地球大气层外。

此后

1758年 如预测所言，哈雷彗星在76年后再次出现了。

1819年 德国天文学家约拿·恩克发现了第二颗周期彗星，它每3.3年出现一次。

1950年 荷兰天文学家简·奥尔特提出，太阳系被一大团彗星云所包围，而恒星可能对这些彗星的轨道产生影响。

在16世纪及17世纪大部分的时间里，人们在理解行星运动方面取得了巨大进展，但彗星的本质依然是一个谜。至少直到1500年，彗星都始终被视为灾祸的先兆。虽然天文学家对这些大白斑和它们美丽的长尾非常熟悉，并持续几周甚至几个月的时间对其进行观测，但没有人知道它们来自哪里，又将去往何方。

然而在1577年，当一颗异常明亮的彗星连续几个月点亮夜空时，一切都改变了。通过研究欧洲各地的观测数据，丹麦天文学家第

参见: 第谷模型 44~47页, 椭圆形轨道 50~55页, 引力理论 66~73页。

哈雷彗星曾在1066年现身，并出现在贝叶挂毯上，盎格鲁·撒克逊人正恐惧地指着它。很多人曾借它的出现来预言英格兰的衰落。

谷计算出彗星到地球的距离至少是月球到地球距离的四倍，而这也使他得以在自己的宇宙模型中加入了彗星。他将彗星视为像行星一样能够在太空中自由穿行的天体。但在第谷时代及随后的数十年里，大家争论的焦点是彗星在太空中运动的轨迹。第谷的学生开普勒相信彗星沿直线运动。波兰天文学家约翰·赫维留却认为1664年的彗星是沿着弯曲轨道绕太阳运动的。

牛顿对战彗星

1680年，在受到当年那颗异常明亮的彗星的启发后，伟大的英国科学家牛顿开始在钻研万有引力理论的同时研究彗星轨道。利用他的新理论，牛顿分析并预测了1680年那颗彗星的未来轨迹。他推断彗星和行星一样，都在椭圆形轨道上绕着太阳公转。但彗星轨道被拉得太大，因此可以被视为近似不封闭的抛物线。如果牛顿是正确的，那么当这颗彗星到达太阳系内部并绕过太阳时，它要么将不再回归（如果是抛物线轨道），要么在几千年后再返回（如果轨道是一个被极度拉伸的椭圆，而非抛物线）。

1684年，牛顿接待了一位名叫哈雷的年轻友人。哈雷希望与牛顿讨论什么样的力能够解释行星以及诸如彗星等天体的运动。牛顿告诉这位访客，他一直在进行有关研究并已经解决了这个问题（答案就是引力），但他尚未发表自己的研究成果。这次会面后，哈雷决定协助编辑并资助牛顿发表关于引力和

埃德蒙·哈雷

1656年，埃德蒙·哈雷出生于伦敦。1676年，他出发前往南大西洋上的圣伊莲娜绘制南天半球的星图，并在返回后发表了这一成果。1687年，他说服牛顿发表《自然哲学的数学原理》一书，该书中记录了计算彗星轨道的详细方法。

1720年，哈雷被任命为皇家天文学家，并且一直居住在格林尼治的皇家天文台，直到1742年去世。虽然人们主要记住的是他的天文学成就，但哈雷在多个领域都做出过卓越贡献。他曾发表过多篇关于地球磁场的研究成果，发明并测试了潜水钟，设计了计算人寿保险溢价的方法，并且以史无前例的准确度描绘了海洋地图。

主要作品

1679年 《南天星表》
1705年 《彗星天文学概要》
1716年 《星云报告》

运动定律的巨著，即《自然哲学的数学原理》。

历史记录

哈雷曾经向牛顿提议用这一新理论研究更多彗星的轨道，但那时牛顿的研究兴趣已经转向了其他课题。因此，17世纪90年代之后，哈雷独立开展了一系列细致的研究。10多年中，他一共研究了超过24颗彗星，它们有的来自哈雷自己的观测，有的则来自历史记录。他猜测，尽管有些彗星会沿着牛顿提出的抛物线（不封闭曲线）运动，但也有一些彗星会沿着椭圆形轨道运动。也就是说，有的彗星会在绕过内太阳系后，再次出现在地球的视线范围内，而且时间间隔短于人的一生。

1531年、1607年和1682年出现的三颗彗星有相似的轨道。

↓

它们轨道的细微差别可以通过木星和土星的引力作用解释。

↓

这三颗彗星其实是同一颗彗星，每75～76年会出现一次。

↓

这颗彗星会在1758年再次出现。

在研究过程中，哈雷发现了一些奇怪的现象。一般而言，每颗彗星的轨道都有一些能够和其他彗星轨道明显区分开的特征，例如它相对其他恒星的方向。然而，哈雷发现有三颗彗星的轨道惊人地相似，其中一颗是他在1682年发现的，一颗是开普勒在1607年发现的，还有一颗是阿皮安努斯在1531年发现的。他推测这是同一颗彗星在封闭的椭圆形轨道上运动，并以75～76年的周期连续重复出现。1705年，哈雷在《彗星天文学概要》中描述了他的观点。他写道："经过深思熟虑，我倾向于相信1531年阿皮安努斯、1607年开普勒，以及1682年我观测到的是同一颗彗星。所有证据都支持这一想

> **尽管身处一个智者如云的时代，哈雷仍以超凡的深度和广度被人铭记。**
>
> ——J. 唐纳德·弗尼
>
> 多伦多大学天文学荣誉教授

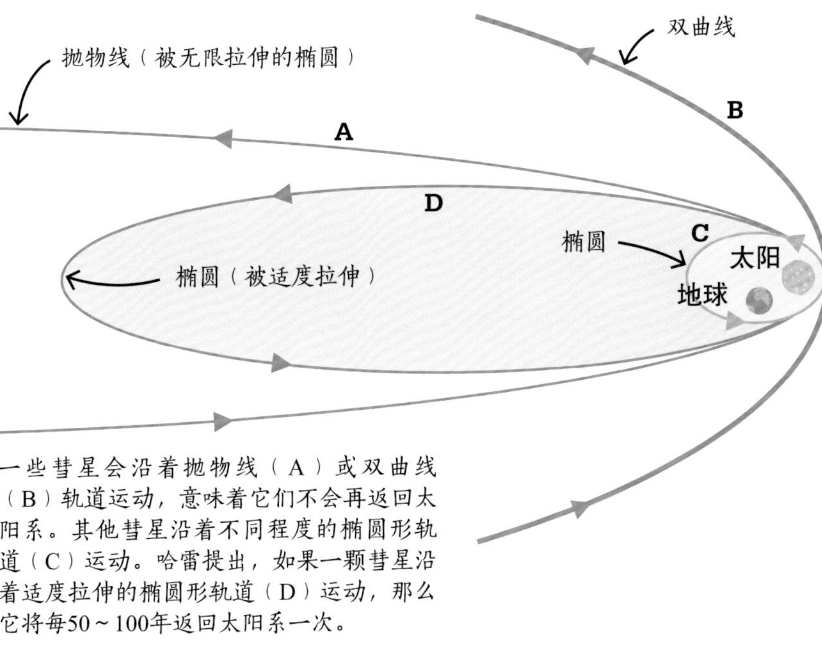

一些彗星会沿着抛物线（A）或双曲线（B）轨道运动，意味着它们不会再返回太阳系。其他彗星沿着不同程度的椭圆形轨道（C）运动。哈雷提出，如果一颗彗星沿着适度拉伸的椭圆形轨道（D）运动，那么它将每50～100年返回太阳系一次。

哈雷彗星最近一次出现在1986年。当时它距离地球只有0.42个天文单位。它曾经距离我们更近。例如1066年它穿过时的距离只有0.1个天文单位。

法。因此我自信地预测这颗彗星将在1758年回归太阳系。”

有一个不确定因素依旧困扰着哈雷。该彗星三次出现的时间间隔并不完全相同，前后相差一年。联想到早年间他对木星和土星的研究，哈雷推测正是这两颗行星的引力作用导致该彗星些许偏离了轨道并延缓了归程。哈雷向牛顿反映了这一问题，而牛顿通过精密的引力计算帮助哈雷改进了他的预测。他修正后的预测表示该彗星将在1758年底或1759年初回归。

哈雷是对的

对哈雷预测结果的兴趣在欧洲蔓延开来。当年，三位法国数学家亚历克西斯·克莱罗、约瑟夫·拉朗德和妮可-雷纳·勒波特耗费数月心血重新计算了彗星下次出现的时间，以及可能最先在夜空看到它的方位。专业和业余的天文学家自1757年就开始翘首以待这颗彗星的归来。1758年12月25日，德国的一位农民兼业余天文学家约翰·帕利奇看到了这颗彗星。

之后，1759年3月这颗彗星以最小的日距穿过。当时，哈雷已经去世17年了，但这颗彗星的再次出现还是给他带来了不菲的名声。为了纪念他，法国天文学家尼可拉·路易·拉卡伊将这颗彗星命名为哈雷彗星。

哈雷彗星是第一颗被证明绕太阳公转的非行星天体。同时它也是牛顿万有引力理论的最早期证据之一，表明该理论可以被应用于所有天体。曾被视为凶兆的彗星，如今终于被人理解了。

亚里士多德关于彗星仅是尘世上的蒸汽的观点如此流行，导致这一天文学中最壮丽的部分长期遭受忽视。

——埃德蒙·哈雷

随后的研究发现这颗彗星至少从公元前240年就开始规律地出现了，它在公元前87年、公元前12年、837年、1066年、1301年和1456年都有特别明亮的影像。1986年，航天器曾近距离靠近该彗星，并提供了关于其彗核（固体部分）和彗尾结构的数据。它是已知的唯一一颗可用肉眼观测的、在人的一生中出现两次的短周期彗星（小于200年）。■

19世纪最杰出和最有用的发现

恒星光行差

背景介绍

关键天文学家：

詹姆斯·布拉德利（1693—1762年）

此前

17世纪 普遍接受了日心说的天文学家开始找寻恒星视差现象，即由地球运动造成的恒星视运动。

1676年 丹麦天文学家奥勒·罗默利用对木星卫星的观测预测了光速。

1748年 瑞士数学家莱昂哈德·欧拉概述了章动现象产生的物理原因。

此后

1820年 德国光学家约瑟夫·冯·夫琅和费建造了一种新式量日仪（测量太阳直径的仪器），用以研究恒星视差。

1838年 弗里德里希·贝塞尔测量了恒星天鹅座61的视差。他发现这颗恒星到太阳的距离比地球到太阳的距离远60万倍。

18世纪20年代，在找寻恒星视差这一能够证明地球在运动的现象时，天文学家詹姆斯·布拉德利找到了另一个可能证明地球在运动的现象，即恒星光行差。光行差将导致被观测的天体的位置相对一个运动的天体（这里地球就是运动的天体）产生一个角。光行差角非常小，比地球垂直于该恒星方向上的运动速度除以光速所得的值还小，最多只有20角秒。地球的运动速度大约是30千米/秒，但它的运动速度和方向在绕太阳公转时会发生变化。因此，观测到的恒星位置会形成一个围绕它真实位置的椭圆轨迹。布拉德利通过观测天龙座伽马星，首次发现了光行差现象并证明了地球在运动。

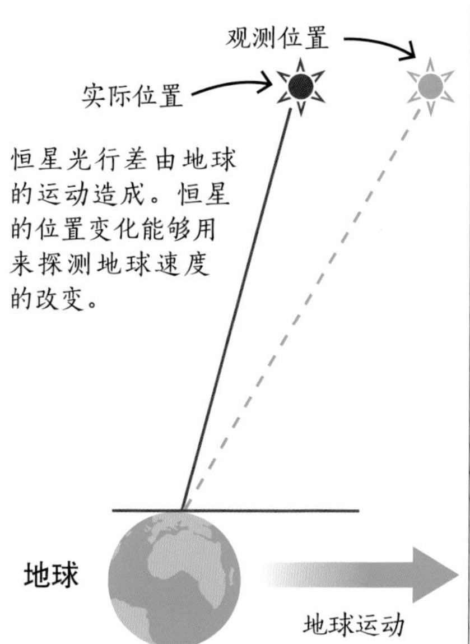

恒星光行差由地球的运动造成。恒星的位置变化能够用来探测地球速度的改变。

他还发现了恒星位置的另一个周期性变化，即章动。与光行差一样，章动效应也很小。地球的自转轴在空间中会逐渐改变方向，最大的变化称为岁差，而一个完整的岁差周期需要26,000年。章动对应的是岁差运动上的18.6年周期的小摆动。岁差和章动都是由月球、地球和太阳的相互引力作用造成的。在完成观测20年后的1748年，布拉德利发表了他的研究成果。■

参见：移动的恒星 22页，恒星视差 102页，罗默（目录）335页。

南天星表

绘制南天星图

背景介绍

关键天文学家：

尼可拉·路易·拉卡伊

（1713—1762年）

此前

150年 托勒密列举了能够在地中海纬度观测到的48个星座。

1597年 荷兰东印度公司的创始人之一皮特鲁斯·普兰修斯利用探险家凯泽和豪特曼的发现，在他的天球上新增了12个南天星座。

约1690年 波兰天文学家约翰·赫维留在《天文星座》中命名了7个至今仍在使用的星座。

此后

1801年 约翰·波德星图收集了20张星图，这是第一本近乎完整的裸眼观星指南。

1910年 学校老师亚瑟·诺顿制作了自己的星图集。这本星图集在后来的一个世纪里广受欢迎。

法国天文学家和数学家尼可拉·路易·拉卡伊在不同位置对行星进行观测后，提出了用三角测量方法测量地球到各行星距离的想法。拉卡伊在巴黎和好望角同时进行观测，为计算提供了最长的基准线。为此，他在1750年前往南非并在开普敦建设了一个天文台。在那里，他不仅观测了行星，还测量了超过一万颗南天恒星的距离。他的观测结果发表在1763年的星图《南天星表》中，这也是他为天文学留下的最伟大遗产。

南天星空

拉卡伊观测的部分天空区域在极南方，在欧洲并不可见，并且很多他观测到的恒星都没有被收入现有星座中。为了在他的星表中给这些恒星指定位置，拉卡伊引入了14个新的、至今仍被认可和使用的星座，并且他定义了现存南天星座的边界。在离开南非前，他还提出了一个大型巡天项目，以便更好地理解地球的形状。

拉卡伊在南天半球的研究为恒星天文学打下了坚实的基础。

——大卫·吉尔爵士

拉卡伊还是一名狂热的、技术高超的观测者，他非常重视精确测量的价值。在对极南方的部分天空的巡天过程中，他展示了高超的观测技术和作为先驱者的超常精力。■

参见：知识巩固 24~25页，南天半球 100~101页。

URANUS TO NEPTUNE

1750–1850

从天王星到海王星

1750年—1850年

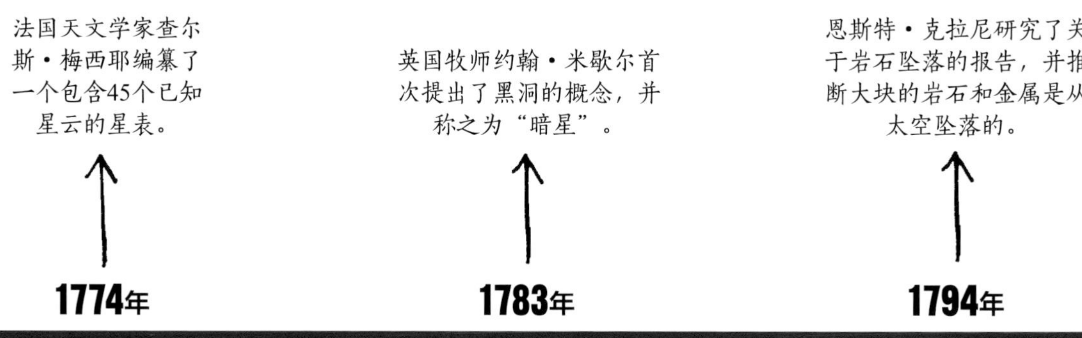

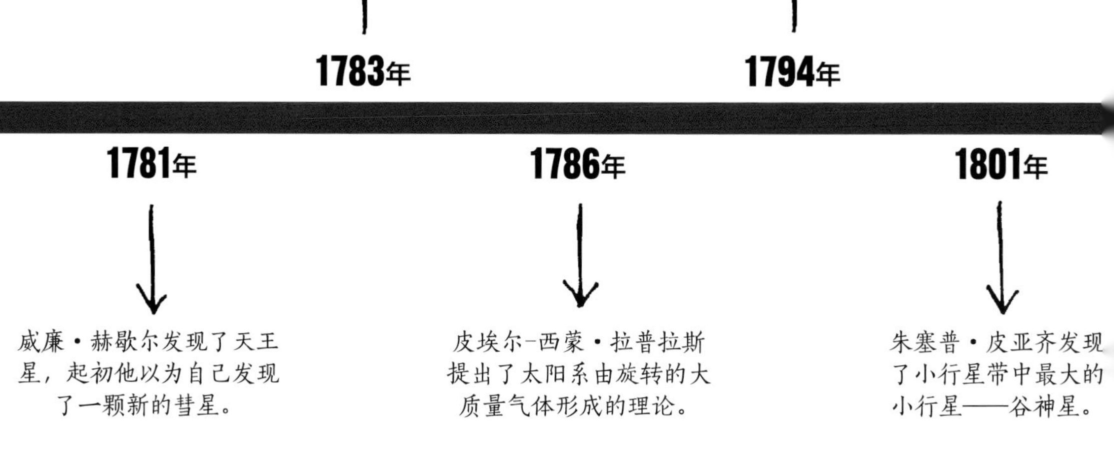

在跨越18世纪和19世纪的75年时间里，两颗新行星被发现，使已知的主要行星数量达到了8颗（包括地球）。然而，1846年海王星的发现与1781年天王星的偶然发现大不相同。在这两次发现之间，天文学家在太阳系中还发现了许多其他的天体，这表明太阳系中包含的天体的数量和种类远远超出了人们之前的想象。

观测的力量

英国人威廉·赫歇尔被许多人认为是有史以来最伟大的观测天文学家。他建造了同时代最好的望远镜，同时他也是一个拥有无限精力和热情的、执迷于观测的人。此外，他还说服家人支持他的事业，尤其是他的妹妹卡洛琳，她后来凭借自己的实力也成了知名天文学家。

当威廉注意到天王星时，他其实并不是在寻找行星。但他的望远镜制造技术和系统的观测方法，使得他能够发现行星随时间的运动。他还研究了双星和多星，编纂了星云和星团星表，并试图绘制银河系的结构图。

他总是对未知的事物保持敏感性，这使他在1800年研究太阳光谱时偶然发现了红外辐射。更好的望远镜使得开展更详细的巡天观测成为可能。威廉的儿子约翰·赫歇尔继承了他父亲在天文学方面的天赋，在南非花了五年时间完成了他父亲的巡天项目。

罗斯伯爵三世威廉·帕森斯在星云的研究上迈出了一大步。19世纪40年代，他为自己设定了建造

所有自然的影响都是少数不可改变的规律的数学结果。

——皮埃尔-西蒙·拉普拉斯

1809年

法国天文学家让·巴蒂斯特·约瑟夫·德朗布尔很好地估算了光速。

1833年

约翰·赫歇尔开展南天的全面巡天，以补充他父亲完成的北天巡天。

1838年

德国人弗里德里希·贝塞尔成功测量了天鹅座61的恒星视差，并给出了较为合理的距离。

1845年

罗斯勋爵绘制了现在被称为旋涡星系的M51星云，并展示了其旋涡结构。

1846年

海王星被发现，位置非常符合奥本·勒维耶的数学预测。

1849年

美国天文学家本杰明·阿普索普·古尔德创办了《天文学报》，促进了美国天文学的发展。

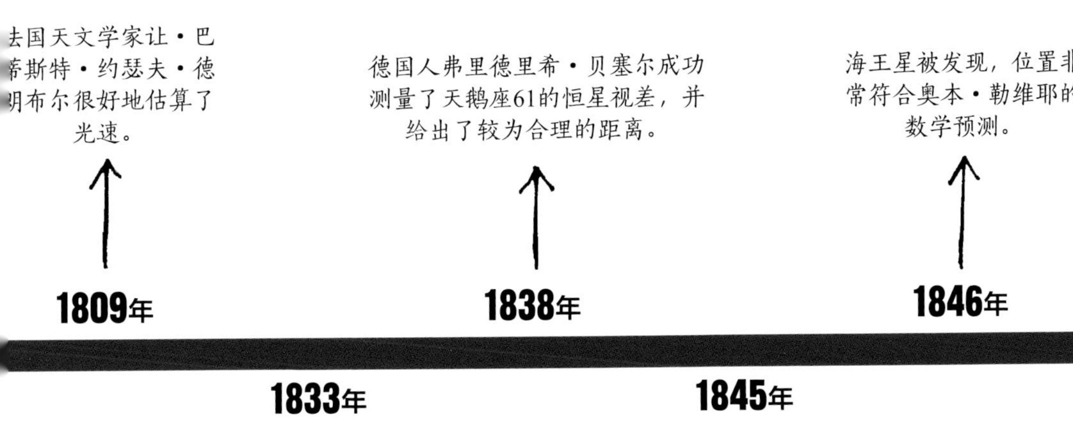

世界上最大望远镜的宏伟目标。借助这台大望远镜，他发现一些星云（我们现在知道是星系）存在旋涡结构。

更多的行星

威廉·赫歇尔对天王星的发现引起了人们对太阳系中火星轨道和木星轨道之间的巨大空隙的新兴趣。其他行星之间的规则间隔表明，在这个空隙里存在一颗未知的行星。结果发现，它不是被一颗大行星占据的，而是被许多小行星占据的，威廉·赫歇尔称之为“小行星”。意大利人朱塞普·皮亚齐在1801年发现了第一颗小行星——谷神星。当时他正在为一份新的恒星星表进行观测。在之后的六年时间里三颗小行星又陆续被找到。再下一次便到了1845年，随后小行星被发现的速度加快了。

与此同时，德国人恩斯特·克拉尼正确地推断出，抵达地球的陨石是来自太空的大块岩石和金属。显然，太阳系中包含了各种各样的天体。

数学的力量

与天王星的偶然发现形成对比的是，海王星的发现证明了数学的力量。当天文学家们用更好的望远镜工作时，数学家们却面临着实际困难：把牛顿的万有引力理论应用到太阳系中大天体之间复杂的引力作用上。1801年，德国数学家卡尔·弗里德里希·高斯的计算结果重新定位了谷神星。1799年至1825年间，法国数学家皮埃尔-西蒙·拉普拉斯完成了一部关于天体力学的不朽著作。

不久人们发现天王星并没有按照预期的轨道运行，于是开始怀疑存在一颗未知行星的引力。在拉普拉斯研究的基础上，奥本·勒维耶解决了这一问题，并预测了这颗未被发现的行星的可能位置。海王星在勒维耶认为它应该出现的地方被发现。天文学家第一次对太阳系的真实范围有了概念。■

我发现它是一颗彗星，因为它改变了位置

观测天王星

背景介绍

关键天文学家：

威廉·赫歇尔（1738—1822年）

此前

17世纪60年代 艾萨克·牛顿和其他人研制了反射式望远镜。

1690年 约翰·弗拉姆斯蒂德观测到了天王星，但认为它是一颗恒星。

1774年 法国天文学家查尔斯·梅西耶发表了他的天文巡天结果，这促使威廉·赫歇尔开始了自己的巡天项目。

此后

1846年 天王星轨道不明原因的变化促使法国数学家奥本·勒维耶推算出了第八颗行星——海王星的存在和位置。

1930年 美国天文学家克莱德·汤博发现了第九颗行星——冥王星。它后来被重新归类为矮行星，是冰质小天体世界柯伊伯带中最亮的一颗。

人们曾观测到天王星，但没有意识到它是一颗行星。

相隔几天的观测发现它发生了移动，意味着它可能是一颗彗星。

计算表明它的轨道几乎是圆形的，所以它一定是一颗行星。

其轨道的不规则性表明，太阳系中可能存在第八颗行星。

肉眼可见的天王星是离太阳第七远的行星，古希腊的依巴谷在公元前128年就观测到了它。17世纪望远镜的发展将人们的视线推得更远，例如英国天文学家约翰·弗拉姆斯蒂德在1690年发现了一颗名为金牛座34的恒星。法国天文学家皮埃尔·莱蒙尼尔在1750年至1769年间也曾多次观测到它。然而，没有一个观测者发现它是一颗行星。

1781年3月13日，威廉·赫歇尔观测多星系统时观测到了天王星。4天后，他再次瞄准了它，也

参见：移动的恒星 22页，引力理论 66~73页，海王星的发现 106~107页。

我把它与双子座H和御夫座、双子座之间距离四等分的小恒星进行了比较，发现它比任何一颗都要大得多。

——威廉·赫歇尔

就是这一次他注意到它相对周围恒星的位置发生了变化。他还注意到，如果他提高望远镜的放大倍数，这个天体的体积要比恒星的体积大得多。这两次观测表明它不是一颗恒星，于是他在向皇家学会报告这一发现时，宣布自己发现了一颗新的彗星。皇家天文学家奈维尔·马斯基林看到了威廉·赫歇尔的发现，断定这个新天体是一颗行星的可能性和彗星的可能性一样大。安德斯·约翰·莱克塞尔和约翰·格勒特·波德分别计算了这一天体的轨道，结论证明这是一颗轨道近似圆形的行星，其与地球的距离比土星与地球的距离远大约两倍。

为行星取名字

威廉·赫歇尔的发现得到了国王乔治三世的赞扬，他任命威廉·赫歇尔为“皇家天文学家”。马斯基林让威廉·赫歇尔为这颗新行星命名，威廉·赫歇尔选择了乔治姆·西多斯提议的名字（乔治之星）来纪念他的恩人。也有人提出其他的名字，这其中就包括海王星；而波德提议天王星。波德的建议在1850年开始被广为接受，这也使得英国格林尼治天文台最终放弃了乔治姆·西多斯提议的名字。

后来的天文学家对天王星轨道的详细研究表明，其观测轨道与牛顿万有引力定律的预测之间存在差异——这种差异只能通过第八颗甚至更遥远的行星的引力影响来解释。这也直接促使1846年奥本·勒维耶发现了海王星。■

威廉·赫歇尔用一架2.1米口径的反射式望远镜观测天王星。他后来建造了一架12米口径的望远镜，这在随后的半个世纪里都是世界上最大的望远镜。

威廉·赫歇尔

出生于德国汉诺威的威廉·赫歇尔在19岁时移民到了英国，开始了他的音乐生涯。他对和声和数学的研究使他对光学和天文学产生了兴趣，他开始制作自己的望远镜。

在发现天王星之后，威廉·赫歇尔还发现了土星的两颗新卫星和天王星最大的两颗卫星。他还指出，相对于银河系的其他部分，太阳系处于运动状态。他还发现了大量的星云。在1800年研究太阳时，威廉·赫歇尔发现了一种新的辐射形式，现在被称为红外辐射。

威廉·赫歇尔的妹妹卡洛琳（1750—1848）担任他的助手，擦拭镜子、记录和安排他的观测。1782年，她开始自己进行观测，并陆续发现了一些彗星。

主要作品

1781年 《彗星研究》

1786年 《星云和星团总表》

恒星的亮度变了

变星

背景介绍

关键天文学家：

约翰·古德瑞克（1764—1786年）

此前

公元前130年 依巴谷为恒星的视亮度定义了一个星等，这也是托勒密在《天文学大成》中所推广的。

1596年 大卫·法布里奇乌斯发现刍藁增二的亮度有周期性的变化。

此后

1912年 亨利埃塔·斯旺·勒维特证实了一些变星的周期与它们的绝对（真实）亮度有关。

1913年 赫茨普龙校准了亮度的变化，使得造父变星可以被用作标准烛光来计算星系的距离。

1929年 埃德温·哈勃确定了星系的速度及其与距离之间的关系。

古希腊天文学家是最早根据恒星的视星等（即从地球上观测到的亮度）对恒星进行分类的人。18世纪，在邻居暨天文学家爱德华·皮戈特向他提供了一份已知变星星表之后，英国业余天文学家约翰·古德瑞克对恒星视星等的变化产生了兴趣。随着不断开展的观测，他发现了更多的东西。

1782年，古德瑞克观测到了英仙座中一颗明亮的恒星——大陵五的亮度变化。他第一次尝试解释这种亮度变化，即大陵五实际上是一对相互环绕的恒星，其中一颗比另一颗亮。当两颗中较暗的那颗恒星从较亮的恒星前面经过时，掩食会降低观测者所探测到的亮度。今天，这被称为食双星系统（现在我们知道大陵五实际上是一个三星系统）。

古德瑞克还在仙王座中发现了亮度有规律变化的仙王δ型星。现在人们知道，仙王δ型星是一类视星等因恒星本身的变化而变化的恒星。像这样的恒星被称为造父变星，它们是计算其他星系距离的关键。

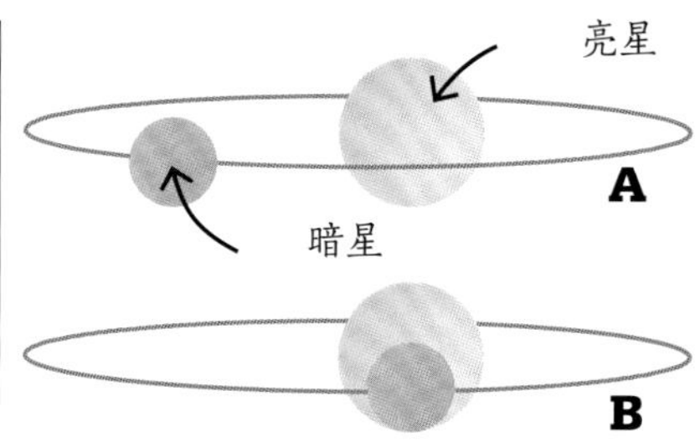

在食双星系统中，当两颗恒星都可见时，达到亮度极大（A）；当暗星掩食亮星时，达到亮度极小（B）。

古德瑞克于1783年向英国皇家学会提交了他的发现。几年后，他死于肺炎，年仅21岁。■

参见：一类新恒星 48~49页，丈量宇宙 130~137页，银河系之外 172~177页。

银河系是居所，星云是城市

梅西耶天体

背景介绍

关键天文学家：

查尔斯·梅西耶（1730—1817年）

此前

150年 托勒密记录了五颗呈现星云状的恒星，其中一个星云并未与任何恒星有关联。

964年 波斯天文学家阿卜杜勒-拉赫曼·阿尔-苏菲在他《星体位置》这一著作中标出了几个星云。

1714年 埃德蒙·哈雷发表了一个包含6个星云的星表。

此后

1845年 罗斯勋爵观测到一些星云具有旋涡结构。

1864年 威廉·哈金斯检查了70个星云的光谱，发现其中三分之一是气体云，剩余的是大量的恒星。

1917年 维斯托·斯莱弗确定旋涡星云是遥远的星系。

到了18世纪，人类已经制造出了可以将图像放大几百倍的大型望远镜。这使得天文学家能够识别出各种模糊的光斑，这些光斑被称为星云，在拉丁语中就是“云”的意思。

法国天文学家查尔斯·梅西耶主要对发现彗星感兴趣，而彗星常常看起来很像星云。当时，对于一个模糊的天体来说，其相对于恒星的位置在几周或几个月的时间里发生变化，才能被识别为彗星。梅西耶因此编制了一份已知星云的列表，以排除可能的彗星。他最初的名单发表于1774年，其中确认了45个星云。最终的1784年版列出了80个星云。这些星云现在被称为梅西耶天体。其他天文学家还增加了更多被梅西耶观测到但没有录入星表的星云，使星云的总数达到了110个。

通过更先进的望远镜，人们已经可以确定梅西耶天体的性质了。有些是银河系外的星系，有些是正在形成恒星的气体云，还有一些是超新星爆炸留下的遗迹，或是像太阳这么大的恒星垂死之时抛出的气体。■

梅西耶31号也被称为仙女座星系。它是离银河系最近的大星系。

参见：哈雷彗星 74~77页，描绘南天星空 79页，检查星云 104~105页，星云的性质 114~115页，旋涡星系 156~161页。

打造天堂

银河系

地球上看到的银河系像是一条光带，肉眼无法看到它的单颗恒星。从内部看，这条带子是银河系圆盘状结构的一部分。

背景介绍

关键天文学家：

威廉·赫歇尔（1738—1822年）

此前

1725年 英国天文学家约翰·弗拉姆斯蒂德发布了包含3,000颗恒星的星表，随后又在1729年出版了他的星图。

1750年 托马斯·赖特提出太阳系是恒星盘的一部分。

1784年 查尔斯·梅西耶制作了他最后的星云星表。

此后

1833年 约翰·赫歇尔继续他父亲的工作，出版了一份系统的、包括南天半球观测成果的星图。

1845年 罗斯勋爵观测到了一些星云存在旋涡结构。

1864年 威廉·哈金斯使用发射谱确定了一些星云中有大量的恒星。

银河系是天空中肉眼可见的最壮观景象之一。由于光污染，今天很多人已经看不到来自数十亿颗恒星的光了，但在路灯出现之前，这是很常见的景象。

18世纪80年代，英国天文学家威廉·赫歇尔试图通过观测恒星来确定银河系的形状和太阳的位置。威廉·赫歇尔在他的同胞托马斯·赖特的工作基础上开展了进一步的研究。托马斯·赖特在1750年提出，恒星之所以以一束光的形式出现，是因为它们不是随机分散的，而是被引力连接在一起的，在地球周围形成了一个巨大的光环。

由于银河系看起来似乎在绕着地球转，因此威廉·赫歇尔推断银河系是盘状的。他统计了不同星等（亮度）的恒星数量，发现这些恒星均匀地分布在银河系的各个方向上。这使他认为恒星的亮度表明

参见: 梅西耶天体 87页，南天半球 100~101页，星云的性质 114~115页，旋涡星系 156~161页，银河系的形状 164~165页。

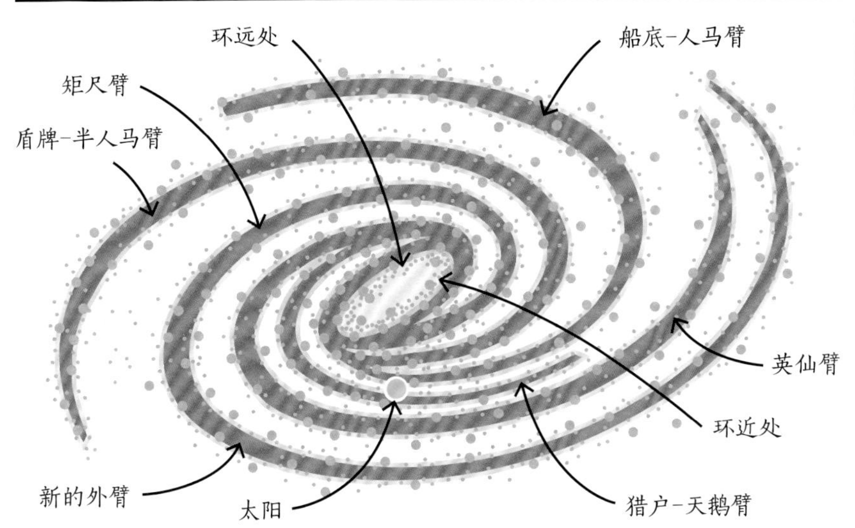

银河系由恒星臂组成，这些恒星臂从中心凸起的“棒”伸出并螺旋展开。这里标出了这些臂。太阳位于距离中心26,000光年的猎户-天鹅臂上。

我观测过一些恒星，可以证明，这些恒星的光到达地球需要200万年的时间。

——威廉·赫歇尔

了它与地球的距离，较暗的恒星距离地球更远。他相信，均匀的分布意味着太阳系接近星系的中心。虽然其他天文学家改进过威廉·赫歇尔的模型，但直到20世纪初他的模型才被取代。

新星云

威廉·赫歇尔在探究星系形状时并不仅限于研究恒星。他还观测了点缀在天空中的模糊光斑——星云。威廉·赫歇尔是一位熟练的望远镜制造者，同时也是一位天文学家。他使用了两架精良的大望远镜，口径分别为126厘米和47厘米。从1782年起，他用这些仪器对“深空”进行了系统的观测，以寻找非恒星的物体。他把这些天体称为星云或星团，并在1786年发表了包含1,000个新天体的详细星表，在1789年和1802年又发表了包含更多天体的星表。根据亮度、大小、是否由密集或分散的恒星团组成，威廉·赫歇尔将他列出的天体分为八类。他还推测，大多数星云在性质和大小上与银河系相似。几十年后，人们确认星云本身就是星系。

今天的银河系模型是一个棒旋星系。大约三分之二的旋涡星系都有像银河系一样的中心棒。早期关于恒星盘的想法大体上是正确的，但盘内的恒星被排列成一系列旋臂，而太阳则位于猎户-天鹅臂的稀疏区域。■

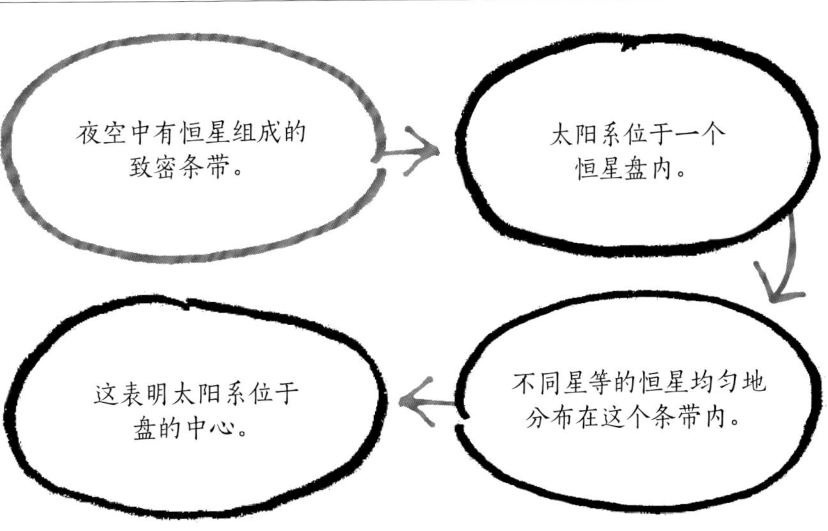

空中飞来的岩石

小行星和陨石

背景介绍

关键天文学家：

恩斯特·克拉尼（1756—1827年）

此前

1718年 艾萨克·牛顿提出行星之间不可能存在任何东西。

1771年 一个壮观的火球在英格兰南部苏塞克斯上空被发现，并继续在法国北部上空出现。

此后

1798年 英国化学家爱德华·霍华德和法国矿物学家雅克-路易斯·德·布尔农分析了来自意大利、英格兰和印度陨石雨的石块和铁块。他们在这些石块中发现了相似比例的镍，表明它们之间存在联系。

1801年 朱塞普·皮亚齐发现了小行星带中最大的天体——谷神星，现在被归类为矮行星。

在18世纪，陨石的真正来源和性质还不为人所知。行星之间被认为是空无一物的，从天上掉下来的炽热的岩石和铁块被认为来自地球上的火山，或者是大气中的灰尘，又或许是闪电的产物。

这个想法可以追溯到艾萨克·牛顿，为了让行星和彗星在正常轨道上不受阻碍地运行，他写道："有必要清空天空中的万物。"

在18世纪90年代早期，一位名叫恩斯特·克拉尼的德国物理学家试图通过研究历史记录来解开这些"落石"之谜。他研究了一块1768年着陆于法国的落石，并对其进行了化学分析。结果表明它是由一块被闪电击中并抛向空中的砂岩形成的。克拉尼随后检查了1772年发现的一块质量超过700千克的物体。它的表面粗糙，充满了空洞，完全不像来自岩质地貌。很显然它已经熔化了。

从太空坠落

克拉尼意识到，无论闪电，还是森林大火，都不可能产生足够的热量来熔化基岩（松散沉积物下的固体岩石）。然而，他所研究的岩石已经变成了一团金属铁。他总结说，这种"铁"只能来自太空，它在穿过大气层时熔化了。

1794年，克拉尼在一本书中发表了他的发现，书中列出了他的主要结论：大量的铁或石块从天而降；大气中的摩擦使它们升温，并

这块铁镍陨石是在北极冰盖上发现的。陨石的奇怪形状是由于进入大气层时在高温下旋转和翻滚而造成的。

参见：引力理论 66~73页，发现谷神星 94~99页，研究陨石坑 212页。

关于从天上落下岩石的报道都非常相似。

这些是可靠的报告。

这些岩石不像本地岩石。

这些岩石显然受到极端高温的影响。

这些岩石在穿过大气时熔化了。

岩石从太空坠落。

产生可见的火球（流星）；这些物质并非来自地球大气层，而是来自大气层之外；它们是从未结合在一起形成行星的天体的碎片。

克拉尼的结论是正确的，但在当时他遭到了嘲笑——直到一些偶然的岩石坠落现象改变了人们的看法。第一次发生在克拉尼的书出版后的两个月内，当时一大块石头落在了意大利锡耶纳的郊区。对它的分析表明，它与地球上发现的任何东西都不同。随后的1803年，将近3,000块石头落在诺曼底艾格尔周围的田地里。法国物理学家让-巴蒂斯特·比奥研究了这场陨石雨。他断定它们不可能来自附近的任何地方。

太阳系的碎片

多亏了克拉尼的工作，科学家们知道了流星是来自太空的岩石或金属块，它们在穿过大气层时被加热到了燃点。产生发光轨迹的物体被称为流星，能够幸存下来并到达地面的就被称为陨石。陨石可能起源于木星和火星之间的小行星带，也可能是火星或月球上抛出的岩石。许多陨石含有称为粒状体的小颗粒，通常认为它们可能来自从未形成更大天体的小行星带。这些是太阳系中最古老的物质，可以告诉科学家很多关于其早期组成的信息。■

恩斯特·克拉尼

恩斯特·克拉尼出生于萨克森一个著名的学者家庭。克拉尼的父亲不认同儿子对科学的兴趣，坚持让他学习法律和哲学。1782年，他在莱比锡大学获得了这些学科的学位。然而，当他的父亲于同年去世后，他转向了物理学。

最初，克拉尼将他的物理知识应用到声学工作中，这让他名声大噪。他确定了刚性表面振动的方式，并将其应用到小提琴的设计中。他后来关于陨石的研究没有引起当时科学家们的注意，如果不是让-巴蒂斯特·比奥在其著作中支持了他的观点，他的研究可能会销声匿迹。

主要作品

1794年 《智神星等相似天体中铁块起源及相关自然现象》

1819年 《火成岩陨石及其产生的坠落物》

上天的机制

引力扰动

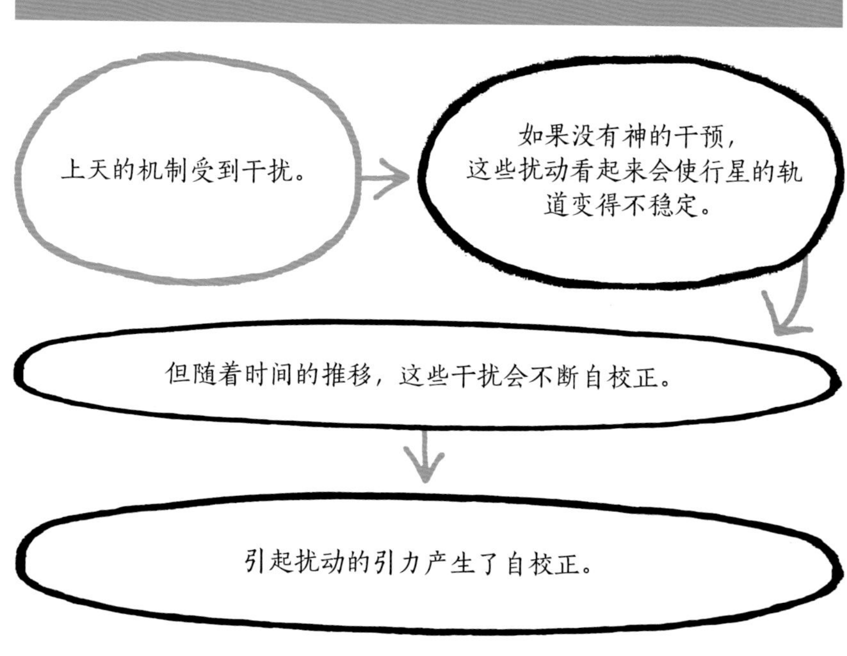

背景介绍

关键天文学家：

皮埃尔-西蒙·拉普拉斯

（1749—1827年）

此前

1609年 约翰尼斯·开普勒确定行星在椭圆形轨道上运行。

1687年 艾萨克·牛顿出版了《自然哲学的数学原理》，阐述了他的万有引力定律和开普勒行星运动定律的数学推导。

1734年 瑞典哲学家伊曼纽尔·斯威登堡概述了太阳系形成的星云理论。

此后

1831年 玛丽·萨默维尔将拉普拉斯的《天体力学》翻译成了英文。

1889年 法国数学家亨利·庞加莱声称不可能证明太阳系是稳定的，为混沌理论奠定了基础。

到18世纪末，太阳系的结构已广为人知。行星在引力作用下沿椭圆形轨道围绕太阳运行。艾萨克·牛顿的万有引力定律为这个太阳系模型提供了数学基础，但仍然存在一些问题。牛顿自己也用观测来验证他的观点，但他注意到行星轨道的摄动。这里他指的是一种额外的力对轨道的扰动，如果不加以纠正，轨道会变得不稳定。因此，牛顿认为，有时需要上帝之手来维持太阳系的稳定状态。

轨道共振

然而，法国数学家皮埃尔-西蒙·拉普拉斯拒绝接受天意的概念。

1784年，他将注意力转向一

参见: 椭圆形轨道 50~55页, 伽利略的望远镜 56~63页, 引力理论 66~73页, 相对论 146~153页, 德朗布尔(目录)336页。

个长期存在的问题，即“木星—土星的强不等性”。拉普拉斯表明是运动轨道共振导致了这两颗行星轨道的摄动。也就是指两个天体的轨道以整数的比例相关。以木星和土星为例，木星围绕太阳运动5圈正好对应土星在其轨道上运转2圈。这意味着当它们处于共振轨道时，它们的引力场对彼此的影响比它们处于非共振轨道时的影响要大。

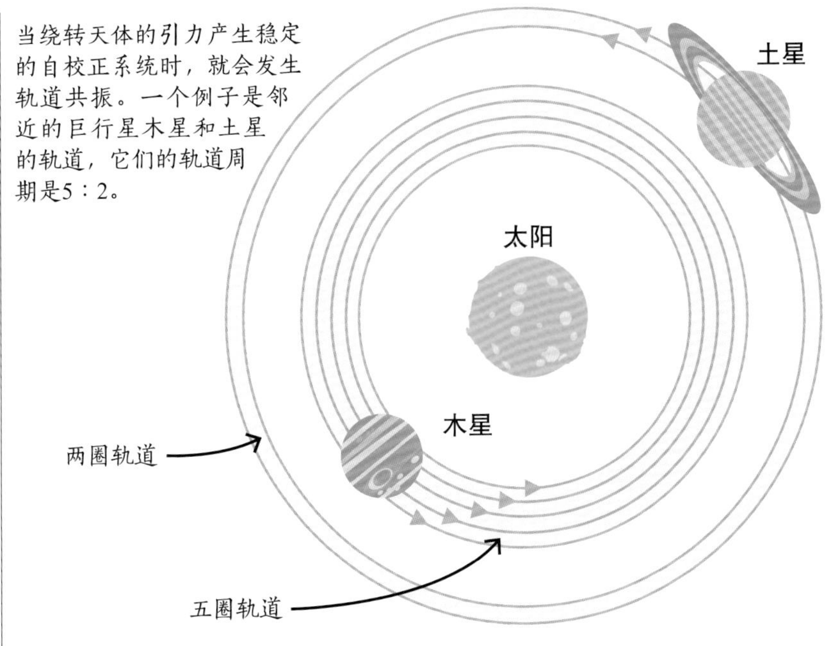

当绕转天体的引力产生稳定的自校正系统时，就会发生轨道共振。一个例子是邻近的巨行星木星和土星的轨道，它们的轨道周期是5∶2。

星云假说

拉普拉斯在两本颇有影响力的书中发表了他关于太阳系的研究成果——一本名为《宇宙体系论》，另一本名为《天体力学》。在他的著作中，他探讨了太阳系由一团原始星云发展而来的观点。拉普拉斯描述了一团旋转的热气体，它冷却并收缩，从外边缘断开成环状。核心物质形成太阳，环中的物质冷却形成行星。

拉普拉斯死后不久，他的著作被苏格兰数学家玛丽·萨默维尔译成了英文，这使得他的思想得到了广泛传播。利用拉普拉斯的新定理，他的同胞让·巴蒂斯特·约瑟夫·德朗布尔得以生成更精确的历表来预测木星和土星的运动。■

皮埃尔-西蒙·拉普拉斯

皮埃尔-西蒙·拉普拉斯出生于法国诺曼底的一个小地主家庭。他的父亲打算让他加入教会，安排他在卡昂大学学习神学。但正是在那里，他对数学产生了兴趣。他放弃了当牧师的念头，搬到了巴黎，在巴黎军事学院获得了教职。在这里，他教出了年轻的拿破仑·波拿巴。这个职位让他有时间致力于研究。18世纪80年代，他发表了一系列有影响力的数学论文。当拿破仑在1799年掌权时，拉普拉斯成了元老院的一员，并在许多科学委员会中任职。他继续研究天文学中的数学，到他去世时，他一共完成了五本关于天体力学的书。

主要作品

1784年 《球状物体的引力理论与行星形状》

1786年 《宇宙体系论》

1799—1825年 《天体力学》

我推测那可能是比彗星更好的东西

谷神星的发现

2
1
3

背景介绍

关键天文学家：

朱塞普·皮亚齐（1746—1826年）

此前

1596年 约翰尼斯·开普勒提出太阳系中存在未观测到的行星。

1766年 约翰·提丢斯预测火星和木星之间存在一颗行星。

1781年 威廉·赫歇尔发现了天王星，并证实了约翰·波德提出的轨道模式。

1794年 恩斯特·克拉尼提出陨石是曾经在轨道上运动的岩石。

此后

1906年 在木星轨道上发现了特洛伊小行星。

1920年 在木星和海王星之间发现了第一颗“半人马”小行星（轨道不稳定的小行星）。

2006年 谷神星被归类为矮行星。

行星的轨道似乎遵循一个数学公式。

根据这个公式推断，火星和木星之间的空隙中应该存在一个绕太阳轨道运行的天体。

空隙中发现的谷神星的体积太小而不能被算为行星，但它的轨道又不符合彗星的轨道特点。

谷神星是一颗小行星，是该区域数千颗小行星中的一员。

几个世纪以来，夜空中已知的“流浪恒星”或行星有5颗。加上太阳和月亮，从地球上可以看到的太阳系主要天体总数达到了7颗——一个充满神秘意义的数字。随后在1781年，威廉·赫歇尔在土星轨道之外发现了天王星，这迫使天文学家开始重新思考这个数字。然而，当这颗新行星的轨道被置于新版的太阳系平面图中时，另一个数字难题出现了。

发现空隙

1766年，一位名叫约翰·提丢斯的德国天文学家发现了行星轨道距离之间的数学联系。他将土星的轨道到太阳的距离除以100，作为测量所有其他轨道的单位。水星的轨道距离太阳4个单位，从那里开始算起的每一颗行星的位置都与3的倍数有关，或者说数字顺序为0、3、6、12、24、48和96。水星距离太阳4＋0个单位，金星距离太阳4+3个单位，地球距离太阳4+6个单位，火星距离太阳4＋12个单位，

朱塞普·皮亚齐

同其他意大利富裕家庭里年幼的儿子一样，朱塞普·皮亚齐的职业生涯始于天主教堂。25岁左右的时候，他的学术能力已有目共睹。1781年，他被任命为西西里岛巴勒莫一所新成立的学院的数学教授，但很快他就转向了天文学。他在这个岗位上的第一个任务是建造一个新的天文台，他在那里安装了巴勒莫圈（Palermo Circle）——一架在伦敦建造的1.5米口径的望远镜。它是当时世界上最精确的望远镜。皮亚奇以他的勤奋而闻名，他可以花上连续4个晚上以上的时间进行测量以找出平均误差。1806年，他记录了天鹅座61的快速自行。这促使一些天文学家使用该恒星的视差来测量恒星之间的距离。

主要作品

1803年 《恒星无极》（恒星星表）

1806年 《巴勒莫皇家天文台（第六卷）》

参见：椭圆形轨道 50~55页，观测天王星 84~85页，小行星和陨石 90~91页。

从火星开始，出现的是4+24=28这个单位的区域，但到当时为止还没有在那里发现行星。然而上天缔造者会把这个空间空出来吗？完全不会。

——约翰·提丢斯

木星距离太阳4 + 48个单位，土星距离太阳4 + 96个单位。在4 + 24个单位的区域中没有已知的行星，所以在火星和木星之间出现了一个空隙。提丢斯提出，必然有一个未知的天体占据了这个空隙。然而，他的发现似乎令人难以置信——火星和土星的测试结果和实际略有出入，所以很少有天文学家真的关注提丢斯的研究结果。

1772年，一位名叫约翰·波德的德国人对提丢斯的研究结果稍做修改，得到了更多的认可。因此，多数人都将这个理论称为波德定律。当发现天王星时，波德定律预测它与太阳的距离为196个单位。最终表明它在更近的192个单位处，但也足够接近了。当然，这意味着在28个单位的区域中也必须存在一颗行星。

1800年，由弗朗茨·艾克塞瓦·冯·扎克、海因里希·奥尔伯斯和约翰·施罗德领导的德国天文学家团队决定对这一空隙展开研究。他们的计划是将黄道带——所有行星都在其中运行的狭长地带——进行分割，并要求欧洲24位顶尖的天文学家在每个区域里进行巡查，寻找类似行星的运动。他们组建的团队被称为天体警察。但最终，使这一空缺得到填补的是直接的运气，而不是效率。

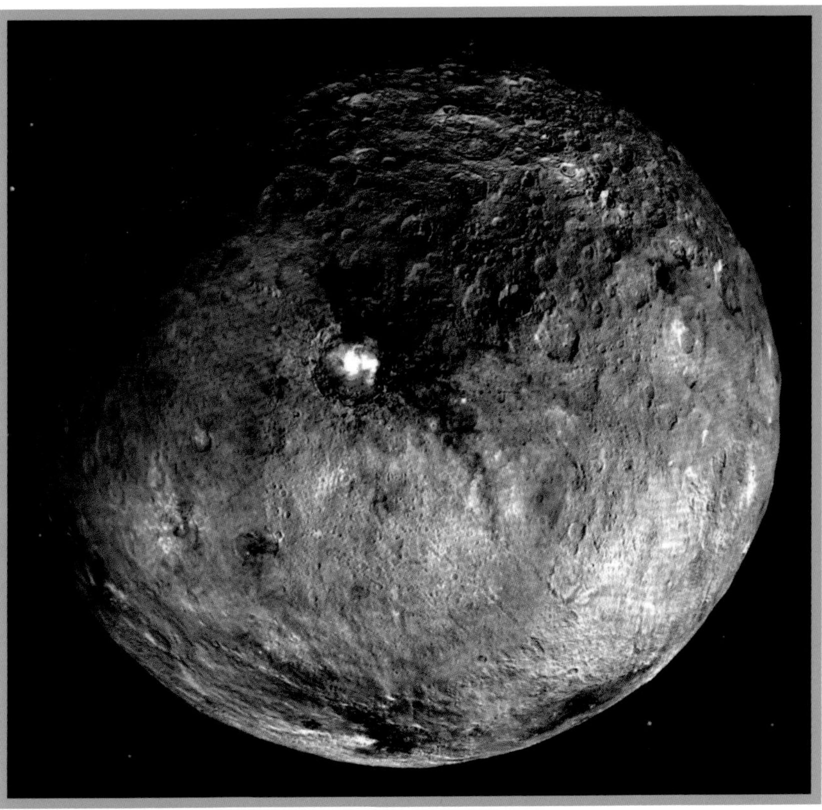

NASA的“黎明号”太空船于2015年拍摄的谷神星——小行星带中最大的天体，也是其中唯一一颗由于自身重力而形成球形的天体。

巡天望远镜

天体警察之一的天文学家朱塞普·皮亚齐，住在西西里岛的巴勒莫。和当时的大多数天文学家一样，皮亚齐主要关注的是绘制精确的星图。为此，他买了一架现在被称为巴勒莫圈的巡天望远镜。尽管它不是当时功能最强大的望远镜，但它安装的地平装置可以垂直和水平移动，使它能够非常准确地测量恒星的位置，这一特点可以为天文学家带来丰厚的回报。

1801年新年第一天的晚上，皮亚齐还没有接收到天体警察的指令，因此他整晚都在巡天观测恒星并记录了一颗位于金牛座的新的暗弱天体（星等8等）。第二天晚上，皮亚齐检查了他的测量结果，发现这个天体有轻微的移动。这意味着它肯定不是一颗恒星。

皮亚齐持续24天观测这个天体。起初，他以为那是一颗彗星——一个相对常见的发现，但他的观测很快就给出了不同的结论。他看不到模糊的彗发或尾巴，而且彗星接近太阳时会加速，而皮亚齐发现这个天体走的是一条更稳定的圆形路线。在给波德的信中，皮亚齐明确表示了他的怀疑：这可能就是大家都在寻找的那颗失踪的行星。

1801年3月底，波德听到这个消息后，立即宣布发现了一颗新行星，他把它命名为朱诺（由于刚刚为天王星选了名字，显然他觉得自己完全有这个权利）。其他的天文学家更喜欢赫拉这个名字，但是唯一真正看到过这个天体的人——皮亚齐选择了谷神星这一名字，即以罗马农业女神的名字来命名。

到了6月，谷神星沿着轨道进入了太阳光闪耀的天空范围。皮亚齐在此期间一直在生病，所以除了绘制最简单的轨道弧线，他没有精力绘制其他东西。计算表明秋天可以再次看到谷神星。但是，无论怎么努力，皮亚奇和其他人都找不到谷神星了。

数学直觉

冯·扎克决定根据直觉，把谷神星轨道的细节发给数学家卡尔·弗里德里希·高斯。在不到六周的时间里，高斯计算了谷神星可能出现的所有地方。整个12月，冯·扎克差不多都在研究高斯的预言，在1802年新年的前夜，也就是人们第一次看到谷神星的一年之后，他发现了谷神星。

谷神星的轨道与太阳的距离为27.7个单位，与预测的位置非常接近。然而，轨道数据显示，这个太阳系的新成员比已知的行星要小得多。威廉·赫歇尔早期估计谷神星的直径只有260千米。几年后，施罗德计算得出的直径为2,613千米。而实际的数值是946千米。

天体警察继续进行搜寻，在1802年3月，奥伯斯发现了第二个距离太阳同样远的、类似谷神星的天体，他给它起名为帕拉斯（智神

皮亚齐的望远镜——巴勒莫圈，它是由杰西·拉姆斯登建造的。它的精密性使皮亚齐在测量恒星位置时的精度能够达到几角秒。

第三天晚上，怀疑得到了证实，我确信那不是一颗固定的恒星。一直等到第四天晚上，我很满意地看到它运动的速度和前几天一样。

——朱塞普·皮亚齐

星）。1804年，卡尔·哈丁发现了第三颗并将其命名为朱诺（婚神星）。1807年，奥伯斯又发现了第四颗，命名为维斯塔（灶神星）。所有这些天体后来都被证明比谷神星还要小——灶神星和智神星的宽度略大于500千米，而婚神星只有谷神星的一半大小。

小行星带

天体警察称他们的发现为Minor Planet（直译为小行星），但威廉·赫歇尔选择了另一个名字——Asteroid（现行专用名词：小行星），意思是像星星一样。威廉·赫歇尔认为，与真正的行星不同，这些小天体没有可辨别的特征，或者至少用当时的望远镜是看不出来的，如果不是因为它们移动了，仅从星光很难觉察到它们。也许威廉·赫歇尔仍在为自己20年前发现的那颗行星命名失败而痛心，他保留了自己的意见，并表示："如果出现另一个名字更能表达它们的本质，那么这个名字也可以改变。"

不过没有出现更好的名字，在1815年天体警察解散后，发现的小行星的数量持续增加。到1868年，这个数字达到了100颗；1985年达到了3,000颗。数字照相和图像分析的出现，使小行星的记录数量增加到5万多颗。这些小行星散布在距离太阳28个单位的空隙附近。奥伯斯和威廉·赫歇尔曾讨论过这样的一种可能性：这些小行星可能是一颗行星的残骸，在被一场天文灾难摧毁之前，它在这条空隙中绕转。今天，人们认为木星附近的引力干扰在最初阻止了小行星聚积成行星，就像原始太阳系中相似的盘状结构在其他位置的作用一样。

在其他小行星累积重力的持续影响下，大约80%的已知小行星的轨道都不稳定。人们监测特别靠近地球的13,000个左右的天体——近地小行星（NEAs），以预测和防止未来的毁灭性影响。

它们很像小恒星，以至于很难将它们与恒星区分开来。因此，从它们的恒星状外观来说，如果让我取名字，就叫它们Asteroids。

——威廉·赫歇尔

2011—2012年，"黎明号"宇航飞船访问了小行星灶神星。它位于谷神星的轨道内，这是地球上能看到的最明亮的小行星。

特洛伊小行星

还有一些被称为特洛伊的小行星，它们与行星的运行轨道相同，在远离其主天体的引力稳定的"平动点"聚集。其中大部分位于木星系统，在那里它们聚集成两个团体："特洛伊营"和"希腊营"。火星和海王星都有特洛伊小行星，2011年发现了第一颗地球的特洛伊小行星。

2006年，国际天文学联合会将谷神星列为小行星带中唯一的矮行星。与此同时，冥王星被重新归类为矮行星。海王星和冥王星的轨道都不符合波德定律的预测。尽管波德定律在谷神星的发现中起了重要作用，但它现在被视为数学上的巧合，而非解开太阳系形成之谜的钥匙。■

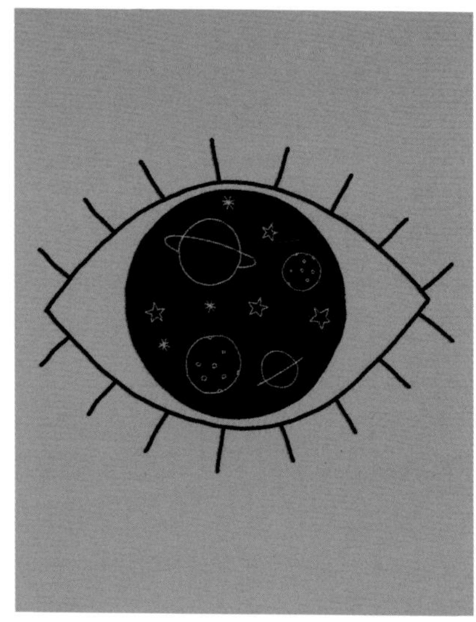

覆盖全天的巡天

南天半球

背景介绍

关键天文学家：

约翰·赫歇尔（1792—1871年）

此前

1784年 查尔斯·梅西耶发表了80个已知星云的列表。

此后

1887年 巴黎天文台台长阿米迪·穆切斯发起了一项雄心勃勃的计划：用照相的方法观测整个天空。

1918年 覆盖大部分天空的《亨利·德雷珀星表》由哈佛大学天文台出版。

1948~1958年 加利福尼亚的帕洛玛天文台完成了其主要的巡天测量。

1989~1993年 依巴谷卫星收集了超过250万颗恒星的数据。

1786年至1802年间，威廉·赫歇尔出版了一份星表，列出了夜空中1,000多个新发现的天体。1822年威廉去世之后，他的儿子约翰延续了他的工作，并以更大的眼界和雄心进行了一次完整的夜空巡天。威廉的观测都是在英格兰南部进行的，所以观测的极限只能到天赤道以下33°左右。为了观测其他的天区，他的儿子必须在南天半球的某个地方进行观测。

银河系的核心在南天半球是看得最清晰的。黑暗区域是星光被星际尘埃阻挡的范围。

约翰选择在南非定居。1833年，他带着他的家人、一个助手，以及他父亲留下的6米焦距的望远镜搬到了那里。这是他用来观测北天的一台设备，约翰选择它是为了确保从南天半球收集到的新数据与已获取的数据具有可比性。他们一家人在桌山脚下的一所房子里安顿了下来，其位置距离山峰够远，从而可以避开山顶上经常聚集的云。而在接下来的四年里，约翰一直在努力完成他的巡天。

南方的天空

麦哲伦星云是靠近银河系的两个矮星系，而且只能在南天半球看到。虽然用肉眼就可以看到它们，但约翰的望远镜观测为天文学家提供了第一份详细的观测资料。他编制了一个包含1,000多颗恒星、星团及银河系中星云的星

参见: 梅西耶天体 87页, 银河系 88~89页, 检查星云 104~105页。

在任意一个半球，总有一部分天球被隐藏着。

↓

在英国进行的巡天遗漏了低于天赤道以下33°的所有天体。

↓

在南非进行的附加观测构成了一个完整的巡天。

↓

把两个半球的观测结果结合起来，就可以得到对整个天空的观测结果。

表。

约翰还仔细观察了银河系内恒星的分布。

太阳系在银河系中所处的位置导致银河系最亮的部分，也就是现在所知的银河系的核心，只有在北天半球夏季夜晚的地平线上才能短暂地被看到。而在南天半球，在一年中更黑的月份、在天空中更高的地方均可以看到明亮的银心，这也使得约翰的观测更容易、更细致。

约翰工作的最终成果《星云和星团总表》一共列出了5,000多个天体。这是一个完整的恒星星表，其中包括他和他的父亲观测过的所有天体，以及许多其他如查尔斯·梅西耶发现的天体。■

这些恒星是宇宙的标志。

——约翰·赫歇尔

约翰·赫歇尔

约翰·赫歇尔于1816年离开剑桥大学，当时他已经是一位著名的数学家了。他和他的父亲威廉一起工作。在1822年威廉去世后，约翰继续他父亲的工作，并成为皇家天文学会的创始人之一，担任了三届主席。他在1826年结婚，生了12个孩子。除了天文学，约翰还有许多爱好。在南非时，约翰和他的妻子制作了一个植物图集。他还对摄影、彩色还原实验做出了重要贡献，并发表了关于气象学、望远镜学和其他学科的论文。

主要作品

1831年 《对自然哲学研究的初步论述》

1847年 《在好望角天文观测的结果》

1864年 《星云和星团总表》

1874年 《10,300颗多星和双星总表》

恒星的视运动

恒星视差

背景介绍

关键天文学家：

弗里德里希·贝塞尔

（1784—1846年）

此前

公元前220年 阿里斯塔克斯提出，因为看不到视差，所以普遍认为恒星离我们很远。

1600年 第谷·布拉赫反对哥白尼的日心说宇宙模型，部分原因是他无法探测到恒星的视差。

此后

1912年 亨利埃塔·斯旺·勒维特证实了一类变星的周期与亮度之间存在联系，使得这些恒星被当成计算距离的"标准烛光"。

1929年 埃德温·哈勃发现了星系发出的光的红移与其距离之间的联系。

1938年 弗里德里希·格奥尔格·威廉·斯特鲁夫测量了织女星的视差，托马斯·亨德森测量了半人马座阿尔法星的视差。

视差指因观测者位置的改变造成的近邻天体相对于远处天体的视运动。根据这一现象，当地球绕其轨道运行时，附近的恒星相对更遥远的背景恒星的位置看起来会发生变化。利用视差测量近邻恒星距离的设想可以追溯到古希腊。然而，因为涉及的距离远远超过任何人的想象，这种想法直到19世纪才得以实现。

德国天文学家弗里德里希·贝塞尔致力于精确测定恒星的位置，并发现它们的自行（由恒星的运动引起的位置的变化，而不是由夜晚或季节引起的视位置的变化）。到了19世纪30年代，随着望远镜性能的提高，人们开始争相对恒星视差进行精确测量。1838年，贝塞尔测得天鹅座61的视差为0.314角秒，这表明它与地球的距离为10.3光年。目前的估计是11.4光年，贝塞尔的测量误差还不到10%。■

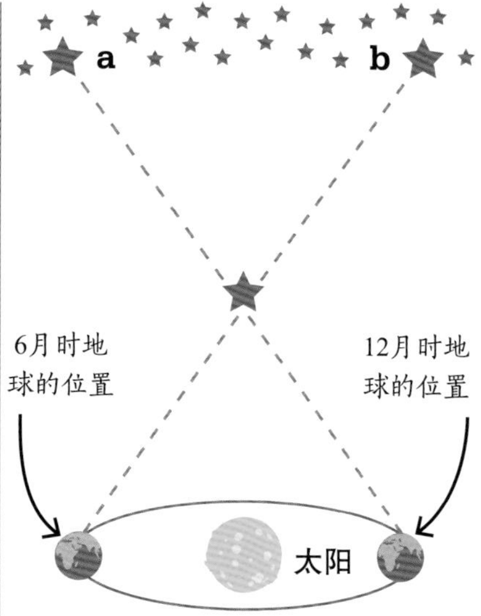

由于视差的影响，近邻恒星相对于遥远背景恒星的视位置从6月的b移到了12月的a。

参见：第谷模型 44~47页，丈量宇宙 130~137页，银河系之外 172~177页。

太阳黑子周期性现身

太阳表面

背景介绍

关键天文学家：

塞缪尔·海因里希·施瓦贝

（1789—1875年）

此前

公元前800年 亚洲的占星家通过记录太阳黑子来帮助预言。

1128年 英国历史学家约翰绘制了太阳黑子图。

1801年 由于太阳黑子影响着地球的气候，因此威廉·赫歇尔将太阳黑子的数量和小麦价格联系了起来。

此后

1845年 法国物理学家菲佐和莱昂·傅科拍摄了太阳黑子。

1852年 爱尔兰天文学家爱德华·萨宾证明地球上磁暴的数量与太阳黑子的数量相关。

1908年 美国天文学家乔治·埃勒里·海尔发现太阳黑子是由磁场变化引起的。

太阳黑子是太阳表面较冷的区域，是由太阳磁场的变化引起的。在中国，对太阳黑子首次有文字记载的观测始于公元前800年左右，但直到1801年，英国天文学家威廉·赫歇尔才将太阳黑子与地球气候变化联系起来。

德国天文学家施瓦贝于1826年开始观测太阳黑子。他在寻找一颗比水星更接近太阳的新行星，并将其临时命名为火神星。直接观测这样一颗行星是非常困难的，但施瓦贝认为他可能会看到一个在太阳前面移动的黑点。他没有发现火神星，但他发现了太阳黑子的数量变化存在11年的周期。

瑞士天文学家鲁道夫·沃尔夫研究了施瓦贝及其他人的观测结果，其中一些甚至可以追溯到伽利略时期。他将1755—1766年的周期编号为1。最终，他发现每个太阳黑子周期中的很长一段时间内太阳黑子的数量都很低。威廉·赫歇尔没有注意到这种现象，因为他是在现在所谓的道尔顿极小期内观察到的，那时太阳黑子的总数就很低。■

太阳黑子可以持续几天到几个月。最大可达木星大小。

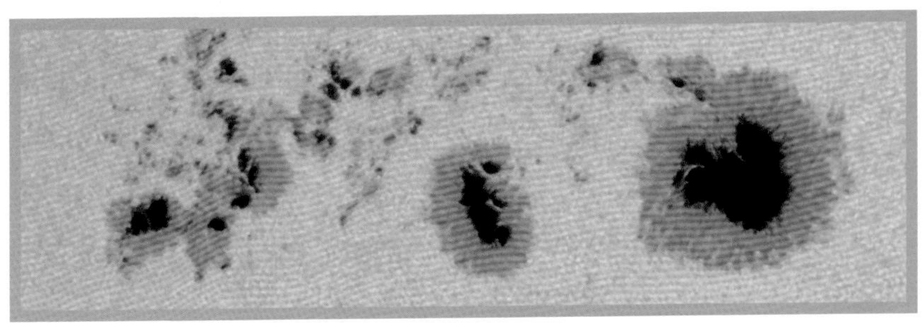

参见：观测天王星 84~85页，太阳黑子的性质 129页，卡灵顿（目录）336页。

发现一种旋涡状的排列

检查星云

背景介绍

关键天文学家：

罗斯勋爵（1800—1867年）

此前

1784年 查尔斯·梅西耶发表了可见星云星表。

1785年 威廉·赫歇尔发表了星云星表，并推测许多星云在形状和大小上与银河系相似。

1833年 约翰·赫歇尔通过观测来自南天半球的天体扩展了他父亲的星表。

1864年 威廉·哈金斯发现一些星云是发光气体云，而不是聚集的恒星。

此后

1917年 维斯托·斯莱弗得出结论：旋涡星系是"岛宇宙"，银河系就是我们从里面看到的这类星系之一。

肉眼看来，星云是由气体或恒星组成的模糊的光斑。

望远镜表明一些星云是恒星团。

较大的望远镜可以观测到旋涡结构。

19世纪40年代，英国贵族罗斯勋爵威廉·帕森斯决定用自己的部分巨额财富建造世界上最大的反射式望远镜。罗斯很想重新研究约翰·赫歇尔在19世纪早期列出的一些星云，特别是那些看起来不像是星团的星云。

为了重新观测这些星云，罗斯需要建造一个比赫歇尔的望远镜更大、更好的望远镜。多年来，他一直在试验如何铸造一个直径为0.9米的镜子。当时使用的是一种铜和锡的合金金属镜，这种易碎的材料冷却后容易开裂。

尽管困难重重，到1845年，罗斯还是成功地制造出了直径为1.8米的镜子。他把镜子装在爱尔兰帕森斯敦附近的比尔城堡的望远镜上。在1917年美国加州的威尔逊山2.5米镜建成之前，这台望远镜一直是世界上最大的反射式望远镜。

事实证明，爱尔兰中部并非建造望远镜的理想之地，因为那里多云或多风的天气常常不利于观测。望远镜本身的机动性有限，这意味着只能观测到一小部分天空。尽管如此，当天气晴朗时，罗斯仍能够使用这台巨大的设备来观测和记录一些星云的旋涡结构，它们今天被称为旋涡星系。罗斯发现的第

参见: 梅西耶天体 87页, 银河系 88~89页, 南天半球 100~101页, 星云的性质 114~115页, 旋涡星系 156~161页。

一个旋涡星系是后来被称为涡状星系的M51。今天，已经观测到的所有星系中大约有四分之三是旋涡星系。然而，人们认为这些星系最终会演变成椭圆星系。椭圆星系由较老的恒星组成，亮度较暗，更难被发现，但天文学家认为它们可能是宇宙中最常见的星系类型。

星云假说

19世纪中期，天文学家仍在争论星云是由气体组成的还是由恒星组成的。1846年，罗斯在猎户座星云中发现了大量的恒星，因此有一段时间，气体星云的概念遭到了排斥。然而，尽管这些恒星是真实存在的，但它们的存在并不意味着没有气体。直到1864年，威廉・哈金斯才用光谱分析法证明了某些星云的气态性质。■

我们现在用来识别星云的光，一定仅仅是许多年前离开它们表面的东西……那些在很久以前就完成了的过程产生的幻影。

——埃德加・艾伦・坡

爱尔兰帕森斯敦的利维坦望远镜是一根长16.5米的管子，上面托举着一面重达3吨的镜子。整个望远镜重约12吨。

罗斯勋爵

1800年，威廉・帕森斯出生于约克郡，1841年他的父亲去世后，他成为罗斯勋爵三世。他在都柏林圣三一学院接受教育，并在牛津大学获得了数学一级学位。他在1836年结婚，但他的13个孩子中只有4个活到了成年。罗斯勋爵的庄园在爱尔兰，也就是他建造望远镜的地方。

1845年，罗斯勋爵公开了关于星云的发现后，受到了约翰・赫歇尔的批评。约翰认为星云本质上是气态的。两人都指责对方使用了有缺陷的设备。然而最终，他们都没有成功地找到足够的科学证据来解决星云究竟是气体还是恒星的问题。

主要作品

1844年 《关于大型反射式望远镜的建造》

1844年 《部分星云的观测》

1850年 《星云观测》

你所指的位置上确实存在行星

海王星的发现

背景介绍

关键天文学家：

奥本·勒维耶（1811—1877年）

此前

1781年 威廉·赫歇尔发现了天王星。

1781年8月 天文学家安德斯·列克星发现天王星轨道不规则，并认为这是由于其他未被发现的行星造成的。

1799—1825年 皮埃尔-西蒙·拉普拉斯用数学方法解释了摄动。

1821年 法国天文学家亚历斯·布瓦尔发表了关于天王星未来位置的预测。后来的观测与他的预测不相符。

此后

1846年 在发现海王星17天之后，英国人威廉·拉塞尔发现了它最大的卫星海卫一。

1915年 阿尔伯特·爱因斯坦通过相对论解释了水星轨道的摄动。

在1781年威廉·赫歇尔发现天王星的数月后，天文学家发现了天王星轨道上的不规则现象或摄动。大多数轨道上的摄动是因其他大型天体的引力作用产生的，但是对于天王星而言，没有已知的行星能够造成观测到的运动。这使得一些天文学家提出，在天王星之外的轨道上一定存在一颗行星。

寻找隐形者

奥本·勒维耶通过假设一颗未被发现的行星的位置，并利用牛顿万有引力定律计算出它对天王星的影响，解决了天王星的摄动问题。他比较了这一预测和天王星的观测结果，根据天王星的运行情况修正了预测。经过多次重复，勒维耶确定了一颗未知行星的可能位置。他在1846年向科学院提出了他的想法，还写信把他的预测告诉了柏林天文台的约翰·加勒（1812—1910年）。

加勒在1846年9月23日早晨收到了勒维耶的信，并且得到了许可去寻找这颗行星。当天晚上，

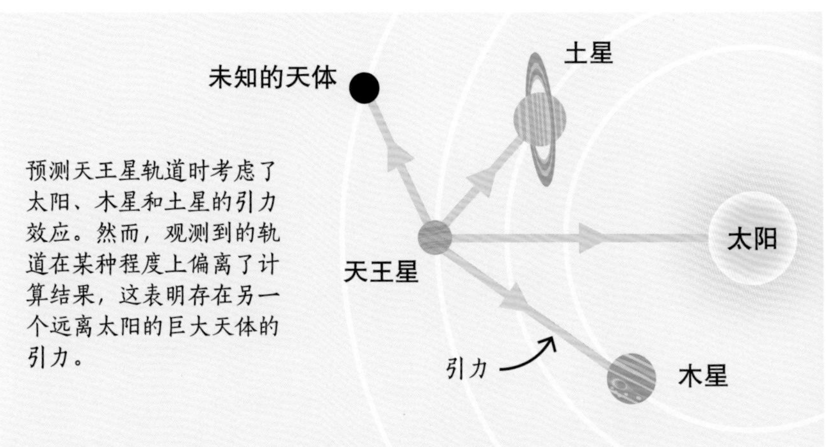

预测天王星轨道时考虑了太阳、木星和土星的引力效应。然而，观测到的轨道在某种程度上偏离了计算结果，这表明存在另一个远离太阳的巨大天体的引力。

参见: 银河系 88~89页, 引力扰动 92~93页, 相对论 146~153页。

行星轨道上的摄动可以用太阳系中其他天体的引力效应来解释。

天王星的轨道存在任何已知天体都无法解释的摄动。

天王星之外可能还有另一颗行星。

牛顿万有引力定律告诉我们去哪里寻找这颗行星。

海王星是在非常接近数学预测的地方被发现的。

他和助手海因里希·德斯卡普一起，在距离预测位置不到1°的地方找到了一个未知天体。随后几个晚上的观测表明，这个天体相对背景恒星是在运动的，也就是说，它确实是一颗行星——根据勒维耶的建议，这颗行星后来被命名为海王星。加勒后来把这一发现归功于勒维耶。

独立的发现

当勒维耶计算这颗未知行星的位置时，英国天文学家约翰·库奇·亚当斯（1819—1892年）也在寻找天王星轨道摄动的原因。他完全独立地得出了与勒维耶相似的结论，但他的结论直到加勒观察到这颗新行星后才发表。关于这一发现应该归功于谁存在一些争议，但亚当斯总是表示应当归功于勒维耶。

加勒并不是第一个观测到海王星的人。确定了海王星的轨道之后，查阅以往的资料，人们发现有人早就观测过它，但并不知道它是一颗行星，这其中就包括伽利略和约翰·赫歇尔。后来，勒维耶用类似的技术分析了水星的轨道，发现其轨道上的摄动不能用牛顿力学来解释。他认为这可能与另一颗更靠近太阳的行星的影响有关，并将其临时命名为火神星。当爱因斯坦用他的广义相对论解释这些摄动时，这种推测就显得没有必要了。■

奥本·勒维耶

奥本·勒维耶就读于巴黎附近的巴黎理工学院。毕业后，他最初的兴趣是化学，后来转到天文学。他的天文学研究集中在天体力学上——用数学描述太阳系中天体的运动。勒维耶在巴黎天文台获得了一个职位，在那里度过了他的大半生，并从1854年起担任台长。然而，由于管理风格不受欢迎，他在1870年被取代。1873年他的继任者溺水身亡后，他再次担任这一职位，直到1877年去世。

勒维耶的早期职业生涯集中在皮埃尔-西蒙·拉普拉斯关于太阳系稳定性的研究上。他后来继续研究周期性彗星，之后又将注意力转向探寻天王星的轨道之谜上。

主要作品

1846年 《赫歇尔行星运动研究》

THE RISE OF ASTROPHYSICS

1850–1915

天体物理学的崛起

1850年—1915年

德国人古斯塔夫·基尔霍夫和罗伯特·本森研究了光谱线背后的物理原理。

1854年

意大利牧师安吉洛·塞奇启动了一项根据光谱对恒星进行分类的计划。

1863年

美国天体摄影先驱亨利·德雷珀拍摄了猎户座星云的第一张照片。

1880年

1862年

苏格兰物理学家詹姆斯·克拉克·麦克斯韦创造了一组描述光的波动行为的方程。

1868年

英国天文学家约瑟夫·诺曼·洛克耶发现了太阳中的一种新元素，并称之为氦。

1888年

英国业余天文学家艾萨克·罗伯茨用长曝光照相揭示了仙女座星云的结构。

在19世纪初，天文学的主要任务是记录恒星和行星的位置，理解和预测行星的运动。随着新的彗星不断被发现，人们越来越了解各种各样遥远的天体，如变星、双星和星云天体。然而，对这些遥远天体的性质，如它们的化学成分或温度，人们知之甚少。解开这些谜团的关键就是分析它们的光谱。

解码星光

发光的物体发出的光会覆盖一定的波长范围，我们可以把它当成一道从最长波长（红色）到最短波长（紫色）的彩虹。当对光谱进行细致分析时，我们就会发现许多细微的变化。一条典型的恒星光谱有大量的暗线，一些细而暗，一些宽而黑。

早在1802年，人们就注意到了太阳光谱中的这些线，但是率先研究特殊光谱背后的物理意义的物理学家是古斯塔夫·基尔霍夫和罗伯特·本森。重要的是，在1860年前后，基尔霍夫证明了不同的暗线模式是不同化学元素的光谱指纹。这是一种研究太阳和恒星成分的方法。它甚至让人们发现了前所未知的氦元素。英国天文学家威廉·哈金斯和他的妻子玛格丽特——一位通过照相记录观测的先驱，热情地接受了这个天文学的新分支。他们不局限于研究恒星，还研究星云的光谱。

到了19世纪末，人们意识到想要充分理解恒星的本质，似乎有必要系统地记录它们的光谱并对其进行分类。

对我们而言，光是这些遥远世界存在的唯一证据。

——詹姆斯·克拉克·麦克斯韦

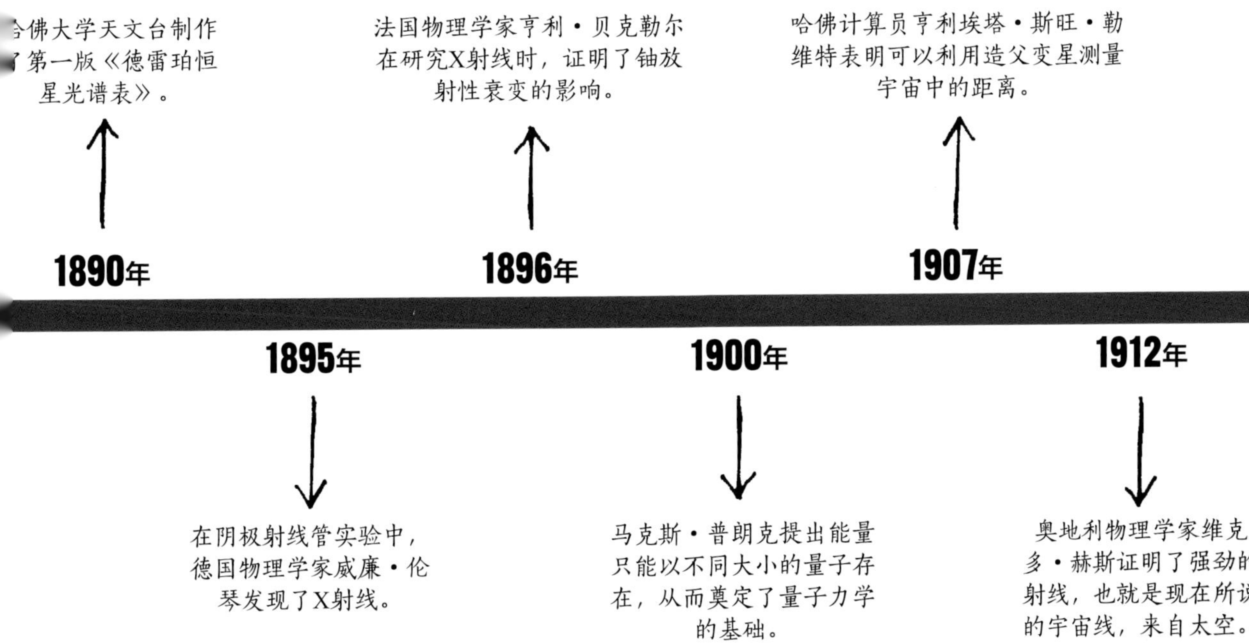

恒星分类

这项艰巨的任务是在哈佛大学天文台进行的，台长爱德华·C.皮克林聘用了一大批女性来完成这项艰巨的任务。在这里，安妮·江普·坎农发明了基于温度序列的恒星分类系统，这个系统至今仍在使用。坎农个人对50万条恒星光谱进行了分类。星表不仅包括它们的位置，还包括它们的视星等（视亮度）和光谱的精确信息。当天文学家分析新数据时，这些信息很快就派上了用场。坎农在哈佛大学的同事安东尼娅·莫里意识到，简单的温度序列并没有考虑到恒星类型之间的细微差异。埃希纳·赫茨普龙和亨利·诺里斯·罗素分别对这一理论进行了独立的后续研究，最终发现具有同样颜色的恒星可能是巨星，也可能是矮星，并因此发现了第一颗白矮星。

恒星物理学

在这大约50年的时间里，前沿天文学改变了它的焦点。到20世纪初，物理学——研究物质、力和能量，以及它们之间关系的学科，被应用到了对太阳和恒星的研究上，这极大地影响了未来天文学的发展方向。基础物理学的重大发展对天文学产生了影响。例如，英国人詹姆斯·克拉克·麦克斯韦在1873年发表了他的电磁学理论，用类似于光的电磁波性质来描述电磁辐射。1895年和1896年，X射线和放射性先后被发现。1900年，德国物理学家马克斯·普朗克以惊人的灵感为量子力学奠定了基础，他假设电磁能以一种特定大小的“包”（量子）的形式存在。这些发现为观察天空提供了新方法，并为了解恒星内部发生变化的过程带来了新的曙光。从此物理学和天文学密不可分。■

我们可以在太阳大气中找到钠

太阳光谱

背景介绍

关键天文学家：

古斯塔夫·基尔霍夫

（1824—1887年）

此前

1802年 英国化学家威廉·海德·沃拉斯顿采用将太阳光通过狭缝和棱镜的方法得到了太阳光谱图像，并注意到了光谱中有七条黑线。

1814年 分光镜的发明者约瑟夫·冯·夫琅和费在太阳光谱中发现了574条同样的暗线，并描绘了细节。

此后

1913年 丹麦物理学家尼尔斯·玻尔提出了一个原子模型。在这个模型中，电子在不同能级之间的跃迁导致特定波长的辐射被发射或吸收。

1814年，一位名叫约瑟夫·冯·夫琅和费的德国光学仪器制造商发明了分光镜（参见第113页的图）。这使得人们可以高精度地展示和测量太阳或任何其他恒星的光谱。夫琅和费注意到，太阳光谱中存在500多条暗线，每条暗线都位于一个精确的波长（颜色）上。这些线后来被称为夫琅和费线。

到19世纪50年代，德国科学家古斯塔夫·基尔霍夫和罗伯特·本森发现，在火焰中加热不同的化学元素时，会发出一种或多种对应于这种元素特征波长的光，像指纹一样表明元素的存在。基尔霍夫注意到，某些元素发出的光的波长与夫琅和费线的波长一致。特别是，钠在589.0纳米和589.6纳米波长的辐射正好符合两条夫琅和费线。基尔霍夫指出，炽热而致密的气体，如太阳，会发出各种波长的光，从而产生连续谱。然而，如果光穿过温度和密度较低的气体，比如太阳的大气层，其中的一些光可能会被某种元素（例如钠）在特定波长吸收，并与该元素被加热时发出光的波长相同。光的吸收会造成光谱上的间隙，也就是现在所说的吸收线。■

测定太阳和特定恒星化学成分的大门已经打开了。

——罗伯特·本森

参见： 分析星光 113页，恒星特征 122~127页，完善恒星分类 138~139页，恒星组分 162~163页。

通过光谱将恒星分组

分析星光

背景介绍

关键天文学家：

安吉洛·塞奇（1818—1878年）

此前

1802年 威廉·海德·沃拉斯顿注意到太阳光谱中存在暗线。

1814年 德国透镜制造商约瑟夫·冯·夫琅和费测量了这些暗线的波长。

1860年 古斯塔夫·基尔霍夫和罗伯特·本森使用气体喷灯系统地记录了燃烧元素产生的波长。

此后

1868年 英国天文科学家约瑟夫·诺曼·洛克耶从太阳光发射线中发现了一种新元素——氦。

1901年 由爱德华·C. 皮克林和安妮·江普·坎农发明的哈佛恒星光谱分类系统取代了塞奇的系统。

安吉洛·塞奇是天体物理学的先驱之一。天体物理学是研究恒星性质的科学分支，不局限于研究恒星在天空中的位置。他第一次尝试根据恒星的光谱，或者说它们发出的光的特定颜色为恒星分组。

作为一名牧师和著名的物理学家，塞奇在罗马的科利奥罗马诺建立了一个新的天文台。在那里，他成了光谱学技术——一种测量和分析星光的新方法的先驱。

古斯塔夫·基尔霍夫曾证明，恒星光谱中的暗隙与特定元素的存在有关。在此基础上，塞奇开始根据恒星的光谱给它们分类。起初，他定义了三类：第一类是白色或蓝色的恒星，在它们的光谱中存在大量的氢；第二类是黄色恒星，带有金属光谱线（对天文学家来说，“金属”指的是任何比氦重的元素）；第三类是橙色恒星，呈现复杂的元素组成。1868年，塞奇新增了第四类有碳存在的红色恒星，并最终在1877年定义了第五类有发射线（其他四类具有吸收线）的恒星。

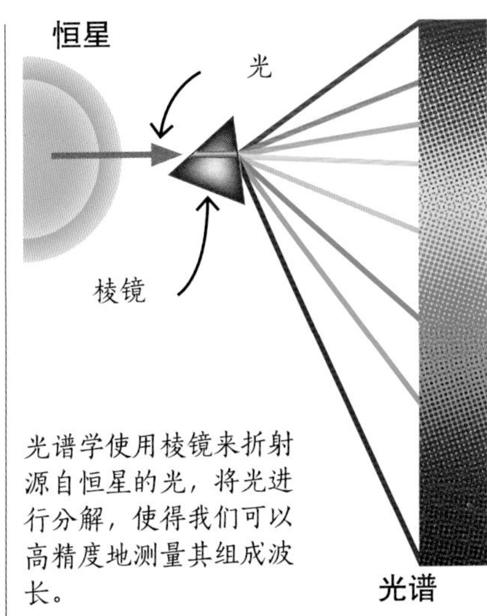

光谱学使用棱镜来折射源自恒星的光，将光进行分解，使得我们可以高精度地测量其组成波长。

后来的科学家对塞奇的恒星分类进行了修正，这也是哈佛恒星光谱分类系统的基础。后者至今仍被用来对恒星进行分类。■

参见：太阳光谱 112页，太阳辐射 116页，恒星星表 120~121页，恒星特征 122~127页。

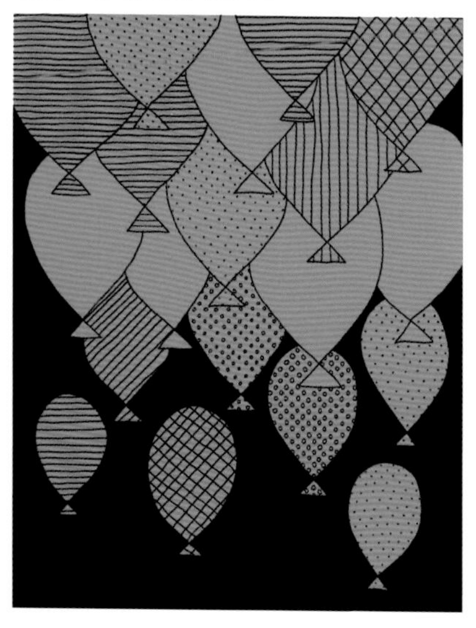

大量发光气体

星云的性质

背景介绍

关键天文学家：

威廉·哈金斯（1824—1910年）

此前

1786年 威廉·赫歇尔发表了星云星表。

19世纪50年代 古斯塔夫·基尔霍夫和罗伯特·本森认识到热气体在光谱中会产生明亮的发射线，而冷气体则会吸收相同波长的光，从而形成光谱中的暗线。

此后

1892年 玛格丽特·哈金斯被授予皇家天文学会荣誉会员称号。

1913年 丹麦人尼尔斯·玻尔将原子描述为由电子包围的中心核。电子在能级之间运动时，就会产生光谱线。

1927年 美国人艾拉·鲍恩意识到来自星云的两条绿线是由失去两个电子的氧原子产生的。

19世纪60年代，英国天文学家威廉·哈金斯利用分光镜研究了恒星和星云的组成，并取得了重大发现。这个分光镜是一个安装在望远镜上的玻璃棱镜，它将白光分解成组成光波长，从而产生彩色的光谱。古斯塔夫·基尔霍夫和罗伯特·本森已经通过研究太阳光谱中的暗吸收线，注意到了太阳的化学成分。这些光谱线是由不同化学元素的原子吸收特定波长的辐射造成的。哈金斯在他的天文学家妻子玛格丽特的鼓励下，把注意力进一步转向了太空，转向了星云，即长期以来困扰天文学家的那些模糊的光斑。他用光谱学把这些斑块分成了两种不同的类型。

星云的光谱

哈金斯观察到，像仙女座星云这样的星云，其光谱与太阳及其他恒星的光谱相似——都是一条带有深色吸收线的宽频带。其原因（直到20世纪20年代才被发现）是这些星云其实是由恒星组成的，它们本身就是星系。他观察到的第二

分光镜使天文学家能够测量出星云的光谱。

一些星云的光谱与恒星的光谱相似。

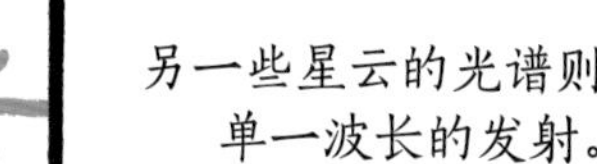

这些星云是质量巨大的发光气体。

参见：观测天王星 84~85页，梅西耶天体 87页，太阳光谱 112页。

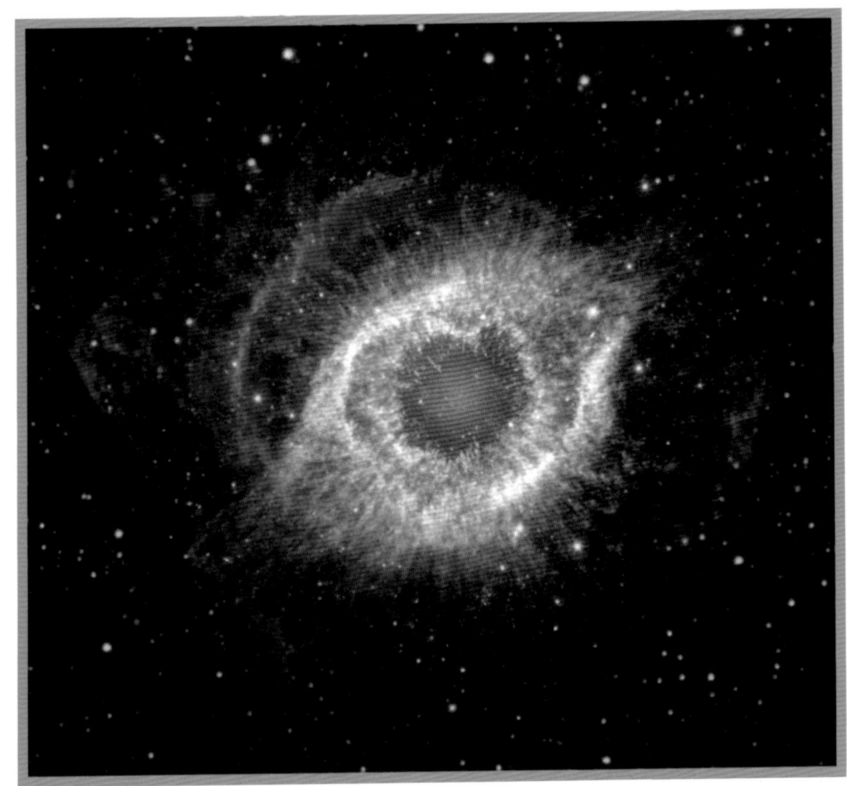

哈金斯是第一个分析行星状星云（猫眼星云）光谱的人。他证实了行星状星云是气态的，而不是由恒星组成的。

种星云则完全不同。它的光谱由单一波长发射线组成——即能量以一种颜色发射，没有吸收线。

哈金斯意识到，第二类星云是由大量炽热的、低密度的气体组成的。其中一些气体可能正在形成新的恒星；其他的气体云，比如行星状星云，可能是从演化中的恒星中喷射出来的。

1864年哈金斯观测了天龙座猫眼行星状星云，发现该星云的光谱只存在一条来自高温氢的吸收线。然而，这个星云同时也具有两条强烈的绿发射线。这种现象与任何已知的化学元素都不相符。一些天文学家认为这是由一种新元素产生的，并将其命名为星云素。

哈金斯从他的光谱观测中得出结论，他所研究的所有天体都是由与地球完全相同的元素构成的。然而，直到他死后，星云之谜才被解开。1927年，人们发现它是简单的双电离氧原子，即失去电子并带有双正电荷的氧原子。■

威廉·哈金斯

30岁时，威廉·哈金斯放弃了家族的窗帘生意，在伦敦南部的图斯山经营一家私人天文台。他用他的财产买了一架20厘米口径的折射望远镜。

1875年，51岁的哈金斯与27岁的爱尔兰天文学爱好者玛格丽特·林赛结婚。玛格丽特鼓励哈金斯借助照相术来记录自己的光谱。哈金斯也成为利用照相术来记录天体的先驱。他还发明了一种技术——利用恒星光谱的多普勒频移来研究恒星视向速度。

哈金斯被选为1900年到1905年的皇家学会主席。1910年，他在位于塔尔斯山的家中去世，享年86岁。

主要作品

1870年 《光谱分析在天体中的应用》

1909年 《科学论文》

太阳的黄色日珥不同于任何类地行星上的火焰

太阳辐射

背景介绍

关键天文学家：

朱尔斯·詹森（1824—1907年）

约瑟夫·诺曼·洛克耶

（1836—1920年）

此前

1863年 古斯塔夫·基尔霍夫创立了光谱学，证明可以通过光来鉴别热物质。

1864年 威廉·哈金斯和玛格丽特·哈金斯发现，星云的光谱包含不同的发射线，表明它们主要是气体云。

此后

1920年 阿瑟·爱丁顿指出恒星的能源来自氢聚变成氦的过程。

1925年 塞西莉亚·佩恩-加波斯金表明，恒星主要由氢和氦元素构成。

20世纪40年代 美国宇宙学家拉尔夫·阿尔弗计算得出，宇宙中大部分的氦是在宇宙大爆炸后的最初几分钟内形成的。

1868年8月，法国天文学家朱尔斯·詹森前往印度观测日食。当明亮的太阳被遮住时，人们只能看到一个狭窄的光圈。这就是太阳三层大气的中间层——色球层，它通常被强光所掩盖。詹森发现色球层的光谱包含许多明亮的发射线。基于古斯塔夫·基尔霍夫的理论，詹森确认色球层是一层气体。他还注意到太阳光谱中存在一条以前从未见过的黄色发射线。他认为这种未知的光是由钠产生的，从而使太阳呈现出黄色。

同年10月，英国天文学家约瑟夫·诺曼·洛克耶发明了直接观测色球层的分光镜。他也发现了这种奇怪的光，并同样认为它是由钠产生的。但在咨询了化学家爱德华·弗兰克兰之后，他改变了主意——光并非来自钠，而是来自一种迄今为止还不为人知的元素。他用太阳神的名字将其命名为氦，即希腊文中的“太阳”一词。多年来，人们一直认为氦只存在于太阳上，直到1895年，苏格兰化学家威廉·拉姆齐才成功地从一种具有放射性的铀矿物中分离出了氦。■

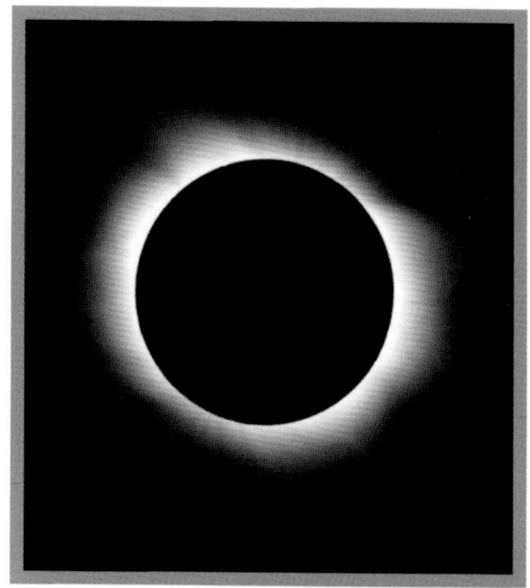

日全食揭示了色球层。1919年，英国天文学家阿瑟·爱丁顿拍摄到了这张日食的照片。

参见：太阳光谱 112页，恒星内部的核聚变 166~167页，原初原子 196~197页。

遍布河床网络的火星

描绘火星表面图

背景介绍

关键天文学家：

乔瓦尼·夏帕雷里（1835—1910年）

此前

1858年 安吉洛·塞奇首次将运河与火星联系在了一起。

此后

1897年 意大利天文学家文森佐·切鲁利认为火星上的运河只是一种光学错觉。

1906年 美国天文学家珀西瓦尔·洛厄尔在《火星及其运河》一书中提出，火星上可能有智慧生物建造的人工运河。

1909年 在法国日中峰天文台的新巴约圆顶拍摄的火星照片使火星运河理论受到了质疑。

20世纪60年代 美国宇航局的"水手号"飞行任务未能捕捉到运河的任何图像或者说没有找到任何证据。

到了19世纪中期，科学家们越来越多地猜测火星上是否有生命存在。他们发现，火星与地球有某些相似之处，比如冰盖和相似的白昼长度，以及意味着火星上有四季的轴向倾角。然而，人们也发现火星上不下雨。

1877年至1890年间，意大利天文学家乔瓦尼·夏帕雷里对火星进行了一系列详细的观测，并绘制了一幅火星表面地图。

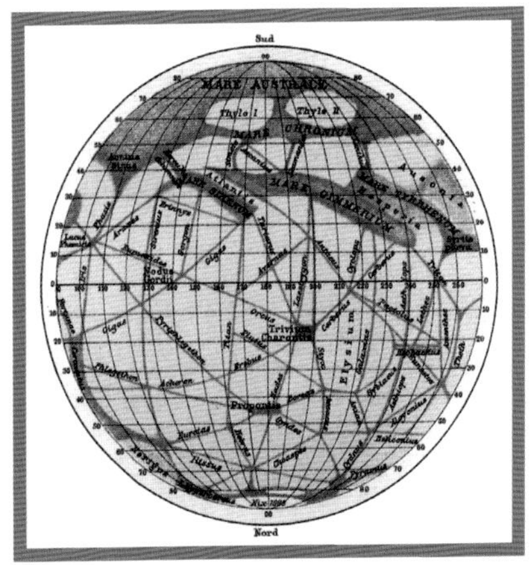

夏帕雷里在1888年绘制的《火星地图集》展示了陆地、海洋和渠道网络。在这里，火星南极显示在顶部。

夏帕雷里把黑暗区域描述为"海洋"，把较亮的区域描述为"大陆"。通过观测，他还描绘了一个由长而暗的直线或条纹组成的网络，纵横交错地穿过火星的赤道地区。夏帕雷里在他的《火星上的生命》一书中提出，在没有降雨的情况下，这些通道可能是水在干燥的火星表面运输的渠道，从而使生命能够在火星上存活。

在接下来的几年里，许多著名的科学家，包括美国天文学家珀西瓦尔·洛厄尔，推测这些黑线是由火星上的智慧生物建造的灌溉沟渠。然而，另一些人在寻找时根本看不见这些水渠——直到1909年，采用更高分辨率的望远镜进行的观测才证实了火星运河并不存在。■

参见：观测土星环 65页，分析星光 113页，其他星球上的生命 228~235页。

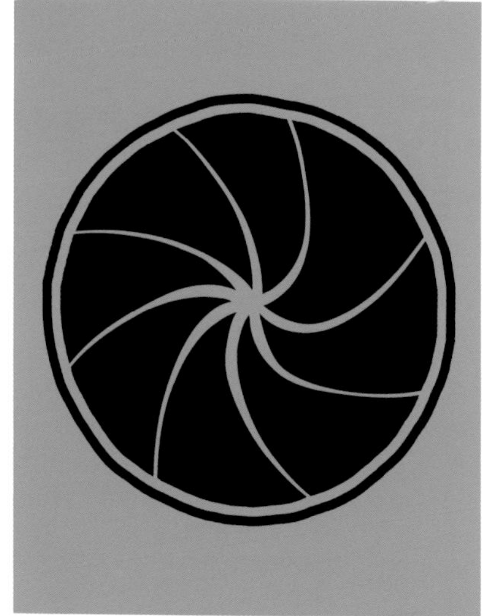

为恒星拍照

天体摄影

恒星的照片可以用来制作非常精确的星图。

拍摄恒星需要长时间的曝光。

然而，地球的自转使图像变得模糊。需要一个精确的跟踪装置来移动照相机。

精确的星图显示，恒星以不同的速度和朝不同的方向运动。

背景介绍

关键天文学家：

大卫·吉尔（1843—1914年）

此前

1840年 美国人约翰·德雷珀用20分钟曝光拍摄了第一幅清晰的月球照片。

1880年 约翰·德雷珀的儿子亨利对猎户座星云进行了51分钟的曝光拍摄。他还拍摄了第一幅彗尾的广角照片。

此后

1930年 美国天文学家克莱德·汤博在照相底片上发现了一个运动的物体，就是冥王星。

20世纪70年代 电荷耦合器件使数码照片代替了感光板和胶片。

1998年 斯隆数字巡天开始绘制星系的三维地图。

艾萨克·牛顿的万有引力理论，就像科学革命的许多进展（见第42～43页）一样，是基于这样一种信念的：宇宙像时钟一样在运转。19世纪80年代，来自苏格兰阿伯丁的钟表匠大卫·吉尔把他的精密钟表装置应用到了天文望远镜上。具有讽刺意味的是，他提出了一种方法，可以证明并非所有的星星都在像钟表一样整齐划一地移动。吉尔是天体摄影领域的先驱。19世纪60年代中期，当时还是一位业余天文学家的他在父亲的后花园工作，他为自己的30厘米口径的反射望远镜制作了一个追踪支架，并以前所未有的清晰度拍摄了月球。这些照片为吉尔赢得了皇家天文学会的奖学金。1872年，他在阿伯丁的杜艾赫特天文台获得了第一份职业天文学

参见: 第谷模型 44~47页，描绘南天星图 79页，梅西耶天体 87页，空间望远镜 188~195页，数字天空视图 296页，罗伯茨（目录）336页，卡普坦（目录）337页，巴纳德（目录）337页。

家的工作。

吉尔将时钟跟踪装置应用到望远镜底座上，这样望远镜就可以与地球的自转近乎完美地协调一致。这使得仪器能够保持固定并聚焦在一片特定的天空。吉尔并不是第一个尝试用望远镜拍摄天空的人，但要拍摄微弱的天体至少需要几分钟的曝光，而糟糕的跟踪意味着早期的恒星照片大多是无法解析的模糊影像。

南天半球的天空

1879年，吉尔成为南非开普天文台的首席天文学家。那时，他使用的是最新的干板系统（一种涂了感光化学物质的照相底片），他利用这一系统捕捉到了1882年出现在南天半球的"大彗星"。

在与荷兰天文学家雅克布斯·卡普坦的合作中，吉尔花费了20年的时间制作南天半球太空的摄影集，也就是好望角照相巡天表，里面展示了近50万颗恒星的位置和星等。吉尔还成了"天空地图"项目的关键人物。该项目是全球天文台于1887年开始的一个合作项目，目的是制作一幅权威的恒星摄影图。这个雄心勃勃、耗资巨大、耗时数十年的项目需要由手动测量底片的人工计算团队来完成。然而，它还没有完成，就被新的方法和技术取代了。

1897年，大卫·吉尔的一位天文学家朋友弗兰克·麦克莱恩把麦克莱恩望远镜捐赠给了开普天文台。大卫·吉尔开始频繁使用它。

吉尔的照相技术绘制出的精确星图在今天看来可能没什么了不起的，但在20世纪初，它第一次提供了附近恒星相对于较远恒星的可靠自行。这对于大尺度测量恒星的距离而言是无价的，它也开始向天文学家揭示星系和宇宙的真实尺度。■

大卫·吉尔

大卫·吉尔是一位成功的钟表匠的长子，他注定要接管家族生意。然而，在阿伯丁大学读书时，他成了伟大的物理学家詹姆斯·克拉克·麦克斯韦的学生。麦克斯韦的讲座让吉尔对天文学产生了兴趣。1872年，当获得职业天文学家的工作后，吉尔停掉了家族生意，开始在阿伯丁的杜尼希特天文台工作。

除了在天体摄影方面的开创性工作，吉尔还发明了一种测量恒星视差（参见第102页）的装置——日射仪。将他的测量结果与星图结合使用，可以极好地揭示恒星之间的距离。他在1906年离开开普天文台时，已经是一位著名的天文学家了。政府向他征求实施夏令时的建议，成为他最后的工作任务之一。

主要作品

1896—1900年 《海角摄影调查》（与雅克布斯·卡普坦合作）

恒星的精确测量

恒星星表

背景介绍

关键天文学家：

爱德华·C. 皮克林（1846—1919年）

此前

1863年 安吉洛·塞奇根据恒星的光谱对它们进行了分类。

1872年 美国业余天文学家亨利·德雷珀拍摄了织女星光谱。

1882年 大卫·吉尔开始进行南天半球照相巡天。

此后

1901年 安妮·江普·坎农和皮克林一起创建了哈佛恒星光谱分类系统，形成了恒星分类的基础。

1912年 亨利埃塔·斯旺·勒维特将造父变星的周期与它们的距离联系在了一起。

1929年 埃德温·哈勃使用造父变星测定了邻近星系的距离。

从1877年到1906年，爱德华·C. 皮克林担任哈佛大学天文台台长，为精确恒星天文学奠定了基础。他带领团队开展恒星巡天，在理解宇宙的尺度方面取得了新的突破。皮克林将天体照相的最新技术与光谱学（将光分解为其组成光波长）和光度学（测量恒星的亮度）相结合，构造了一个星表，列出了恒星的位置、星等和光谱。而这一切是在哈佛计算员的帮助下实现的。哈佛计算员是一支由擅长数学的女性组成的团队，皮克林让她们处理构造星表所需的海量数据。

除了在19世纪80年代和90年代的哈佛，女性在天文学方面不曾有任何机会。然而纵使在哈佛，也很艰难。

——威廉·威尔逊·摩根

美国天文学家

80多位女计算员在哈佛天文台工作，在当时不那么开明的年代，哈佛天文台被称为“皮克林的后宫”。第一位成员是威廉明娜·弗莱明，她曾是皮克林的女仆。在接管了天文台之后，皮克林以“效率低下”为由解雇了他的男性助理，并雇用了弗莱明。其他著名的计算员包括安东尼娅·莫里、亨利埃塔·斯旺·勒维特和安妮·江普·坎农。

颜色和亮度

皮克林个人对恒星星表的贡献是双重的。1882年，他发明了一种可以同时为多颗恒星拍摄光谱的方法，即通过一个大棱镜将恒星的光发射到感光板上。1886年，他设计了一种楔形光度计，用来测量恒

参见: 太阳光谱 112页, 恒星特征 122~127页, 分析吸收线 128页, 丈量宇宙 130~137页。

星的视星等。在此之前，星等的记录完全是通过心理测量法——利用肉眼来比较一颗恒星和另一颗恒星的亮度完成的。楔形光度计则更加客观：观测者同时观察目标恒星与一颗具有公认亮度的恒星，并在已知光源前面镶上一块方解石，然后逐渐降低其星等，直到两个光源看上去具有相同的亮度。

1886年，光谱照相先驱亨利·德雷珀的遗孀玛丽·德雷珀同意以丈夫的名义资助皮克林的工作。1890年，第一册《德雷珀恒星光谱表》出版。随后，皮克林在秘鲁的阿雷基帕建立了天文台，用来观测南天半球的天空，并绘制了第一张全天摄影图。

我不知道上帝是不是数学家，但数学是上帝编织宇宙的织布机。

——爱德华·C. 皮克林

结合哈佛计算员的工作，皮克林的数据成为1918年出版的《亨利·德雷珀星表》的基础，该星表包含了225,300颗恒星的光谱分类。■

许多哈佛计算员都受过天文学方面的训练，但作为女性，她们被排除在学术职位之外，只能得到与非技术工人一样的工资。

爱德华·C. 皮克林

爱德华·C. 皮克林是20世纪初美国天文学的主要人物。今天的天体物理学和宇宙学发展的众多基石的奠造者正是他在哈佛大学天文台聘用的工作人员。作为进步派，皮克林以他对女性教育的态度和肯定她们在研究中的作用而闻名，尽管如此，他对自己的团队仍然拥有绝对的权威。他不止一次封杀自己不认同的研究人员，但后来证明她们是正确的。安东尼娅·莫里就是其中之一，皮克林没有采纳她在恒星光谱方面的建议。

皮克林的整个职业生涯都是在学术界度过的，但他也热衷于户外活动，他是阿巴拉契亚山脉俱乐部的创始人之一。该俱乐部在保护荒野地区的运动中起了带头作用。

主要作品

1886年 《恒星照相调研》
1890年 《德雷珀恒星光谱表》
1918年 《亨利·德雷珀星表》

恒星光谱分类可以揭示它们的年龄和大小

恒星特征

背景介绍

关键天文学家：

安妮·江普·坎农（1863—1941年）

此前

1860年 古斯塔夫·基尔霍夫证明了可以借助光谱学来识别星光中的元素。

1863年 安吉洛·塞奇利用光谱对恒星进行了分类。

1868年 朱尔斯·詹森和约瑟夫·诺曼·洛克耶在太阳光谱中发现了氦。

1886年 爱德华·C. 皮克林开始使用光度计编纂《亨利·德雷珀星表》。

此后

1910年 赫茨普龙-罗素图揭示了不同大小的恒星。

1914年 美国天文学家沃尔特·亚当斯记录了一颗白矮星。

1925年 塞西莉亚·佩恩-加波斯金发现恒星几乎完全由氢和氦组成。

美国天文学家安妮·江普·坎农是20世纪初研究恒星光谱的权威。1941年去世时，坎农被誉为“世界上最著名的女性天文学家”。她的伟大贡献是建立了恒星光谱分类系统，该系统至今仍在使用。

坎农在哈佛大学天文台工作，是哈佛计算员团队的一员。这个团队是由爱德华·C. 皮克林台长聘用的一群女性工作人员组成的，任务是编纂一个新的恒星星表。这个星表的编纂始于19世纪80年代，由天体摄影师亨利·德雷珀的遗孀资助。哈佛计算员使用新技术收集天空中每一颗亮度大于某一特定星等的恒星的数据和尽可能多的恒星的光谱。19世纪60年代，安吉洛·塞奇建立了一个非正式系统，根据恒星光谱对恒星进行分类。皮克林的团队改进了该系统。到1924年，这个星表已包含了22.5万颗恒星。

每一种物质都有特定波长的振动，就像在唱自己的歌。

——安妮·江普·坎农

早期方法

皮克林手下的第一位女性计算员威廉明娜·弗莱明，最早尝试了一个更细致的分类系统。她将塞奇的分类进一步分成13个子类，用字母A到N（不包括I）进行标注，后来又增加了O、P和Q。后来她的同事安东尼娅·莫里在天文台从全

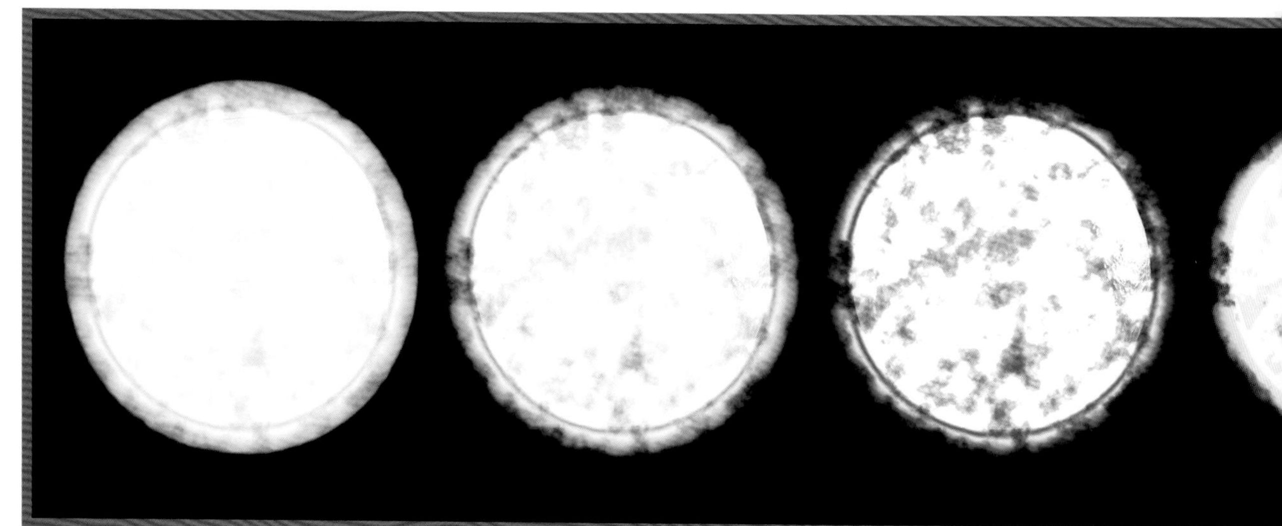

根据光谱和温度，恒星被分为七个主类，从左到右分别为O、B、A、F、G、K和M，O是温度最高的，M是温度最低的。

参见：太阳光谱 112页，分析星光 113页，太阳辐射 116页，恒星星表 120~121页，分析吸收线 128页，完善恒星分类 138~139页，恒星组分 162~163页。

球获取的更好的数据中注意到了更多细微的差异。她设计了一个由22个罗马数字组成的更复杂的系统。皮克林担心采用如此细致的系统会耽误星表的编纂进度。然而，莫里的恒星分类方法被证明是构成1910年赫茨普龙-罗素图的关键，并由此促进了恒星演化的发现。

1896年，坎农加入了哈佛大学天文台的工作团队，并开始着手编纂将于1901年出版的星表的下一部分。为了使分类更清晰、更容易，经过皮克林的同意，她又恢复了弗莱明的光谱分类，不过调整了顺序。

莫里已经意识到，颜色相似的恒星在光谱中具有相同的吸收线。她还推断出恒星的温度是影响其光谱外观的主要因素，并按照温度从热到冷对恒星进行排列分类。在这一点上，坎农延续了莫里的思路。在去掉了弗莱明光谱分类中一些不必要的字母后，基于某些光谱

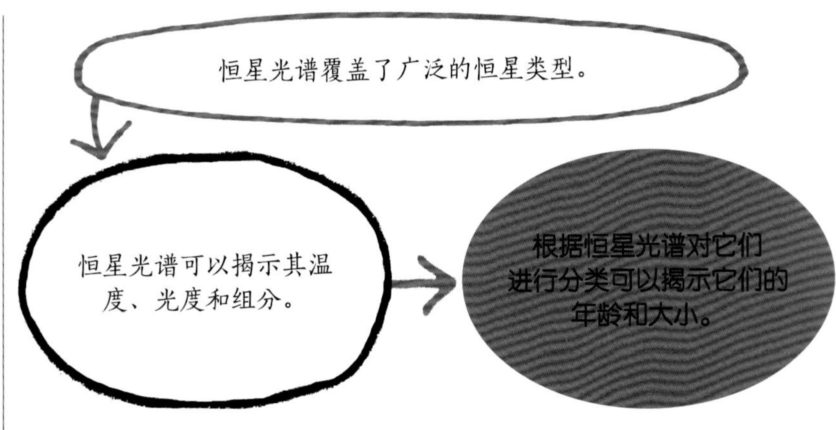

线尤其是氢和氦产生的光谱线的存在和强度，坎农将序列调整成了O、B、A、F、G、K、M。时至今日，天文学专业的学生仍然通过助记词来学习这种分类方法：“噢，做个好姑娘，吻我吧！”（Oh Be A Fine Girl, Kiss Me！）

哈佛恒星光谱分类系统

坎农1901年的系统奠定了哈佛光谱分类系统的基础。到1912年，她已经将其扩展到一系列更精确的子类，在字母后面加上0到9，其中0是该类中最热的，9是最冷的。此后她又增加了一些新类别。

哈佛恒星光谱分类系统基本上是根据温度对恒星进行分类的，并不考虑恒星的光度或大小。然而在1943年，通过增加另外一个参量——光度，坎农又创建了耶基斯分类系统，也被称为

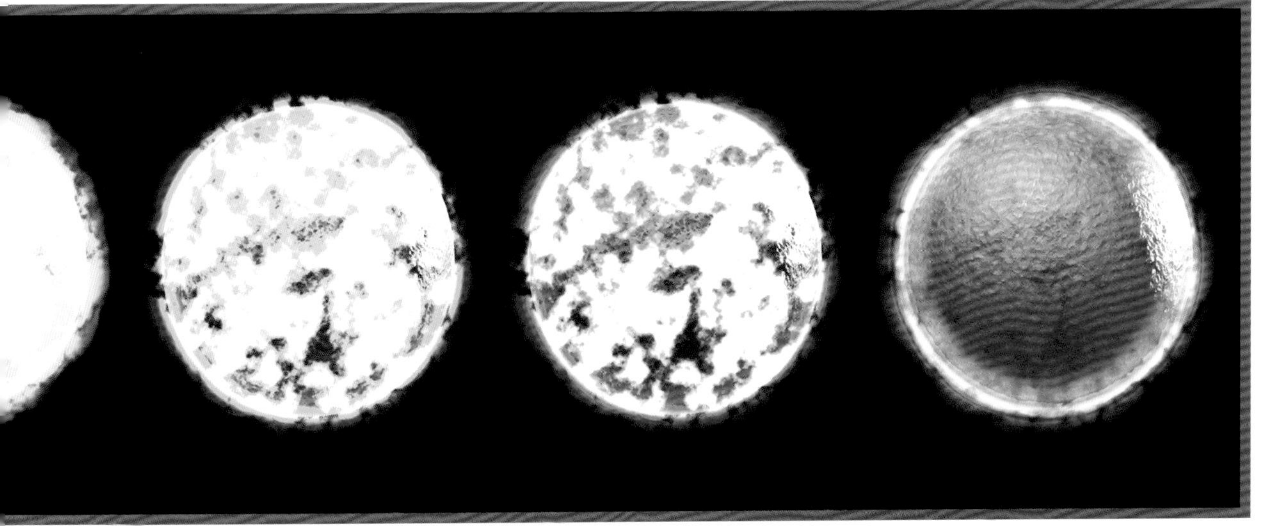

MKK系统（以威斯康星州耶基斯天文台的天文学家威廉·摩根、菲利普·基南和伊迪丝·凯勒曼命名）。虽然也使用了几个字母，但这个系统主要用罗马数字表示光度。

MKK系统的优点是它同时提供了恒星的大小和温度，因此可以用更通俗的术语来描述恒星，如白矮星、红巨星或蓝超巨星。包括太阳在内的主序星都小得足以被称为矮星。太阳是一颗G2V恒星，这表明它是一颗表面温度约为5,800K的黄色矮星。

不同元素吸收线的强度随恒星表面温度而变化。在温度较低的恒星的光谱中，较重元素的吸收线更明显。

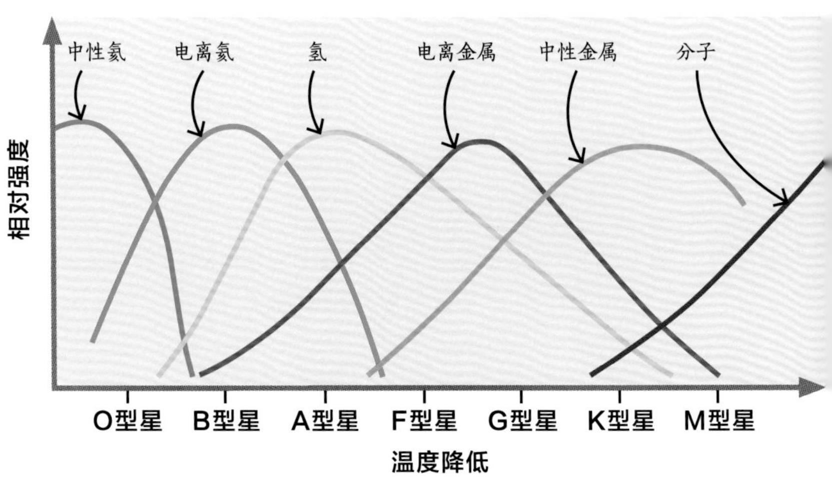

分类与特征

最热的O型星表面温度超过30,000 K。这类恒星发出的大部分辐射位于光谱中的紫外线部分，因此在可见光下呈现蓝色。O型星主要是巨星，通常质量是太阳的20倍。只有0.00003%的主序星能达到这么高的温度。O型星的燃料消耗得非常快，并释放出巨大的能量。因此它们的预期寿命较短，通常为数千万年，而较冷的恒星可以存活数十亿年。这类恒星的光谱中有较弱的氢线，还有由于高温造成的很强的电离氦线。

B型星的表面温度在10,000～30,000 K，尽管温度较低，但是在可见光下比O型星更亮。这是因为它们更多的辐射位于可见光波段，从而使它们呈现蓝白色。同样，B型矮星也很罕见，在主序星中所占比例不到0.1%。当它们出现的时候，它们的质量可能是太阳的15倍。B型星的光谱中有非电离氦及更多的氢。由于B型星存活的时间很短，没有时间远离它们诞生的地方，因此只能在分子云或恒星形成区域找到它们。

A型星大约有太阳的两倍大，其表面温度在7,500～10,000 K。它们的光谱中有很强的氢线，发出很宽的可见光光谱，这使得它们看起来是白色的（带一点蓝色）。因此，它们是夜空中最容易看到的星星之一，包括织女星（天琴座）、大熊座伽马星（位于北斗七星中）和天津四（天鹅座）。然而，只有0.625%的主序星是A型星。

冷星

当矮星冷却时，它们光谱中的氢线便变得不那么强了。由于金属的存在，光谱中也包含了更多的吸收线（对天文学家来说，所有比氦重的元素都是金属）。这并不是因为它们的组成与较热的恒星不同，而是因为恒星表面的气体温度较低。在温度较高的恒星中，原子被高度电离，无法形成吸收线。F型星的表面温度在6,000～7,500 K。它们被称作黄白矮星，占主序星的3%，比太阳略大。这些恒星的光谱中包含中等强度的氢线，以及很强的铁线和钙线。

棱镜向我们揭示了天体的一部分本质，而照相底片则永久地记录了天空的状况。

——威廉明娜·弗莱明

太阳的分类

太阳是G型黄矮星的成员之一，它们占主序星的8%，表面温度在5,200 ~ 6,000 K，光谱中氢线较弱，而金属线较强。K型矮星是橙色的，占主序星的12%，它们的表面温度在3,700 ~ 5,200 K，有非常弱的氢吸收线，但有很强的金属吸收线，包括锰线、铁线和硅线。M型是红矮星，尽管肉眼看不到，但它们却是迄今为止最常见的主序星，占主序星的76%，它们的表面温度只有2,400 ~ 3,700 K，光谱中包含氧化物的吸收带。大多数黄色、橙色和红色的矮星被认为拥有行星系统。

扩展的分类

恒星光谱分类现在涵盖了更多类型的恒星。W型星被认为是垂死的超巨星；C型星也叫碳星，是正在陨落的红巨星；L型、Y型和T型星对应尺度逐渐变小的较冷天体，从最冷的红矮星到褐矮星，它们个头不大但温度足以让它们成为恒星。最后，白矮星被归为D型。它们曾经是红巨星炽热的核心，但因为不再聚变燃烧而逐渐冷却。最终它们会变成黑矮星，这一过程估计需要千万亿年的时间。■

一颗白矮星位于螺旋行星状星云的中心。当燃料耗尽时，太阳将变成一颗白矮星。

安妮·江普·坎农

安妮·江普·坎农出生在特拉华州，是一位州参议员的女儿。她在韦尔斯利学院学习物理和天文学，这是一所女子大学。1884年毕业后，坎农回到了自己的家，在那里生活了10年。1894年，她的母亲去世后，她开始在韦尔斯利任教，两年后加入了爱德华·C. 皮克林的哈佛计算员团队。

坎农患有耳聋，由此导致的社交困难却使她得以全身心投入科研工作。她在哈佛度过了自己的整个职业生涯，据说她在44年的时间里为35万颗恒星进行了分类。1925年，她成为牛津大学第一位被授予荣誉学位的女性。由于性别，她的职业生涯受到许多限制，她最终在1938年被任命为哈佛大学的一名教员。

主要作品

1918 《亨利·德雷珀星表》

存在两种红色恒星

分析吸收线

背景介绍

关键天文学家：

埃希纳·赫茨普龙（1873—1967年）

此前

19世纪60年代 安吉洛·塞奇根据光谱特征创建了第一个恒星分类系统。

19世纪80年代 在哈佛大学天文台，爱德华·C. 皮克林和安妮·江普·坎农建立了一个更详细的分类系统。

19世纪90年代 在考虑光谱线的宽度和锐度差异的基础上，安东尼娅·莫里开发了她自己的恒星光谱分类系统。

此后

1913年 亨利·诺里斯·罗素绘制了一个图，类似于赫茨普龙绘制的图，将恒星的绝对星等（内禀亮度）与光谱型进行了对比。这就是后来的赫茨普龙-罗素图。

19世纪末20世纪初，爱德华·C. 皮克林和他的助手们开展了广泛的恒星光谱分类工作。他们记录了一颗颗恒星发出的光的波长范围和暗吸收线等信息。这些光谱线表明恒星大气中存在某些特定元素并在对应波长被吸收。

皮克林的助手之一安东尼娅·莫里在考虑了恒星光谱吸收线宽度差异的基础上，开发了自己的分类系统。在用“c”标识的光谱中，她注意到有些光谱线又锐又窄。利用莫里的系统，丹麦天文学家埃希纳·赫茨普龙发现，具有“c”类光谱的恒星比其他恒星要亮得多。

明亮和暗淡的红色星星

赫茨普龙发现，莫里标注的有“c”类光谱的恒星与同一组的其他类型恒星完全不同。例如，在M型或红色恒星中，他注意到有“c”类光谱的恒星光度高、质量大、相对罕见——今天，根据它们的大小，这些恒星被称为红巨星或红超巨星。剩下的大多数非“c”类M型星是质量小、暗弱的恒星，现在被称为红矮星。K型（橙色）星中的两大类也存在同样的差异。■

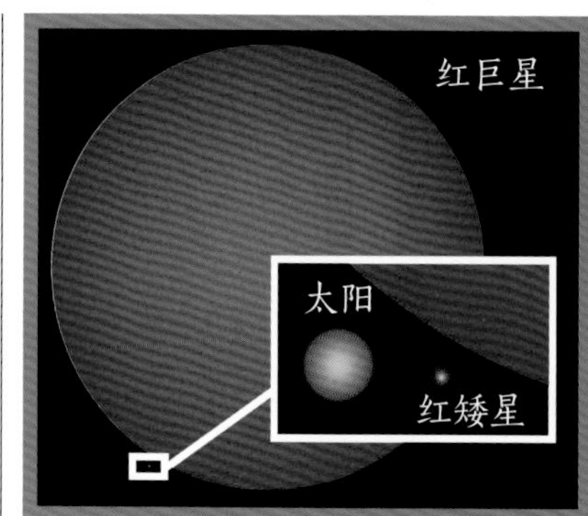

典型的红巨星直径大约是太阳直径的50倍，是典型红矮星直径的150倍。然而，红巨星的质量只有红矮星的8～10倍。

参见：太阳光谱 112页，分析星光 113页，恒星星表 120~121页，恒星特征 122~127页，完善恒星分类 138~139页。

太阳黑子有磁性

太阳黑子的性质

背景介绍

关键天文学家：
乔治·埃勒里·海尔
（1868—1938年）

此前

公元前800年 中国的《周易》中记载了太阳黑子的出现。

1600年 英国物理学家威廉·吉尔伯特发现了地球存在磁场。

1613年 伽利略证明了太阳黑子是太阳表面的一部分。

1838年 塞缪尔·海因里希·施瓦贝发现每年可见的太阳黑子数量存在一个周期。

1904年 英国天文学家爱德华·蒙德和安妮·蒙德发表了有关太阳黑子11年周期的证据。

此后

1960年 美国物理学家罗伯特·莱顿引入了一门研究太阳表面运动的学科——日震学。

美国人乔治·海尔14岁时，他富有的父亲给他买了第一台望远镜；20岁时，他的父亲在家里为他建了一座天文台。两年后，他发明了一种新的分光日光仪——每次通过一个波长观察太阳表面的仪器。他用这个仪器来研究太阳黑子的光谱线。

几年后，借助父亲的遗赠，海尔组织建造了当时世界上最大的几台望远镜，包括1908年在加州威尔逊山天文台建造的150厘米口径海尔望远镜。同年在威尔逊山工作的海尔在氢发出的深红色波长中拍摄到了清晰的太阳黑子图像。这些斑点图像让海尔想起了用铁屑描绘磁铁周围力场的方式。这使他开始在太阳黑子发出的光中寻找塞曼效应的迹象。

塞曼效应指磁场引起的光谱线分裂现象，最早是由荷兰物理学家彼得·塞曼于1896年发现的。来自太阳黑子的光谱线确实分裂了，这让海尔意识到太阳黑子是在太阳表面旋转的磁暴。■

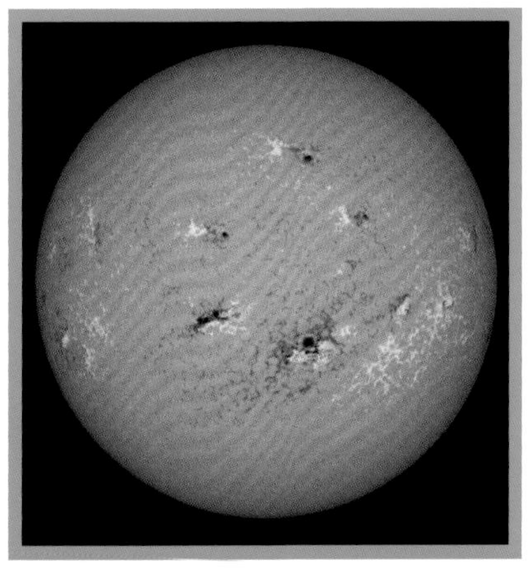

塞曼效应产生的磁场图显示了太阳磁场强度的变化。图中标出了太阳黑子的位置。

参见：伽利略的望远镜 56~63页，太阳表面 103页，太阳的振动 213页，蒙德（目录）337页。

宇宙距离尺度的关键

丈量宇宙

背景介绍

关键天文学家：
亨利埃塔·斯旺·勒维特
（1868—1921年）

此前

1609年 德国牧师大卫·法布里奇乌斯确认了刍藁增二是一颗周期性变星。

1638年 荷兰天文学家约翰尼斯·霍尔瓦达观察到刍藁型星的亮度每11个月会发生变化。

1784年 约翰·古德瑞克发现了仙王δ型星的周期性变化，这是造父变星的原型示例。

1838年 弗里德里希·贝塞尔通过视差法测定了天鹅座61的距离。

此后

1916年 阿瑟·爱丁顿开始研究为什么造父变星会有脉动。

1923年 埃德温·哈勃通过观察仙女座星云中的造父变星来计算它的距离。

对天文学家来说，最重要也是最具挑战性的测量之一就是测量极其遥远天体的距离，包括除月球、太阳和内太阳系的其他行星外的大多数天体。关于光线穿过太空到达地球的距离有多远，来自遥远的恒星和星系的光并没有提供任何直接的信息。

几百年来，科学家们意识到应该可以通过一种叫作视差的方法来测量相对较近的恒星的距离。这个方法的原理是从两个角度比较近邻恒星和遥远的背景恒星之间的位置——通常是地球绕太阳公转6个月后在空间上的不同位置。之前已经有许多人尝试过（但都失败了），1838年弗里德里希·贝塞尔成为第一个使用这种方法精确测量恒星距离的天文学家。然而，即使借助越来越强大的望远镜，通过视差测量恒星距离也是困难的。到1900年，用这种方法只测量了大约60颗恒星的距离。此外，视差法只能应用于附近的恒星。更遥远的恒星在一年时间里产生的视差太小，压根无法精确测定到。因此，需要新方法来测量太空中更大尺度的距离。

人们将会注意到这些（造父）变星的亮度和它们的周期长度之间存在明显的相关性。

——亨利埃塔·斯旺·勒维特

测量亮度

在19世纪90年代和20世纪初，位于马萨诸塞州的哈佛大学天

亨利埃塔·斯旺·勒维特

在马萨诸塞州拉德克里夫学院学习期间，亨利埃塔·斯旺·勒维特对天文学产生了兴趣。毕业后，她患了一场重病，导致她的听力越来越差。1894年，她到哈佛大学天文台工作，1896年离开。1902年，她再次回到哈佛大学天文台。勒维特发现了2,400多颗变星和4颗新星。除了研究造父变星，勒维特还发展了一套照相测量标准，现在被称为"哈佛标准"。

由于当时的偏见，勒维特没有机会充分发挥她的才智，但她的一位同事描述她"拥有天文台最出色的头脑"。在同事的记忆中，她勤奋、认真，"轻描淡写"。在1921年死于癌症之前，勒维特一直在天文台工作。

主要作品

1908年 《1,777颗麦哲伦星云中的变星》

参见: 一类新恒星 48~49页,恒星视差 102页,恒星星表 120~121页,分析吸收线 128页,恒星内部核聚变 166~167页,银河系之外 172~177页,空间望远镜 188~195页。

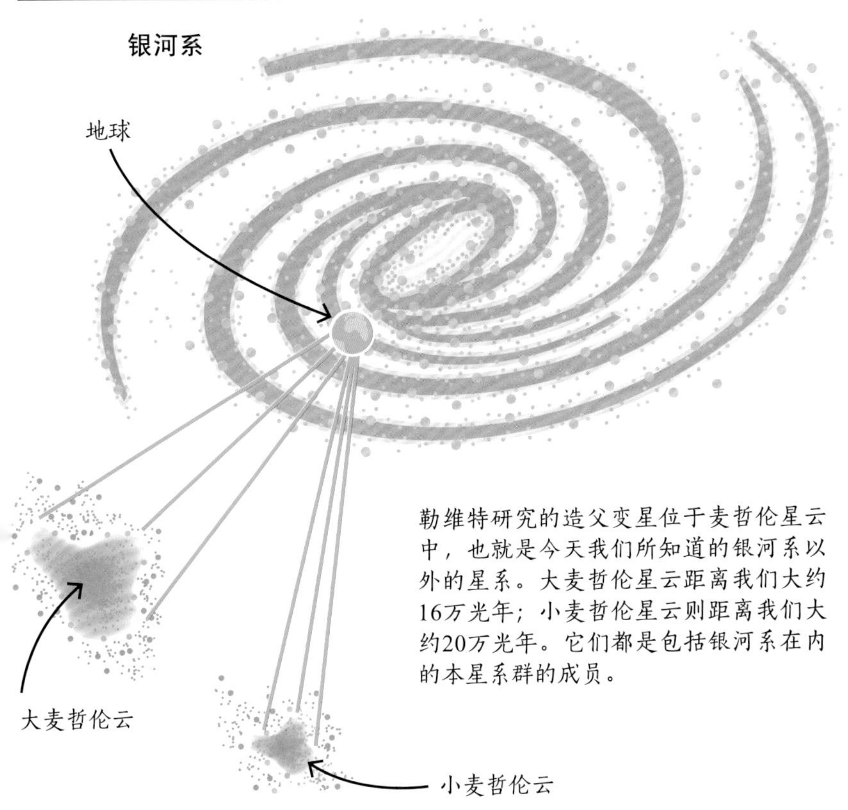

勒维特研究的造父变星位于麦哲伦星云中,也就是今天我们所知道的银河系以外的星系。大麦哲伦星云距离我们大约16万光年;小麦哲伦星云则距离我们大约20万光年。它们都是包括银河系在内的本星系群的成员。

文台是世界顶尖的天文研究所之一。

在台长爱德华·C. 皮克林的指导下,天文台聘用了许多人来建造设备和拍摄夜空的照片,还有几名女性工作者来检查世界各地的望远镜拍摄的照相底片、测量它们的亮度,并根据对底片的评估进行计算。这些女性几乎没有机会在天文台从事理论工作,但她们中的一些人,包括威廉明娜·弗莱明、亨利埃塔·斯旺·勒维特、安东尼娅·莫里和安妮·江普·坎农,仍然为天文学界留下了不朽的遗产。

亨利埃塔·斯旺·勒维特最初于1894年作为一名志愿者无偿加入天文台,后来成为测光部的负责人。这个部门的工作主要是测量恒星的亮度,但勒维特工作的一项具体任务是识别亮度变化的恒星——变星。为了完成这任务,她要比较在不同日期拍摄的同一片天空的照相底片。她偶尔会发现一颗恒星在有些日子会更亮,这就表明它是一颗变星。

星团变星

勒维特承担的一项具体任务是检查小麦哲伦星云(SMC)和大麦哲伦星云(LMC)中恒星的照相底片。当时,SMC和LMC被认为是银河系中非常大的星团,而银河系本身则被认为是整个宇宙。今天,我们知道它们其实是银河系以外相对较小的独立星系。在南天半球的夜空中,肉眼就可以看到麦哲伦星云,但在勒维特生活和工作的马萨诸塞州,用肉眼是看不到的。因此,尽管她检查了由秘鲁天文台的天文学家获得的LMC和SMC的大量照相底片,她却几乎不可能在实际天空中观测到它们。

经过几年的研究,勒维特在SMC和LMC中发现了1,777颗变星。勒维特注意到,在她所发现变星中,有一小部分(1,777颗中的47颗)是特殊的变星。勒维特

勒维特最令人瞩目的成就之一是在麦哲伦星云中发现了1,777颗变星。

——梭伦·I. 贝利

勒维特的同事

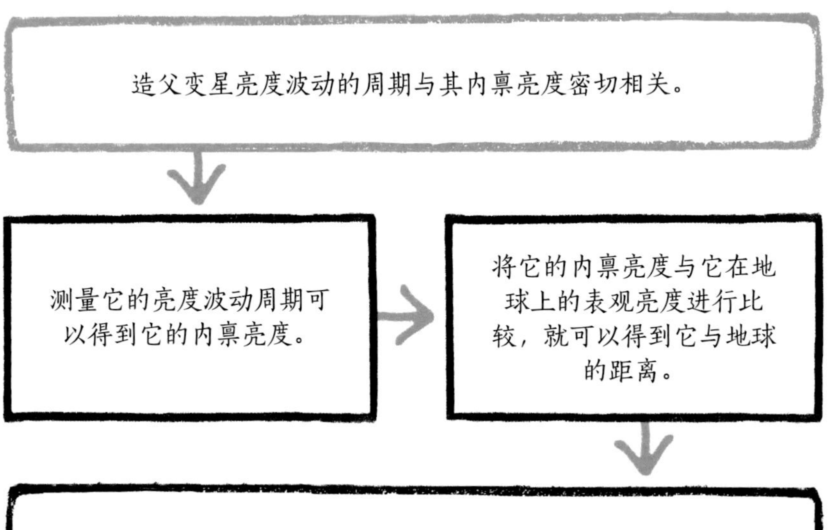

称之为“星团变星”——后来才引入了“造父变星”这个名字。这些恒星的亮度呈现有规律的变化，周期从1天到120天不等。造父变星很容易识别，因为它们属于最明亮的变星，而且它们的光变曲线有一个特点，那就是亮度增加很快，随后又缓慢下降。今天，我们知道它们是“脉动”着的巨大黄色恒星——直径及亮度随着周期变化，这是相当罕见的。作为一类恒星，它们的平均亮度也非常高，这意味着它们在其他星系中也很显眼。在检查LMC和SMC中造父变星的记录时，勒维特注意到了一个很重要的现象——平均而言，周期较长的造父变星似乎比周期较短的更明亮。换句话说，造父变星“眨眼”的频率和它们的亮度之间存在某种关系。此外，勒维特正确地推断出，由于她所比较的造父变星都位于同一个遥远的星云（无论LMC，还是SMC），所以它们离地球的距离都差不多。因此，从地球上观察到的亮度（它们的视星等）差异与它们的真实或内禀亮度（它们的绝对亮度）差异直接相关。这意味着造父变星的周期与它们的平均本征亮度或光学光度（它们发射光能的速率）之间存在一定的关系。

记录勒维特最初发现的论文于1908年发表在《哈佛大学天文台

在对应极大值和极小值的两组数据中的任意点之间可以很容易地画出一条直线，这就表明变星的亮度及其周期之间存在一个简单的关系。

——亨利埃塔•斯旺•勒维特

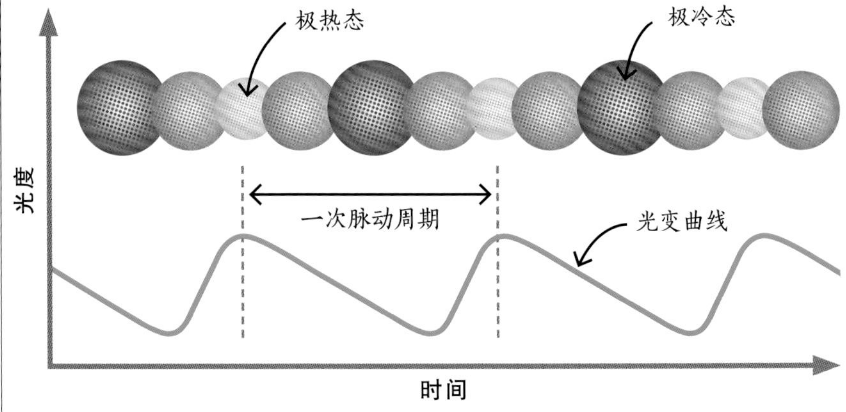

造父变星属于一类叫作脉动变星的恒星。这些恒星有规律地膨胀和收缩，同时亮度也呈现有规律的变化。在经历收缩最严重的阶段后，它们很快达到最热和最亮的状态。恒星的光度（光输出）随时间的变化曲线称为光变曲线。

恒星的亮度和星等

视星等
指从地球上看到的恒星的亮度。

绝对星等
指在一个特定距离观测到的恒星的亮度，表示恒星的真实或内禀亮度。

光学光度
指恒星表面发出光能的速度，它与绝对星等密切相关。

年鉴》上。

到1912年，经过进一步的研究，包括绘制变星周期与极小和极大亮度值的关系图，勒维特更细致地证实了自己的发现。这就是所谓的“周期-光度”关系。形式上，它表现为造父变星周期的对数与恒星的平均测量亮度是线性（即直接）相关的。

以勒维特的工作为基础

虽然勒维特可能没有立即意识到这其中的深意，但她发现了一个在宇宙中测量距离的极为宝贵的工具，这个工具不受视差测量的限制。造父变星即将成为第一批“标准烛光”——一种已知光度、可用来测量空间中遥远距离的天体。

最早认识到勒维特发现重要性的人之一是丹麦天文学家埃希纳·赫茨普龙。在勒维特发现的“周期-光度”关系基础上，赫茨普龙认识到通过测量任何造父变星的周期，应该可以确定其光度和内禀亮度。然后通过比较它的内禀亮度和视星等（从地球上测量的亮度），应该可以计算出造父变星的距离。通过这种方法，也可以确定任何包含一颗或多颗造父变星的天体的距离。

然而，仍然有一个问题需要解决：虽然勒维特已经建立了重要的“周期-光度”关系，但所有这些仅仅基于一个测量遥远天体相对SMC的距离系统。究其原因是勒维特无法获取SMC的准确距离，也没有关于任何造父变星内禀亮度的准确数据。

为变星定标

为了把勒维特的发现变成一个可以用来确定绝对距离而不仅仅是相对距离的系统，需要以某种方式进行定标。这就要求必须精确地测量几颗造父变星的距离和内禀亮度。因此，赫茨普龙开始着手确定银河系中少数几颗造父变星的距离。他使用了另一种称为统计视差的复杂方法，该方法需要假定一组距离太阳远近相似的恒星，并计算它们的平均运动速度。

在获得了这些恒星的距离后，计算出每一颗邻近造父变星的内禀亮度就很简单了。赫茨普龙使用这些数值确定了一个标尺，便能够计算SMC的距离及SMC中每一颗勒维特发现的造父变星的内禀亮度。基于这些标尺，赫茨普龙建立了一个系统，仅用两项数据——它的周期和视星等来测定任何造父变

尽管通常情况下，我们的价格是每小时25美分，但考虑到你们的工作质量，我愿意付每小时30美分。

——爱德华·C. 皮克林

勒维特留下了一项天文学发现的伟大遗产。

——梭伦·I. 贝利

星的距离。

推广应用

勒维特发现“周期-光度”关系后，赫茨普龙做了补充，使人类理解宇宙的尺度得到了进一步的发展。从1914年到1918年，美国天文学家哈洛·沙普利（他也是第一个证明造父变星是脉动恒星的人）成为第一个使用这一新方法，即通过确定变星的周期和视星等推算其距离的人。沙普利发现，遍布银河系的一类被称为球状星团的天体大致分布在一个以人马座方向为中心的球体上。他由此得出结论，银河系的中心在人马座方向并且距离我们相当远（数万光年），而太阳并不是像之前认为的那样位于银河系的中心。沙普利的发现，引发了人们第一次对银河系真正大小的估算，是星系天文学的一个重要里程碑。

直到20世纪20年代，许多科学家（包括沙普利）还坚持认为银河系就是整个宇宙。尽管也有人不同意这一观点，但双方始终都无法以某种方式证明自己的论点。1923年，美国天文学家埃德温·哈勃利用最新的望远镜技术，在仙女座星云中发现了造父变星，从而测量了它的距离。这直接证明了仙女座星云是一个独立的大星系（现在被称为仙女座星系）。后来，造父变星同样被用来证明银河系只是宇宙中众多星系中的一个。哈勃还通过研究造父变星发现了星系间距离和退行速度之间的关系，从而证实了宇宙正在膨胀。

船尾座RS是银河系中最明亮的造父变星之一。它距离地球约6,500光年，变化周期为41.4天。

修正尺度

20世纪40年代，德国天文学家沃尔特·巴德在加利福尼亚的威尔逊山天文台工作。在灯火管制期间，巴德观测了仙女座星系中心的恒星。他发现了两个不同的造父变星星族，或者说分组，它们具有不同的“周期-光度”关系。这带来了银河系外距离标尺的戏剧性修正。例如，仙女座星系与银河系间的距离是哈勃计算距离的两倍。1952年，巴德在国际天文学联合会上宣布了他的发现。这两组造父变星被称为经典造父变星和Ⅱ型造父变星，并开始被用于不同的测距目的。

如今，经典造父变星被用来测量星系之间的距离，最远可达1亿光年——远远超出了本星系群的范围。经典造父变星也被用来探究银河系的许多特征，比如它的旋涡结构及太阳到银盘的距离。Ⅱ型造父变星被用来测量星系中心和球状星团的距离。为了更精确地校准“周期-光度”关系，测量造父变星的距离仍然是极为重要的，这也是1990年哈勃空间望远镜项目启动时的主要任务之一。对于许多问题，尤其是计算宇宙年龄来说，一个更好的定标方式是至关重要的。一个多世纪过去了，勒维特的发现对于真正理解宇宙的尺度仍然具有举足轻重的影响。■

哈勃对勒维特平淡无奇的评价表明，尽管她取得了里程碑的发现，但一直备受否定，得不到专业人士和公众的认可。

——帕帕科斯塔
科学史家

这里展示了一个简化的造父变星大小波动的产生机制。恒星内部的压力包括由恒星核输出的热量维持的气体压力和辐射压力。另一个可能涉及的机制是，恒星外层气体的不透明度（对辐射传输的阻力）的周期性变化。

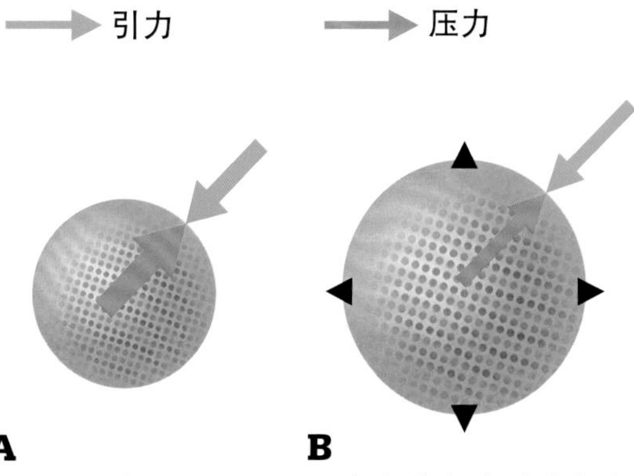

A
压力超过引力。恒星开始膨胀。

B
压力和引力达到平衡状态，但惯性使恒星进一步膨胀。

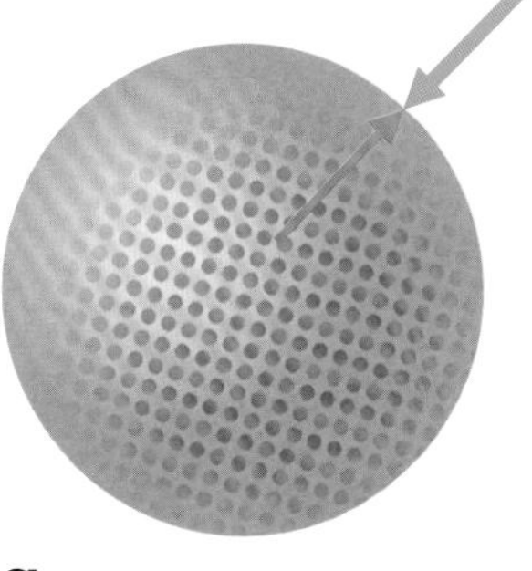

C
随着膨胀的持续，压力在减小，引力也在减小，但减小的程度要小些。最终，引力会超过压力，恒星停止膨胀并开始收缩。

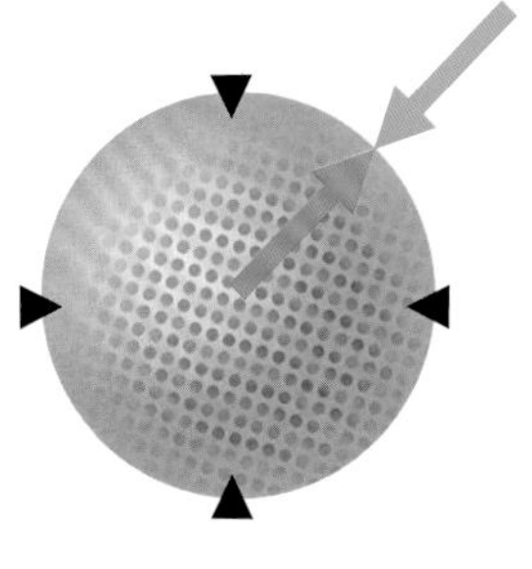

D
压力和引力再次达到平衡，但惯性使恒星进一步收缩。

E
当恒星收缩时，压力升高，直到超过引力，恒星停止收缩，开始再次膨胀。一个新的脉动周期开始了。

恒星是巨星或者矮星

完善恒星分类

背景介绍

关键天文学家：

亨利·诺里斯·罗素

（1877—1957年）

此前

1901年 在哈佛大学天文台工作的安妮·江普·坎农引入了恒星光谱分类：O、B、A、F、G、K和M（基于恒星表面温度）。

1905年 在分析恒星光谱的基础上，埃希纳·赫茨普龙指出，在某些光谱型中存在两种完全不同的恒星，其中一种要明亮得多。

此后

1914年 沃尔特·亚当斯发现了白矮星——白且炽热但相对暗弱。

1933年 丹麦天文学家本格特·斯特罗格伦引入术语"赫茨普龙-罗素图"来表示恒星绝对星等与光谱型之间的关系。

在大多数恒星中，蓝色恒星比黄色恒星更亮，黄色恒星比橙色、红色恒星更亮。它们都是矮星。

然而，少数异常明亮的恒星并不遵循这一规则。它们是巨星。

在显示光度和温度的图上，恒星被分成明显不同的两类。

恒星不是巨星就是矮星。

1912年前后，美国人亨利·诺里斯·罗素开始比较恒星的绝对星等（真实亮度）和它们的颜色（光谱型）。20世纪初，还没有人研究出不同类型恒星在大框架下有什么联系，但人们早就意识到它们在某些属性上是不同的，比如颜色。有些恒星发出纯白光，而其他的恒星则呈现不同的颜色：许多具有红或蓝的色调，而太阳是黄色的。1900年，德国物理学家马克斯·普朗克建立了精确的数学模型，用以描述热物体发出的光的混合波长（也就是它们的颜色）如何随温度变化。因此，恒星的颜色与表面温度有关——红色的恒星表面温度最低，蓝色的恒星表面温度最高。到1910年前后，人们开始根据恒星的颜色和表面温度将其划入对应的光谱型。

恒星之间另一个明显的差异是它们的亮度。自古以来，恒星就被划分为不同的亮度等级，后来发展成了视星等，即根据在地球上看

参见： 分析星光 113页，恒星特征 122~127页，分析吸收线 128页，丈量宇宙 130~137页，发现白矮星 141页，恒星组分 162~163页。

到的亮度对恒星进行分类。然而，人们认识到，为了确定一颗恒星的绝对亮度，有必要修正它与地球的距离：恒星离地球越远，它看起来就越暗。从19世纪中期开始，人们开始计算一些恒星的精确距离，并确定这些恒星的绝对亮度。

罗素的发现

罗素发现，大多数恒星存在一个明确的关系——炽热的蓝白色恒星（B型和A型）的绝对星等往往高于较冷的白色和黄色恒星（F型和G型），而白色和黄色恒星的绝对星等要高于橙色和红色恒星（K型和M型）。然而，一些异常明亮的恒星并不遵从这条规则。它们是巨星。

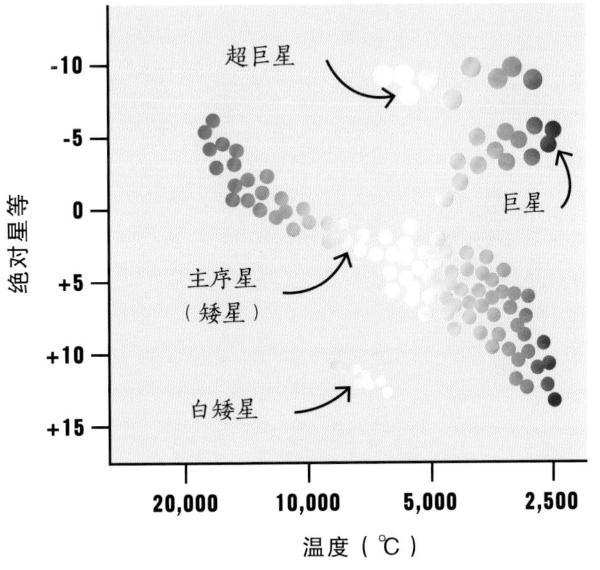

赫茨普龙-罗素图显示了恒星随着绝对星等和光谱型的分布。这个图为恒星演化理论的发展奠定了基础。（对于绝对星等来说，数字越小，星等越高。）

1913年，罗素发表了一张散点图，上面对比了恒星的绝对星等与光谱型。然而，他不知道的是，丹麦化学家和天文学家埃希纳·赫茨普龙在几年前进行了一项类似的研究，现在这幅图被称为赫茨普龙-罗素图。该图表明恒星分为一组明亮的巨星和一组数量更多的普通恒星。罗素称这些普通的恒星为矮星；赫茨普龙称它们为主序星。那些新发现的炽热但是暗弱的白矮星后来被添加到图中，形成了第三组。今天，我们知道大多数恒星一生中大部分时间都是主序星，有些后来演化成了巨星或超巨星。■

亨利·诺里斯·罗素

1877年，亨利·诺里斯·罗素出生于长岛的牡蛎湾。5岁的时候，他在父母的鼓励下观测了金星凌日现象，这激发了他对天文学的兴趣。他获得了普林斯顿大学天文系的博士学位，学位论文是分析火星摄动小行星爱神星轨道的方式。1903年到1905年，他在英国剑桥天文台工作，研究恒星照相、双星和恒星视差。1905年，他被任命为普林斯顿大学天文学讲师，1911年，他成为普林斯顿大学的天文学教授。1912年至1947年，他曾任普林斯顿大学天文台台长。

主要作品

1927年 《天文学：杨氏天文学手册》（修订版）

1929年 《太阳大气组分》

来自太空的穿透性辐射

宇宙线

背景介绍

关键天文学家：

维克多·赫斯（1883—1964年）

此前

1896年 法国物理学家亨利·贝克勒尔探测到了放射性。

1909年 德国科学家西奥多·伍尔夫测到埃菲尔铁塔顶部附近的空气电离水平高于预期。

此后

20世纪20年代 美国物理学家罗伯特·米利肯发明了术语“宇宙线”。

1932年 美国物理学家卡尔·安德森在宇宙线中发现了正电子（电子的反粒子）。

1934年 沃尔特·巴德和弗里茨·兹威基提出宇宙线来自超新星爆炸。

2013年 费米空间望远镜的数据表明一些宇宙线来自超新星爆炸。

1911年到1912年间，物理学家维克多·赫斯驾驶氢气球在东德上空进行了一系列危险的高空飞行。他的目标是在5千米的高度测量空气电离水平。

电离指把电子从原子中剥离出来。在20世纪早期，科学家们对地球大气中的电离水平感到困惑。在1896年放射性被发现之后，有人提出电离是由地面物质发出的辐射引起的，这意味着空气电离水平应该随着海拔的升高而降低。然而1909年在巴黎埃菲尔铁塔顶端进行的测量表明，电离水平比预期的要高。

赫斯的测量结果表明，电离作用在海拔约1千米的地方减弱，然后在海拔1千米以上的地方开始增强。他推断来自太空的强大辐射正在穿透和电离大气。这种辐射后来被称为宇宙线。

1950年，科学家发现宇宙线由带电粒子组成，其中一些具有极高的能量。它们撞击大气中的原子，产生新的亚原子粒子。这些亚原子粒子本身可能产生碰撞，而碰撞又会引起一连串的碰撞，这被称为宇宙线簇射。■

1951年，人们发现蟹状星云是宇宙线的主要来源。在那之后，超新星和类星体也被确定为宇宙线的来源。

参见：超新星 180~181页。

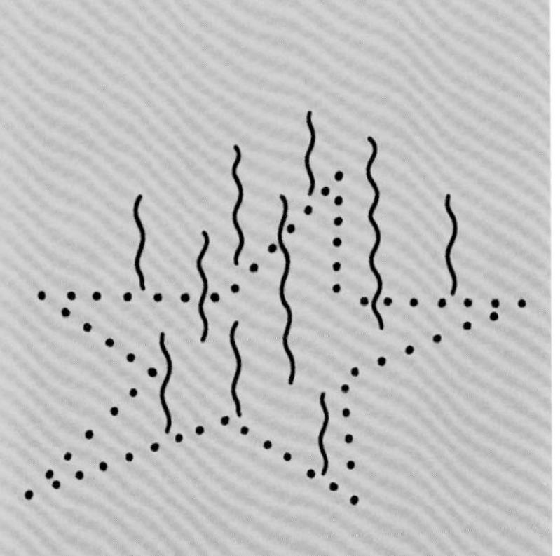

一颗白色、炽热但暗弱的恒星

发现白矮星

背景介绍

关键天文学家：

沃尔特·亚当斯（1876—1956年）

此前

1783年 威廉·赫歇尔发现了波江座40 B和C。

1910年 威廉明娜·弗莱明对亨利·诺里斯·罗素针对波江座40 B光谱的问题做出了解答，并证实了它是A型星。

此后

1926年 英国天文学家拉尔夫·福勒应用量子物理学的新思路解释了白矮星中极端高密度物质的本质。

1930年 苏布拉马尼扬·钱德拉塞卡计算表明白矮星的质量不可能超过太阳质量的1.4倍。

1934年 沃尔特·巴德和弗里茨·兹威基指出质量太大而不能形成白矮星的恒星将形成中子星。

在20世纪的头十年里，美国天文学家沃尔特·亚当斯发明了一种方法：通过光谱中特定波长的相对强度来计算恒星的绝对星等。作为加利福尼亚威尔逊山天文台的最初团队成员之一，亚当斯用他的方法研究了三聚星系统——波江座40，这其中包含一颗神秘的恒星，它看起来很暗但却很热。

白矮星

在这三颗恒星中，最亮的是波江座40 A，一对暗得多的双星波江座40 B和C围绕着它转动。按理说，波江座40 B和C这样暗弱的恒星应当属于M型星，也就是说它们的星光呈红色，对应相对较低的温度。事实是，波江座40 C符合这个特征，而波江座40 B却是最白、最热的恒星之一。当亚当斯在1914年公布数据时，天文学家们面临着一个难题：这么热的恒星一定是从某个地方获得了能量。

答案只能是：尽管它很小（大约和地球一样大），但它的密度一定很大——大约是太阳的2.5万倍。白矮星后来被证明是主序星耗尽核聚变燃料后留下的炽热恒星核。■

这种物质的密度比你所见过的任何东西还要致密3,000倍，一吨（这种）物质只有你可以放进火柴盒的小金块那么大。

——阿瑟·爱丁顿

描述白矮星

参见：观测天王星 84~85页，完善恒星分类 138~139页，恒星的生命周期 178页，能源生产 182~183页。

ATOMS, STARS AND GALAXIES

1915–1950

原子、恒星和星系

1915年—1950年

阿尔伯特·爱因斯坦发表了他的广义相对论。该理论将引力解释为时空的扭曲。

1916年

1917年

维斯托·斯莱弗指出，许多星云显示出较大的红移，这意味着它们正在快速地远离我们。

通过观测日食，阿瑟·爱丁顿证明了恒星发出的光因受太阳引力的影响而弯曲，正如相对论所预测的那样。

1919年

1920年

史密森尼博物馆举行了一场关于旋涡星云是否为星系的大辩论。

埃德温·哈勃发现了红移和星云距离之间的关系，表明旋涡星云是星系。

1924年

1926年

奥地利物理学家埃尔温·薛定谔将描述量子力学的方程规范化。该方程描述了量子层次上的异常行为。

尽管在尺度上存在巨大的差异，但原子、恒星和星系有一个共同的属性：它们各自的尺度范围是宇宙的基本结构单位。星系在最大规模上定义了宇宙中物质的分布；恒星是这些星系的决定性组成部分（尽管星系也可能含有大量的气体、尘埃和神秘的暗物质）；原子是组成恒星热气体的物质的单元（在较冷的恒星中有一些简单的分子）。如果我们把星系想象成城市，那么恒星就像城市里的个体建筑，原子就是砖块。

20世纪上半叶，天文学家在理解宇宙物质的层次结构方面取得了巨大的飞跃。支撑这些飞跃的是爱因斯坦的广义相对论，其中质量和能量的概念在空间和时间的统一结构中是不可分割的。

洞悉恒星内部

从1916年到1925年，英国人阿瑟·爱丁顿研究了太阳等普通恒星的物理性质。他拼合了一个热气球的详细物理描述，在这个球体中，能量从中心来源到达表面，然后又辐射到太空。爱丁顿还做了很多工作，让天文学家们相信恒星依靠亚原子变化摄取能量。

1919年，新西兰物理学家欧内斯特·卢瑟福通过向一种放射性元素发射粒子，将氮原子转变为了氧原子。现在有充分的证据表明，原子能释放可以产生新的元素并释放出难以想象的能量。针对那些仍然持怀疑态度的人，爱丁顿对剑桥大学进行的实验进行了反思，他指出“在卡文迪什实验室里所做的事情在阳光下可能不会太难”。

1925年，在美国工作的英国天文学家塞西莉亚·佩恩-加波斯金得出结论，恒星大体上是由氢原子构成的。天文学家们终于对普通恒星的本质有了真正的认知。

然而，并不是所有的恒星都很普通。例如，白矮星的密度显然非常大。20世纪30年代，新量子物理学被用来解释恒星是如何变得如此

1930年

在亚利桑那州的洛厄尔天文台，克莱德·汤博发现了冥王星。

1930年

苏布拉马尼扬·钱德拉塞卡计算出了恒星坍缩成中子星或黑洞的条件。

1931年

乔治·勒梅特发表了一篇论文，在论文中他提出宇宙是从一个微小的“原子”开始的。

1933年

美国无线电工程师卡尔·詹斯基利用自己建造的天线发现了来自太空的射电波。

1946年

美国天体物理学家莱曼·小斯皮策建议将望远镜送往太空。

1946年

英国天文学家弗雷德·霍伊尔展示了元素是如何在恒星中形成的。

致密的，并预测出更多奇异类型的坍缩恒星。结果表明，太阳质量的1.46倍是形成白矮星的上限，但没有什么能阻止更多的大质量恒星坍缩成密度大得多的中子星，甚至黑洞。

黑洞可能真的存在

沃尔特·巴德和弗里茨·兹威基推测，超新星爆炸的中心残余将是一颗中子星。尽管许多天文学家很难相信黑洞真的存在，但在印度学者苏布拉马尼扬·钱德拉塞卡和其他学者的努力下，黑洞的理论概念仍然诞生了。在大约40年后，天文学家发现了第一颗中子星和黑洞候选体。

星系的宇宙

与此同时，宇宙本质的整个概念正在迅速改变。1917年，美国人维斯托·斯莱弗认识到许多所谓的星云是星系，类似于我们自己的银河系，并且在快速运动。大约10年后，比利时牧师乔治·勒梅特意识到，不断膨胀的宇宙与爱因斯坦的相对论是一致的。美国人埃德温·哈勃发现，星系距离我们越远，它离开我们越快。勒梅特认为，宇宙是由一个像烟花一样的微小“原子”爆炸而来的。在短短几年的时间里，天文学家们已经认识到了，宇宙比他们想象的更大且更复杂。■

我们曾经认为，如果知道1，就应知道2，因为1加1等于2。我们逐渐意识到自己对“和”知之甚少。

——阿瑟·爱丁顿

时间、空间和万有引力与物质无关

相对论

背景介绍

关键天文学家：

阿尔伯特·爱因斯坦

（1879—1955年）

此前

1676年 奥勒·罗默的研究表明光速不是无限的。

1687年 艾萨克·牛顿发表了他的运动定律和万有引力定律。

1865年 詹姆斯·克拉克·麦克斯韦证明了光是一种以恒定速度穿过电磁场的波。

此后

1916年 卡尔·史瓦西用爱因斯坦方程来证明有多少物质扭曲空间。

1919年 阿瑟·爱丁顿提供了时空扭曲的证据。

1927年 乔治·勒梅特证明宇宙可以是动态的和不断变化的，并提出了大爆炸理论。

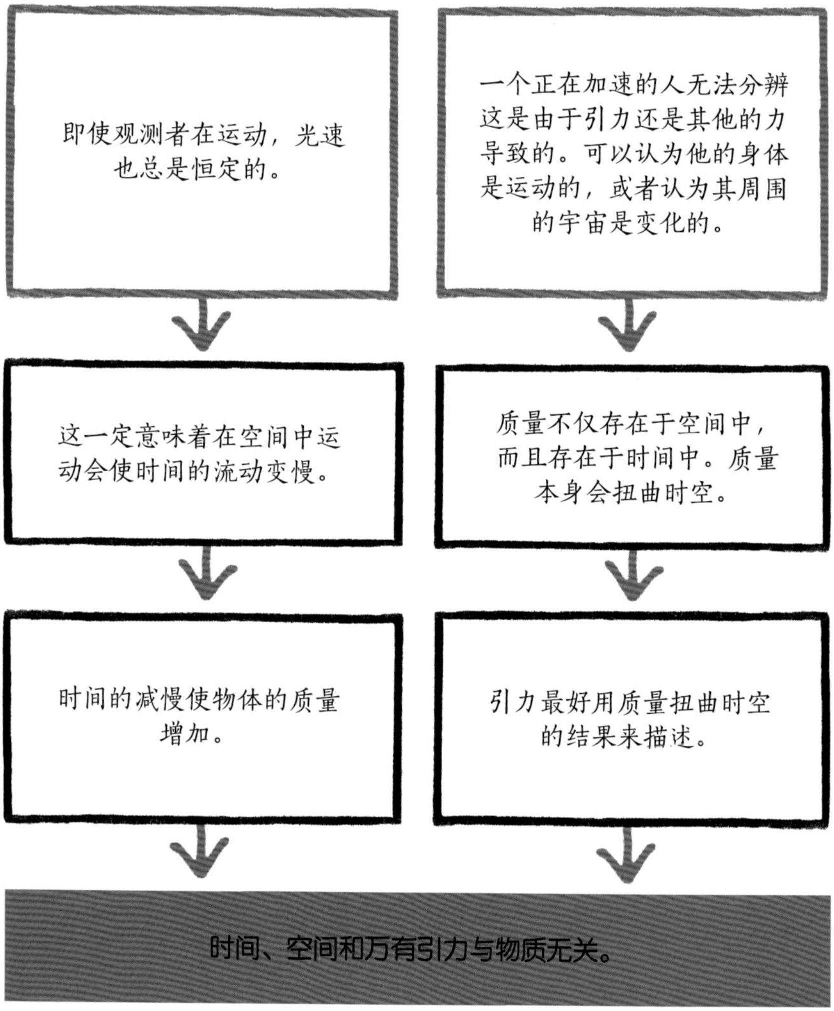

即使观测者在运动，光速也总是恒定的。

这一定意味着在空间中运动会使时间的流动变慢。

时间的减慢使物体的质量增加。

一个正在加速的人无法分辨这是由于引力还是其他的力导致的。可以认为他的身体是运动的，或者认为其周围的宇宙是变化的。

质量不仅存在于空间中，而且存在于时间中。质量本身会扭曲时空。

引力最好用质量扭曲时空的结果来描述。

时间、空间和万有引力与物质无关。

阿尔伯特·爱因斯坦的广义相对论被称为人类头脑对自然最伟大的思考。它解释了引力、运动、物质、能量、空间、时间和黑洞大爆炸，可能还有暗能量。爱因斯坦在20世纪初的十多年时间里发展了这一理论。它启发了乔治·勒梅特、斯蒂芬·霍金和激光干涉引力波天文台（LIGO）团队，帮助他们探索该理论所预测的引力波。

相对论是从牛顿描述的运动定律与苏格兰物理学家麦克斯韦定义的电磁学定律之间的矛盾中产生的。牛顿用物体间的力对运动物质的支配来描述自然。麦克斯韦的理论涉及电场和磁场。麦克斯韦认为光在这些场中是振荡的，而且他预言，无论光源运动的速度有多快，光速总是恒定的。

测量光速不是一件容易的事。1676年，丹麦天文学家奥勒·罗默尝试测量了木星卫星发出的光的时间延迟。他的答案是慢了25%，这确实证明了光速是有限的。到了19世纪50年代，人们进行了更精确的测量。然而，在牛顿的宇宙中，为了解释光源和观测者的相对运动，光速也必须变化。尽管研究人员可能会尝试测量，但这种差异是无法测量的。

19世纪末，许多人相信物理学家已经完全掌握了宇宙的规律，所需要的只是更精确的测量。然而参见: 引力理论 66~73页, 时空曲线 154~155页, 宇宙的诞生, 暗能量 298~303页, 引力波 328~331页。

当爱因斯坦还是个孩子的时候，他就不相信物理学已经完全解决了宇宙的问题。16岁时，他问了自己一个问题："如果我坐在一束光上，我会看到什么?" 在牛顿的理论中，年轻的爱因斯坦将以光速旅行。来自前方的光会以两倍于光速的速度到达他的眼睛，但回过头他什么也看不见，因为即使从后面来的光以光速传播，它也永远追不上爱因斯坦。

奇迹之年

爱因斯坦的第一份工作是在瑞士伯尔尼当专利局职员。这使他有很多业余时间自学。这份独立工作的成果是他在1905年发表的四篇论文。这些论文包括两个相关的发现：狭义相对论，以及质量与能量的等价性，可以用方程$E=mc^2$（参见第150页）来总结。

狭义相对论

爱因斯坦用思维实验来发展他的思想，其中最有意义的是两个男子鲍勃和帕特——一个在飞驰的火车上，另一个站在月台上。爱因斯坦描述的一种情景（见下图）是：在火车里，鲍勃用手电筒照着他头顶正上方火车顶棚上的镜子。他测量光到达镜子并返回所用的时间。与此同时，火车正以接近光速的速度通过月台。在月台上，静止的观测者帕特看到光束照向镜子并返回，但是在光束传播的时间里，火车在运动着，这意味着光束不是垂直上下传播而是沿对角线传播的。对月台上的帕特来说，光束传播得更远了，所以，既然光总以同样的速度传播，那么其传播过程肯定经过了更多的时间。

> 如果你不能向一个六岁的孩子解释它，证明你自己也不明白。
>
> ——阿尔伯特·爱因斯坦

爱因斯坦对此的解释是想象力的巨大飞跃，这也成了狭义相对论的基础。速度是时间单位上移动的距离。因此，光速的恒定一定是

在高速行驶的火车里，鲍勃发射出一束直接上下传播的光。鲍勃测量光反射回到他那里所花费的时间，用垂直上下的直线距离除以c（光速）。

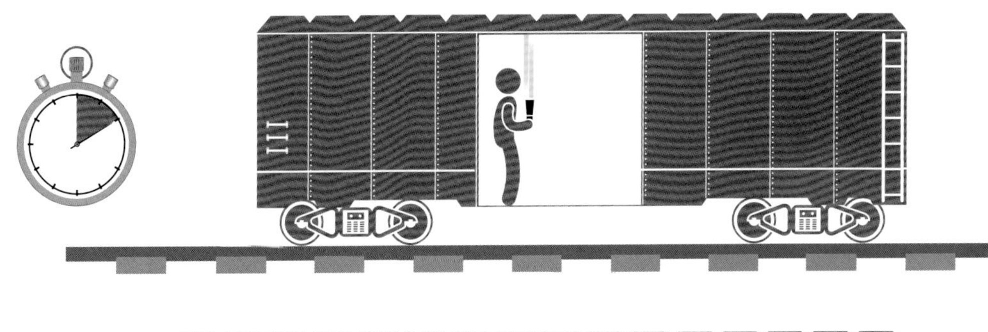

在站台上，帕特观测到光束斜向传播。它仍然以同样的速度c传播，所以经过的时间肯定比鲍勃在火车上测量的长，因为光传播了更长的距离。

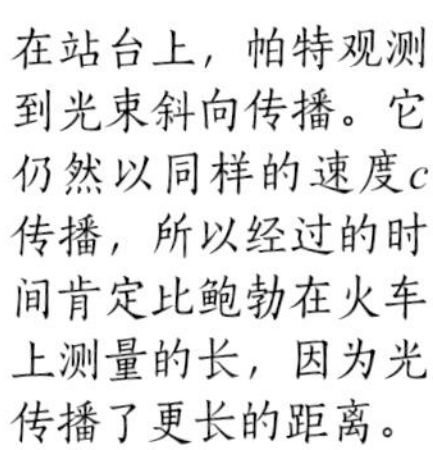

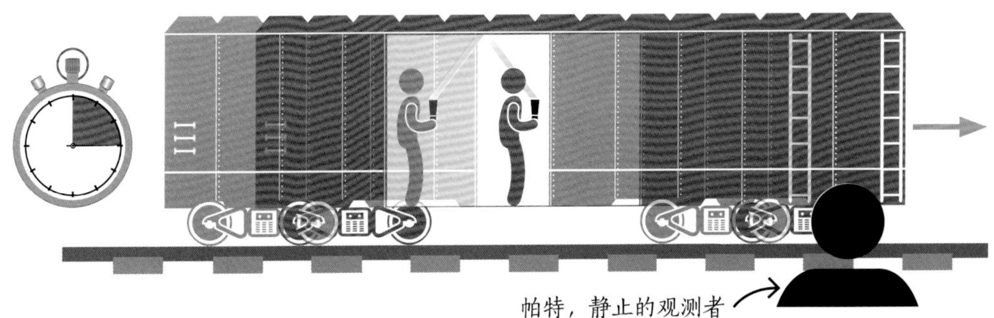

当一个物体的速度（v）接近光速（c）时，由静止的观测者来观测该物体。此刻该物体在运动方向上会变得越来越扁。这不仅仅是一种幻觉。在观测者的参照系中，物体的形状确实会改变。

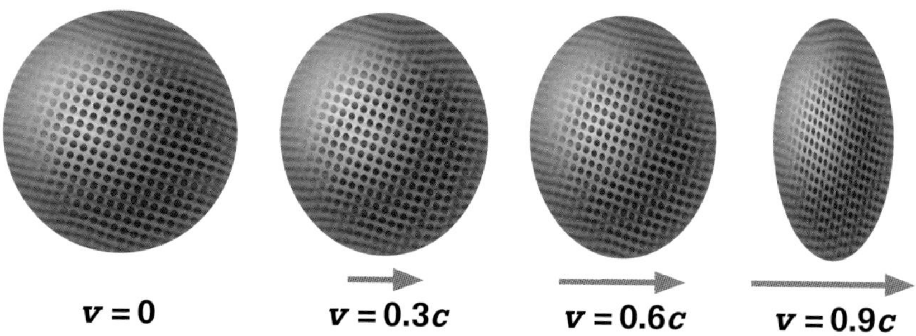

由于时间流动的不恒定造成的。观测到的物体在所通过的空间中行进得更快，而在所花费的时间中运动得更慢。车站和火车上的时钟以不同的速度滴答地“走”着，它们的速度取决于观测它们的参照系。在行驶的火车上，鲍勃看到他的时钟像往常一样滴答滴答地走着，但是在月台上的观测者帕特看来，火车上的时钟走得非常慢。

在飞驰的火车上，乘客不会注意到时间的任何减慢。测量时间的机制——如钟摆的摆动、石英晶体的振动或原子的行为——是遵循普遍规律的物理现象。根据狭义相对论，定律在参照系内保持不变——无论运动的火车，还是任何其他一起运动的物体。

能量就是质量

这种时间膨胀的强大作用具有深远的影响。爱因斯坦在1915年逐渐将其拼凑成了广义相对论。早期的突破性发现是$E=mc^2$，即E（能量）等于质量（m）乘以光速的平方（c^2）。c^2是一个非常大的数值，大约有9亿亿，所以很小的质量包含着巨大的能量。这种能量在核爆炸中体现得很明显。

回到火车思维实验，两个观测者开始互相扔网球。球碰撞并弹回（帕特和鲍勃都有一个很好的标靶）。如果两个观测者在同一参照系中，由于球有相同的质量且以相同的力量被抛出，因此球的指定运动将会发生。但在这个实验中，这些球处于不同的参照系中——一个静止，另一个以接近光速的速度运动。由于时间膨胀，帕特会看到鲍勃的球比他自己的球运动得慢得多，但当它们碰撞标靶后，两个球都被撞回到了主人的手里。唯一可行的方法是使鲍勃的慢速网球比帕特的重，或者说质量更大。

因此，根据狭义相对论，当物质运动时它的质量会变得更大。这些质量的增加在日常的尺度中就可以测量出来，只不过小得足可以忽略不计。然而，当物体快速运动时，它们会产生明显的效果。例如，大型强子对撞机（LHC）所加

阿尔伯特·爱因斯坦

爱因斯坦出生在德国，但在性格形成时期，他是在瑞士度过的。成年后，他努力寻找教学工作，最终在伯尔尼的专利局找到了工作。他在1905年的论文获得成功后，又先后在伯尔尼、苏黎世和柏林的大学发表了论文，并于1915年在柏林发表了《通论》。1933年之后，爱因斯坦移居美国，并在普林斯顿大学定居。他在那里度过了余生，并试图将相对论与量子力学联系起来。他没有做到这一点，当然其他人也没有成功。作为一位和平主义领军人物，他拒绝参与制造第一颗原子弹的曼哈顿计划。作为一名小提琴家，爱因斯坦说他经常在音乐中思考。

主要作品

1915年 《相对论：狭义理论和广义理论》

每一束光在“静止”的坐标系中以确定且恒定的速度运动，而与这束光是由静止物体还是由运动物体发射的无关。

——阿尔伯特·爱因斯坦

速的质子，其运行速度非常接近光速——达99.999%。额外的能量对这一速度的影响甚微，反而会提高质量。在全功率时，大型强子对撞机中的质子的质量几乎是静止时的7500倍。

速度极限

在速度和质量的关系中，相对论强调了另一个基本原理：光速是在空间中运动的速度的上限。一个有质量的物体——核粒子、宇宙飞船、行星或恒星——不可能以光速运行。当它的速度接近光速时，它的质量会变成无穷大，时间几乎停止，这将需要无限的能量来推动它达到光速。

为了概括他的理论，爱因斯坦把引力与自己关于能量和运动的思想联系起来。若把一个物体放在空间中，去掉所有的参照点，就不可能知道它是否在运动，也无法做任何测试去证明。因此，无论从任何物体或参照系的角度来看，当宇宙的其他部分围绕它运动时，它都是保持静止的。

爱因斯坦“最快乐的想法”

一切都以恒定的速度运动，这是最容易想象的。根据牛顿第一运动定律，除非有一个力使它加速（改变它的速度或方向），否则一个物体会一直保持它的运动速度。当爱因斯坦在他的理论中加入加速度的影响时，他产生了一种想法，他称之为自己“最快乐的想法”：不可能分辨出一个物体为什么会加速——可能源于引力，也可能是另一种力导致的。两者的影响是相同的，可以用宇宙中其他部分在参照系中的运动方式来描述。

爱因斯坦用质量、能量和时间之间的关系来描述运动。对于广义相对论，他还需要加入空间因素。不考虑物体在时间上的路径，就不可能理解物体在空间上的路径。其结果是，质量在时空中运动，时空具有四维几何结构，这与日常空间概念中常见的三维结构（上、下、侧面）完全不同。当一个物体通过时空时，时间维度会膨胀，空间维度会收缩。回到车站思维实验，从帕特的角度看，高速行驶的火车的长度被压缩，使火车看

相对论不能不被看成是一件伟大的艺术作品。

——欧内斯特·卢瑟福
新西兰物理学家

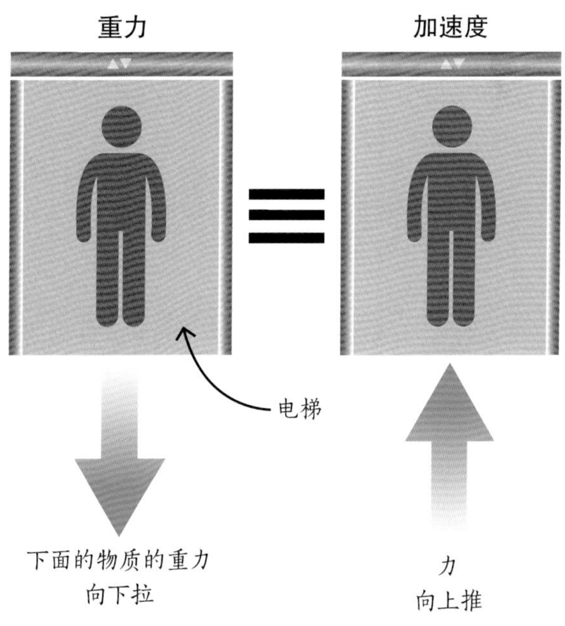

在电梯里，一个人无法分辨出是被从下方推动电梯的力向上加速，还是因为电梯下方物质的重力而向下加速。不管怎样，当电梯底板推动他们的时候，他们会有一种加重感；物体从高处掉下来时会加速落到地上。这就是爱因斯坦所谓的“最快乐的想法”——等效原理。

起来非常拥挤而短粗。然而，这对鲍勃来说很正常，他在车上测量任何东西的长度都与火车静止时的长度相同。这是因为他的测量工具如尺子，随着空间的缩小而缩小了。

时空扭曲

在爱因斯坦的宇宙中，引力不是一种力，而是质量引起的时空几何结构的扭曲效应。大质量的天体如行星，会使空间弯曲，所以较小的天体如流星，沿着一条直线穿过附近的空间时将会向行星弯曲。流星没有改变轨道——它仍然在太空中沿着一条直线运动，只是地球把这条直线弯成了一条曲线。

时空中的扭曲可视为使橡胶板变形的球，造成了凹陷或引力阱。一个大的“行星”球形成一个引力阱，一个小的“流星”球将滚进引力阱里。根据流星的轨道、速度和质量，它可能会与行星相撞，也可能从引力阱的另一边滚出来并逃逸。如果轨道正确，流星就会沿轨道绕地球运行。

物质造成的扭曲也使时间弯曲。两个遥远的天体——为了解释这一点，引入的一颗红星和一颗蓝星——彼此之间没有运动。它们在不同的空间点，但在同一时间点，同一个“现在”。然而，如果红星直接远离蓝星，那么它的运动时间就会比蓝星慢。这意味着红星和蓝星在过去共享一个“现在”。如果红星直接向蓝星运动，那么它的“现在”就会朝向蓝星的未来。因此，在一个参照系中同时观察到的事件在另一个参照系中可能出现在不同的时间。

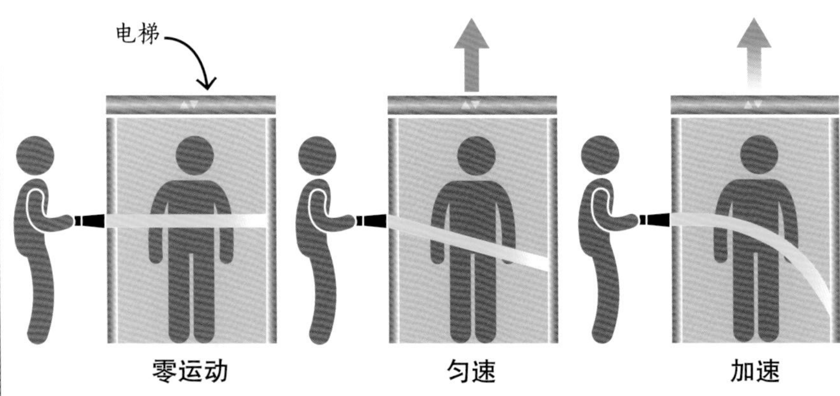

光束从站在电梯外的一个观测者那里射入电梯。光束的路径如图所示，如果电梯在加速，光束将向下弯曲。同样地，光束也会向另一个引力源弯曲。

检验相对论

爱因斯坦的物理学最初引起了科学界大范围的困惑。然而，1919年，英国天文学家阿瑟·爱丁顿证明，这种描述宇宙的新方法确实是正确的。他前往大西洋的普林西比岛观察日全食，特别是观察太阳附近的恒星背景。恒星发出的光沿着最直接的路线即所谓的测地线传播到地球上。在欧几里得几何（牛顿物理学的几何）中，这是一条直线，但在时空中，测地线是可以弯曲的。因此，非常靠近太阳边缘的星光由于恒星的质量而产生弯曲，并遵循弯曲的路径。阿瑟·爱丁顿拍摄了（日食中）由于没有太阳光而显露出来的恒星。这些图

相对论解决了水星轨道摄动的难题（见左图），早在1859年这个问题就首次被注意到了，但牛顿物理学始终无法解释。

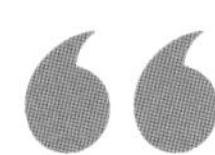

每件事都必须尽可能简单，而非稍微简化。

——阿尔伯特·爱因斯坦

像显示，由于空间的扭曲，恒星的视位置确实发生了改变，这种效应现在被称为引力透镜。结果表明爱因斯坦是对的。

爱因斯坦的广义相对论使天文学家能够理解他们所观察到的一切——从可见宇宙的边缘到黑洞的视界。今天，GPS技术考虑了相对论的时间膨胀，而最近天文学家在LIGO的实验中发现了相对论所预测的空间波状收缩。相对论的其他观点也被用于寻找暗能量之谜的可能答案。■

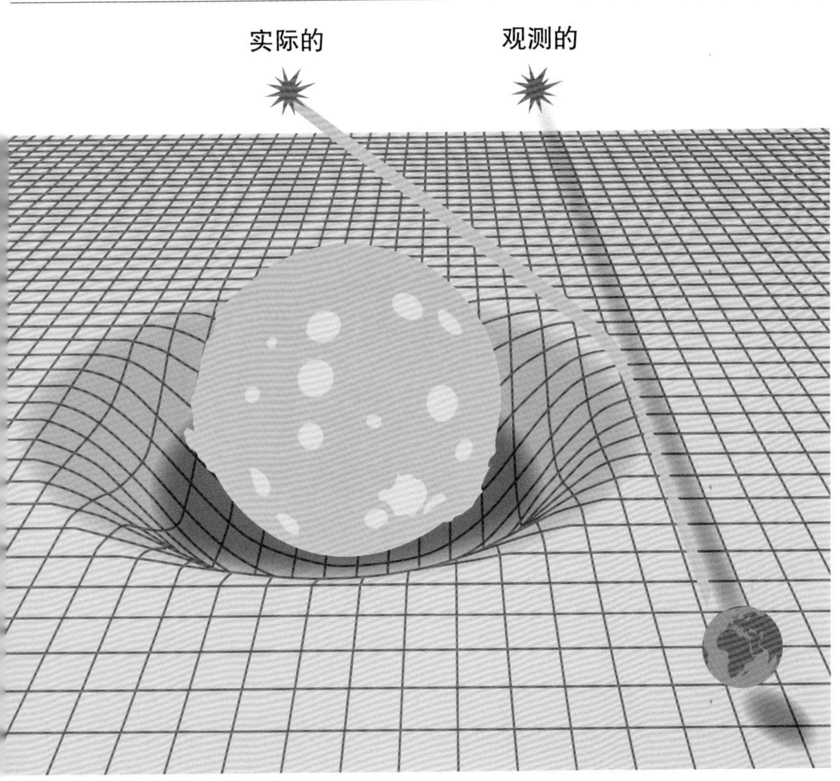

1919年阿瑟·爱丁顿首次观测到，质量造成了导致所谓引力透镜效应的引力阱。恒星的观测位置受到太阳引力的影响而改变，而太阳引力使恒星发出的光沿一条弯曲的路径经过太阳。

双生子佯谬

一对新生双胞胎解释了被称为“双生子佯谬”的研究结果。双胞胎的其中一个留在地球上，而另一个则乘坐火箭前往4光年外的恒星。火箭的平均速度为0.8c，这意味着她在其孪生妹妹10岁生日那天结束了8光年的旅程返回地球。然而，根据火箭上的时钟，这只是她6岁的生日。时钟一直在运动的时间框架内，所以滴答声更慢。

相对论坚持火箭上的双胞胎姐姐也有资格认为自己处于静止状态，这似乎导致了一个悖论——在她看来，地球上的双胞胎妹妹一直在运动。这个悖论被这样的一个事实所解决，即火箭中的双胞胎姐姐经历了加速度，随之发生时间膨胀，这种膨胀既发生在出去的路上，也发生在改变方向回来的路上。地球上的双胞胎妹妹一直停留在一个参照系中，而火箭上的双胞胎姐姐先后在两个参照系中——出去的路上和回来的路上。因此，双胞胎的情况是不对称的，待在家里的双胞胎妹妹现在真的比她的姐姐大了4岁。

“双生子佯谬”一直是科幻小说中的一个流行主题。在电影《人猿星球》中，宇航员返回地球后发现地球已经过去了数千年，人猿统治了现在的地球。电影《星际穿越》也聘请了物理顾问来确保每个角色所经历的时间是符合相对论的。

相对论的精确解预言了黑洞

时空曲线

背景介绍

关键天文学家：

卡尔·史瓦西（1873—1916年）

此前

1799年 皮埃尔-西蒙·拉普拉斯提出了一个关于黑洞的理论，他称黑洞为"隐蔽兵团"或"暗物体"。

1915年 阿尔伯特·爱因斯坦的广义相对论表明，引力是由空间和时间的扭曲引起的。

此后

1930年 钱德拉塞卡计算出了形成中子星和黑洞的恒星核的质量。

1979年 斯蒂芬·霍金提出，作为量子涨落的结果，黑洞确实会发出辐射。

1998年 安德里亚·盖兹表明银河系中心存在一个超大质量的黑洞。

质量的引力场是时空的扭曲。

这种扭曲在数学上可以用史瓦西解来描述。

史瓦西解是预测黑洞的相对论精确解。

黑洞被"事件视界"所包围，在视界之外什么也看不见。

1916年，德国数学家卡尔·史瓦西做了一件连爱因斯坦都没能做到的事情——他为广义相对论的场方程提供了一个可以给出精确答案的解。爱因斯坦场方程是一组复杂的公式，它将空间和时间（或时空）与引力作用联系了起来。史瓦西的成就，被称为史瓦西解，他解出这些方程来精确地展示时空在质量存在时是如何弯曲的。这个解显示了像太阳和地球这样的天体的引力是如何依据相对论扭曲时空的。一代人之后，史瓦西的数学被用来揭示所有天体中最黑暗的那个——黑洞。

无处可逃

尽管早在一个世纪前就有人预言过黑洞，但在相对论提出的早期，它仍是纯理论的研究对象。法

参见: 引力扰动 92~93页，相对论 146~153页，恒星的生命周期 178页，霍金辐射 255页，银河系的心脏 297页。

国天文学家皮埃尔-西蒙·拉普拉斯曾从理论上推导出“隐蔽兵团”的概念，即天体的密度如此之大，以至于脱离引力所需要的速度超过了光速。现代对黑洞的定义与此类似：太空中的天体具有如此巨大的引力，任何东西都无法逃脱它们，甚至光也无法逃脱。

事件视界

史瓦西解可以用来计算给定质量黑洞的大小。为了创造一个黑洞，质量必须被压缩到一个比史瓦西解预测的半径更小的体积中。一个密度大到其质量半径小于史瓦西半径的物体，会使时空扭曲到无法抗拒其引力的程度——它会产生一个黑洞。在史瓦西半径内的任何质量和光都注定会被拉入黑洞。黑洞周围的空间点在史瓦西半径的距离上形成了它的“事件视界”，因为不可能观察到发生在它之外的事件。黑洞里什么也出不来——没有质量，没有光，也没有关于黑洞内部的信息。

史瓦西解允许天文学家估计实际黑洞的质量，尽管不可能是精确的，因为黑洞会自转并携带电荷，而这些因素无法用数学解释。如果太阳变成一个黑洞，那么它的“事件视界”将离日心3千米。具有地球质量的黑洞半径为9毫米。然而，从这么小的物体上制造黑洞是不可能的：人们认为黑洞是由至少有三倍太阳质量的坍缩恒星形成的。■

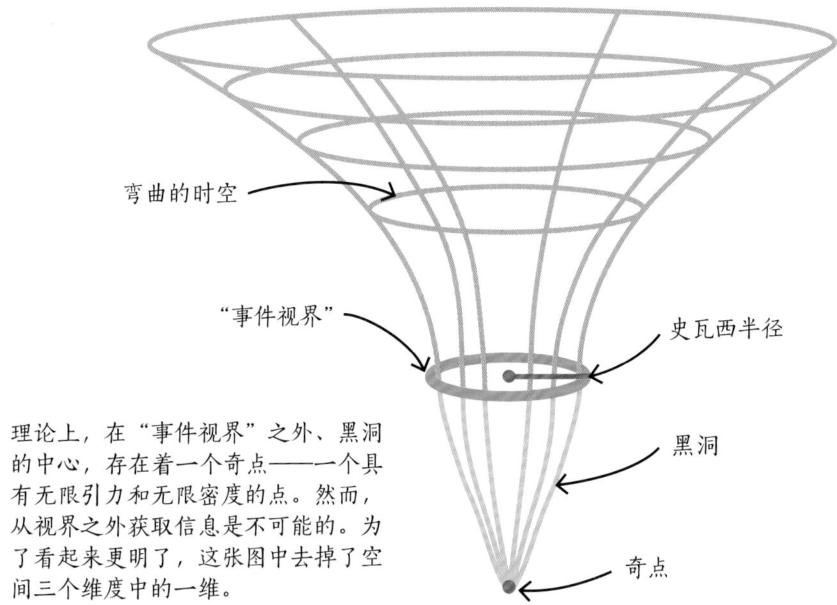

理论上，在“事件视界”之外、黑洞的中心，存在着一个奇点——一个具有无限引力和无限密度的点。然而，从视界之外获取信息是不可能的。为了看起来更明了，这张图中去掉了空间三个维度中的一维。

卡尔·史瓦西

卡尔·史瓦西很小的时候就展现出了惊人的数学能力。16岁时，他发表了第一篇关于双星轨道力学的科学论文；28岁时，他成了下萨克森州哥廷根大学的教授。

史瓦西对当时最重要的科学做出了贡献：放射性、原子理论和光谱学。1914年，他参加了第一次世界大战，但仍有时间学习数学。1915年末，他给阿尔伯特·爱因斯坦寄去了一些早期的计算，说：“如你所见，尽管炮火猛烈，但战争对我还是很仁慈的，它让我得以远离这一切，在你思想的土地上漫步。” 第二年，史瓦西提出了以他的名字命名的完整解决方案。

主要作品

1916年 《爱因斯坦理论之后的质点引力场》

旋涡星云是恒星系统

旋涡星系

背景介绍

关键天文学家：

维斯托·斯莱弗（1875—1969年）

此前

1842年 奥地利物理学家克里斯蒂安·多普勒提出了多普勒效应——观测者接收到的来自相对运动物体的波的频率变化。

1868年 威廉·哈金斯利用多普勒效应确定了恒星远离地球的速度。

此后

1929年 埃德温·哈勃发现了旋涡星系的退行速度与其距离之间的关联。

1998年 索尔·珀尔马特和他的同事发现宇宙在过去50亿年里始终在加速膨胀。

在18世纪八九十年代，英国天文学家威廉·赫歇尔对大量的星云进行了分类，并推测其中一些星云的大小和性质可能与银河系相当。在威廉·赫歇尔的猜想中，他遵循了德国哲学家伊曼努尔·康德早些时候提出的一个观点，即星云可能是大型的恒星圆盘——“宇宙岛”，独立于银河系之外，与银河系相隔甚远。19世纪，英国天文学家罗斯勋爵利用改进的望远镜发现，一些星云的“臂”呈旋涡状排列，而他的同胞威廉·哈金斯发现，许多星云由大量恒星组成。然而，除它们可能含有恒星这一事实外，到20世纪初，人们对星云还知之甚少。当时来自印第安纳州的一位名叫维斯托·斯莱弗的年轻科学家开始研究它们。

洛厄尔天文台

1901年起，斯莱弗在亚利桑那州弗拉格斯塔夫的洛厄尔天文台工作。1894年，美国天文学家珀西瓦尔·洛厄尔建立了这所天文台。

在我看来，有了这一发现，关于旋涡星系是否属于银河系的重大问题得到了非常肯定的回答：它们不属于银河系。

——埃希纳·赫茨普龙
在给维斯托·斯莱弗的信中

洛厄尔之所以选择这个地方，是因为它的海拔高度超过2,100米，云层很少而且距离城市灯光很远，这意味着它几乎每晚都能保持良好的能见度。洛厄尔的冒险之举标志着人类第一次在偏远、高海拔的地方特意建造一座天文台，以便进行最佳观测。

洛厄尔最初雇用斯莱弗只是让他担任一个短期的职位，但是斯莱弗把他的整个职业生涯都献给了这里。洛厄尔和斯莱弗合作得很好。这位谦逊的新雇员满足于把聚光灯下的焦点留给他那位有名的雇主。斯莱弗是一位天才数学家，拥有实用的机械技能，他把这些技能用在安装新的光谱设备上。他着手改进光谱学的技术——把来自天体

斯莱弗使用洛厄尔天文台61厘米口径的阿尔文·克拉克望远镜观察旋涡星云。今天，人们可以在天文台的游客中心使用原来的望远镜。

参见：银河系 88~89页，检查星云 104~105页，星云的性质 114~115页，丈量宇宙 130~137页，银河系的形状 164~165页，宇宙的诞生 168~171页，银河系之外 172~177页。

对旋涡星云蓝移和红移的测量表明，其中一些正在向地球运动，而另一些正在退行。→ 如果旋涡星云位于银河系内，那么它们相对于银河系其他部分的运动速度是如此之快，以至它们无法在银河系内停留太久。→ 旋涡星云可能是银河系之外的独立星系。

的光分离成其组成波长，并测量和分析这些波长。

研究星云

斯莱弗最初的工作和研究是针对行星的，但从1912年起，应洛厄尔的要求，他开始研究神秘的旋涡星云。洛厄尔认为它们是旋涡状气体，这些气体正在合并形成新的太阳系。他要求斯莱弗记录来自星云外围的光谱，以确定它们的化学组成是否与太阳系的气态巨行星相似。

通过对其机械装置的一些小的调整，斯莱弗成功地提高了洛厄尔光谱仪的灵敏度。洛厄尔光谱仪是一个复杂的重达200千克的仪器，安装在天文台61厘米口径的折射望远镜的目镜上。在1912年的秋天和冬天，他获得了最大的旋涡星云的光谱图。该星云位于仙女座，当时被称为仙女座星云。

星云光谱中光谱线的模式（就像其构图一样）显示了一种蓝移现象——它们被称为多普勒频移，意外地移向光谱的短波/高频蓝端（见左图）。由于星云正以相当快的速度冲向地球，它们的频率提高了，这只能说明来自仙女座星云的光波被缩短或压缩了。斯莱弗的计算显示，星云正在以300千米/秒的速度接近。以前曾有过关于天体多普勒频移的测量，但这种规模的频移是前所未有的。斯莱弗断言："我们目前没有其他的解释。但可以推断仙女座星云正在接近太阳系。"

朝向地球运动的星系的光谱表现出蓝移，而那些远离地球的星系的光谱表现出红移，因为从地球上看，光波被压扁或拉伸了。这些现象以奥地利物理学家克里斯蒂安·多普勒的名字命名，他首先解释了这种现象。

这个星系并没有相对地球的运动。它发出的光波在地球上以正常的、不受影响的频率被探测到。

静止星系光谱中的发射光谱线与星系中组成气体的波长一致。

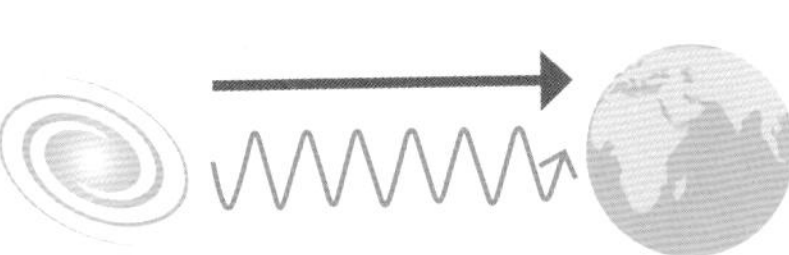

这个星系正在向地球运动。它发出的光波在地球上以略短的波长或更高频率被探测到。

靠近星系的光谱中的发射线移向更短的蓝色波长，这就是蓝移。

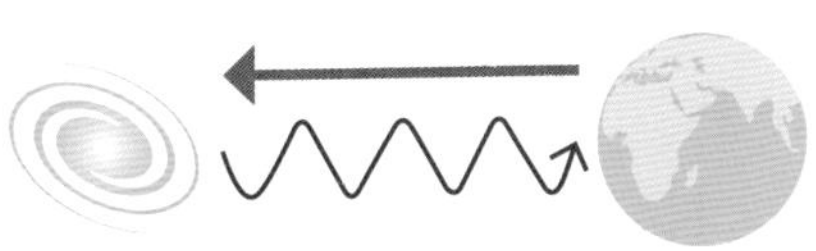

这个星系正在远离地球。它发出的光波在地球上以稍长的波长或较低的频率被探测到。

退行星系光谱中的发射光谱线向较长的红色波长偏移，这就是红移。

斯莱弗证实星系NGC 4565在以1,100千米/秒的速度退行，从地球上看它的外形很细，因此它也被称为针状星系。

发现多普勒频移

在接下来的几年里，斯莱弗又研究了14个旋涡星云，他发现几乎所有的星云都以令人难以置信的速度相对于地球运行。最引人注目的是，虽然有些星云朝向地球运动，但大多数星云都显示出红移，光波被拉长，这意味着它们正在远离地球。例如，被称为M104（也被称为NGC 4594）的星云，正以近1,000千米/秒的惊人速度飞离。另一个被称为M77或NGC 1068的星云正在以1,100千米/秒的速度退行。总体来说，在观测到的15个星云中，有11个发生了显著的红移。1914年，斯莱弗向美国天文学会提交了他的研究结果，得到了全体起立鼓掌。

当斯莱弗在1917年发表他的下一篇关于旋涡星云的论文时，红移与蓝移星云的比例已经上升到了21：4。在这篇论文中，斯莱弗指出它们接近或退行的平均速度——科学上称为径向速度——是700千米/秒。这比以往测量到的任何恒星相对于地球运动的速度都要快得多。

斯莱弗发现旋涡星云能以这样的速度穿过银河系是几乎不可想象的，他开始怀疑它们根本就不是在银河系中运动。他说："很长一段时间以来，人们一直认为旋涡星云是在很远的距离上看到的恒星系统。在我看来，这个理论在目前的观测中得到了支持。"斯莱弗是在回应康德的观点，即某些星云，特别是旋涡星云，可能是银河系之外的独立星系。

维斯托·斯莱弗

维斯托·斯莱弗于1875年出生在印第安纳州玛百莉镇的一个农场里。毕业后不久，他开始在亚利桑那州的洛厄尔天文台工作，并在那里工作了半个多世纪。斯莱弗的大部分重大发现都发生在他职业生涯的早期。他起初研究行星的自转周期，发现了一些新情况，例如金星的自转非常缓慢。1912年至1914年间，他有了最重大的发现——一些旋涡星云正在高速运动。1914年，斯莱弗发现了旋涡星系的自转，测量到了数百千米/秒的旋转速度。他还证明了气体和尘埃存在于星际空间中。斯莱弗在1926年到1952年间担任洛厄尔天文台的台长。在此期间，他指导了对海王星外行星的搜寻，并于1930年指导克莱德·汤博发现了冥王星。

主要作品

1915年 《星云的光谱观测》

斯莱弗的发现在一定程度上促成了1920年在华盛顿特区举行的一场正式辩论，辩题是讨论旋涡星云是否是银河系外的独立星系。现在这被称为“大辩论”，两位著名的美国天文学家所持观点截然相反——哈洛·沙普利认为旋涡星云是银河系的一部分；赫伯·道斯特·柯蒂斯认为旋涡星云远远超出了银河系。两位天文学家都没有因为这场争论而改变自己的立场，但许多富有洞察力的人物在这个时候都得出了结论：旋涡星系一定在银河系之外。

斯莱弗的遗产

尽管天文学界的许多人对此反应热烈，但仍有一些人质疑斯莱弗的发现。在其他人开始相信他的想法并理解由此产生的影响之前的十多年中，斯莱弗几乎是唯一一个研究旋涡星云多普勒频移的人。

1924年，美国天文学家埃德温·哈勃的一篇新论文为有关旋涡星云性质的争论画上了句号。哈勃曾在一些星云（包括仙女座星云）中观测到一类被称为造父变星的恒星。基于他的观测结果，哈勃宣布仙女座星云和其他类似的星云太遥远了，不可能是银河系的一部分，所以它之外的星系也一定如此。这就说明斯莱弗1917年提出的怀疑是正确的。到哈勃撰写论文时，斯莱弗已经测量了39个旋涡星云的径向速度，其中大部分在高速退

在绝大多数情况下，星云正在退行；最大速度是正的。这些正速度的显著优势表明整体上它们在逃离我们或银河系。

——维斯托·斯莱弗

行——速度可达1,125千米/秒。哈勃利用斯莱弗对银河系外星系红移的测量来寻找星系红移和距离之间的关系。

20世纪20年代末，哈勃用这个结果证实了宇宙正在膨胀。因此斯莱弗在1912—1925年的发现，在今天常常被认为是20世纪最伟大的天文发现，为进一步研究星系运动和基于宇宙膨胀的宇宙学理论铺平了道路。至于仙女座星系，它预计将在40亿年后与银河系相撞，并很可能形成一个新的椭圆星系。■

在未来40亿年左右，当仙女座星系与银河系相撞时，夜空将会是这样的。

恒星主要由氢和氦构成

恒星组分

背景介绍

关键天文学家：

塞西莉亚·佩恩-加波斯金

（1900—1979年）

此前

19世纪50年代 古斯塔夫·基尔霍夫证明了太阳光谱中的黑线是由元素吸收的光造成的。

1901年 安妮·江普·坎农根据恒星光谱中暗线的强度对恒星进行了分类。

1920年 印度物理学家米格纳德·萨哈展示了恒星中的温度、压力和电离是如何联系在一起的。

此后

1928年至1929年 阿尔布雷希特·翁瑟尔德和威廉·麦克雷独立发现，氢在太阳大气中的含量是其他元素含量的一百万倍。

1933年 丹麦天体物理学家本格特·斯特罗格伦表明，氢贯穿恒星主体，而不仅仅存在于大气中。

1923年，天文学家普遍认为太阳和其他恒星的化学成分与地球的相似。这一观点是基于对恒星光谱中的暗线（夫琅和费线）的分析得出的。暗线是由恒星大气中的化学元素吸收光而造成的。这些光谱包含了地球上常见的元素（如氧和氢）和金属（如镁、钠和铁）的强光谱线，因此人们认为地球和恒星是由相同的化学元素组成的，其比例或多或少是相同的。在英国研究生塞西莉亚·佩恩来到位于马萨诸塞州的哈佛大学天文台（HCO）的那一年，这一既定的观点面临着被推翻的危险。

科学家前辈得到的回报是，他看到一幅模糊的草图变成了精美的风景画。

——塞西莉亚·佩恩-加波斯金

恒星光谱

佩恩开始分析HCO收集的恒星光谱照片。她想弄清恒星光谱和温度之间的关系。此外，由于吸收线的模式似乎在不同类别恒星的光谱之间有所不同，她想看看这些类别之间可能存在的化学成分的差异。

1901年以来，HCO的天文学家们将恒星分成了7个主要光谱类型的序列，并认为这个序列与恒星的表面温度有关。然而，在佩恩的博士论文中，她应用了印度物理学家米格纳德·萨哈在1920年提出的方程式。该方程将恒星的光谱与大气中化学元素的电离（电荷分离）和表面温度的离子化联系起来。佩恩证明了恒星的光谱类型和它们的表面温度之间的联系。她还指出，恒星光谱之间吸收线的变化是由于

参见: 太阳光谱 112页, 恒星特征 122~127页, 恒星内部的核聚变 166~167页, 能源生产 182~183页。

不同温度下电离态的变化，而不是化学元素丰度的变化引起的。

佩恩知道，恒星光谱中吸收线的强度只能用于粗略地估计化学元素，因此需要考虑其他因素，如不同元素原子的电离状态。利用自身的原子物理学知识，她测定了在许多不同恒星的光谱中发现的18种元素的丰度。她发现氦和氢的含量比地球上多得多，几乎构成了恒星中所有的物质。

天文学家的反应

1925年，佩恩的论文被送交天文学家亨利・诺里斯・罗素审阅。罗素称佩恩的结果“显然是不可能的”，并迫使她发表声明，称自己发现的氢和氦的含量“几乎可以肯定是不真实的”。然而，4年后，罗素承认佩恩是对的。

佩恩的发现是革命性的。第一，她证实了大多数恒星在化学性质上是相似的。第二，她演示了如何从光谱中确定恒星的温度。第三，她证明了氢和氦是宇宙中的主导元素——这是向大爆炸理论迈出的关键一步。■

如果你确信你发现的事实，就应当捍卫自己的立场。

——塞西莉亚・佩恩-加波斯金

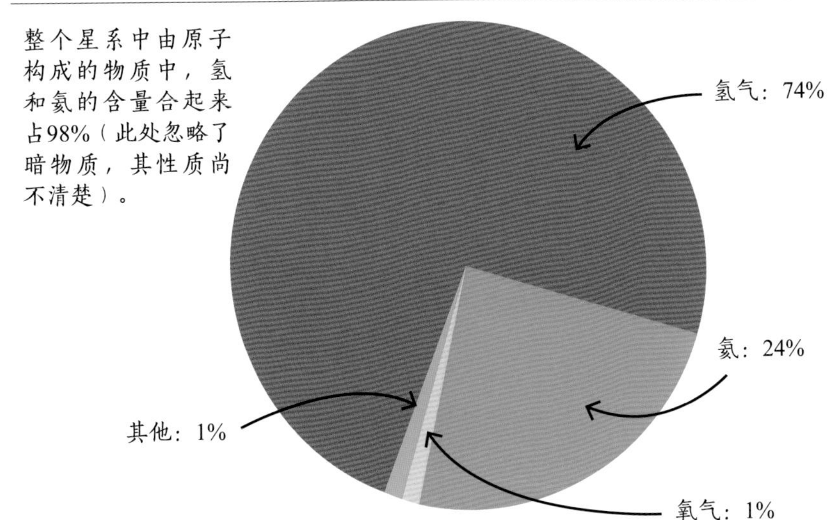

整个星系中由原子构成的物质中，氢和氦的含量合起来占98%（此处忽略了暗物质，其性质尚不清楚）。

塞西莉亚・佩恩-加波斯金

1900年，塞西莉亚・佩恩出生于英国温多弗。19岁时，她获得了剑桥大学纽纳姆学院的奖学金，在那里学习了植物学、物理学和化学。在听了阿瑟・爱丁顿的讲座后，她转向了天文学。1923年，她去了美国，参加了哈佛大学天文台的天文学研究生课程。不到两年，她就完成了突破性的博士论文《恒星大气》。她的研究主要集中在变星和新星（爆发的白矮星）上。这项工作有助于解释银河系的结构和恒星演化的路径。1931年，她成为美国公民；1934年，她嫁给了天文学家谢尔盖・加波斯金。1956年，她被任命为哈佛大学天文学教授，成为哈佛大学第一位女教授。她于1979年去世。

主要作品

1925年 《恒星大气》
1938年 《变星》
1957年 《银河新星》

我们的星系正在旋转

银河系的形状

背景介绍

关键天文学家：

贝蒂尔·林德布拉德

（1895—1965年）

此前

1904年 雅克布斯·卡普坦展示了恒星是如何分成两股向相反方向运动的流的。

1917年 维斯托·斯莱弗指出，旋涡星云的运动速度比任何恒星的都要快。

1920年 哈洛·沙普利预测银河系的中心为人马座，并估计它有50,000光年远（现在已知是26,100光年）。

此后

1927年 简·奥尔特证明星系在旋转，并指出大量的恒星在星系中心形成一个核球。

1929年 埃德温·哈勃展示了远在银河系之外的其他星系。

1980年 维拉·鲁宾使用星系自转来表明星系中存在看不见的暗物质。

太阳系正以230千米/秒的速度绕银河系中心运行。恒星以更快的速度靠近中心轨道。

在20世纪20年代，天文学家对宇宙有两种截然相反的看法。一些天文学家认为银河系本身就是整个宇宙。另一些天文学家认为，观测到的旋涡星云不是银河系边缘的云团，而是遥远星系本身。

1926年，一位名叫贝蒂尔·林德布拉德的瑞典天文学家考虑了银河系可能的形状，得出的结论是它呈旋涡状。林德布拉德的观点是在另外两位天文学家观点的基础上发展起来的。第一位是美国人哈洛·沙普利，他认为银河系构成了整个宇宙。沙普利认为，星系的边缘可以用观测到的许多球状星团绘制出来，银河系的中心位于人马座。第二位是荷兰人雅克布斯·卡普坦，他描述了一种他称之为恒

参见: 旋涡星系 156~161页,银河系之外 172~177页,奥尔特云 206页,暗物质 268~271页。

星流的现象。卡普坦说，恒星并不是随机运动的，它们似乎是成群运动的，且朝着一个方向或相反的方向。林德布拉德是一位通过光谱测量恒星绝对大小的专家，并且能够计算出它们到地球的距离。他把这些数据和他对球状星团运动的观察结合起来，得出了一个有趣的结论。

同一子系统中的恒星似乎以相同的速度朝着相同的方向运动。

其他子系统中的恒星看起来朝着相反的方向运动，是因为它们落后了，其实它们都朝着同一个方向运动。

这个星系就像一个旋涡状的圆盘，其外部区域比内部区域运动得慢。

在子系统中旋转

林德布拉德发现恒星以子系统的形式运动，而且每个子系统具有不同的速度。由此，他推断卡普坦的恒星流实际上是星系旋转的证据，这意味着银河系的恒星都在围绕着一个中心点朝同一个方向运动。在太阳系前面流动的恒星离中心近，而离中心更远的恒星似乎朝相反的方向流动，因为它们落在了后面。正如沙普利所预测的，林德布拉德也将银河系中心置于人马座。他认为离星系中心较远的子系统比离中心较近的子系统旋转得慢。1927年，卡普坦的学生简·奥尔特的观察证实了这一点。

银河系被发现是一个旋转的圆盘，它旋转得非常缓慢，要花2.25亿年才能完成一次轨道运动。尽管林德布拉德没有提供任何证据证明银河系外有天体存在，但他提出的圆盘状星系模型有一个凸起的核心，这证实了类似天体也是星系的说法。然而，奥尔特的观测也揭示出了一个新的谜团：星系旋转得似乎比它可见物质的质量所能解释的要快。这是对至今仍存在的一个谜团的第一个暗示：暗物质。■

贝蒂尔·林德布拉德

贝蒂尔·林德布拉德在瑞典的厄勒布鲁长大。他在斯德哥尔摩以北的乌普萨拉大学获得了本科学位，后来成为那里的天文台助理。在乌普萨拉工作期间，林德布拉德对球状星团的运动进行了观测，从而形成了1926年发表的星系自转理论。1927年，30多岁的林德布拉德被聘为斯德哥尔摩天文台的台长，并成为瑞典皇家科学院的首席天文学家。他终身担任这个职位，负责监督了许多改进工作。1962年之后，晚年的他成为位于智利沙漠深处的欧洲南方天文台的主要组织者，同时也是国际天文学联合会的主席。

主要作品

1925年 《恒星流和恒星系统的结构》
1930年 《速度椭球体、星系自转、恒星系统的尺寸》

物质湮灭的缓慢过程

恒星内部的核聚变

背景介绍

关键天文学家：

阿瑟·爱丁顿（1882—1944年）

此前

19世纪90年代 英国的开尔文勋爵和德国的赫尔曼·冯·赫尔姆霍兹提出，太阳的能量是通过收缩获得的。

1896年 物理学家亨利·贝克勒尔发现了放射性。

1906年 卡尔·史瓦西证明了能量可以辐射的形式穿过恒星。

此后

1931年 罗伯特·阿特金森阐述了质子结合释放能量并形成新元素的过程。

1938年 德国物理学家卡尔·冯·魏茨泽克发现，恒星中的质子可以通过碳-氮-氧（CNO）循环结合成氦。

1939年 汉斯详细描述了质子-质子链和CNO循环过程的工作原理。

太阳主要由氢气组成。

↓

太阳的中心又热又致密。

↓

核聚变的条件已经成熟。根据方程$E = mc^2$，质量在慢慢地转化成能量。

↓

恒星在物质的缓慢湮灭过程中获得能量。

20世纪20年代，英国天文学家阿瑟·爱丁顿成为第一个解释恒星内部运行过程的人。他支持恒星的能源来自核聚变这一观点。

一个稳定的太阳

从地球上看太阳，实际上能看到的是500千米左右的气体表层，温度约为5,500°C。太阳似乎处于平衡状态，这意味着，在天文学家观测它的几个世纪（太阳寿命的一小部分）里，它看起来总是大小相同且亮度相同的。爱丁顿意识到，向内的引力不仅可以由气体向外膨胀的趋势来平衡，还可以由恒星发出的辐射产生的压力来平衡。

爱丁顿证明所有的恒星都是巨大的热气球。他计算了不同质量的恒星，研究如果它们中心的气体（温度和密度都很高）与较冷、密度较低的气体遵循相同的物理定律，它们会如何发光。他得到的答案与对巨星与矮星的观测结果非常吻合。

参见: 相对论 146~153页, 恒星组分 162~163页, 能源生产 182~183页, 核合成 198~199页。

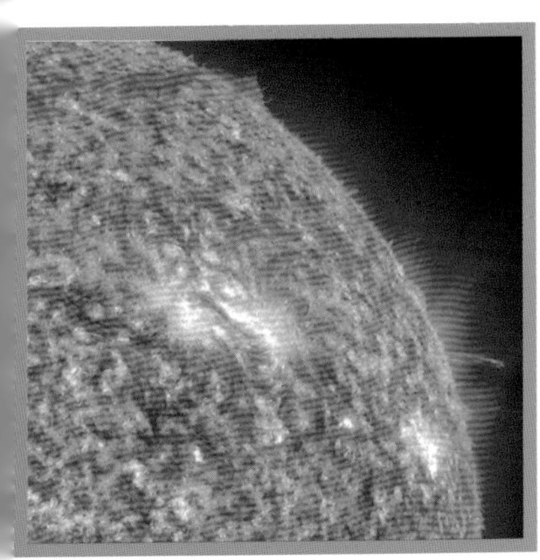

由于所有的气体都遵循同样的定律，因此若假设太阳（完全是气态的不仅表面是气态的），那么就有可能计算其中心的温度和压力。

气体定律与相对论

调节气体的压力、体积和温度之间关系的物理定律很好理解。因为它们都有很宽的分子间隔，气体也有类似的关系——例如，波义耳定律（由爱尔兰化学家罗伯特·波义耳提出）指出，在恒定的温度下，一定质量气体的压强和体积的乘积是恒定的。爱丁顿利用这些定律计算出太阳中心的温度大约是1,600万摄氏度，密度是水的150倍。

为了理解太阳中心的情况，爱丁顿现在需要爱因斯坦的方程 $E=mc^2$（参见第149—150页）。这个方程说明能量等于质量乘以光速的平方。这是解开太阳能量来源之谜的关键，因为它揭示了质量是如何转化为能量的。太阳中心的温度和密度足以使核反应发生以及质量被破坏，从而产生爱因斯坦方程所预测的能量。

起初，物理学家认为单个电子或氢原子的质量可能是爱因斯坦方程中的质量。1931年，威尔士天体物理学家罗伯特·阿特金森指出，将4个氢原子聚变成1个质量稍小的氦原子的过程，与来自太阳的数据相符。这个过程非常缓慢，为太阳提供了数十亿年的能量。这里也有元素演变的证据，显示了宇宙的组成是如何随时间变化的。■

希望在不久的将来，我们能够理解像星星这样简单的东西。

——阿瑟·爱丁顿

阿瑟·爱丁顿

阿瑟·爱丁顿出生在一个贵格会教徒家庭，在曼彻斯特大学和剑桥大学接受了数学和物理教育。1905年，他加入了格林尼治皇家天文台，但几年后他又回到了剑桥大学三一学院。1913年，他成为普卢米安教授；1914年，成为剑桥大学天文台台长。他在那里度过了余生。

1919年，爱丁顿航行到西非的普林西比岛去观察日全食，并证实了爱因斯坦关于星光被太阳弯曲的预言。他是一位杰出的天文学家和数学家，能够用简单而优雅的语言表达最难理解的物理概念。这使得他的书非常受欢迎，尤其是他对相对论和量子力学的解释。

主要作品

1923年 《相对论的数学理论》
1926年 《恒星的内部结构》

没有昨天的一天

宇宙的诞生

背景介绍

关键天文学家：

乔治·勒梅特（1894—1966年）

此前

1916年 阿尔伯特·爱因斯坦发表了他的广义相对论。

1922年 亚历山大·弗里德曼发现了爱因斯坦方程的解，表明宇宙可能膨胀、收缩或静止。

此后

1929年 埃德温·哈勃观察到，遥远的星系正以与其距离成比例的速度远离地球。

1949年 弗雷德·霍伊尔为勒梅特的理论创造了“大爆炸”一词。

宇宙起源于一个卵形的微小物体的观点出现在《梨俱吠陀》中。《梨俱吠陀》是公元前12世纪印度赞美诗的集合。然而，直到1915年，在阿尔伯特·爱因斯坦的广义相对论为我们提供了一种新的时间和空间概念之后，我们才找到了宇宙真正起源的科学线索。爱因斯坦的洞见使许多人重新审视宇宙开始时很小的观点，其中包括比利时牧师乔治·勒梅特，他在1931年提出的观点与《梨俱吠陀》中的说法相呼应。

在17世纪，约翰尼斯·开普

参见：引力理论 66~73页，相对论 146~153页，旋涡星系 156~161页，银河系之外 172~177页，原初原子 196~197页。

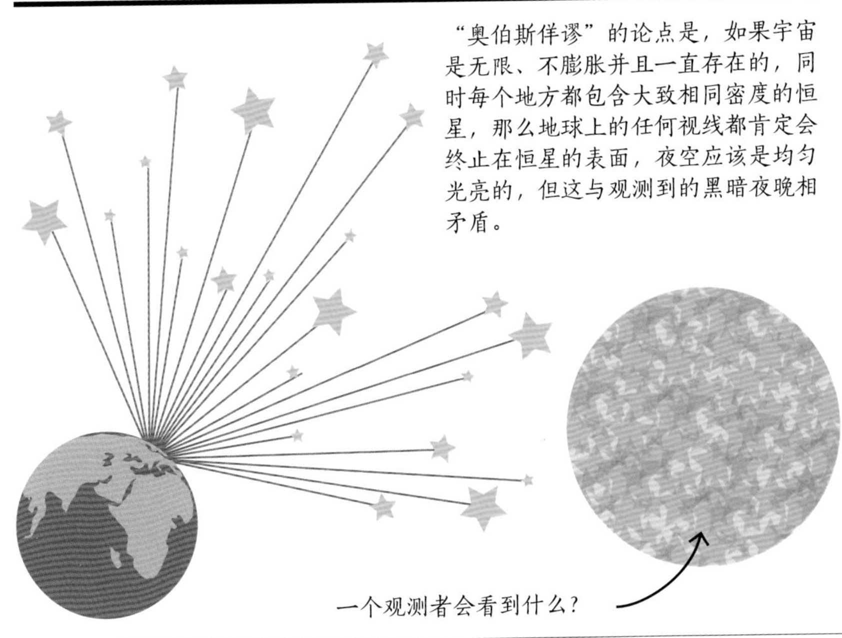

勒观察到夜空是黑暗的，他认为宇宙在时间和空间上不可能是无限的，否则从各个方向发出的星光会使整个天空变亮。1823年，德国天文学家威廉·奥伯斯重申了开普勒的观点，并将其称为“奥伯斯佯谬”。尽管存在这个问题，但艾萨克·牛顿仍指出，宇宙是静态的（不会变大或变小），且在时间和空间上是无限的，其物质在大尺度上的分布或多或少是均匀的。在19世纪末，这仍然是主流观点，也是爱因斯坦本人最初持有的观点。

一个不变的宇宙？

爱因斯坦的广义相对论解释了引力在最大尺度下是如何工作的。他意识到可以用它来测试牛顿的宇宙模型是否可以长期存在而不会变得不稳定，以及探索哪种类型的宇宙可能是可行的。质量、空间和时间之间的确切关系可以用一系列的复杂方程来解释。它们被统称为爱因斯坦场方程。爱因斯坦发现了他的方程的初始解，表明宇宙正在收缩。由于他无法相信这一点，于是他引入了一个定值——一种被称为宇宙常数的膨胀诱导因子——来平衡引力的向内拉力。这就允许存在一个静态宇宙。

1922年，数学家亚历山大·弗里德曼试图找到爱因斯坦场方程的解。一开始，他假设宇宙是均匀的（由几乎相同的物质构成），它均匀地分布在每个方向。他找到了几种解。这些模型允许宇宙膨胀、收缩或静止。弗里德曼可能是第一个使用“宇宙膨胀”这一术语的人。爱因斯坦最初对弗里德曼的观点持怀疑态度，但六个月后，他

乔治·勒梅特

乔治·勒梅特于1894年出生在比利时的沙勒罗伊。1920年他被授予土木工程博士学位。他后来进入神学院，在那里利用业余时间攻读数学并学习和研究自然科学知识。1923年被授予圣职后，勒梅特在剑桥大学学习数学和太阳物理学，师从阿瑟·爱丁顿。1927年，他被任命为比利时鲁汶大学的天体物理学教授，并发表了他的第一篇关于宇宙膨胀的论文。1931年，勒梅特在《自然》杂志上发表了一篇论文，提出了他的原初原子理论，他的名声很快就传开了。1966年，在发现宇宙微波背景辐射后不久，他就去世了，该发现为大爆炸理论提供了证据。

主要作品

1931年 《从量子论的角度看世界的开端》

1946年 《原初原子假说》

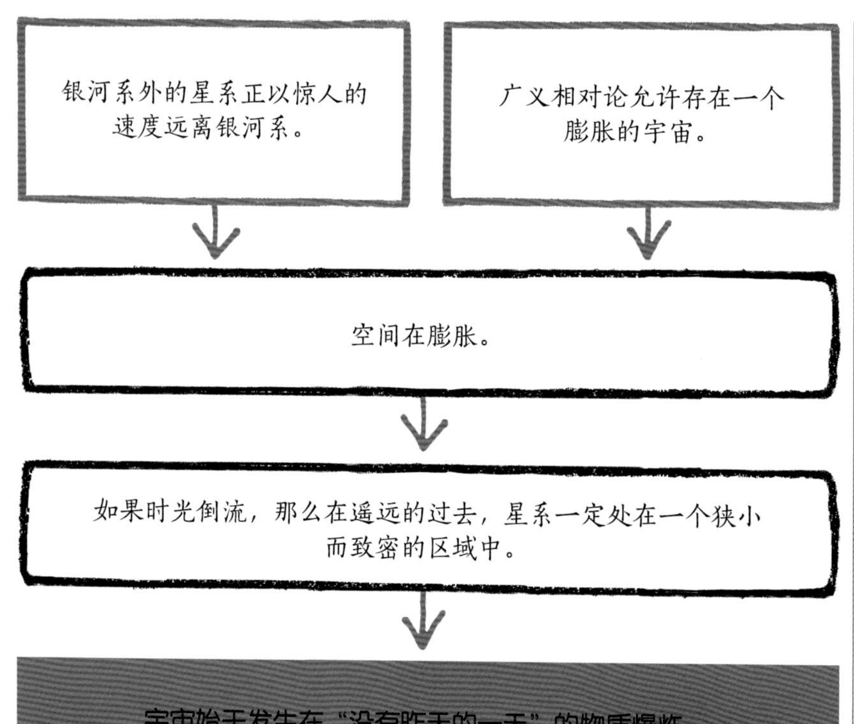

承认弗里德曼的结果是正确的。然而，这是弗里德曼的最后贡献，他在两年后便去世了。1924年，埃德温·哈勃指出，许多星云是银河系之外的星系。宇宙突然变大了很多。

膨胀的宇宙

20世纪20年代后期，勒梅特参加了关于宇宙大尺度结构的辩论。他曾在美国的一些研究机构工作，并注意到了维斯托·斯莱弗对退行星系的研究和哈勃对星系距离的测量。作为一个有能力的数学家，他也研究过爱因斯坦的场方程，并找到了一个可能的方程解，使得宇宙膨胀成为可能。综合这些不同的线索，勒梅特于1927年发表了一篇论文。他在论文中提出宇宙正在膨胀，并带着星系远离彼此，远离地球。他还预测，离我们更远的星系会比离我们更近的星系退行得更快。

勒梅特的论文发表在一家不知名的比利时杂志上，因此他的假设在当时没有引起太多关注。然而，他确实把他的发现告诉了爱因斯坦，说他找到了宇宙膨胀的场方程的解。爱因斯坦将勒梅特介绍给了弗里德曼，但他对勒梅特观点的态度仍然模棱两可。众所周知，爱因斯坦曾说过：“你的计算是正确的，但你对物理学的掌握是糟糕的。”然而，英国天文学家阿瑟·爱丁顿后来发表了一篇关于勒梅特1927年论文的长篇评论，称它是一个“绝妙的解决方案”。

1929年，哈勃公布的研究结果表明，一个星系的遥远程度与其退行速度之间确实存在着一种关系。对许多天文学家来说，这证实了宇宙在膨胀，勒梅特的观点是正确的。多年来，发现宇宙膨胀的功劳都归于哈勃，但今天大多数人认为，哈勃应该与勒梅特，可能还有亚历山大·弗里德曼分享这一成就。

原始的原子

勒梅特推断，如果宇宙在膨胀，那么若让时间倒流，宇宙中所有的物质一定会相互接近。1931年，他提出，宇宙最初是一个密度极高的单一粒子，包含所有物质和能量——他称之为原初原子，大约是太阳大小的30倍。它在爆炸中碎裂，在“没有昨天的一天”中产生了空间和时间。勒梅特将宇宙的开端描述为一场烟花爆炸，并将星系比成爆炸中心燃烧的余烬。

空间半径从零开始，膨胀的第一阶段是由初始原子的质量决定的快速膨胀。

——乔治·勒梅特

这项提议最初遭到了质疑。爱因斯坦对此也表示怀疑，但并非完全不屑一顾。到了1933年1月，勒梅特和爱因斯坦一起去加利福尼亚参加了一系列的研讨会。这个时候，爱因斯坦（他已经把宇宙常数从他的广义相对论中去掉了，因为他认为不再需要了）已经完全同意勒梅特的理论了，他称它是"听过的对宇宙诞生的最美丽和最令人满意的解释"。

勒梅特的模型也为长期存在的"奥伯斯佯谬"提供了一个解决方案。在他的模型中，宇宙的年龄是有限的，因为光速也是有限的，这意味着在给定的地球可见空间内，只能观测到有限数量的恒星。在这个体积内的恒星密度很低，以致地球上的任意视线都未必能到达一颗恒星。

精炼的观点

如果把宇宙压缩成一个小点，宇宙会变得极端热。20世纪40年代，美国物理学家乔治·伽莫夫和他的同事们研究出了勒梅特式宇宙最初几个极其炽热的时刻可能发生的事情细节。这项研究表明，早期炽热的宇宙演化成今天我们所观察到的样子，在理论上是能实现的。在1949年的一次采访中，英国天文学家弗雷德·霍伊尔创造了"大爆炸"一词，用于描述勒梅特和伽莫夫正在发展中的宇宙模型。勒梅特的假设现在终于有了一个名字。

宇宙大爆炸和基督教从无到有的创造观念之间存在着相似之处。

——乔治·斯穆特

勒梅特关于宇宙最初尺度的观点现在被认为是错误的。今天，宇宙学家认为宇宙是从一个密度无穷、极其微小的点——奇点开始的。■

勒梅特的宇宙模型源于初始极致密的质量和能量的膨胀，今天被称为宇宙大爆炸模型。虽然勒梅特把这个过程的初始阶段描述为"爆炸"，但今天的主流观点是，膨胀是空间本身的一个基本性质，星系因此而彼此远离，而不是被最初的爆炸投射到了一个预先存在的空间。

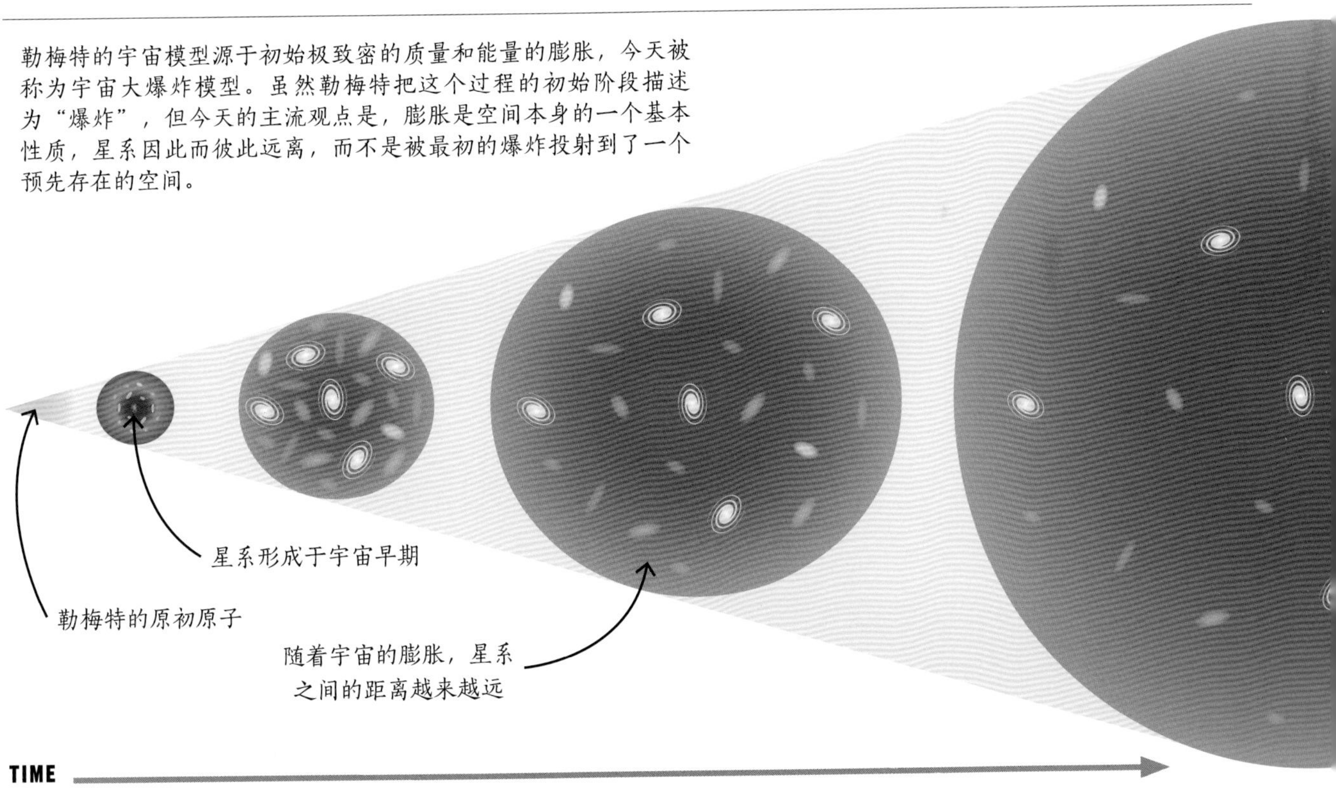

星系形成于宇宙早期

勒梅特的原初原子

随着宇宙的膨胀，星系之间的距离越来越远

TIME

宇宙向四面八方膨胀

银河系之外

背景介绍

关键天文学家：

埃德温·哈勃（1889—1953年）

此前

1907年 亨利埃塔·斯旺·勒维特揭示了造父变星的周期和光度之间的联系。

1917年 维斯托·斯莱弗出版了一张包含25个星系红移的星表。

1927年 乔治·勒梅特指出宇宙可能在膨胀。

此后

1998年 超新星宇宙学项目和高-Z超新星搜索证明了宇宙膨胀正在加速。

2001年 哈勃太空计划测量的哈勃常数精度在10%以内。

2015年 普朗克空间天文台认为宇宙的年龄为137.99亿年。

20世纪20年代初，美国天文学家埃德温·哈勃提供了能证明宇宙真实大小的证据。哈勃在加州帕萨迪纳附近的威尔逊山天文台工作，使用当时世界上最大的2.5米口径的胡克望远镜终结了当时天文学界最激烈的争论。他的观测引出了一个惊人的发现：宇宙不仅比之前认为的大得多，而且还在膨胀。

> **观测表明宇宙正在以越来越快的速度膨胀。它将永远膨胀，变得更空旷且更黑暗。**
>
> ——斯蒂芬·霍金

终结大辩论

当时，关于旋涡星云究竟是银河系以外的星系还是一种特殊的星云，人们展开了一场大辩论。1920年，史密森尼博物馆举行的一次会议，试图回答这个问题。“小宇宙”观点的代表人物是普林斯顿大学的天文学家哈洛·沙普利，他认为银河系就是整个宇宙。沙普利引用了关于旋涡星云正在自转的证据，认为可以推断这样必然会使它们相对较小，否则外部区域的自转速度将超过光速（这些证据后来被证明是错误的）。与沙普利观点相反的是赫伯·道斯特·柯蒂斯，他支持星云都远在银河系之外的观点。柯蒂斯以维斯托·斯莱弗的发现作为证据：大多数旋涡星云发出的光被移到了电磁波谱的红端，这表明它们正以极快的速度远离地球——速度之快远远超出了银河系所能控制的范围。哈勃开始研究旋涡星云的距离和它们的运行

埃德温·哈勃

埃德温·哈勃1889年出生于密苏里州，年轻时是一名天才运动员。获得理学学士学位后，他又在牛津大学学习法律。从英国回来时，他披着一件斗篷，举止像个贵族，哈洛·沙普利形容他“极其自负”。

尽管哈勃有自我宣传的天赋，但他是一位谨慎的科学家。他把自己描述成一个观测者，在有足够的证据之前，他会保留自己的判断。如果有人侵犯他的研究领域，他就会做出愤怒的反应。令哈勃名誉扫地的是，他没有承认用来形成他的著名定律的46个红移中的41个不是由他而是由维斯托·斯莱弗测量的。哈勃在他生命的最后几年里一直在为诺贝尔天文学奖而努力。他于1953年去世。

主要作品

1929年 《星系外星云距离与径向速度的关系》

参见: 丈量宇宙 130~137页，相对论 146~153页，旋涡星系 156~161页，宇宙的诞生 168~171页，空间望远镜 188~195页，柯蒂斯（目录）337页，阿尔普（目录）339页。

图中的哈勃正利用威尔逊山的胡克望远镜进行观测。就是在这里，哈勃测量了星云的距离和宇宙膨胀的数值。

速度之间的关系。他的策略是在星云内寻找造父变星——可预测其光度变化的恒星，并测量它们与地球的距离。1923年冬天，哈勃有了重大发现。

哈勃从最近、最清晰的星云的照相底片开始观察，并从首批底片中发现了一颗造父变星。他计算出的即使是相对较近的星云的距离竟如此之大，以至于立刻有效地终结了争论：NGC 6822的距离为70万光年，而M33和M31的距离为85万光年。很明显，宇宙延伸到了银河系之外。正如柯蒂斯所说，旋涡星云是“岛宇宙”，而哈勃称之为“河外星云”。随着时间的推移，旋涡星云这个术语被废弃了，现在它们被简单地称为星系。

在星云范围之内

哈勃继续推进他测量“河外星云”距离的计划。然而在更远的地方，在如此遥远模糊的星系里，想直接找出单独的造父变星是不可能的。他不得不选择间接的方法，比如所谓的“标准尺”假设：如果认为所有相似类型的星系都具有相同的大小，就可以通过测量一个星系的表观尺寸，并将其与预计的“真实”尺寸进行比较，从而估算出该星系的距离。斯莱弗的测量使哈勃已经知道来自大多数旋涡星云的光发生了红移。此外，暗弱的旋涡星云具有更高的红移值，这表明它们在太空中运动得更快。哈勃发现，如果一个星系到地球的距离与其退行速度之间确实存在某种关系，那么这些红移值将作为一个宇宙尺度，能够计算出最遥远且最暗淡的星系的距离，并对整个宇宙的大小规模给出一个粗略的数字。与此同时，天文学家米尔顿·胡玛森检查了斯莱弗的红移数据，并从遥远的星系中收集了新的光谱。这是一项困难而艰巨的工作，他和哈勃在位于加利福尼亚威尔逊山上的筒形望远镜顶端的观测室里度过了许多寒冷的夜晚。

哈勃的标志性论文《银河系外星云之间的距离和径向速度的关系》于1929年发表在《美国国家科学院院刊》上。论文中绘制了一条包含46个星系从近到远的红移值的直线图。虽然有的红移值较分散，但哈勃采用统计方法拟合出了一条直线，使其可以通过大多数红移值。该直线图显示，除了最近的仙女座和三角座星系正在靠近银河

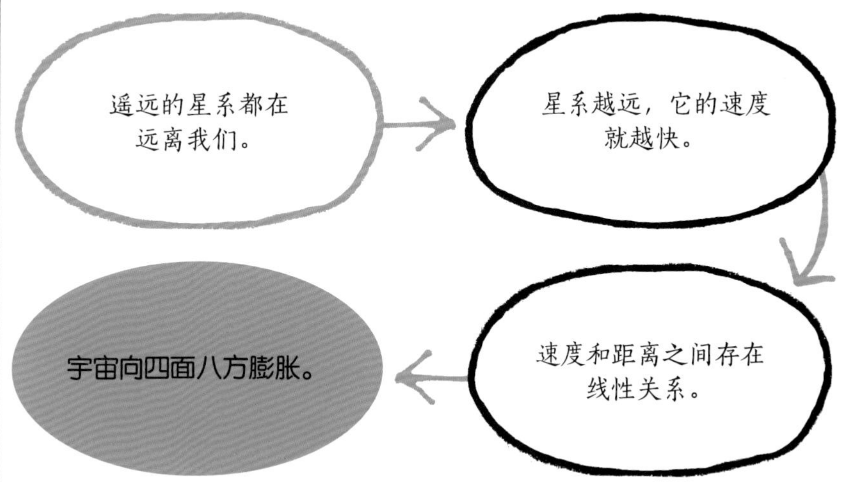

系，其他所有星系都在退行。更重要的是，距离越遥远，它们退行的速度就越快。

逐步解读

从地球在宇宙内部的角度来看，由于所有的星系都在远离，那么可能的解释是地球位于宇宙的中心或者宇宙本身起源于一个点并作为一个整体在膨胀。

从客观性——科学研究的一种基本要求来看，没有理由假定地球占有独特的位置。而来自遥远星云的光表明，宇宙不是静止的。尽管哈勃从未明确说明这一点，但由于宇宙的膨胀，许多天文学家很快就得出了结论。

事实上，维斯托·斯莱弗早在1919年就指出了这一趋势，比哈勃早了4年，乔治·勒梅特早在1927年就提出了宇宙从“原初原子”膨胀而来的观点。然而，哈勃的论文提供了他所测红移速度和距离之间的简单联系。有了这一结果，科学界就有了所需的令人信服的证据。哈勃定律，即星系的红移速度和它们与地球的距离成正比，几乎被一致接受了。

人类用自己的五种感官探索周围的宇宙，并将其称为冒险科学。

——埃德温·哈勃

在这里，宇宙中的星系被想象成粘在膨胀气球上的点（为了可视化，维度从三维空间缩小到了气球表面的二维）。当气球的直径增加一倍时，点之间的距离也会增加一倍。一个点离另一个点越远，它运动得越快。C从A移动了2厘米，而B从A移动了1厘米。

爱因斯坦的失误

宇宙可能在膨胀，这一出乎意料的发现成为全世界的新闻，尤其是它还与爱因斯坦的理论相矛盾。爱因斯坦发现，引力最终会导致宇宙在自身的重量下坍缩，所以他使用了一个他称之为宇宙常数的值——一种负压——来避免这种情况在广义相对论的场方程中发生。哈勃的发现，使他放弃了这个想法。

爱因斯坦和其他人认为，所观测到的速度是由星系的远离速度引起的多普勒效应，但也有一些不同的声音。瑞士天文学家弗里茨·兹威基认为，红移可能归因于到达地球的“疲惫的光”——由光子与中间物质的相互作用造成。哈勃自己也很难相信红移所表示的速度是真实存在的，他很高兴只用它们作为距离指示器。事实上，哈勃观测到的星系的速度是由于时空本身的膨胀而引起的。

K-因子

哈勃通过绘制一条直线图展示了宇宙膨胀的速度，他把这条直线图称为“K-因子”。直线的斜率可以用现在被称为哈勃常数的值来描述。这个重要的数字不仅决定了可观测宇宙的大小，还可确定其年龄。哈勃常数使天文学家们得以逆向研究和计算大爆炸的时刻，即宇宙半径为零的时刻。

最初计算的哈勃常数是500千米/（秒·百万秒差距）（1百万秒差距大约是326万光年）。它给出

的宇宙年龄为20亿年，还不到地球公认年龄的一半。这就产生了一个误差。后来发现这种误差是由哈勃测量距离时所产生的系统误差造成的。哈勃所采用的方法是选取任何星系中最亮的恒星甚至是星系本身的光度并假设它是一颗造父变星。对哈勃来说，幸运的是，不准确的数据在整个数据中集中趋势相当一致，这使他仍然能够利用所获取的数据按照数学统计方法绘制出总体趋势图。

哈勃重点项目

计算宇宙的膨胀速度推动了哈勃空间望远镜的开发。哈勃空间望远镜于20世纪70年代诞生，1990年发射。NASA制定的该望远镜的重点项目之一，就是将哈勃常数的精度控制在10%以内。于是，该望远镜花了多年时间测量造父变星的光变曲线。2001年最终公布的结果显示宇宙的年龄为137亿年。而根据普朗克空间天文台2015年的数据，这一数字被微调为137.99亿年。然而，对哈勃定律最引人注目的修正发生在1998年。当时天文学家发现宇宙的膨胀正在加速，这是由于一种被称为暗能量的神秘而未知的物质导致的。它也促使人们重新关注爱因斯坦所谓的失误——宇宙常数（参见第298~303页）。■

欧洲航天局的普朗克天文台在2009年至2013年间运行。它产出的数据有助于测量许多宇宙参数，包括哈勃常数。

白矮星存在质量上限

恒星的生命周期

背景介绍

关键天文学家：

苏布拉马尼扬·钱德拉塞卡

（1910—1995年）

此前

1914年 沃尔特·亚当斯详细描述了波江座40B——一颗异常微弱的白色恒星的光谱。

1922年 荷兰天文学家威廉·卢顿创造了“白矮星”一词，特指低质量的白色恒星残骸。

1925年 奥地利物理学家沃尔夫冈·泡利提出泡利不相容原理，即没有两个电子可以占据相同的量子态。这促进了人们对电子简并压现象的认识。

此后

1937年 弗里茨·兹威基将1a型超新星描述为一颗超过钱德拉塞卡极限的白矮星的爆炸。

1972年 天文学家发现了第一个恒星黑洞候选者。

1930年，一位名叫苏布拉马尼扬·钱德拉塞卡的年轻印度学生计算得出，如果一颗恒星在生命结束时的质量比太阳稍大一点，那么它将无法抵抗自身的引力。这是理解恒星，特别是被称为白矮星的暗而热的恒星生命周期的关键。这种类型的恒星密度很大，由原子核和自由电子组成的“简并”物质构成。一种被称为电子简并压的现象阻止了白矮星的坍缩。这意味着，当电子被非常紧密地挤压在一起时，它们的运动会受到限制，于是会产生向外的压力。

自然界的黑洞是宇宙中最完美的宏观物体：构成它们的唯一元素是我们对空间和时间的概念。

——苏布拉马尼扬·钱德拉塞卡

钱德拉塞卡极限

钱德拉塞卡指出，电子简并压只能阻止白矮星坍缩至白矮星质量的上限，即大约是太阳质量的1.4倍。现在我们知道，一颗巨星的质量若低于钱德拉塞卡极限，那么它的核心在其生命结束时会坍缩成一颗白矮星；但如果其质量超过钱德拉塞卡极限，那么它将坍缩成密度更大的天体——中子星或黑洞。当时的科学家很大程度上忽视了这一观点，因为中子星和黑洞在当时仍处于纯理论探讨阶段。■

参见：发现白矮星 141页，恒星内部的核聚变 166~167页，超新星 180~181页。

射电宇宙

射电天文学

背景介绍

关键天文学家：

卡尔·央斯基（1905—1950年）

此前

1887年 德国物理学家海因里希·赫兹证明了射电波的存在。

1901年 意大利发明家古列尔莫·马可尼发送无线电信号横跨大西洋，在不知情的情况下电波在电离层发生了反射。

此后

1937年 美国业余天文学家格罗特·雷柏进行了第一次射电巡天。

1965年 詹姆斯·皮布尔斯提出宇宙微波背景是大爆炸的最后遗迹。

1967年 安东尼·赫维希和乔斯林·贝尔·伯奈尔探测到了重复的恒星射电信号，发现了第一颗脉冲星。

1998年 人马座A*被证明是银河系中心的超大质量黑洞。

20世纪30年代，电话工程师卡尔·央斯基在美国贝尔电话实验室工作。他的任务是找出可能干扰长波无线电语音传输的天然静电源。为了进行调查，央斯基手工制作了一个30米宽、6米高的定向射电天线。这个装置依靠从一辆旧的福特T型车中回收的四个轮胎旋转。他的同事们称这个装置为"央斯基的旋转木马"，因为这个年轻的工程师会旋转天线来精确定位大气射电波的来源。

射电天文学

央斯基将大部分射电波的来源与邻近雷暴相匹配，发现有一种持续的嘶嘶声未被识别。它的强度每天变化一次，起初央斯基以为他探测到了来自太阳的射电信号。然而最"亮"的射电波点是以恒星日（相对于恒星）而非太阳日为周期穿过天空的。央斯基意识到射电波来自位于银河系中心的人马座：射电波就像可见光一样在太空中"闪耀"。

央斯基和他亲手制造的天线。1933年他发表了一篇关于他工作的论文，但他很快就被贝尔实验室调到了其他岗位，不再从事天文学研究。

报纸报道了他"地外射电信号"的发现。之后天文学家开始模仿央斯基的装置——实际上是第一台射电望远镜。这开启了以一种新的方式观察宇宙的可能性——不是通过可见光，而是通过射电辐射。■

参见：寻找大爆炸 222~227页，类星体和脉冲星 236~239页，雷柏（目录）338页，赖尔（目录）338页。

在爆炸中转变成一颗中子星

超新星

背景介绍

关键天文学家：

沃尔特·巴德（1893—1960年）

弗里茨·兹威基（1898—1974年）

此前

1914年 美国天文学家沃尔特·亚当斯首次描述了白矮星，现在我们已经知道白矮星与普通的新星有关。

1930年 苏布拉马尼扬·钱德拉塞卡计算出了白矮星的最大质量。

此后

1967年 安东尼·赫维希和乔斯林·贝尔·伯奈尔发现了脉冲星，并证明了它是快速自转的中子星。

1999年 一项对1a型超新星的巡天显示，由于一种被称为暗能量的未知物质的影响，宇宙膨胀正在加速。

185年，中国天文学家记录了一个他们称之为“客星”的天体。这颗恒星出现在离地球最近的半人马座阿尔法的方向，在消失前的8个月里一直闪闪发光。这可能是关于超新星的首次记录。

几个世纪以来，神秘的新星出现了好几次。1572年，丹麦天文学家第谷·布拉赫将其中一颗命名为“新星”，意思是“新的”。随着望远镜的发展，人们对新星的观测更加仔细，并发现它们是在短时间内发出强光的微弱恒星。直到20世纪30年代，加州理工学院的两位天文学家沃尔特·巴德和弗里茨·兹威基才计算出一些新星释放的能量比其他恒星释放的要多得多。例如，他们计算出1885年发现的仙女座S超新星一次释放的能量相当于太阳在1,000万年里释放的能量。巴德和兹威基称这些令人难以置信的高能天体为“超新星”。

核心坍缩

1934年，巴德和兹威基提出，超新星是一颗大恒星的核心，其燃料耗尽后就会在自身引力的作用下坍缩。坍缩的力量如此之

暗淡的恒星可以在短时间内变得更加明亮，形成新星。

一些新星释放的能量比其他恒星释放的多得多。

这些超新星中的一部分是因一颗恒星的坍缩而形成的，它自身的物质会被毁灭。

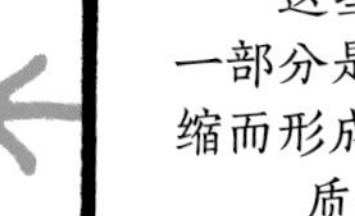

坍缩恒星的核心被挤压成中子星，由只含有中子的物质构成。

参见：第谷模型 44~47页，类星体和脉冲星 236~239页，暗物质 268~271页，暗能量 298~303页。

大麦哲伦星云中的一颗超新星爆发抛出了这片残骸云，这是钱德拉X射线空间天文台捕捉到的。这次爆炸是由一颗大质量恒星的坍缩引起的。

大，以至毁灭了物质并释放出了巨大的能量，这符合爱因斯坦的方程$E=mc^2$。坍缩后剩下的是一颗中子星——一个只由中子组成的天体。这些中子就像原子核里的粒子一样聚集在一起，只是规模要大得多。中子星直径只有11千米，但具有巨大的密度和引力。中子星比原子核更紧密，这意味着一茶匙中子星就可重达1,000万吨。恒星的逃逸速度（脱离引力所需要的速度）几乎是光速的一半。

首次探测

在1967年脉冲星被发现之前，中子星的概念一直是纯粹的假设。脉冲星被证明是快速自转的中子星。1979年，人们探测到了一次强大的伽马射线爆发。这被归因于“磁星”——一种磁场比地球大数十亿倍的中子星。

关于恒星坍缩仍有许多未解之谜。只有质量超过钱德拉塞卡极限的恒星才会成为超新星并形成中子星。3倍太阳质量以上的恒星会进一步变成黑洞，但可能会有一个中间阶段，在该阶段中子会进一步退化为夸克粒子——中子和质子是由夸克粒子组成的。夸克恒星仍然是假设，但搜寻工作仍在继续。■

弗里茨·兹威基

弗里茨·兹威基出生于保加利亚，他的父亲是瑞士人，母亲是捷克人。1925年，他移居美国，与著名的粒子物理学家罗伯特·米利肯一起在加州理工学院工作。1931年，他在洛杉矶附近的威尔逊山天文台开始与刚从欧洲来的德国天文学家沃尔特·巴德合作。正是他们发现了超新星和中子星，同时，兹威基这段时间的工作也促进了另一个伟大的发现。兹威基计算出了星系的质量，正如它们的引力效应所显示的那样，远远大于可以通过观测来测量的物质的质量。他将这些缺失的物质命名为暗物质（德文为Dunkle Materie）。除了理论工作，兹威基还从事喷气式发动机的开发，并取得了50多项发明专利。

主要作品

1934年 《关于超新星》（与沃尔特·巴德合作）
1957年 《形态天文学》

恒星能量来源于核聚变

能源生产

背景介绍

关键天文学家：

汉斯·贝特（1906—2005年）

此前

1919年 弗朗西斯·阿斯顿发现四个氢原子的质量比一个氦原子的质量大。

1929年 威尔士天文学家罗伯特·阿特金森和荷兰物理学家弗里茨·豪特曼斯预测了恒星内部的轻核聚变是如何按照质量-能量等效原理释放能量的。

此后

20世纪40年代 拉尔夫·阿尔弗和乔治·伽莫夫描述了大爆炸期间氦原子核和其他一些原子核是如何被合成的。

1951年 厄恩斯特·奥皮克描述了将红巨星核心的氦-4原子核转化为碳-12的三重阿尔法过程。

1938年，德国出生的物理学家汉斯·贝特提出了这个理论。在此之前，没有人知道太阳和其他恒星为什么会发出如此多的光、热和其他辐射，也没有人知道它们的能量从何而来。

1905年，阿尔伯特·爱因斯坦的狭义相对论向正确答案迈进了一步，相对论提出质量和能量是等价的。这一发现的意义在于，质量的微小损失可能伴随着能量的大量释放。

1919年，英国化学家弗朗西斯·阿斯顿发现一个氦原子（第二轻的元素）的质量比四个氢原子（最轻的元素）的质量略小。不久之后，英国天体物理学家阿瑟·爱丁顿和法国物理学家让·巴蒂斯特·佩兰各自独立地提出，恒星可以将四个氢原子核结合成一个氦原

低质量和中等质量的恒星由质子-质子链提供能量，将氢转化为氦。

大质量恒星由CNO循环提供能量，在碳和氮的催化下，CNO循环将氢转化为氦。

氢核聚变形成氦，将质量转化为能量。

恒星的能量来源是核聚变。

参见：相对论 146~153页，恒星内部的核聚变 166~167页，原初原子 196~197页。

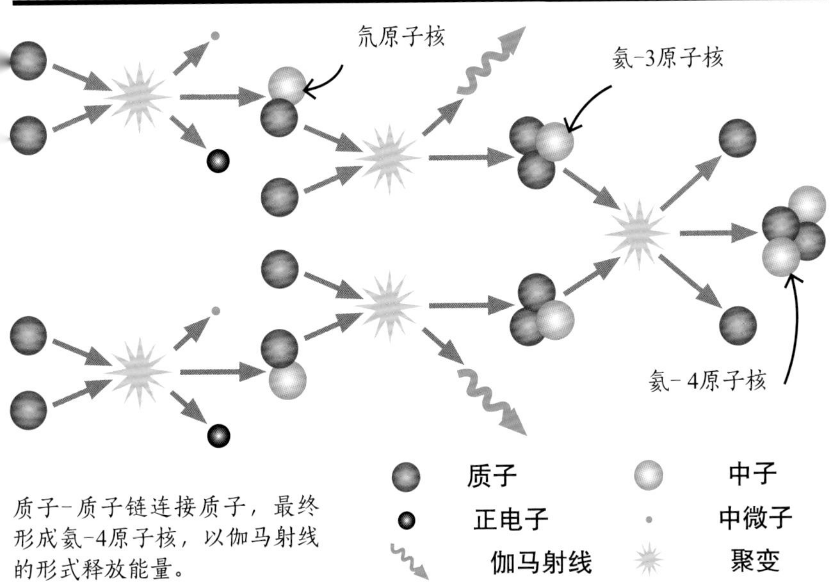

质子-质子链连接质子，最终形成氦-4原子核，以伽马射线的形式释放能量。

子核并损失一些质量，然后转化成能量。爱丁顿认为这可能会让太阳发光几百亿年。1929年，罗伯特·阿特金森和弗里茨·豪特曼斯预测出了轻核聚变（而非原子聚变）是如何在恒星中产生能量的，但具体如何进行反应却不得而知。

质子-质子链

1938年，贝特在华盛顿参加了一个物理学会议，主要讨论恒星如何产生能量。在会议期间他意识到，考虑到恒星中氢的丰富性，产生能量最有可能的第一步是由两个氢原子核（单个质子）结合形成氘（比氢重）原子核。贝特知道这个反应会产生能量。然后，他又进一步研究出了两个反应步骤如何产生氦-4原子核（氦最常见的形式）。他了解到被称为质子-质子链的整个反应序列，是太阳那么大的恒星产生能量的主要来源。

CNO循环

恒星的核心温度随着恒星体积的增大而缓慢上升，而它所产生的能量却上升得更快。质子-质子链不能解释这一点，因此研究的反应应涉及较重的原子核。在氢和氦之后，质量更大的恒星中出现的第二重的元素是碳，因此贝特研究了碳原子核与质子之间可能发生的反应。他发现了一个被称为碳-氮-氧（CNO）循环的反应循环。在这个循环中，氢原子核在重元素存在的情况下聚变形成氦，这似乎是可行的。贝特的发现很快被其他物理学家所接受。■

汉斯·贝特

汉斯·贝特1906年出生于斯特拉斯堡。从很小的时候起，他就显现出了很高的数学天赋。1928年，他获得了物理学博士学位。之后他先移居英国，又移居美国。第二次世界大战期间，他在洛斯阿拉莫斯科学实验室工作了三年，该实验室致力于组装第一颗原子（裂变）炸弹。战后，贝特在氢弹的开发中起了重要作用。他后来反对核试验和军备竞赛。除了在天体物理学和核物理方面的贡献，贝特还对其他物理领域做出了重大贡献，包括量子电动力学（QED）。他继续在所有这些领域工作，直到2005年去世，享年98岁。

主要作品

1936年至1937年 《核物理学》（与罗伯特·巴赫尔和斯坦利·利文斯顿合作）

1939年 《恒星能量的产生》

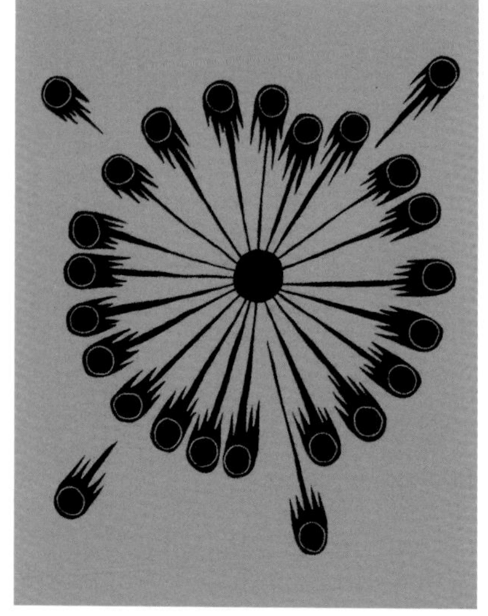

行星轨道之外的彗星宝库

柯伊伯带

背景介绍

关键天文学家：

肯尼斯·埃奇沃斯（1880—1972年）

此前

1781年和1846年 天王星和海王星的发现引发了人们对太阳系外边缘的讨论。

1930年 冥王星被发现。天文学家弗雷德里克·C. 伦纳德和阿米诺·洛施纳认为可能存在类似的天体。

此后

1977年 查尔斯·科瓦尔发现了喀戎星，这是土星外的一个冰冷的半人马天体（小行星）。

1992年 戴维·杰维特和刘丽吉发现了一个海王星外天体（TNO）——比海王星距离更远的天体。

2005年 阋神星被发现，它的大小与冥王星相似；海王星外天体妊神星和鸟神星被发现，导致冥王星被降为矮行星。

1943年，爱尔兰天文学家肯尼斯·埃奇沃斯提出，在海王星和冥王星之外，存在着一个由冰体组成的圆盘。它们是在太阳系形成之初形成的，但因体积太小且空间太广而无法形成行星。它们不时地被推入太阳系内部，并以彗星的形式出现。他在《英国天文协会杂志》上发表了自己的观点，但这本杂志在美国没有多少人阅读。

柯伊伯带

1951年，在更有声望的《天体物理学报》上，一位名叫杰拉德·柯伊伯的美国天文学家提出，曾经存在过这样的一个圆盘，但在冥王星的引力作用下它早已被驱散。这个圆盘后来被称为柯伊伯带，也有一些天文学家使用“埃奇沃斯-柯伊伯带”这个名称。

1980年，乌拉圭天文学家胡里奥·费尔南德兹意识到，海王星外需要存在一个由彗星核组成的带才能满足在太阳系内部看到的短周期彗星的数量。于是他两次拍摄这些区域的照片，然后检查这些照片，以确定是否有天体在运动，那会表明它们比恒星要近得多。目前在柯伊伯带已发现了1,000多个天体。这类天体的直径大约超过100千米，这是因为任何更小的天体都会因太暗弱而无法被探测到。■

彗星仍然是它们原始的模样——没有内聚力的天文量级的砾石堆。

——肯尼斯·埃奇沃斯

参见：奥尔特云 206页，探索海王星之外 286~287页。

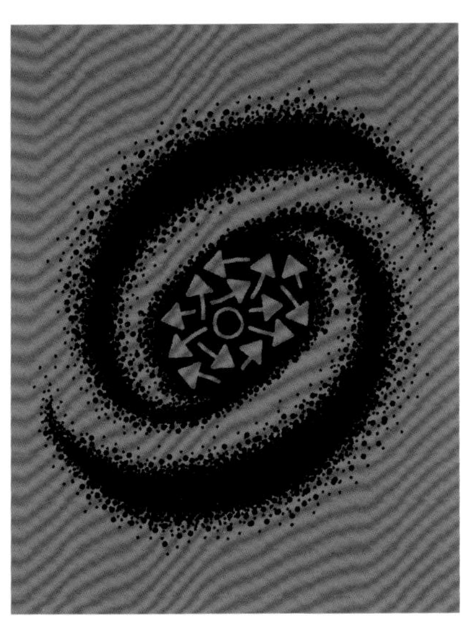

星系中心的活动区域

星系核与辐射

背景介绍

关键天文学家：

卡尔·赛弗特（1911—1960年）

此前

1908年 爱德华·法斯和维斯托·斯莱弗观察到了星云NGC 1068（现在被认为是一个典型的赛弗特星系）光谱的特性。

1936年 埃德温·哈勃对星系的形状进行了分类。

此后

1951年 天空中最强的射电源之一——天鹅座A被确认为第一个射电星系。

1963年 荷兰天文学家马丁·施密特创造了"类星射电源"（后来的"类星体"）一词，指的是具有恒星状外观的天体，但实际上它是一种遥远的、非常明亮的射电源。

1967年 亚美尼亚天体物理学家本杰明·马卡里安发表了包含强紫外发射星系的星表，其中许多是赛弗特星系。

1940年到1942年，美国天文学家卡尔·塞弗特研究了许多旋涡星系。这些星系的中心致密且特别明亮，通常呈蓝色。他的研究表明，这些星系的光谱中有独特的发射线。他发表了一篇描述这类星系的论文，后来这些星系被称为塞弗特星系。它们通常是旋涡星系，其核心会产生大量的辐射且辐射的波长范围很广，通常在红外区域最强，但也经常包括可见光、射电波、紫外线、X射线和伽马射线。

旋涡星系NGC 1068（M77）是典型的塞弗特星系。它有一个非常明亮的活动中心，周围环绕着电离气体旋涡。

狂暴中心

塞弗特星系只是被称为活动星系的一类星系的一个变种。这些星系的中心区域被称为活动星系核（AGN），那里会发生大量的剧烈活动。类星体是AGN的另一种类型。这些星系核通常离我们很远，但它们产生的能量如此之大，以至于它们比看不到的宿主星系还要亮。AGN被认为是由在其中心旋转进入大质量黑洞的物质所驱动的。除了发射辐射，许多AGN还会从中心的黑洞周围向太空发出强力的粒子喷流。有些与发出射电波的巨大物质瓣有关——以这些"射电瓣"为特征的活动星系，被称为射电星系。■

参见：旋涡星系 156~161页，银河系之外 172~177页，类星体与黑洞 218~221页。

月球和地球的物质匹配得太完美了

月球的起源

背景介绍

关键天文学家：

雷金纳德·戴利（1871—1957年）

此前

1913年 英国地质学家阿瑟·霍尔姆斯制作了第一个现代地质年表，指出地球至少有15亿年的历史。

此后

1969年至1972年 阿波罗计划将月球岩石带回地球进行分析。

1975年 在分析月球岩石后，美国天文学家威廉·哈特曼和其他人又重新利用大碰撞理论来解释新证据。

2011年 挪威裔美国行星科学家埃里克·艾斯旁和瑞士天体物理学家马丁·尤契认为，月球形成时有一颗很小的伴星，只是两者后来相撞了。

到20世纪初，地质学家大致拼凑出了地球在存在的数十亿年里发生的故事。但月球的起源仍有待猜测。20世纪40年代，大多数天文学家都赞同博物学家查尔斯·达尔文的儿子乔治·达尔文提出的理论。1898年，达尔文提出月球是由温度高、自转速度快的地球抛出的熔融岩石合并形成的一颗轨道卫星。他认为月球曾经离地球很近而且正在慢慢地漂远。这已经被测量数据所证实，月球正在以每年3.5厘米的速度远离。

20世纪40年代，美国化学家哈罗德·尤里提出了另一种理论，即“俘获模型”：月球在太阳系的

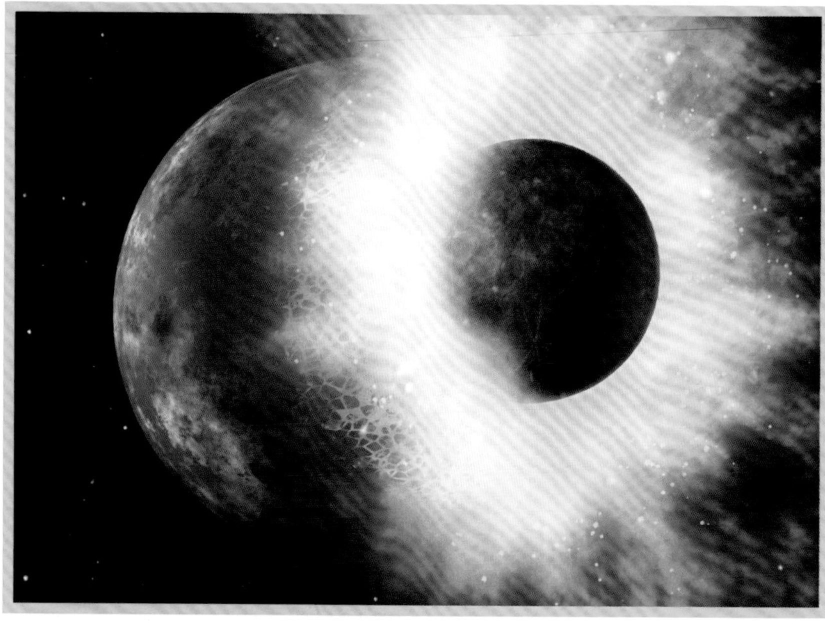

天文学家发现的证据表明，围绕恒星HD 172555运行的两颗小行星在几千年前发生过碰撞。一次波及地球的类似碰撞可能形成了月球。

参见：谷神星的发现 94~99页，彗星的组成 207页，探究陨石坑 212页，太空竞赛 242~249页。

月球岩石与地球地幔的物质相匹配。

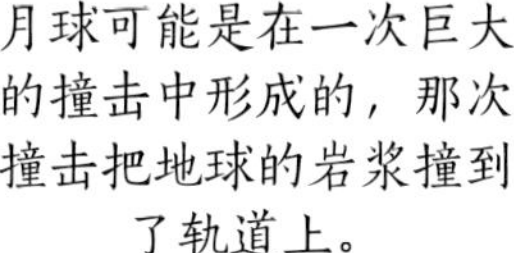

月球可能是在一次巨大的撞击中形成的，那次撞击把地球的岩浆撞到了轨道上。

计算机模拟表明43亿年前一颗较小的行星撞击了地球并产生了月球。

其他地方形成，并受到地球引力的控制。然而，月球与地球相比是如此之大，以至于大多数人认为这样的事情不太可能发生。

1946年，加拿大地质学家雷金纳德·戴利提出了第三种观点。虽然戴利同意达尔文的观点，认为月球和地球是由相同的物质构成的，但他提出了另外的假设：地球和另一个天体之间的碰撞产生的驱动力将物质抛入了轨道。

匹配的岩石

戴利的想法或多或少被忽视了。20世纪70年代对月球岩石的分析表明，月球岩石的矿物含量与地幔（地壳和地核之间的一层）的矿物含量非常接近。两者的硅酸盐含量都很高但金属含量都很低。如果月球是在别的地方形成的，那么它的岩石就会与地球的岩石大不相同。如果它是由与地球相同的熔融岩石形成的，那么它将是地球的一个迷你版本并有一个更大的金属内核。然而，岩石证据表明月球是由地球表面固化后凿出的物质构成的。

大飞溅

在过去的十年里，在计算机对可能的撞击进行模拟后，人们发现了一个现在被称为“大飞溅”的事件。假设一个这样的场景：43亿年前即大约在地球形成2亿年之后，一颗火星大小的行星（名叫忒伊亚，以希腊神话中月亮之母的名字命名）撞击了地球。撞击把两个天体都变成了沸腾的岩浆球。忒伊亚的大部分与地球合并（这就解释了为什么地球有一个超大的金属内核），而“飞溅”的岩浆进入轨道，这些岩浆多数来自行星的外部岩石区域。这种物质形成了月球。虽然“大飞溅”的想法目前只是一个假设，但它仍然是关于月球起源的最佳猜测。■

每一种“精确的”科学实质上都是而且必须是推测性的。它的主要研究工具是有规律的想象力，但难得同时具有勇气和判断力。

——雷金纳德·戴利

雷金纳德·戴利

地质学家雷金纳德·戴利在大陆漂移、板块构造和岩石周期理论方面的贡献被证明在理解地球和太阳系其他岩石天体之间的异同方面是无价的。

戴利在考察加拿大南部边界时，充分展现出了他作为地质学家的才能。他在这次考察中收集到的岩石样本使他成为研究不同岩石类型起源的领军人物。早在20世纪20年代，戴利就提出，从地球上喷射出的物质形成月球是地球地壳动态特征形成的主要原因。撞击理论是戴利在退休后对其工作的补充，当时他是哈佛大学地质系主任。

主要作品

1946年 《月球的起源及其地形》

飞翔的望远镜将获得重要的新发现

空间望远镜

背景介绍

关键天文学家：

莱曼·小斯皮策（1914—1997年）

此前

1935年 卡尔·央斯基揭示了天体能产生射电波，并提供了在可见光之外观察宇宙的新方法。

1970年 NASA发射了绕轨道运行的X射线天文卫星——乌胡鲁卫星。

1978年 第一台实时运行的空间望远镜——国际紫外探测器发射。

此后

1990年 哈勃空间望远镜发射。

2003年 红外斯皮策空间望远镜发射。

2009年 开普勒望远镜发射，目的是寻找太阳系外行星。

2021年 红外詹姆斯·韦伯空间望远镜将按计划发射。

1946年，第一颗人造地球卫星Sputnik 1发射进入地球轨道的11年前，一位名叫莱曼·小斯皮策的天体物理学家设想了一台强大的望远镜：它不在地球表面运行，而在轨道上运行。在不存在光污染的高空之上，这架空间望远镜将能看到宇宙前所未有的景象。40多年后，小斯皮策的梦想才得以实现，他的耐心和坚韧最终得到了回报。

比光更重要

1935年，卡尔·央斯基发现了地外射电源。这一发现表明除了可见光，还有其他观测宇宙的方法。第二次世界大战的爆发中断了对这一令人兴奋的新领域的研究。来自伊利诺伊州的业余天文学家格罗特·雷柏走出了射电天文学的第一步。1937年，雷柏在他的后花园里自制了天线，首次对射电宇宙进行了探测。不久之后，战时的研究人员在雷达使用的微波波段中发现流星和太阳黑子本身也有射电波，

在大气层上方进行观测，可能会给天文学带来比任何其他科学领域都要大的变革。在一次新的探索冒险中，没有人能预知将会发现什么。

——莱曼·小斯皮策

如果有可能利用射电波段发现新天体，那么就有理由认为其他形式的电磁辐射，如红外线、紫外线和X射线也可以作为观测工具。

然而还存在一个问题：地球的大气层对可见光是透明的，但对许多其他形式的辐射是不透明的。这些辐射的波被空气中的分子吸收，然后被反射回太空或向四面八方散射开，变成毫无意义的“一团

莱曼·小斯皮策

莱曼·小斯皮策1914年出生于俄亥俄州的托莱多。他在普林斯顿大学获得了天体物理学博士学位，师从亨利·诺里斯·罗素。二战后，他成为天体物理系主任，并开始了他50年研究空间望远镜的职业生涯。

作为等离子体方面的专家，小斯皮策在1950年发明了仿星器。这个装置包含磁场中的热等离子体，可以对至今仍在进行的聚变能量展开研究。1965年，小斯皮策加入NASA研发空间天文台。同年，他在另一个领域也取得了彻底的胜利。小斯皮策和他的朋友唐纳德·莫顿成为第一个登上托尔山的人。托尔山位于加拿大北极地区，海拔1,675米。1977年，他为建造空间望远镜所做的努力获得了回报，哈勃空间望远镜获得了资助。1990年，他的梦想终于变成了现实。

主要作品

1946年 《地外天文台的天文优势》

参见: 银河系之外 172~177页，射电天文学 179页，研究遥远的恒星 304~305页，引力波 328~331页。

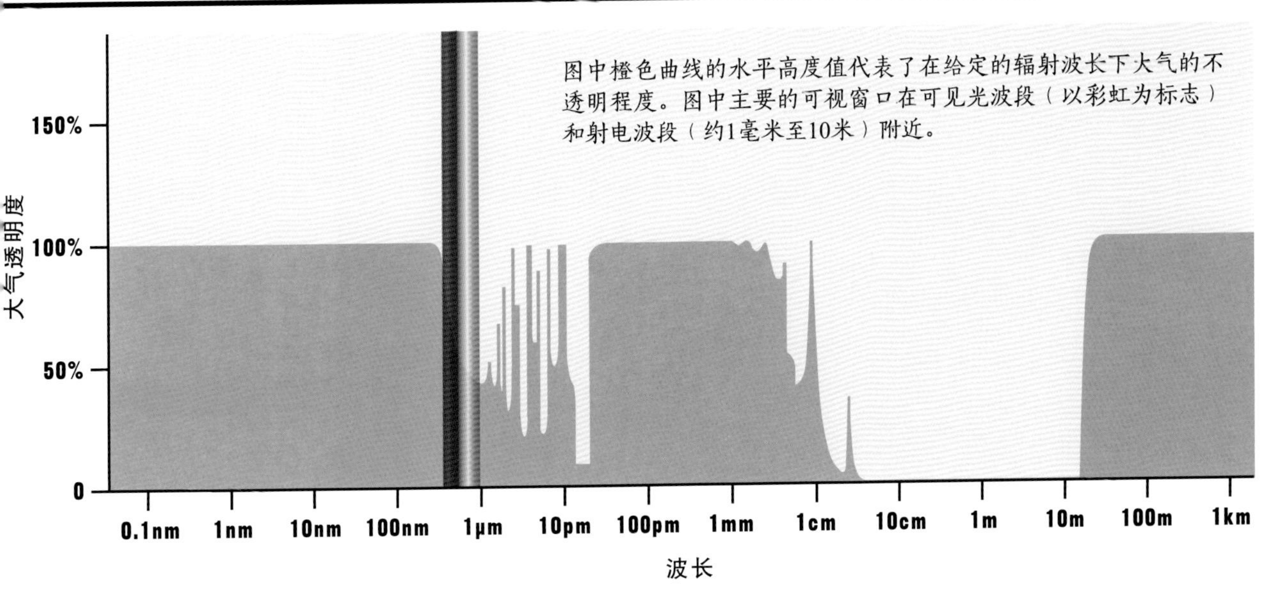

乱麻”。因此大多数不可见辐射的信息几乎不可能被地球上的天文台收集到。

1946年，小斯皮策发表了题为《地外天文台的天文优势》的论文。论文最重要的部分强调了探测非可见辐射的问题。他的解决办法是把望远镜送入太空。但小斯皮策也强调了这一办法实施的障碍：首先，创造太空旅行的技术挑战；其次，设计一种能够通过地面遥控而在太空运行的仪器。

一闪一闪小星星

小斯皮策论文的其余部分集中在解决一个困扰了天文学家几个世纪的问题——天空本身的问题上。从地球上看，星星似乎在闪烁。这种现象是因恒星的光来回运动而且亮度时高时低造成的。但这不是星光本身的特性，而是由地球厚厚的大气层导致的。随着放大率的增加，星光闪烁得更加明显，因此会导致天体在望远镜的目镜中抖动和模糊，或在照片中呈现弥散的光斑。

“一闪一闪”用科学术语来讲就是“闪烁”。它是由于光穿过大气中一层又一层的湍流空气而引起的。湍流本身对光线没有影响，但密度和温度的变化导致的空气翻滚和旋涡确实会对光线产生影响。当星光穿过一个气团到达另一个密度不同的气团时，它会发生轻微的折射，其中的一些波会比其他波弯曲得更厉害。结果，穿过宇宙到达地球的笔直的光束开始在空中沿着一个不断变化和随意的“之”字形路径行进。若用望远镜或肉眼对其

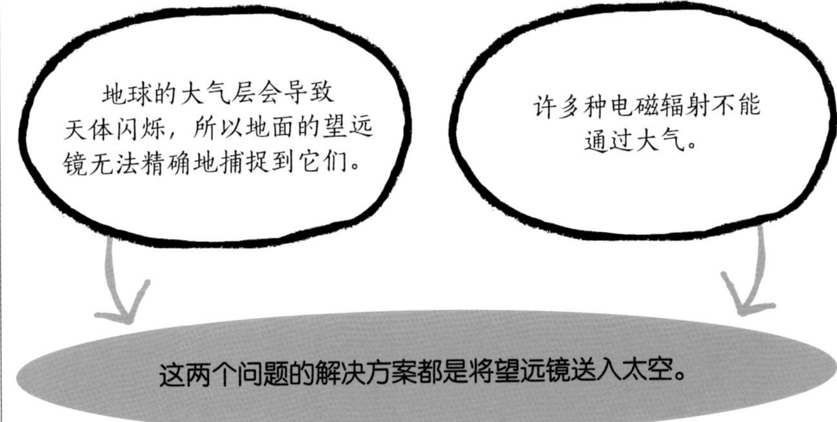

进行聚焦，我们就会看到亮度的起伏，这是因为一些光线在视线方向上有出有进导致的。

闪烁对捕捉清晰的天文图像的影响被称为视宁度。当大气非常平静、视宁度好时，望远镜中遥远恒星的图像就是一个稳定的小圆斑。当视宁度不好时，图像就会分裂成一团蠕动的小点。经过一段时间拍摄的图像会被涂抹成更大的圆斑。这种效果类似于望远镜失焦。

改善视野

观测条件随大气的变化而不断变化。在19世纪90年代之前，观测者们只能等到扭曲程度降至最低的时候进行观测。例如，大风会清除乱流，创造近乎完美的观测条件。在20世纪40年代后期，天文学家开始使用电影摄像机来拍摄天空，他们希望在拍摄的成千上万幅图像中，会有奇迹的“幸运图像”以水晶般的清晰度捕捉到天空。此外，还有一个解决办法就是爬得更高。如今，世界上最有效的地面观测站都建在干燥的高山顶上，那里云层覆盖少，空气也很平静。

随着20世纪90年代强大计算机的出现，地面天文学家开始使用自适应光学（AO）来修正天文视宁度导致的偏差。AO系统测量到达的光线的扭曲程度，并将其抹平，就像在用一面扭曲的镜子对变形后的图像进行校正，使其看起来像变形之前的原始图像一样。AO系统使用精密的可调镜面和其他光学装置，但也严重依赖计算机来过滤图像中的大气“噪声”。尽管AO系统为观测天空带来了巨大的进步，然而，在太空轨道上可以观察多个光谱波长，包括可见光的大型望远镜，才是天文学的最终目标。

我们对恒星和星际物质的认识必须主要基于我们观测到的电磁辐射。

——莱曼·小斯皮策

自适应光学需要一个清晰的恒星作为参考点。由于这类天体很难找到，钠激光通过点燃高空大气中的尘埃来产生“恒星”。

哈勃之路

作为该领域的领军人物，小斯皮策于1965年被任命为NASA大型空间望远镜（LST）开发项目组的负责人。1968年，NASA轨道天文台（OAO-2）获得了空间望远镜的第一次成功，它在紫外线下拍摄了高质量的图像，极大地提高了人们对空间天文学优势的认识。斯皮策的LST的目标是获得比OAO-2更引人注目的成果——用可见光谱观测近距离和远距离的天体。他的团队选定了一架3米口径的反射望远镜，计划于1979年发射。然而，该项目的成本超出了

抛光机打磨哈勃的镜面。它2.4米的口径在今天看来可能很小，但这个大小与胡克望远镜（Hooke Telescope）相同。胡克望远镜是1948年之前世界上最大的望远镜。

预算。望远镜的口径被缩小为更便宜的2.4米，发射被推迟到了1983年。1983年过去了，望远镜仍没有发射，但小斯皮策坚持项目继续进行。与此同时，LST被重新命名为哈勃空间望远镜（HST），以第一个掌握宇宙真实尺度的人——埃德温·哈勃命名（参见第172~177页）。那时，望远镜的镜面已经制造好了。为了减轻重量，研究人员在蜂窝支架的上面安装了一层低膨胀玻璃。镜面的形状至关重要。在建造过程中，镜面被放在一个模拟失重的支架上，以确保它们在太空中不会变形。玻璃必须被打磨成精度为10纳米的曲面。这将使HST有可能观测到从紫外线到红外长波端的一切。

HST的发射又被推迟到了1986年，但1986年1月28日发生了“挑战者号”航天飞机爆炸的悲剧，导致美国国家航空航天局的航天舰队停飞了两年。

最后，在1990年4月24日，“发现号”航天飞机将重达11吨的HST载至距地球540千米的轨道上。小斯皮策终于实现了他职业生涯的梦想——一架不受糟糕视宁度和大气层对紫外线和红外线部分不透明影响的空间望远镜。

HST的麻烦

然而，关于这次任务的问题又从地面转移到了太空。HST发回的第一批图像严重失真，几乎毫无价值。HST会是一个比地面望远镜更糟糕的观测工具吗？对图像的分析表明，镜子的边缘形状是错误的，尽管其误差很小，大约只有百万分之二（每米），但足以将主镜外部捕捉到的光发送到副镜的错误区域，从而在图像中产生严重的像差。对于小斯皮策和他的团队来说，这是一个令人担忧的时刻，因

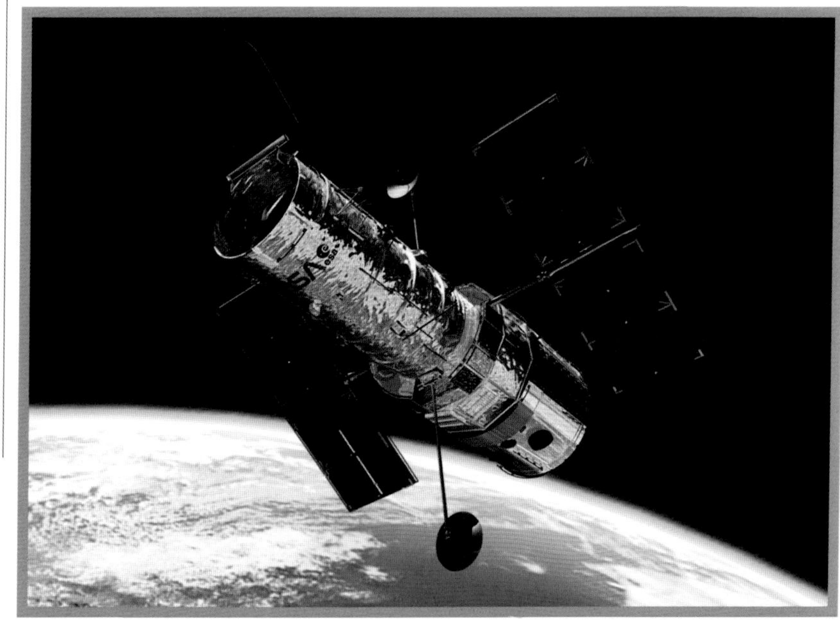

哈勃空间望远镜实现了小斯皮策的预见。它仍然是有史以来最好的科学仪器之一。

2009年，美国宇航员安德鲁·弗斯特尔在一次维修任务中使用电动工具修理哈勃空间望远镜。

为HST似乎被证明是一个令人尴尬的失败。

矫正视力

如果HST要发挥它的潜力，就需要在光学系统中加入校正元件。实际上，他们给它安装了一副“眼镜”。主镜的问题是通过分析望远镜的图像而精确计算出来的。解决的办法是在哈勃的仪器前面加上精心设计的镜子，这样从主镜进入的光线就能正确地聚焦。1993年HST被安装了两套这样的镜子。它们相当完美。HST终于可以投入使用了，它的成果是令人惊讶的。

1993年之后，宇航员又对HST进行了四次服务，最后一次是在2009年，这是航天飞机最后一次执行服务任务。航天飞机在2011年退役，之后就不可能再为HST服务了。然而，最后的服务使HST实现了重大的升级，这意味着HST可能会一直被使用到2040年。

超深，超清晰

尽管HST起步不稳，但它已经超出了所有人的预期。在环绕地球50亿千米的旅程中，望远镜迄今已进行了120万次观测。尽管它的飞行速度为27,000千米/小时，但它可以精确定位空间中的任一位置，其精确度为0.007角秒——这就像从300千米外扔硬币一样。它可以解析一个0.05角秒的天体。NASA把这比作站在美国马里兰州观看两只位于日本东京的萤火虫。世界各地的天文学家开始利用HST来观测有趣的天体。哈勃空间望远镜所观测的一切档案资料都可以在公共网站上看到。

哈勃空间望远镜的许多观测都是在遥远的太空中进行的。1995年，哈勃深场图像聚焦一片空白空间，占整个天空的2400万分之一。32次长时间的曝光揭示了一些未知的星系，它们距我们有120亿光年之遥——这些光在大爆炸后15亿年就开始了它的旅程。2004年，超深场（Ultra Deep Field）显示了130亿光年以外的天体；2010年，HST利用红外辐射把宇宙历史上仅存在了4.8亿年的天体展现在了极端深空场中。要想看得更远，就得等2018年发射的詹姆斯·韦伯红外空间望远镜了（注：其发射已

大自然深思熟虑地为我们提供了一个宇宙，在这个宇宙中几乎所有波长的辐射都能以直线的形式传播到很远的地方，而对它们的吸收通常可以忽略不计。

——莱曼·小斯皮策

该照片拍摄于2004年。这张超深场照片展示了数千个像宝石一样的星系，它们有着各种各样的形状、颜色和年龄。红色的星系是最遥远的。

经推迟到了2021年）。

斯皮策空间望远镜

HST是莱曼·小斯皮策留下的四大天文台中最著名的。从1991年到2000年，康普顿伽马射线观测台观测了伽马射线爆发，这是发生在可见宇宙边缘的高能事件。钱德拉X射线天文台于1999年发射，其任务是发现黑洞、婴儿太阳系和超新星。最后一个成员是2003年进入太空的斯皮策空间望远镜。它的任务之一是观测星云，找出恒星形成的高温区域。2009年，用来冷却其热敏探测器的液氦终于耗尽。

空间天文台可以发射到绕日而不是绕地球的轨道上，在那里它们更容易躲避太阳的光和热，从而观测到广阔的太空。今天，大约有30个在轨天文台发回图像。NASA为寻找太阳系外行星而发射的开普勒卫星，还有执行欧洲航天局两项任务的赫歇尔和普朗克卫星都是这样的例子。它们都是在2009年发射的。赫歇尔卫星是迄今为止送入太空的最大的红外望远镜，而普朗克卫星研究的是宇宙微波背景。为检验空间天文台的观测技术，2015年欧洲航天局发射了激光干涉空间天线“探路者号”，该探测器探测的不是电磁波，而是引力波。即使是莱曼·小斯皮策也无法预见到这种进步。■

斯皮策望远镜是NASA为了纪念莱曼·小斯皮策的远见和贡献而命名的。它最初被称为空间红外望远镜设备。

原子核的创造用时不到一个小时

原初原子

背景介绍

关键天文学家：

乔治·伽莫夫（1904—1968年）

拉尔夫·阿尔弗（1921—2007年）

此前

1939年 汉斯·贝特描述了恒星中的氢生成氦的两种方法。

此后

1957年 弗雷德·霍伊尔和他的同事提出了恒星中的其他元素合成化学元素的八种方法。

1964年 物理学家阿尔诺·彭齐亚斯和美国天文学家罗伯特·威尔逊发现了宇宙微波背景辐射。

20世纪70年代 大爆炸核聚变计算出的原子物质（由质子和中子组成）的质量被发现比观测到的宇宙的质量要小得多。这一疑团在很大程度上可以通过引入暗物质的存在而被解决。

如果大爆炸理论是正确的，那么宇宙初始瞬间的温度是非常高的。

↓

在很短的时间内，恰好具备了使质子和中子结合形成原子核的条件。

↓

不到一小时原子核便创造出来了。

1931年，乔治·勒梅特提出，宇宙起源于一个最初的、密度极高的“原初原子”的爆炸，从那以后它一直在膨胀——现在被称为大爆炸理论。然而，到了20世纪40年代中期，这一理论需要更多的证据来维持其可信度。

乌克兰物理学家乔治·伽莫夫开始思考勒梅特提出的宇宙起源条件。他很快意识到那样会热得难以想象。物质是由基本粒子（不能被分解得更小的那些粒子）组成的——在那个时候人们普遍认为主要由质子、中子和电子组成。除非时间很短，否则这些粒子会因为温度太高而无法结合。在存在了几秒钟后，宇宙会膨胀和冷却到质子和中子可能通过一种被称为强核力的相互作用而结合在一起的程度，从而形成第一批原子核。伽莫夫认为，最初的几个“种子”核是由质子和中子组合而成的，其他的

参见：宇宙的诞生 168~171页，能源生产 182~183页，核合成 198~199页。

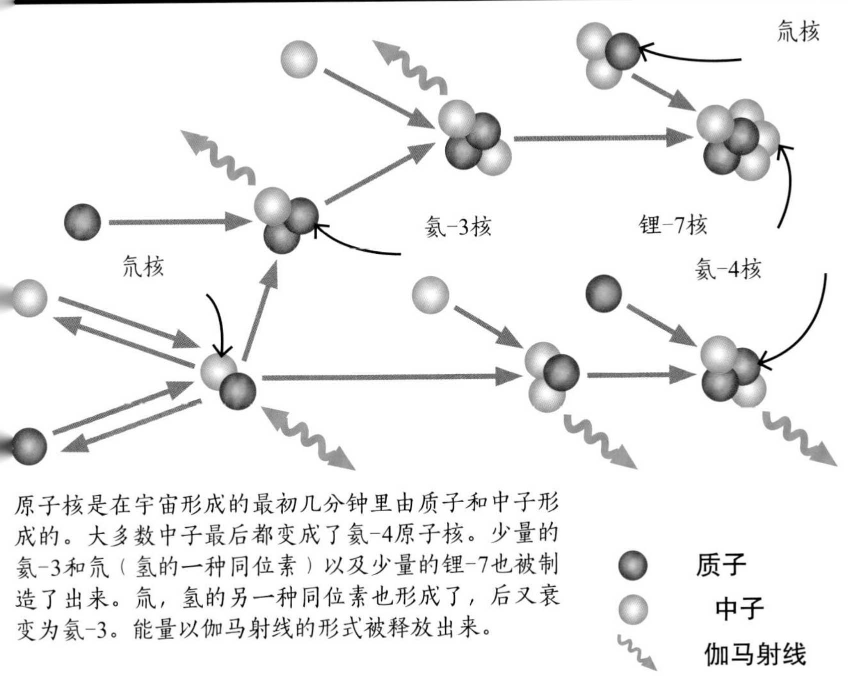

原子核是在宇宙形成的最初几分钟里由质子和中子形成的。大多数中子最后都变成了氦-4原子核。少量的氦-3和氘（氢的一种同位素）以及少量的锂-7也被制造了出来。氚，氢的另一种同位素也形成了，后又衰变为氦-3。能量以伽马射线的形式被释放出来。

可能是由不断增加的中子形成的，其中一些衰变为质子。在随后的时间里，所有的原子核都可能俘获电子，形成化学元素的原子。

数学计算

伽莫夫让美国研究生拉尔夫·阿尔弗来制定其构思的细节。阿尔弗和他的同事罗伯特·赫尔曼进行了大量的数学计算。他们发现，质子和中子相遇的恰当条件只存在于几分钟的短暂时间内。他们的计算表明，宇宙中大多数的中子最终会与氦的同位素（一种可能的替代形式）氦-4中的质子结合。一小部分会变成其他的小原子核。此外，这个过程最后会留下大量的自由质子（氢原子核）和一些不稳定的原子核，但它们会很快衰变。

他们的计算表明，宇宙可能由大约25%的氦组成，其余的主要是氢。阿尔弗和伽莫夫在发表的论文中还提出，其他更重的原子核可能是由在大爆炸中不断增加的中子形成的。

正确的预测

通过弗雷德·霍伊尔等科学家的工作，人们最终认识到，碳等较重的元素是在恒星和超新星爆炸中产生的。尽管如此，阿尔弗-伽莫夫的理论仍正确地解释了氢和氦的相对丰度，为宇宙始于大爆炸的理论提供了相当大的支持。该理论还准确预测了客观存在的并于1964年被发现的宇宙微波背景辐射（参见第222~227页）。■

乔治·伽莫夫

乔治·伽莫夫1904年出生于乌克兰的敖德萨。1923年，他进入彼得格勒州立大学，师从亚历山大·弗里德曼。1928年，伽莫夫在德国哥廷根大学短暂停留，在那里他发展了一种叫作量子隧道的理论。这个理论被其他人用来解释轻原子核的聚变如何在恒星内部产生能量。在美国乔治华盛顿大学时，他把注意力转向了恒星演化。1954年，伽莫夫开始对遗传学和生物化学产生兴趣。他还写了许多科普书籍和科幻小说。

主要作品

1948年 《化学元素的起源》
1952年 《宇宙的产生》

恒星是化学元素加工厂

核合成

背景介绍

关键天文学家：

弗雷德·霍伊尔（1915—2001年）

此前

1928年 乔治·伽莫夫构建了一个基于量子理论的公式，可以用来计算各种原子核是如何结合的。

1929年 威尔士天文学家罗伯特·阿特金森和荷兰物理学家弗里茨·豪特曼斯发现，在恒星内部的温度下轻元素的原子核能结合在一起，同时释放出能量。

此后

1979年 科学家发现宇宙中几乎所有的轻元素，如锂、铍和硼的原子核都是由宇宙射线（高能粒子）撞击空间中的而不是恒星中的原子核而形成的。

较重的元素需要高温才能产生。

在巨星的演化过程中，许多元素的产生都有适宜的条件。

巨星在超新星爆炸中解体时，会出现产生其他元素的极端条件。

除了少数元素，所有的元素都可以通过八种不同的过程在恒星中产生。

恒星是化学元素加工厂。

直到20世纪40年代末，人们才知道了宇宙中大多数化学元素的原子如碳、氧和铁的来源，以及它们是如何形成的。20世纪20年代，人们发现了宇宙物质的主要成分是氢和氦这两种最轻的元素。20世纪40年代，乔治·伽莫夫和拉尔夫·阿尔弗展示了所有的氢、大部分氦和少量的锂是如何在大爆炸中产生的。然而，其他元素的起源仍是一个谜。

铁的生成

铁元素的起源是由英国天文学家弗雷德·霍伊尔发现的。在1944年的一次学术访问期间，他与美国的主要天文学家们进行了一次偶然的交谈，由此他产生了一个想法，即大多数化学元素可能是通过恒星中的核反应逐步生成的——这个过程被称为核合成。汉斯·贝特早在1939年就已经证明，氢可以在恒星核中结合形成氦，但是贝特并没有对铁和碳等较重的元素是如何形成的提出任何建议：当时人们认为恒星的核心温度不足以让这些元

参见：能源生产 182~183页，原初原子 196~197页。

素通过核聚变过程而形成。然而霍伊尔认为，可能存在一些过程足以提高足够大的恒星的核心温度。

1946年霍伊尔指出，在温度高达数十亿开氏度的大质量恒星的核心，在被称为核热平衡的环境中可以形成较重的元素。这样的恒星最终会爆炸成为超新星并释放出重元素。1954年，霍伊尔继续描述了一个耗尽了氢燃料的大质量恒星，它的核心在爆炸前会收缩和升温，氦原子会开始聚变产生碳原子。在这一阶段结束时，碳原子会聚变形成更重、更稳定的元素。这可以解释铁以及原子核最稳定的几种元素的形成。制造比铁重的原子核会更成问题，因为这是一个耗能的过程，而制造比铁轻的元素则会释放能量。

进一步发展

然而，霍伊尔的恒星元素制造计划存在一个缺陷：一个被称为三重阿尔法过程的关键步骤似乎太缓慢了，在这个过程中三个氦原子核聚变形成碳原子。霍伊尔坚持认为，一定存在一种机制能让它以更快的速度发生。1953年人们发现了碳的某种特性，可以解释这种现象。

霍伊尔还探索了其他可能在恒星中形成更多元素的过程。其中一些过程只能在一颗巨星生命结束时的超新星爆炸中发生（参见第180～181页）。霍伊尔的工作不仅解释了化学元素从何而来，还解释了它们是如何在宇宙中散播的。■

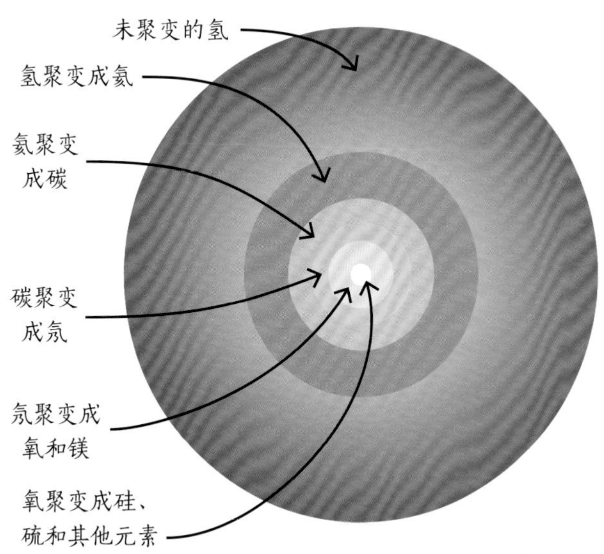

霍伊尔展示了在大质量恒星中，从碳到铁的几种元素如何通过在恒星核心周围的壳层中同时发生的核聚变反应而产生。壳层数量会随着恒星的老化而增加。这张图显示了在一颗年老的红超巨星中有元素构造反应的壳层。

弗雷德·霍伊尔

弗雷德·霍伊尔1915年出生于英国约克郡。他从1933年开始就读于剑桥大学，获得了数学学位。第二次世界大战期间，他为英国海军部研究雷达系统。1957年，霍伊尔成为加利福尼亚海尔天文台的工作人员，次年成为剑桥大学天体物理学教授。霍伊尔最著名的身份是稳态理论的支持者。该理论认为，当宇宙膨胀时，随着新物质的不断产生，其平均密度会保持不变。具有讽刺意味的是，霍伊尔在一次颇受欢迎的广播讲话中为其主要的竞争理论创造了“大爆炸”一词。20世纪60年代，稳态理论失宠了。在后来的职业生涯里，霍伊尔对彗星中存在的有机分子特别感兴趣，他认为这些分子给地球带来了生命。

主要作品

1946年 《从氢开始的元素合成》
1950年 《宇宙的本质》

恒星形成的地点

致密分子云

背景介绍

关键天文学家：

巴特·博克（1906—1983年）

此前

1927年 美国天文学家E. E. 巴纳德记录了350个神秘的暗星云。

1941年 莱曼·小斯皮策提出恒星是由星际物质形成的。

此后

20世纪80年代 赫比格-哈罗天体被认为是恒星形成区内非常年轻的恒星释放的等离子体喷流。

1993年 高频射电天文学家观测到了博克球状体中的原恒星。

2010年 斯皮策空间望远镜拍摄了32个博克球状体内部的红外图像。这些图像显示了26个球状体的温暖核心，并证明了其中大约三分之二的球状体内正在形成多颗恒星，且每颗恒星都处于不同的形成阶段。

巴特·博克是一位不寻常的观测天文学家。他的事业不是研究他能看到的东西，而是研究他看不到的东西。20世纪40年代，博克在观察明亮的星云以寻找恒星形成的证据时，注意到许多小区域是完全黑暗的。它们被星星包围着，似乎是太空中的空洞。1947年，博克与美国天文学家伊迪丝·赖利合作提出，这些天体是由气体和尘埃组成的致密云团，它们在自身重力作用下坍缩，一颗新的恒星正在其内部形成。这些由二氧化硅、水冰和冰冻气体组成的尘埃密度大得足以挡住周围恒星的光线。结果，没有光从云层里出来。从地球的角度看去，云层后面任何恒星发出的光都无法穿过它。博克和赖利把这些云比作毛毛虫的茧，认为总有一天会从中出现一颗灿烂的新恒星。

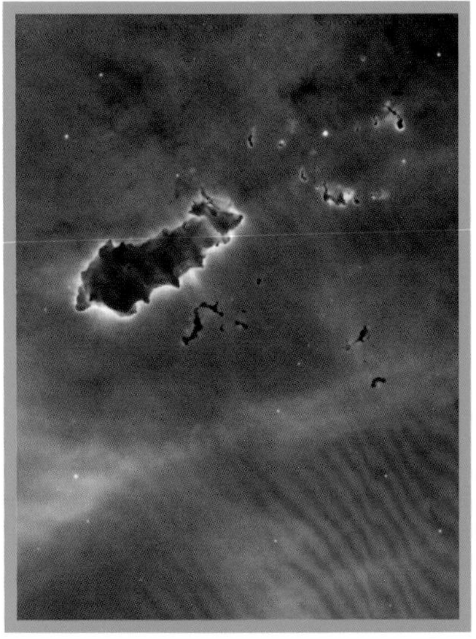

这张哈勃空间望远镜拍摄的照片显示出了船底座星云中的毛毛虫状博克球状体。恒星是在尘埃和气体的浓密面纱下形成的。

暗星云

这种致密的云被称为博克球状云。在可见光波段，它们只是恒星背景下的一个剪影，有一些光穿过它们弥散的外边缘，多年来天文学家都很难看到它们的任何细节。这意味着博克和赖利的提议几十年来都只是假设。直到20世纪90年代，在博克去世后几年，红外和射电天文学才窥探到了云团的内部，并找到了发热区域。这些区域表明博克的假设是正确的——恒星确实

参见：空间望远镜 188~195页，巨分子云内部 276~279页，
阿姆巴楚米扬（目录）338页。

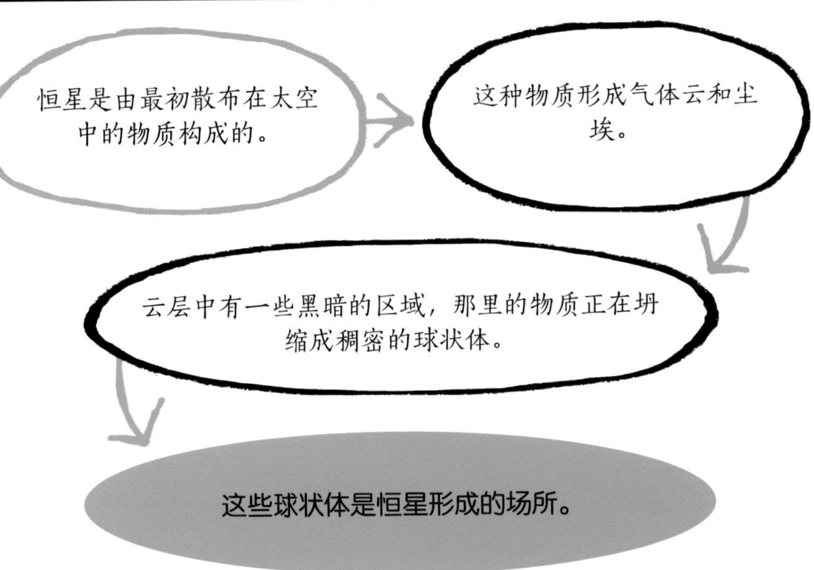

是在云团内部形成的。

博克球状体现在被认为是一种小而致密的“暗分子云”，主要存在于银河系的旋臂中。它们大约有1光年宽，位于H Ⅱ区域——充满低密度电离氢原子的广阔星际空间。蓝超巨星的紫外线辐射电离了周围的介质（星际空间中的物质），剥离了它们的电子，产生了带正电荷的离子，从而形成了H Ⅱ区域。

寒冷的云

博克球状体的质量大约是太阳质量的50倍。它们主要由氢分子（H_2）组成，但有大约1%的尘埃。尘埃由多种分子构成的颗粒组成且高度集中。尘埃的遮蔽效应阻止了热量穿透球状体，而球状体内部的温度是宇宙中测量到的最低温度之一——大约10开氏度。冷气体向外的压力比向内的引力要弱，来自附近超新星的冲击波会使冷云坍塌。然后它们会变得越来越密集，直到形成一个炽热的恒星核心。■

多年来，我一直是银河系的守夜人。

——巴特·博克

巴特·博克

巴特·博克1906年出生于阿姆斯特丹附近。他对天文学的兴趣始于童子军营地，在那里他可以在远离城市的晴朗天空中观察星星。博克在两所荷兰大学开始了他的学术生涯，首先在莱顿大学就读，然后在格罗宁根大学读博士。1929年，他选择转到哈佛大学，在哈洛·沙普利的指导下工作。他爱上了沙普利的研究人员普莉希拉·费尔菲尔德，并在到达美国两天后娶了她。从那时起，两人就密切合作，尽管沙普利只付给博克报酬。

博克夫妇在哈佛工作了30年。1957年，他们被邀请在澳大利亚堪培拉建立一个天文台。1966年，他们回到美国，在西南部运行天文台。普莉希拉于1975年去世。巴特一直工作到1983年去世。

主要作品

1941年 《银河》（与普莉希拉·费尔菲尔德·博克合作）

NEW WINDOWS ON THE UNIVERSE 1950–1975

宇宙新窗口
1950年–1975年

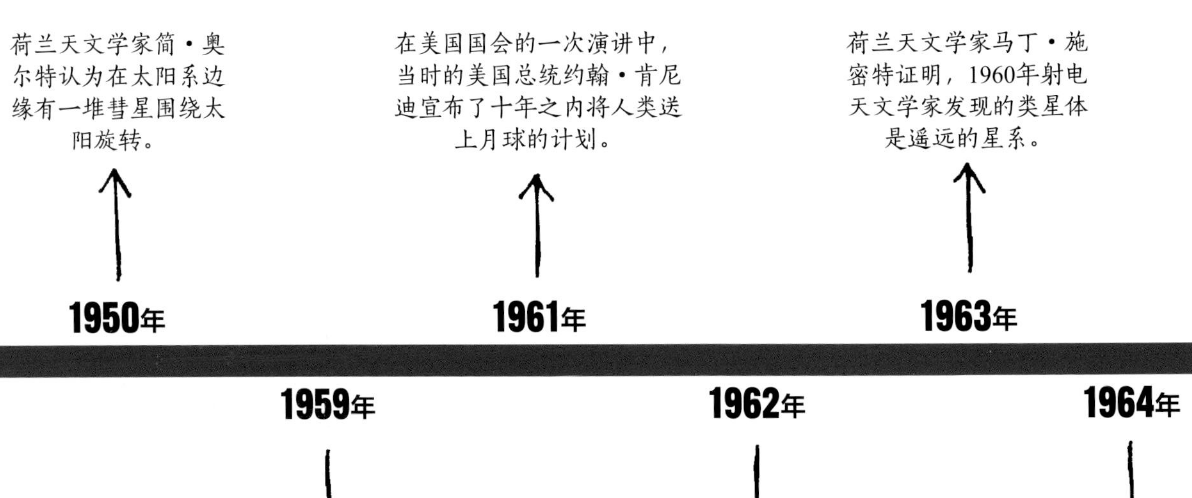

1957年，苏联发射了第一颗人造地球卫星（Sputnik 1），这在政治上和科学上都是一个历史转折点。在政治上，它挑起了“太空竞赛”——苏联和美国之间对太空霸权的争夺赛。在科学上，它为天文学带来了新的可能性：可以将望远镜送入太空轨道，使它们在不受地球大气的阻碍下进行观测；机器人探测器也可以被送入太阳系，近距离研究行星和其他天体。1962年，NASA发射“水手2号”前往金星，第一次成功地执行了去另一颗行星的任务。

与此同时，雄心勃勃的载人航天计划继续进行。1961年，苏联宇航员尤里·加加林成为第一个环绕地球飞行的人。仅仅8年后，美国人就成功地把人类送上了月球。他们把自然卫星碎片带了回来，这将为早期太阳系的形成提供新的线索。

从太空中观看

一直到20世纪中期，天文学家们仍只能通过最窄的大气“窗口”观测可见光。地球的大气层只对电磁波谱的两部分是透明的：我们称之为可见光的窄波段（两边各有一点紫外线和红外线）和射电波段。天文学家没有办法了解来自高温、高能宇宙源的紫外线、X射线和伽马射线的剧烈发射，这些射线都被地球大气层吸收了。宇宙中寒冷而隐蔽的“成员”，如新生的恒星也潜伏着，等待它们的红外辐射被探测到。

射电天文学

对地面观测者来说，打开“不可见天文学”的主要手段是射电天文学。在20世纪30年代试探性地开始之后，射电天文学在20世纪50年代迅速地发展起来。在第二次世界大战期间，从事无线电科学工作的科学家在建立天文学研究小组方面发挥了重要作用，例如英国剑桥和曼彻斯特的那些小组。也是在那个时候，美国哈佛大学的天文学家发现了弥漫在星际空间的氢气的射电辐射。这一发现使我们星系的

1964年

国数学家罗杰·彭罗斯描述了位于黑洞中心的时空“奇点”。

1967年

剑桥大学的研究生乔斯林·贝尔探测到了来自脉冲星的射电信号。脉冲星是一颗快速自转的中子星。

1968年

NASA发射了第一个成功的轨道天文台OAO-2。它配备有紫外望远镜。

1969年

当尼尔·阿姆斯特朗踏上月球时，“阿波罗11号”登月使命完成了肯尼迪总统的计划。

1969年

苏联天体物理学家维克多·萨夫罗诺夫提出了太阳系形成的星云假说背后的数学原理。

1970年

NASA发射了乌胡鲁天文台。这是首个被送入轨道的X射线望远镜。

旋涡结构首次被绘制出来。20世纪60年代，射电天文学家发现了类星体和脉冲星的新现象。我们现在知道，类星射电源——或者简称为类星体，是遥远的星系，它们的核心是一个巨大的黑洞，并会产生惊人的能量。脉冲星是中子星，是一个由致密物质组成的奇异球体且在高速自转着。它们的发现证实了几十年前的理论预测。

敞开所有的宇宙之窗

20世纪70年代初，第一个轨道天文台开始运作并探测天空中的紫外线、X射线和伽马射线。依据小型天文卫星（SAS）和轨道天文台（OAO）等的计划发射了若干系列卫星，其中包括1970年的X射线天文台SAS-1（被命名为乌胡鲁，斯瓦希里语中自由的意思，以纪念该卫星的发射地点——肯尼亚）和OAO-3（被命名为哥白尼，以纪念这位生于1473年的天文学家的500周年诞辰）。从轨道上进行红外天文观测需要更长的时间才能实现，因为望远镜必须保持极低温，但第一次对红外天空的观测却是在地面上进行的。

在宇宙的两端，有两群小绿人决定向不太显眼的地球发出信号，但这是极不可能的。

——乔斯林·贝尔·伯奈尔

今天我们可以对电磁波谱的所有部分进行研究，甚至还在寻找被称为中微子的难以捉摸的粒子。太阳系的其他星球已经成为未来任务的目标。近30年内，新技术改变了天文学家对宇宙的看法。■

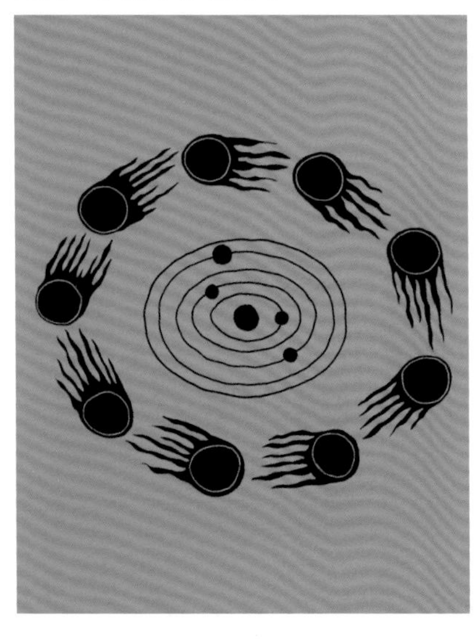

太阳系周围的一大片云

奥尔特云

背景介绍

关键天文学家：

简·奥尔特（1900—1992年）

此前

1705年 埃德蒙·哈雷正确预测了一颗彗星的回归。

1932年 爱沙尼亚天文学家厄恩斯特·奥皮克提出，长周期彗星起源于太阳系边缘的一个绕轨道运行的星云。

1943年 肯尼斯·埃奇沃斯提出，海王星轨道外的太阳系被许多小天体占据，其中一些成为彗星。

1950年 弗雷德·惠普尔提出彗星是冰和岩石物质的结合体。

此后

1992年 戴维·杰维特和刘丽杏发现了冥王星以外的第一个柯伊伯带天体。

2014年 “罗塞塔号”探测器“菲莱”登陆67P/丘留莫夫-格拉西缅科彗星（简称67P）。

1950年，在重申爱沙尼亚天体物理学家厄恩斯特·奥皮克提出的理论的同时，荷兰天文学家简·奥尔特提出，在太阳系边缘存在一个彗星库。当时，人们知道有两类主要的彗星会造访太阳系内部——包含四颗岩石行星的区域。短周期彗星每隔不到200年造访一次，并在行星所在的平面上运行；而长周期彗星每隔200年以上造访一次，其轨道与太阳系平面呈各个方向和角度的倾斜。这两类彗星的起源都需要相应的推测。

长周期彗星

奥尔特的想法为长周期彗星的起源提供了一个解释。一颗定期造访太阳系内部的彗星最终会与太阳或行星相撞，或在其轨道上受到附近行星的干扰而被逐出太阳系。这意味着，自太阳系形成以来，彗星不可能只在轨道上运行。奥尔特认为，进入太阳系内部的长周期彗星只是所有绕太阳运行的彗星中的一小部分。从地球上看到的彗星可能被一颗经过的恒星推离出了遥远的彗星库。它们沿着长长的椭圆形轨道朝向太阳快速坠落。

球形云

奥尔特考察了许多长周期彗星的轨道，以及它们与太阳之间的最远距离，推断长周期彗星的“藏身之处”是一个球壳状区域，距离太阳最远为7.5万亿～30万亿千米。这一设想的包含数十亿或数万亿颗彗星的区域，现在被称为奥尔特云。然而自那以后，人们已经确定短周期彗星可能起源于离太阳更近的一个类盘状区域——柯伊伯带。■

参见：哈雷彗星 74~77页，柯伊伯带 184页，彗星的组成 207页，探索海王星之外 286~287页。

彗星是脏雪球

彗星的组成

背景介绍

关键天文学家：

弗雷德·惠普尔（1906—2004年）

此前

1680年 德国天文学家戈特弗里德·基尔希首次使用望远镜发现了彗星。

1705年 埃德蒙·哈雷指出，1682年的彗星与1531年和1607年的彗星是同一天体。

此后

2003年 《天体物理学报》的一项调查发现，50多年来，惠普尔1950年和1951年的论文是天文学中被引用最多的论文。

2014年 "罗塞塔号"完成了与67P的会合，并成功将"菲莱"着陆器发射到了其表面。

2015年 一项新研究表明，彗星就像"油炸冰激凌"，有着冰冷的外壳和更冷、更多孔的内部，上面还有一层有机化合物。

彗星的到来可能是一个壮观的事件，其中最亮的那些甚至在白天也能被看到。然而，美国天文学家弗雷德·惠普尔指出，这些令人眼花缭乱的星体访客实际上是极度黑暗的物体。

1950年，惠普尔提出，彗星核——这些早期太阳系残留物的"主体"，与从地球上可以看到的明亮的、气体状的彗尾相反——是流星物质和易挥发的冰的粗略混合。这些冰主要是冻结的水，以及冻结的气体，如二氧化碳、一氧化碳、甲烷和氨。彗星核表面覆盖着一层类似原油的黑色焦油状有机化合物。彗星核是太阳系中最黑暗的物体之一。落在它们身上的光只有4%被反射出来。相比之下，全新的黑色柏油路反射出的光线几乎是它们的两倍。

惠普尔的"冰质聚集体"概念解释了彗星在经过太阳时是如何多次散发出汽化痕迹的。这个想法被广泛接受了，尽管它有一个更容易记的名字"脏雪球"（后来由于发现彗星上的尘埃比冰还多，因此这个名字被改成了"冰冷的脏球"）。不过，直到1986年，惠普尔的想法才得到证实。那一年，"乔托号"宇宙飞船在哈雷彗星旁边拍摄了通常隐藏在明亮彗发下的黑暗彗核的近景照片。■

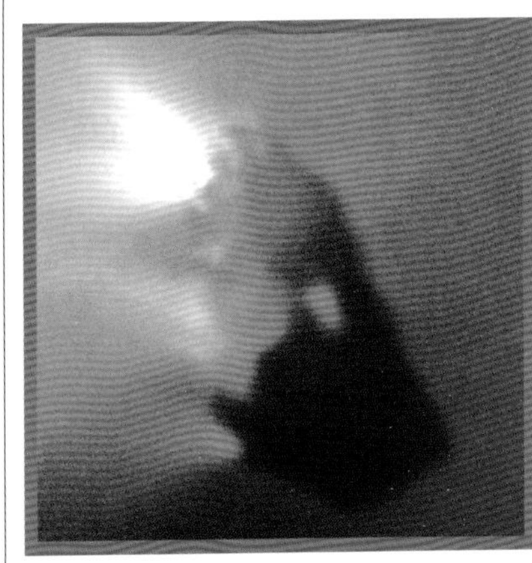

来自"乔托号"宇宙飞船的图像显示哈雷彗星的核心是一个深色的花生状物体，喷射出两道明亮的光。

参见：哈雷彗星 74~77页，小行星和陨石 90~91页，天体摄影 118~119页，柯伊伯带 184页。

开启通往星星之路

人造卫星的发射

背景介绍

关键天文学家：

谢尔盖·科罗列夫（1907—1966年）

此前

1955年 美国宣布计划在“国际地球物理年”发射一颗卫星。

1955—1957年 沃纳·冯·布劳恩发射了能够携带卫星进入轨道的木星-C火箭。

此后

1957年 在人造卫星Sputnik 2上，“莱卡”（一条狗）成为第一个进入太空的大型动物。

1958年 “朱诺1号”发射了美国第一颗人造卫星——“探索者1号”。

1961年 尤里·加加林在“东方1号”上绕地球运行。

1963年 瓦伦蒂娜·捷列什科娃成为第一位进入太空的女性。

1965年 “上升2号”首次运载两名宇航员进入太空；阿列克谢·列昂诺夫完成了第一次太空行走。

由科罗列夫设计的“东方1号”飞船在1961年4月12日运载尤里·加加林从拜科努尔宇宙发射场发射升空。在飞行过程中，加加林说：“我在这里看不到任何上帝。”

1957年，苏联发射了世界上第一颗人造卫星（Sputnik1），在“超级大国”太空竞赛中赢得了第一轮的胜利。这一重大成就主要是靠一个人的干劲和天赋取得的，这个人就是强硬、务实的首席设计师谢尔盖·科罗列夫，他是策划绝密太空计划的科学家。在1991年苏联解体之前，西方国家对科罗列夫知之甚少。苏联人只称他为首席设计师，因为他们担心他的安危。

科罗列夫接受过飞机设计师的培训，但他真正的才华在于，在各种压力下，战略性地规划了庞大而复杂的项目。在他异常成功的职业生涯中，他还有过几次让美国人大吃一惊的经历。（协助他的是苏联航天局，航天局可以对自己的计

参见：太空竞赛 242~249页，探索太阳系 260~267页，探索火星 318~325页。

总有一天，宇宙飞船会带着人类离开地球，开启一段旅程，去往远处的行星——那遥远的世界。

——谢尔盖·科罗列夫

划保密，而他的竞争对手——美国的计划则是在新闻发布会上宣布的。）1957年，科罗列夫将一只名叫“莱卡”的狗随飞船一起送入了太空，为1961年第一位进入太空的男性和1963年第一位进入太空的女性铺平了道路。1965年，两位宇航员完成了第一次太空行走。

太空竞赛

1957年10月4日发射的第一颗人造地球卫星在美国公众舆论中产生了极大的影响。苏联经常被美国媒体讽刺为一个落后的国家，但苏联发射人造卫星成为苏联技术优势不可否认的证据，并很快引发了“冷战”妄想。

绕地球运行的“红月亮”增加了美国城市遭受原子弹轰炸的可能性，而当时的美国总统艾森豪威尔的政治对手也抓住了这一点。

1961年，当苏联将第一个人送上太空时，NASA的新闻发言人被凌晨4：30的电话吵醒后说道：“我们都在睡觉呢。”第二天美国的新闻头条是：“苏联人将人类送入了太空。发言人说‘美国’睡着了。”这一明显的技术差距促使美国启动了太空计划。

随着科罗列夫在1966年的突然离世，苏联的连胜结束了。他们的太空计划失去了能将一个庞大而复杂的项目推动下去的“磁性”人物，并卷入了政治和官僚主义。令人好奇的是，如果是在科罗列夫掌舵的情况下，苏联是否有可能将人类送上月球。显然，美国获得了主动权，并于1969年7月实现了这一目标。■

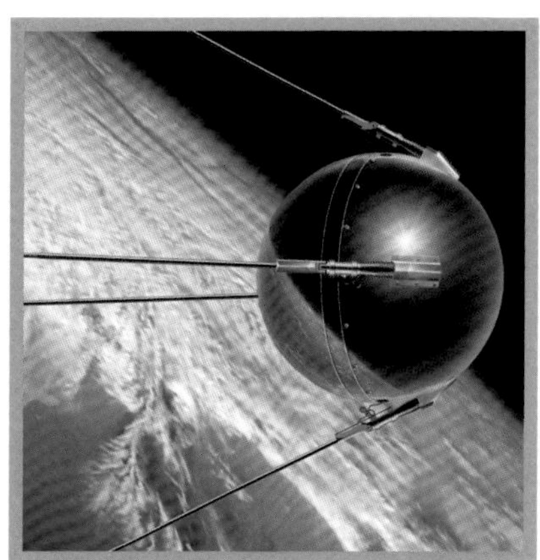

Sputnik 1是一个相对简单的飞行器，它由一个金属球体组成，里面装有无线电、电池和温度计。它的成功发射对美国人的心理冲击是巨大的。

谢尔盖·科罗列夫

谢尔盖·科罗列夫出生于1907年，曾师从飞机设计先驱安德烈·图波列夫。20世纪30年代中期，他成为苏联喷气推进研究所的首席工程师。然而，在1938年，他成了一项政治运动的受害者。在同事们的谴责下，科罗列夫被拷打并送往西伯利亚东部的劳改营，他在那里的金矿工作并得了坏血病。

1944年获释后，他被任命为苏联太空计划第88号秘密科研机构的负责人。科罗列夫提出的Sputnik 1的想法赢得了政府的支持，这是一颗比美国当时能发射的卫星还要重的人造卫星。在生活中，科罗列夫脾气暴躁，动不动就骂人。尽管他有熊一样的体格和无限的精力，但他比看起来虚弱得多。科罗列夫在劳改营里得过心脏病，他的脖子没法转动，下巴也受伤了，笑起来时会很疼。1966年，他在一次常规的结肠手术中去世。

搜索星际通信

射电望远镜

背景介绍

关键天文学家：

朱塞佩·科科尼（1914—2008年）

菲利普·莫里森（1915—2005年）

此前

1924年 发起"国家无线电静默日"，以收听任何可能的火星讯息。

1951年 美国物理学家哈罗德·埃文和珀塞尔探测到了21厘米氢线。

此后

1961年 弗兰克·德雷克提出了德雷克方程，以估计太阳系之外可能存在多少智慧文明。

1977年 在俄亥俄大学，杰里·伊曼接收到了30倍于背景噪声水平的尖锐信号。之后，这种信号再也没有被探测到过。

1999年 SETI@Home聚集了数百万名志愿者的台式电脑的力量。

1959年9月，科学杂志《自然》发表了一篇简短但影响巨大的论文：朱塞佩·科科尼和菲利普·莫里森的《寻找星际通信》。这篇论文带来了一个全新的科学探索领域——对外星生命的本质和地球之外存在智慧生命可能性的推测。在科学史上，寻找外星人第一次被定义为一个严肃的议题。

1957年，位于英格兰约德瑞尔河岸的Mk 1射电望远镜的完工，为聚焦这一议题带来了新的可能性。如果配备一台强大的发射机，这台望远镜就能够跨越星际距离与任何成功实现了相应技术的文明交流。科科尼和莫里森的论文认为，在某颗绕着遥远恒星运行的行星上，先进社会可能已经在试图与我们取得联系了。他们俩建议在微波频谱中寻找信号，确定可能的频率，甚至开始搜寻智慧生命的潜在地点。

如果宇宙中有其他有智慧的生命，那它们可能正在试图与我们联系。

新的射电望远镜使在射电频谱中寻找信息成为可能。

氢原子在射电波段发射出的21厘米波长在整个宇宙中都是一样的。

开始寻找这一波长上的星际通信。

参见: 其他星球上的生命 228~235页, 系外行星 288~295页。

调制是一种在波信号中传递信息的方法。振幅是恒定的，而频率是变化的。

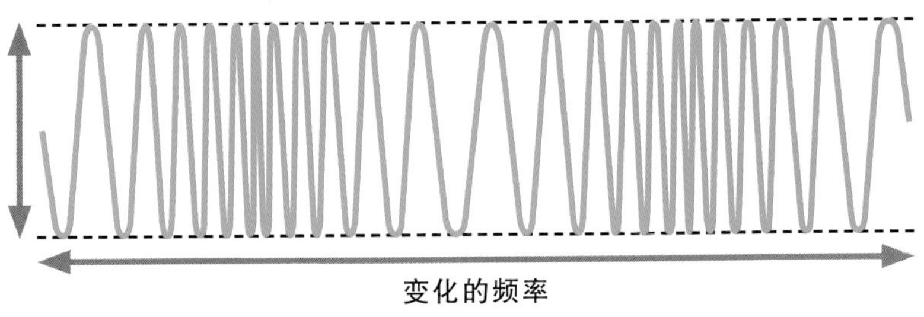

值得一探之地

科科尼和莫里森着重研究了氢原子的“21厘米线”，这是氢原子的辐射发射线（特征波长）。在高频射电（微波）波段，当氢原子中的质子和电子改变它们的能量状态时，氢原子就会发出这种1420MHz的辐射。1951年，它的发现使得人们可以利用射电波来绘制氢在星系中的分布，而射电波与可见光不同，不会被尘埃云阻挡。

由于这条光谱线是普遍存在的，因此科科尼和莫里森认为所有的智慧生命都应该知道这条光谱线，任何搜索都应该从寻找这条光谱线所处频带的传输开始。他们预测了最可能的传输形式——一种脉冲宽度调制波，类似于FM广播信号，不停地循环呼叫。调制后的波振幅恒定，但会产生频率更高的规则脉冲。一个信号可能会在很长一段时间内甚至几年内循环。

未来的搜索

科科尼和莫里森的思想主导了外星文明搜寻（SETI）数十年。按照这篇论文的建议，弗兰克·德雷克1960年在西弗吉尼亚州的绿岸天文台进行了开创性的实验项目——奥兹玛计划，瞄准邻近的类太阳恒星天仓五（鲸鱼座τ星）和天苑四（波江座ε星），扫描21厘米氢线。遗憾的是该项目未能找到任何令人信服的候选目标。如今，许多人质疑这种有限的搜索是否明智。相反，SETI的研究人员则试图寻找先进文明的化学或热学特征、不属于我们人类的信号泄漏，以及利用激光或中微子进行通信的新方法。■

位于约德瑞尔班克的洛弗尔射电望远镜是世界上第三大射电望远镜，它曾在20世纪90年代和21世纪头十年作为菲尼克斯搜寻地外文明计划SETI的一部分。

朱塞佩·科科尼和菲利普·莫里森

1914年，朱塞佩·科科尼出生于意大利科莫。二战后，他加入了纽约的康奈尔大学。科科尼和他的妻子万娜一起证明了宇宙射线的银河系起源和河外起源。后来，他成为位于日内瓦的欧洲核子研究中心的研究主任。

菲利普·莫里森在加州大学伯克利分校师从罗伯特·奥本海默。在第二次世界大战期间，他参与了制造第一颗原子弹的“曼哈顿计划”，并将“妮蒂”炸弹的核心运送到了试验地点。他后来成为一名直言不讳的反核活动家。他是一位伟大的科学普及者，解说了1977年的纪录片《十的力量》。

主要作品

1959年 《寻找星际通信》

陨石在撞击中蒸发

探究陨石坑

背景介绍

关键天文学家：

尤金·苏梅克（1928—1997年）

此前

1891年 美国地质学家格罗夫·吉尔伯特提出，月球的环形山是陨石撞击的结果。

1891年 矿物学家艾伯特·富特首次对环形山进行了地质描述。

此后

1980年 美国物理学家路易斯·阿尔瓦雷斯提出，在白垩纪和第三纪之间，世界范围内对石英地层的冲击（加压）表明存在巨大的撞击，导致了恐龙的大规模灭绝。

1994年 尤金·苏梅克与他人共同发现了苏梅克-列维彗星。这颗彗星与木星发生了撞击。"伽利略号"宇宙飞船在飞往木星的途中观测到了这一天文奇观。

美国地质学家尤金·苏梅克对行星科学的贡献是如此之大，以至于他成为唯一一位骨灰被送到月球上的人。他是天体地质学的奠基人，这是一门利用地质学技术研究外星世界的科学。

苏梅克的早期工作是围绕亚利桑那州沙漠中的一个陨石坑展开的，这个陨石坑被称为"巴林杰陨石坑"。早期的欧洲定居者认为，附近的代阿布洛峡谷是一座古代火山的火山口。19世纪80年代，铁路工程师经过这里时发现沙漠中散布着富含铁元素的大石头，这表明陨石坑是由金属陨石撞击造成的。然而这一说法被否定了，因为陨石坑边缘碎片的体积与陨石坑本身的体积相当。如果没有陨石，它就不可能是陨石坑。

没有去月球并用我自己的锤子敲打它是人生中最大的失望。

——尤金·苏梅克

1903年，采矿工程师丹尼尔·巴林杰在陨石坑底部寻找铁陨石，但毫无结果。直到1960年苏梅克才找到了证据。陨石坑中含有冲击硅石，这种硅石以前只在核弹试验现场出现过。这些矿物不可能是由火山力量自然形成的：只有以60,000千米/小时的速度飞行的陨石的能量才能做到。那股能量使那块陨石蒸发了，这就解释了它失踪的原因。苏梅克提供了大型陨石撞击地球的第一个证据，为研究外星物体开辟了新的可能性。■

参见：小行星和陨石 90~91页，发现谷神星 94~99页，彗星的组成 207页。

太阳响声如铃

太阳的振动

背景介绍

关键天文学家：

罗伯特·莱顿（1919—1997年）

此前

1954年 加拿大天文学家哈利·赫姆利·普拉斯克特观测到了太阳振荡效应。

此后

1970年 美国物理学家罗杰·乌尔里希认为振荡来自太阳内部的声波。

20世纪70年代 日震学开创了一种研究太阳内部的新方法。

1995年 太阳观测卫星SOHO发射。

1997年 SOHO团队在对流区发现了等离子体的喷流。

1990年到2000年之间 数十万种太阳的振动模式被识别了出来。

2009年 开普勒卫星测量了类太阳恒星的振动，用来描述系外行星的情况。

1960年，美国物理学家罗伯特·莱顿用他发明的一种相机观测了太阳，用他自己的话说，他发现太阳“像铃铛一样响”。莱顿与罗伯特·诺伊斯、乔治·西蒙斯合作，用多普勒频移太阳相机捕捉到了太阳表面的扰动。当太阳的外层向地球靠近或远离地球时，这些相机会探测到太阳吸收光谱的频率有微小的变化。

五分钟振荡

这种复杂的振动模式，平均周期为5分钟（被称为“5分钟振荡”），最初被认为是一种表面现象。1970年，罗杰·乌尔里希对此的解释为：困在太阳内部的声波从一边反射到了另一边，从而导致恒星表面在共振时晃动。

今天，这些波有利于科学家研究太阳的内部，就像地震波揭示地球内部的组成和结构一样。这就是日震学，这一过程通常被比喻成试图通过研究钢琴从一段楼梯上跌落时发出的声音来建造一架钢琴，但它的确给出了一个太阳内部变化过程的模型。该模型严格限制了恒星核心的氦含量，对研究早期宇宙的模型有着重要的影响。■

他的好奇心很强，你在自然界看到的每一个有趣的现象，他都会尽力去解释。

——格里·纽格包尔

物理学家，罗伯特·莱顿的同事

参见：太阳黑子的性质 129页，霍姆斯塔克实验 252~253页，系外行星 288~295页。

来自太阳系外的X射线源是最佳的解释

宇宙辐射

背景介绍

关键天文学家：

里卡多·贾科尼（1931—2018年）

此前

1895年 德国物理学家威廉·伦琴发现了高能辐射，他称之为X射线。

1949年 探空火箭首次探测到了太阳X射线。

此后

1964年 第一个已确认的黑洞双星系统——天鹅座X-1被发现。

1966年 在室女座星系团的M87中探测到了X射线。

1970年 第一台专用的X射线望远镜乌胡鲁发射。

1979年 爱因斯坦天文台探测到了来自木星的X射线。

1999年 钱德拉X射线天文台（卫星）发射。

X射线是一种由极热的物体释放出的高能电磁辐射。在20世纪早期，天文学家意识到太空中应该充满来自太阳的X射线。此外，太阳的X射线光谱可以揭示很多恒星内部的运行过程。然而，直到火箭和卫星出现，X射线天文学才成为可能。尽管X射线能量高，但它们很容易被吸收，这就是为什么它们能很好地对人体成像的原因。地球大气中的水汽有效地阻止了X射线到达地表，这对生命来说是件好事，因为高能X射线在撞击柔软的活细胞时会造成活细胞的损

参见：霍姆斯塔克实验 252~253页，发现黑洞 254页。

> 除非你满腔热血地工作，否则什么也做不成。
>
> ——里卡多·贾科尼

伤和突变。

第一次观测到太阳的X射线是在20世纪40年代末。当时美国海军研究实验室（NRL）计划研究地球的上层大气。由美国火箭科学家赫伯特·弗里德曼领导的一个团队向太空发射了装有X射线探测器的德国V-2火箭——本质上它是改进了的盖革计数器。这些探测器首次提供了有关来自太阳的X射线无可争议的证据。1960年，研究人员使用艾罗比探空火箭来探测X射线，太阳的第一张X射线照片就是由艾罗比火箭拍摄的。两年后，第一个宇宙X射线源被发现了。

太阳系外X射线

当时在美国科学与工程公司（AS&E）工作的意大利天体物理学家里卡多·贾科尼成功地请求NASA资助他的团队进行X射线实验。该团队的第一枚火箭1960年发射失败，但到了1961年，他们有了新的、改进的火箭并准备发射。新设备的灵敏度是截至当时发射过的最灵敏的探测器的100倍。研究小组希望利用大视场观测天空中的其他X射线源。一年后，成功接踵而至：火箭的相机先对准月球，然后又避开月球。相机所拍摄到的一切完全出乎团队的意料。该设备检测到了X射线“背景”——来自各个方向的漫射信号以及银河中心方向的强烈辐射峰值。

像太阳这样的恒星发出的可见光频率的光子数量大约是其发出的X射线的一百万倍。相反，X射线信号源发出的X射线比光子数量多一千倍。尽管它是天空中一个

宇宙X射线辐射被地球大气层吸收。

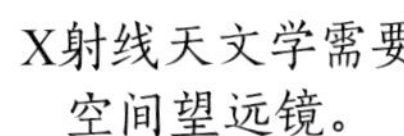

X射线天文学需要空间望远镜。

气球和火箭上的探测器探测到了来自全天各处的X射线。

高能辐射揭示了一幅新的宇宙图像。

里卡多·贾科尼

里卡多·贾科尼1931年出生于意大利热那亚。他和母亲一起住在米兰，母亲是一名高中数学和物理教师。她对几何学的热爱激励着年轻的贾科尼。贾科尼的第一个学位是在米兰大学获得的。在获得富布赖特奖学金后，他先后前往美国印第安纳大学和普林斯顿大学学习天体物理学。

1959年，贾科尼加入了马萨诸塞州剑桥的一家小公司——美国科学与工程公司。美国科学与工程公司制造了用于测量电子和来自核武器的人造伽马射线爆发的火箭监测设备。贾科尼的任务是研制X射线天文学仪器。他是大多数X射线天文学学术突破的核心人物。2002年，他因对天体物理学的贡献而获得诺贝尔物理学奖。2016年，80多岁的他仍在工作，担任钱德拉南天区深场项目的首席研究员。

钱德拉X射线天文台是NASA在1999年发射的。它最初计划运行五年，但2016年仍在运行中。

很小的、几乎看不见的点，但它发出的X射线却是太阳的一千倍。此外，某些物理过程正在X射线源内发生，而这是科学家们在实验室中从未见过的。经过几周的分析，研究小组得出结论，这一定是一种新的恒星天体。

搜寻来源

在太阳系中，没有一个候选天体可以解释这种强烈的辐射。最有可能的来源被命名为天蝎座X-1（简称Sco X-1），以它所在的星座命名。美国海军研究实验室（NRL）的赫伯·弗里德用比AS&E仪器面积更大、分辨率更高的探测器确认了这一结果。Sco X-1现在被认为是一个双星系统，是天空中最明亮、最持久的X射线源。

更多的探测器揭示了星罗棋布的X射线源，包括银河系内和银河系外的。在很短的时间内，研究小组探测到了一组迥然不同的能发出X射线的奇异天体。其中包括超新星遗迹、双星和黑洞。今天，已知的X射线源超过10万个。

迈向钱德拉

到20世纪60年代中期，仪器越来越灵敏。在贾科尼的“发现号”发射之后仅仅5年，探测器就能够记录比Sco X-1弱1000倍的X射线了。乌胡鲁卫星由贾科尼在1963年提出，于1970年发射，它是第一颗专门用于X射线天文学的卫星。它花了三年时间绘制X射线图。这次全天巡天定位了300个X射线源，包括仙女座星系中心的一个奇特天体，并且将天鹅座X-1标记为潜在的黑洞。乌胡鲁卫星还发现星系团的间隙是很强的X射线源。这些表面上的真空区域实际上是由温度达数百万开氏度的低密度气体填充的。尽管这种“星系团间介质”的分布很稀疏，但它的质量超过了星系团中所有星系质量的总和。

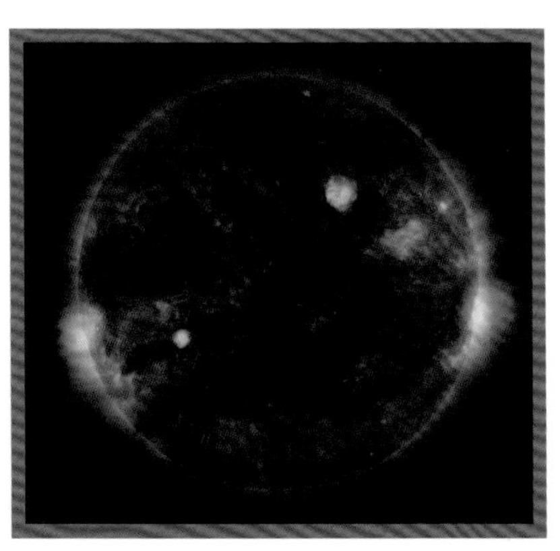

太阳的活动区域是由许多望远镜的观测结果组合而成的。高能X射线用蓝色表示；低能X射线用绿色表示。

1977年，NASA启动了高能天文台（HEAO）计划。后来更名为爱因斯坦天文台的“高能天文台2号”配备了高灵敏度的探测器，彻底革新了X射线天文学。该望远镜的石英镜由熔融材料制成，其灵敏度是1961年贾科尼的“发现号”火箭的100万倍。爱因斯坦天文台观测到的X射线来自恒星和星系，甚至来自木星的行星极光。

为了探测更遥远的X射线背

宇宙到处都在爆裂。

——里卡多•贾科尼

景，贾科尼再次提出了一种先进的望远镜。1999年建设的钱德拉X射线天文台（卫星），是第三个沿空间轨道运行的伟大天文台。钱德拉天文台是有史以来最强大的X射线望远镜，其灵敏度是早期探测器的几百亿倍。它非凡的表现超出了所有人的预期，它的使命寿命从5年增加到了15年。然而，到2016年，它的使命仍在继续。钱德拉天文台的杰出技术成就包括探测到来自超大质量黑洞的声波。X射线数据与哈勃空间望远镜的光学观测、斯皮策空间望远镜的红外数据相结合，向我们展示了令人震惊的宇宙图像。

X射线领域

X射线天文学观测空间中能量最高的天体：碰撞星系、黑洞、中子星和超新星。这些天体背后的能量来源是引力。当物质大量聚集时，粒子就会碰撞和积聚。它们通过发射光子来释放能量，在相应的速度下，光子具有X射线的波长（0.01～10纳米，或十亿分之一米）。同样的机制在许多剧烈现象中都会发生作用，例如，比太阳质量更大的活动恒星会产生强烈的星风和大量的X射线。对于“X射线双星”系统，其中一颗恒星的质量转移到它的伴星时，也会产生强烈的辐射。

看到黑洞

当大质量恒星在生命末期爆炸时，来自超新星的冲击波压缩星际介质，导致气体释放出X射线。在超新星的残骸中，这颗大质量恒星以中子星或黑洞的形式继续存在。物质被吸入黑洞并被撕裂时所产生的湍流也会产生X射线。辐射会使超新星遗迹的外层发出各种颜色的荧光。

某些星系的中心比星系中数十亿颗恒星还要亮，而且发射出的光在所有波长上都很亮。这种“活动星系核”的中心被认为包含一个超大质量的黑洞。落向星系团（宇宙中最大的结构）中心的物质也会发出X射线，但在其他光子频率上是不可见的。钱德拉天文台现在已经拍摄了两张X射线背景的深场图像，分别来自对南、北天半球耗时23天和11天的曝光。未来的X射线仪器可以帮助科学家认识黑洞是如何分布的。■

对X射线光谱的观测揭示了隐藏的结构。欧洲航天局X射线巡天观测到的这片天空中较大的斑点是星系团，小的斑点是黑洞。

比星系更亮，看起来却像颗恒星

类星体与黑洞

背景介绍

关键天文学家：

马丁·施密特（1929年—）

此前

1935年 卡尔·央斯基研制出了第一台射电望远镜。

1937年 无线电工程师格罗特·雷柏进行了首次射电巡天。

1955年 剑桥射电天文小组开始用159MHz的频率绘制北天半球天图。

此后

1967年 射电天文小组的乔斯林·贝尔·伯奈尔探测到了第一颗脉冲星。

1972年 在天鹅座X-1中发现了第一个黑洞的物理候选体，而非理论候选体。

1998年 安德里亚·盖兹在银河系中心发现了一个质量是太阳质量400万倍的黑洞。

20世纪50年代末，射电天文学提供了一种观察天空的新方法：不仅可以用可见光为天体成像，还可以用来自太空的射电辐射进行全天巡天，揭示以前从未见过的宇宙的特征。人们发现射电波来自太阳、恒星及银河系的中心，但也有一些神秘的、不可见的射电源。1963年，荷兰天文学家马丁·施密特在加州帕洛玛天文台使用海尔望远镜从这些不可见的射电源中捕捉到了其中一颗发出的可见光。他在了解它的红移时，发现了一件令人吃惊的事：该天体距离参见: 相对论 146~153页, 射电天文学 179页, 原子核与辐射 185页, 类星体和脉冲星 236~239页, 发现黑洞 254页, 银河系的心脏 297页。

天空中有许多似乎不可见的强射电源。

这些遥远、明亮且快速运动的恒星状天体被称为类星体。

很可能所有的星系中心都有一个黑洞，在过去它们曾是类星体。

类星体是活动星系核，其中的黑洞正在吞噬星系中的恒星。

地球为25亿光年，这意味着其亮度难以想象。它的绝对星等是-26.7（数字越低，天体越亮）。施密特从目镜中看到的天体比太阳（星等是+4.83）还要亮4万亿倍，比整个银河系加起来还要亮。

施密特把这个天体命名为类星射电源，后来简称为类星体。在施密特之前，这个天体被称为3C 273。3C指的是第三剑桥射电源表（由射电天文小组制作），编号273则是因为它是该测量任务中的第273个目标。3C 273早在1959年就被发现了，不过，第一个被发现的类星体是3C 48，它是在3C 273被发现前不久被发现的。

2001年，哈勃空间望远镜捕捉到了一颗迄今为止所见过的最遥远、最明亮的类星体。它可以追溯到大爆炸后不到10亿年。

改进射电天文学

射电天文学始于20世纪30年代，当时卡尔·央斯基偶然间发现了宇宙射电源。由于受到第二次世界大战的干扰（但与此同时在某种程度上也得益于雷达技术的发展），直到1950年科学家才真正开始使用射电望远镜进行勘测。开始阶段的测量受到了早期无线电接收机使用的81.5MHz低频率的阻碍。在这种频率下，很难确定低流量密度信号的位置（流量密度是测量信号强度的一种方法）。

1955年，剑桥大学的射电天文小组开始使用射电干涉仪进行测量，接收到了159MHz的信号。这更有利于分辨微弱的射电源，射电天文小组因此发现了最初的两个类星体。

剑桥大学的研究人员当时用的光学望远镜无法观测到这两个天体发出的光。然而，流量密度的测量值告诉他们，这些射电源非常致密。

1962年，3C 273被月球遮挡了好几次。通过观测在月盘后面重新出现的射电源，天文学家获得了

对类星体的了解在50年里没有太大的进展。你只能看到一个点而看不到它的结构。这是一件很难掌握的事情。

——马丁·施密特
在2013年的演讲

类星体3C 279可能结构的艺术想象图。一个太空物质圆盘围绕着一个质量是太阳十亿倍的黑洞旋转。

非常精确的射电源位置。马丁·施密特利用这些测量数据，用当时世界上最大的光学望远镜——海尔望远镜来观测它。他发现3C 273是迄今为止最亮的天体。施密特在1963年3月的《自然》杂志上发表了他观测分析的结果。在同一期杂志中，另外两位天文学家杰西·格林斯坦和托马斯·马修斯提供了3C 48的红移数据，这表明该天体正在以三分之一的光速运动，是迄今为止所发现的运动最快的天体。

到20世纪70年代初，已经有数百个类星体被发现了。许多比3C 48和3C 273还要远，如今发现的大多数类星体都位于约120亿光年之外。此外，这些类星体的亮度大多比第一次观测到的类星体亮，其光度可达银河系的100倍。

存在白洞吗?

关于“这些事物究竟是什么”的辩论开始了。一种说法是，在类星体中看到的巨大红移并不是空间膨胀的结果，而是光线从一个巨大的引力阱中缓慢运动的结果。一颗非常巨大的恒星才会创造出这样的引力阱，其引力场接近于黑洞的引力场。然而，计算表明这样的恒星永远不可能是稳定的。

另一种说法是，类星体是一个白洞的“开口”。白洞是黑洞的反义词。这一想法是在1964年被提出的，但至今白洞仍然完全是一个假设。如今这是一个通常会被忽略的理论，但在20世纪六七十年代，因为黑洞还是尚未观测到的现象，因此白洞的概念承载了更大的意义。这个想法基于对广义相对论的爱因斯坦场方程的复杂解释，提出未来存在的黑洞将与过去存在的白洞相连接。因此，白洞是光和物质可以离开但不能进入的空间区域。这与类星体发射出的辐射流和物质相匹配。问题是这些能量从何而来。给出的答案是，能量穿过了一个虫洞，或称为爱因斯坦-罗森桥，一种连接过去和未来的时空隧道。

小爆炸

目前，唯一被认为与白洞类似的事件是大爆炸本身。一些理论认为，进入黑洞的物质可能以“小爆炸”的形式出现在另一个宇宙中。尽管如此，随着对黑洞理解的加深，关于类星体的白洞解释逐渐消退了。

超大质量黑洞

类星体太亮且能量巨大，不可能用核聚变来供能，而核聚变是恒星产生能量的过程。然而，对黑洞的理论研究表明，在视界周围会

一闪，一闪，准恒星
远方最大的谜团
与其他恒星有什么不同
比十亿颗太阳还要亮
一闪，一闪，准恒星
我很想知道你是什么。

——乔治·伽莫夫

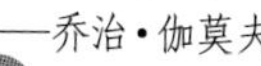

形成一个被称为吸积盘的物质区域。物质被逐渐拉入黑洞时，会被加热到数百万开氏度。一个质量比太阳大数十亿倍的超大质量黑洞会形成能量输出与在类星体中观测到的结果相符的吸积盘。

吸积盘理论也与被称为相对论喷流的等离子体束相吻合。等离子体束从一些类星体的相对方向喷射出来。这是由黑洞的自转引起的，黑洞产生的磁场将物质和辐射集中到两股喷流中。过热的等离子体以接近光速的速度从每束喷流中喷出。

今天人们对类星体的理解在20世纪80年代就开始具体化了。人们普遍认为，类星体是位于星系中心的一个或两个超大质量黑洞，它正在吞噬恒星物质。像这样的星系据说会有一个活动的星系核，而类星体似乎只是这些所谓的活动星系的一种表现形式。

当相对论喷流与地球的视线成一定角度时，探测到的活动星系就会被认为是类星体。因此，这样的天体多半通过射电辐射被探测到。如果这些喷流垂直于地球的视线，那么它们就永远无法被探测到，取而代之的是从地球上看到的射电星系——一个正在发出剧烈射电辐射的星系。如果相对论喷流直接指向地球，就可以清楚地看到该天体的活动核，即耀变体。

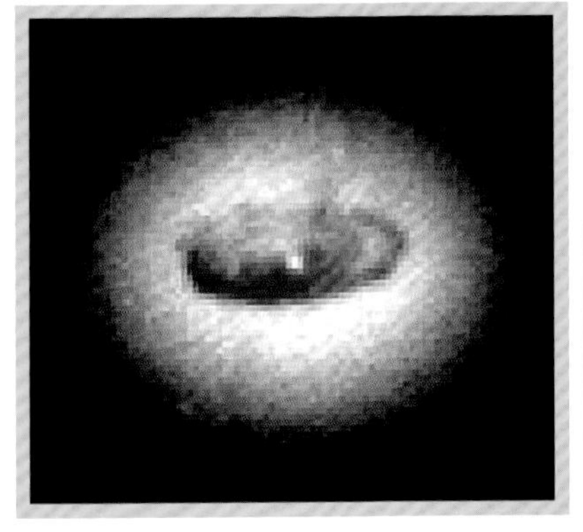

哈勃望远镜拍摄了这张椭圆星系NGC 4261的活动星系核的照片。尘埃盘有800光年宽。

大多数类星体都是古老的天体，从地球上能看到它们在宇宙形成之初的活动。与其他活动星系不同的是，类星体核的亮度使人们很难分辨出它周围的星系。人们认为年轻的星系会有活动的核，一旦没有物质可供黑洞吞噬，它们就会变得安静，如同今天的银河系一样。然而，星系碰撞可以再次激活核心。银河系将在40亿年后与仙女座星系发生碰撞，很可能将来它本身也会成为一个类星体。■

马丁·施密特

马丁·施密特出生在荷兰的格罗宁根，他曾就读于家乡的一所大学，师从简·奥尔特。施密特在移民美国之前就获得了博士学位，并在加州理工学院的帕洛玛天文台任职。他是当时恒星形成领域的领军专家，恒星形成可用施密特定律来概括。该定律将星际气体云的密度与其中恒星的形成速度联系起来。施密特也成为类星体的主要研究者之一。

1964年，施密特和该领域的其他领军人物，包括威廉·福勒和钱德拉塞卡，在一次相关的主题会议后乘坐同一架飞机，飞机在起飞时遇到了危险。据说福勒曾经打趣道："如果这架飞机坠毁了，至少我们在类星体问题上得重新开始。"施密特后来在天文机构担任了几个重要的职务。

主要作品

1963年 《3C 273：具有大红移的类恒星天体》

爆炸创世留下的海洋低语

搜寻大爆炸

背景介绍

关键天文学家：

罗伯特·迪克（1916—1997年）

詹姆斯·皮布尔斯（1935年—）

此前

1927年 乔治·勒梅特提出了他的“原初原子”假说。

20世纪40年代 拉尔夫·阿尔弗和罗伯特·赫尔曼预测大爆炸辐射现在的温度为5K。

1957年 苏联天文学家迪格兰·夏玛诺夫报告了一个4+/-3K的射电发射背景，但他没有把这个发现与大爆炸联系起来。

此后

1992年 宇宙背景探测器所获结果证实了CMB的黑体曲线和各向异性。

2010年 威尔金森微波各向异性探测器测量了CMB中0.00002 K的微小温度变化。

2013年 普朗克卫星团队发布了CMB的详细分布图。

宇宙“第一束光”的发现是有史以来最基本的科学发现之一。到达地球的所有光子（光粒子）的99.9%都与这一宇宙微波背景（CMB）有关。光子从宇宙诞生之初就开始了它的旅程，到现在已经有130多亿年了。CMB是宇宙在4,000K的温度时发出的热辐射。

通常认为CMB的预测应当归功于物理学家乔治·伽莫夫（参见第196～197页）。不断膨胀的宇宙意味着它曾经被挤压成一个微小体积的点。伽莫夫意识到这反过来意味着它有一个炽热的起点，且这样炽热的“大爆炸”会在天空中留下痕迹。20世纪40年代，他的博士生拉尔夫·阿尔弗和罗伯特·赫尔曼研究出了这种“火球辐射”的细节。他们推断，在宇宙膨胀冷却的130亿年后，CMB应该以射频辐射的形式出现，如同温度为3K——刚好在绝对零度之上的物体的辐射。

在普林斯顿大学拉德实验室工作的罗伯特·迪克似乎不知道阿尔弗和赫尔曼的工作，他在20世纪60年代早期独立预测了CMB。迪克要求他的研究生团队去研究和探索CMB。大卫·威尔金森和彼得·罗尔计划建造一台机器来探测CMB，而詹姆斯·皮布尔斯决定去“思考这个理论”。

用一个不完善的仪器来做一个三心二意的实验是没有意义的。

——罗伯特·迪克

大爆炸的回声

伽莫夫原以为CMB发出的微弱信号与从其他天体涌入的射电波是无法区分的，但阿尔弗和赫尔曼证明了它有两个明显的特征。辐

大爆炸是一个有争议的理论。

大爆炸理论的预测之一是宇宙微波背景辐射，其温度约为3K，其能谱非常接近于一个黑体。

科学家发现背景辐射对应的温度大约为3K。进一步的研究表明，它的能谱与黑体能谱几乎完全相同。

大爆炸不再是一个有争议的科学理论。

参见：宇宙的诞生 168~171页，银河系之外 172~177页，宇宙暴胀 272~273页，观测CMB 280~285页。

一个理论上的“黑体”吸收所有到达它的辐射，然后根据它的温度在不同的波长发出不同强度的辐射（以光谱辐射来测量），如图所示。

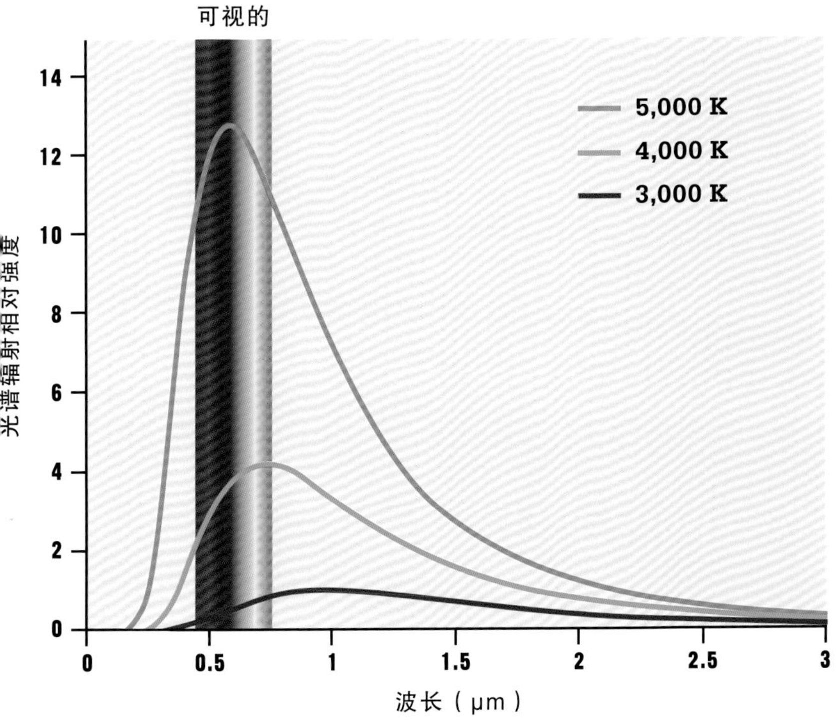

射会来自天空的各个方向，能量曲线将呈现一个非常接近于热平衡的物体，也就是所谓的黑体的能谱形状。

阿尔弗和赫尔曼的工作就停在这一点上，因为他们认为当时的射电望远镜无法捕捉到如此安静的嘶嘶声。但迪克不这么认为。第二次世界大战期间，在研究雷达系统时，他建造了一台机器——迪克辐射计，它可以收集微波信号并测量其功率。迪克增加了一个开关电路来过滤“噪音”。这种装置至今仍在空间望远镜和卫星上使用。选择合适的带宽来搜索辐射是下一个重要的步骤，因为很多东西都会产生射电波。例如，天空中充满了由氢原子发出的21厘米波长的微波。从光谱的黑暗部分开始搜索似乎是合乎逻辑的。1964年春天，威尔金森和罗尔开始研究3厘米波段，但他们在寻找过程中被另一个意外的发现打败了。

霍尔姆德尔-霍恩

霍尔姆德尔-霍恩——贝尔实验室为卫星通信建造的巨型射电天线，距离普林斯顿大学不到一小时的车程。1964年，两位射电天文学家罗伯特·威尔逊和阿尔诺·彭齐

罗伯特·迪克

迪克1916年出生于密苏里州的圣路易斯，在纽约州的罗切斯特长大。他从小就对自然科学探索着迷，刚开始攻读工程学学位，后来转向物理学。1939年从普林斯顿大学毕业后，迪克在麻省理工学院的辐射实验室工作，开发微波雷达。第二次世界大战结束后，他和妻子安妮回到了普林斯顿，并在那里度过了余生。迪克的研究最初是围绕辐射展开的，他提出了一个新的量子理论来解释理论上理想激光产生的相干辐射的发射。他对辐射的兴趣促成了他与詹姆斯·皮布尔斯的合作，并预言了CMB的存在。到20世纪60年代，迪克的兴趣已经扩展到了万有引力理论。他发展了高精度的实验来更有力地检验广义相对论，并提出了另一种引力理论。作为一个富有想象力的实验主义者和多产的发明家，迪克获得了从激光到衣服烘干机设计的50多项专利。

科学就是一系列的逐次逼近。

——詹姆斯·皮布尔斯

亚斯使用了这台望远镜，他们试图探测银河系周围的冷气体晕。彭齐亚斯和威尔逊关注着7厘米波段，但他们无法摆脱一种顽固的、低沉的嘶嘶声，这种嘶嘶声影响了他们的测量结果。

两人煞费苦心地排除潜在的干扰源，掸去插头上的灰尘并检查电路。一开始他们以为噪音来自纽约，但把望远镜指向城市之外并没什么帮助。然后他们认为这可能是来自核试验的高空静电或是太阳系中一个未知的射电源，但经过一年的时间，这个信号从未改变过它那无休止的轻柔嘶嘶声。在绝望中，他们甚至移走了一对筑巢的鸽子，凿掉了一堆“白色绝缘材料”（鸟粪）。

彭齐亚斯被难住了，于是联系了一位同事。他的同事把他介绍给了普林斯顿大学的詹姆斯·皮布尔斯。迪克接到了寻找皮布尔斯的电话，立刻就知道贝尔实验室的科学家们发现了什么。他挂了电话，对他的同事们说：“好了，孩子们，我们被别人抢先了。”

唯一的出路

宇宙微波背景辐射的发现是大爆炸理论的三大实验支柱之一，其他两个是哈勃定律和宇宙中氢和氦元素的丰度。大爆炸理论学家已经准确地预测了现在已经取得的发现：来自四面八方的3K辐射。

在此之前，大爆炸一直是一个备受争议的观点，许多科学家——包括彭齐亚斯和威尔逊——仍然支持弗雷德·霍伊尔的稳态理论。在这一模型中，由于在不断创造物质，膨胀的宇宙基本上可以保持不变。根据该理论，宇宙的外观不会随时间而改变。

这说明了我们所有最好的物理理论都是不完整的。

——詹姆斯·皮布尔斯

稳态理论家认为，微波背景是来自遥远星系的散射星光造成的。为了向持怀疑态度的物理学家证明这些信号确实是大爆炸理论所预言的残余的火球辐射，就有必要确认阿尔弗和赫尔曼的条件，即辐射应该与理论中的黑体相匹配。这需要测量不同频率的微波背景辐射。显而易见，下一步就是通过发射空间接收器来更精确地测定光谱。

在20世纪七八十年代，不列颠哥伦比亚大学的物理学家赫伯·古什提议向太空发射探空火箭，以便在不受地球大气干扰的情况下观测CMB。观测结果表明CMB具有热平衡系统的黑体特征，热量不会从一部分流向另一部分。这令人震惊——但也常常会被忽视——结果表明该信号是热信号。不幸的是，

1978年，罗伯特·威尔逊和阿尔诺·彭齐亚斯因发现宇宙微波背景辐射而获得诺贝尔奖。

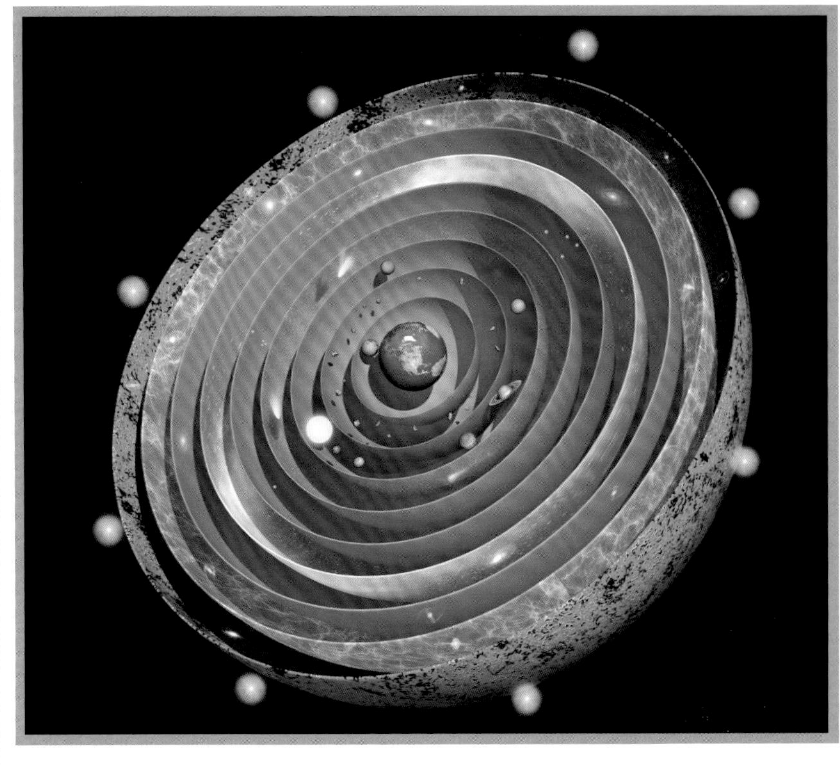

CMB代表了可观测宇宙的外壳。紧随其后的就是大爆炸的那一刻，这里显示为一系列的闪光。

火箭的高温废气经常破坏古什的测量，使他无法得出最终结果。

最后一刻的落败

到1989年，古什终于研制出了一种仪器，可以将宇宙微波背景辐射的光谱与近似于黑体的机载辐射体光谱进行比较。然而，由于振动器故障，发射推迟到了1990年初。结果是立竿见影的。但几周后古什错过了独家报道的机会。NASA于1989年末发射的宇宙微波背景探测器（COBE），已经得到了温度接近于2.7 K的光谱的形状。最终，古什的火箭数据证实了COBE的结果，而不是由COBE来证实他的结果。皮布尔斯后来说，古什的工作理应获得诺贝尔奖。

COBE的结果与理论的黑体光谱近乎完美地吻合，并首次揭示了背景辐射中微弱的不均匀性。随后的任务——如美国宇航局2001年发射的威尔金森微波各向异性探测器（WMAP）和欧洲航天局2009年发射的普朗克航天器——更详细地绘制了宇宙微波背景辐射的“团块结构”。■

詹姆斯·皮布尔斯

詹姆斯·皮布尔斯1935年出生于加拿大温尼伯。从马尼托巴大学毕业后，他在普林斯顿大学获得了博士学位。在那里，他发现自己“被这些比我知道得多的人包围着”。在罗伯特·迪克手下工作时，皮布尔斯发现自己正在重走老路。他开始关注CMB对早期宇宙的限制——特别是大爆炸中原子核的形成，以及微小的温差如何影响宇宙结构形成的模型。皮布尔斯还对暗物质和暗能量理论做出了重要贡献。皮布尔斯非常谦虚，他说他的冷暗物质模型变得流行是因为它很容易分析。他目前是普林斯顿大学的阿尔伯特·爱因斯坦科学教授。他于2019年获得诺贝尔物理学奖。

主要作品

1971年 《物理宇宙学》
1980年 《宇宙大尺度结构》
1993年 《物理宇宙学原理》

寻找地外文明就是寻找我们自己

其他星球上的生命

背景介绍

关键天文学家：

卡尔·萨根（1934—1996年）

此前

1865年 德国物理学家赫尔曼·埃伯哈德·里克特提出，彗星携带的简单生命可能在行星上播下了生命的种子。

此后

1973年 布兰登·卡特提出了人择原理的早期版本，认为宇宙必然以某种方式存在，否则人类就不会出现。

1977年 载有地球上声音和图像资料的“旅行者1号”和“旅行者2号”飞船发射。

2009—2016年 NASA的开普勒望远镜在2,571个行星系统中发现了3,443颗系外行星。

2015年 开普勒望远镜在另一颗恒星的宜居带发现了第一颗地球大小的行星。

哥白尼原理阐述了这样一个假设：地球并不特殊——它只不过是一颗普通的行星，位于一个普通星系中一个不起眼的地方，围绕着一颗中等大小的恒星公转。如果地球不是独一无二的，那么就没有理由认为其他行星上不可能存在生命。考虑到宇宙中恒星的数量——大约10^{23}量级，从统计学上来说是肯定的。几个世纪以来，许多思想家如美国的卡尔·萨根，都曾思考过这种可能性。

是存在许多世界还是只有一个世界？这是自然研究中最崇高的问题之一。

——阿尔伯图斯·马格努斯

13世纪的学者

地球孤独吗？

16世纪，意大利僧侣佐丹奴·布鲁诺提出，恒星就是其他（星系的）太阳，每个恒星都有自己的太阳系，生命甚至可以繁衍在其他一些地球上。布鲁诺相信宇宙是无限的，他还坚持认为宇宙不可能有中心。布鲁诺因这些异端信仰而被罗马宗教法庭审判，并于1600年被处以火刑。

纵观历史，许多天文学家都声称看到了太阳系其他行星上存在生命的证据。19世纪90年代，美国天文学家珀西瓦尔·洛厄尔声称，他绘制了火星上的人工“运河”图；而瑞典化学家斯万特·阿雷尼乌斯则在1918年提出，金星上存在浓密的云层是为了避免人们看到生机勃勃的金星表面。现在已知的是，这些云是酸性的，而且金星表面温度高达462°C，不适宜居住。但这不过是潜在的数十亿颗行星中的两颗。

卡尔·萨根

卡尔·萨根是20世纪最著名的科学家之一。在纪录片《宇宙》中，人们立刻就能识别出他低沉悦耳的声音。萨根在纽约的一个工薪阶层聚居区长大，还是个孩子的时候他就热衷于阅读科幻小说。1951年，他凭借全额奖学金进入芝加哥大学学习。萨根在1960年获得博士学位，证明了金星表面的高温是由于失控的温室效应造成的。萨根在行星科学和外星生物学（外星生命的生物学）方面进行了开创性的研究，但许多主流天文学家对此持怀疑态度。1985年，他写了科幻小说《超时空接触》，后来被改编成了电影。这位康奈尔大学的教授以其远见、积极和人文主义的观点鼓舞了新一代的天文学家。

主要作品

1966年 《宇宙中的智慧生命》（与约西夫·什克洛夫斯基合作）

1983年 《宇宙》

参见: 射电望远镜 210~211页，太空竞赛 242~249页，探测太阳系 260~267页，系外行星 288~295页，什克洛夫斯基（目录）338页，卡特（目录）339页，塔特（目录）339页。

计算机模拟显示，简单的单细胞生命形式存在于彗星或小行星内部并在与地球的碰撞中幸存下来，这在理论上是可能的。

宇宙中有无数的恒星。

大多数恒星都有行星系统。

生命可能存在于许多行星上。

如果生命存活的时间足够长，它可能会变得足够聪明，并开始在其他地方寻找生命，就像人类所做的那样。

寻找地外文明就是寻找我们自己。

宇宙的浩瀚及物理规律的显著普适性使得生命有可能存在于宇宙中的其他地方。实际上，生命还可能是在别处出现并被运送到地球上的。古希腊哲学家阿纳萨哥拉斯·弗斯特在公元前5世纪首次提出“生物外来论”思想。博物学家查尔斯·达尔文在研究自然选择进化论的时候，突然想到了这个观点。现在我们已经知道地球比达尔文时代的人们所认为的要古老得多，所以不必用“生物外来论”来解释地球上生命的起源。

最近的发现表明，彗星可以携带生命的许多基本化学成分，但地球上生命起源的确切机制仍然是个谜。解开这一谜题应该能让我们更好地了解其他地方存在生命的可能性有多大。

大家都在哪里？

1950年的一天，意大利科学家恩里科·费米在与洛斯·阿拉莫斯一起吃午饭时问了一个简单的问题：“他们在哪儿？” 他推断，即使只有一小部分行星上存在智慧生命，但考虑到银河系中恒星的数量多得令人难以想象，因此人们可能会认为其他行星上存在大量的文明社会，至少他们中的一些可能会选择发送信息或尝试亲自访问地球。无线电和电视广播出现以来，地球已经产生了大约90年的电磁信号。这些被调制过的无线电波，向四面八方扩展和延伸约90光年，应该是一个技术先进的社会对任何潜在的太空智慧的馈赠。

1959年，朱塞佩·科科尼和菲利普·莫里森提出了一种搜索外星人无线电信号的频带。一年后，美国西弗吉尼亚绿岸国家射电天文台的弗兰克·德雷克开始搜寻这些频带。德雷克创立了“奥兹玛计划”，以作家弗兰克·鲍姆虚构的奥兹国女王的名字命名——奥兹国是一个“难以到达且居住着异国生物”的地方。除由一些绝密的军事无线电干扰设备引发的短暂兴奋和喧闹，德雷克和他的团队遇到的都是静默。50多年后，这种静默仍未被打破。

海豚的秩序

德雷克召集了一群不同的科学家，为寻找外星智慧生命（SETI）制定了依据和规程。该组织戏称自己为海豚社团，这与神经科学家约翰·莉莉的工作有关，他开创了与海豚对话的科学。作为研究跨物种通信的少数几个人之一，莉莉是这个小组的重要成员，其中还包括年轻的天文学家卡尔·萨根，他是行星大气方面的专家。

为了准备1961年社团的第一次会议，德雷克提出了银河系内地外文明数量的公式：

$$N = R_* \times f_p \times n_e \times f_l \times f_i \times f_c \times L$$

其中，总数（N）是将智慧外星人进化和被发现的必要因素相乘得到的。它取决于适合智慧生命形式的恒星的比率（R_*）、这些恒星被行星环绕的比例（f_p）、在任何给定的行星系统中能够支撑生命生存的行星数目（n_e）、这些行星上实际出现生命的比例（f_l）、有生命的行星继续产生智慧生命的比例（f_i）、文明社会开发的技术中会泄露其存在的可探测迹象的数目（f_c），以及这些文明存在的时间长度（L）。

对地外生命的搜寻是少数几种既成功又失败的情况之一。

——卡尔·萨根

有了这些条件，理论上就可以对每一项参数设置界限。然而，在1961年的时候还没有一个参数是确定的。与会代表得出结论，N近似等于L，银河系中可能存在1,000到1亿个文明社会。虽然德雷克方程中一些变量的值这些年来已经缩小了取值范围，但现在对N的估计仍然差距很大。一些科学家认为这个数字可能是零。

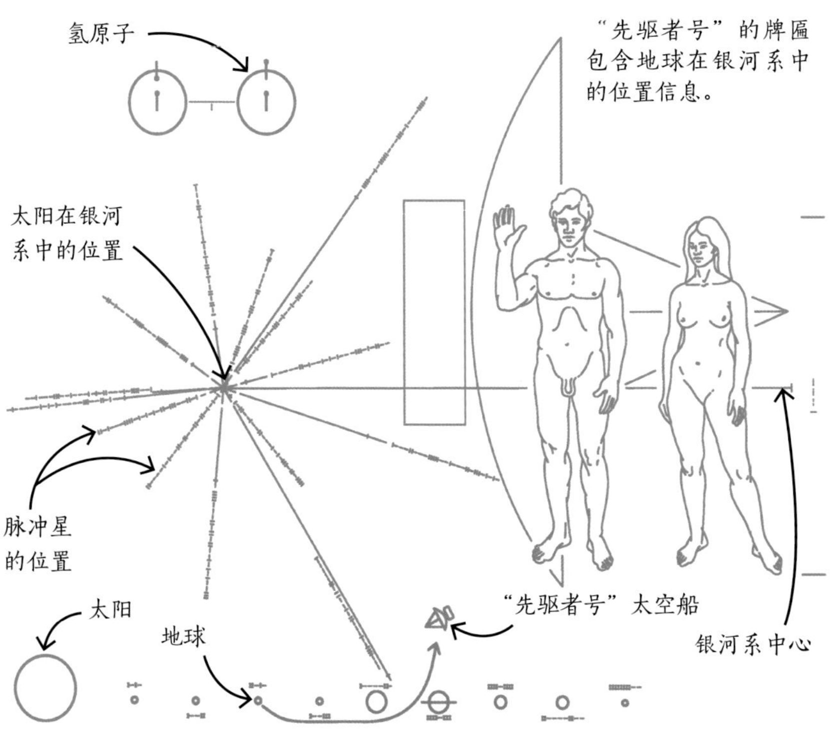

瓶中信

1966年，萨根与人合著了《宇宙中的智慧生命》一书，这或许是对行星科学和外星生物学的首次全面讨论。该书是苏联天文学家和天体物理学家约西夫·什克洛夫斯基在1962年出版的早期版本的扩展和修订版。尽管这本书推测性很强，但它还是引发了科学家们的讨论。它启发了NASA的“独眼巨人计划”报告，这是一份有影响力的文件，现在被奉为“SETI圣经”。1971年，萨根向美国国家航空航天局提出了用“先驱者号”宇宙飞船发送信息的想法。萨根和德雷克致力于一项向地外文明宣传地球的存在并帮助他们在宇宙中定位地球的设计。“先驱者号”牌匾上的图形用21厘米的氢发射线建立了一个测量单位。根据地球上的现象（如米和秒）定义的单位对外星科学家来说毫无意义。从自然属性中选择单位有助于它们被普遍理解。

牌匾上的所有图像都按这些单位进行了缩放。一幅明亮而独特的脉冲星地图指明了地球的方向，而“先驱者号”的路线则绘制在了一张简单的太阳系象形图上。萨根的妻子琳达·萨尔茨曼·萨根是一位艺术家，她画了一男一女。

“先驱者10号”和“先驱者11号”分别在1972年和1973年发射，上面都有萨根的牌匾（刻在一块152毫米×199毫米的金质阳极氧化铝板上）。批评人士警告说，它会引起渴望权力（或仅仅是饥渴）的外星人不必要的关注。女权主义团体对这个男人挥手致意表示不满，且认为那个女人是顺从地把身体朝向那个男人的。萨尔茨曼回答说，平均而言，女性更矮；两个人都在挥手可能会被解释为手臂的自然姿势；她只是想展示臀部是如何运动的。起初，萨根想让这对男女手牵着手，但后来认为这样做可能会让地球人看起来像是一个长着两个脑袋的单一生物。

我们开始是流浪者，现在仍然是流浪者。我们在宇宙海洋的岸边逗留得够久了。我们终于准备好启航去看星星了。

——卡尔·萨根

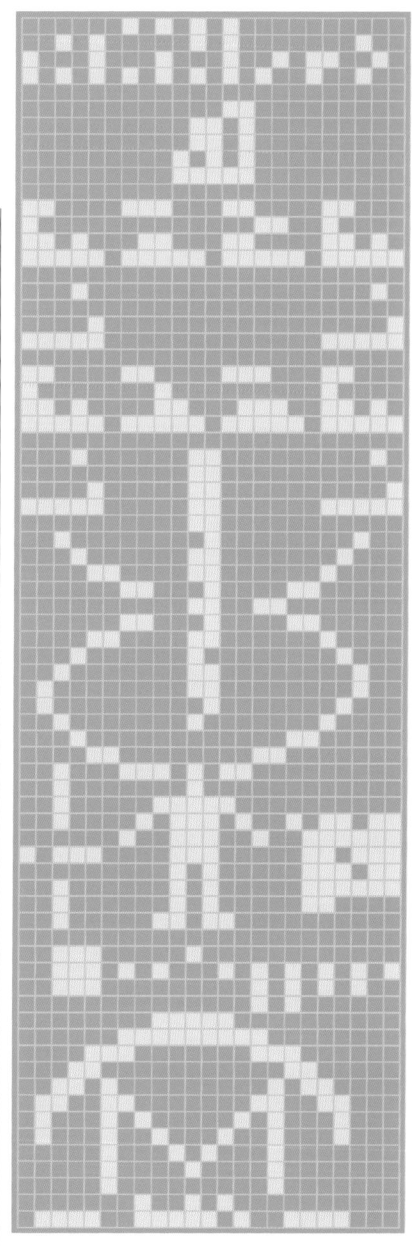

阿雷西博信息在1974年曾向太空广播过一次。它的信息用二进制编码排列成73行23列。

阿雷西博信息

虽然对智慧生命和可能的恒星系统建立的信标的搜索仍在继续，但德雷克和萨根决定发出能展示地球自身的“我们在这里”的信号。他们设计在3分钟内集中发射出1,000千瓦的射电波来穿越遥远的恒星。1974年11月，这条星际信息从波多黎各的阿雷西博射电天线上发射出去，目标是球状星团M13，一个距离地球2.5万光年、由大约30万颗恒星组成的星团。

阿雷西博的信息没有象形文字，而是采用了密集的数学编码形式，由1,679个二进制数字组成（1,679是两个质数73和23的乘积）。这封电子邮件包含了数字1到10、发送者的身份信息（关于DNA的详细信息）、一个人的整体形状和尺寸，以及地球的位置。

从20世纪60年代起，机器人探测器就被派往太阳系各处，希望在太阳系内部发现一些外星生命的迹象，即使只是单细胞生物。降落在行星上的宇宙飞船，比如NASA的“海盗号”火星探测器，进行了实验来测试生命的迹象。尽管太阳系中一些未被探索过的角落仍有可能存在生命，比

卡尔·萨根站在“海盗1号”着陆器模型旁边。1976—1982年，着陆器从火星表面发回信号。它的仪器没有发现任何生命的迹象。

如人们认为位于木星卫星木卫二（欧罗巴）冰冻表面之下的深海中有可能存在生命，但迄今为止，无论过去，还是现在，都没有在任何地方发现任何生命的迹象。

继续沉默

1962年以来发送的10条星际射电信息没有收到任何回复，也没有探测到任何通信。然而也有一些错误的警报。其中最著名的一次发生在1977年。当时俄亥俄州立大学的杰里·埃曼记录下了来自人马座χ恒星方向的令人费解的强大射电信号流。他把读出的信号圈起来，然后在旁边写道：“哇!”后来再也没有发现这种令人“哇!”的信号。然而，最近的研究表明它可能来自一颗彗星周围的氢气云。

不过，考虑到恒星之间的遥远距离，搜寻显然仍处于初期阶段。阿雷西博的信息要再过两万五千年才能到达它的目标恒星。无论“先驱者号”上的牌匾，还是“旅行者1号”和“旅行者2号”携带的镀金光盘——“旅行者号”黄金唱片，都没有朝向任何特定的恒星系统。除非它们被拦截，否则它们注定要永远在银河系里游荡。萨根则认为，找到生命或未找到生命是一个双赢的局面——无论结果如何，都将揭示宇宙本质的一些重要信息。

现代的SETI

NASA努力维持SETI的资金，现在的SETI是由私人资助的。自20世纪80年代以来，位于加州山景城的SETI研究所就开始承担起了这一重任。加州大学伯克利分校通过其SETI@home项目，利用一个由志愿者电脑组成的网络，从阿雷西博天文台的数据中寻找可能表明存在非自然射电源的模式。与此同时，2016年中国宣布建成了有史以来最大的射电望远镜——500米口径球面射电望远镜（FAST）。FAST也将搜索外星通信，其所获信息最终将提供给来自世界各地的研究人员。

近年来，SETI的重点已经不仅仅是监听信息了，而是寻找生命的生化迹象或先进技术的迹象。外

位于加州SETI研究所的艾伦望远镜阵列每天都被用来搜索可能的外星通信，以及进行射电天文学研究。

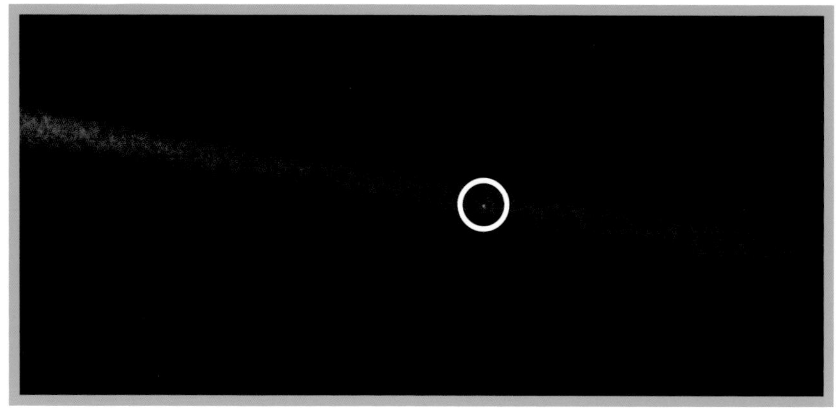

"旅行者1号"从冥王星轨道之外发回了这张地球的图像。"暗淡蓝点"出现在一束散射的阳光中。

星生命应该在演化的行星大气、易挥发的分子或复杂的有机化学物质中留下其明显的特征，而这些只有在生命过程中才能产生。高科技社会可能已经学会了如何获取他们星球的能量。一个"戴森球"的巨型结构完全或部分地围绕着一颗恒星来捕获它的能量，将影响该恒星的观测输出。也可以观测小行星采矿的迹象或直接探测外星飞船。

谨慎的做法

2015年，"突破行动"计划在俄罗斯亿万富翁尤里·米尔纳的支持下启动。除了为SETI的研究提供100万美元的奖金，以及按计划向附近的一颗恒星发射一批航天器，该计划还宣布了一项公开的竞赛——设计发送给地外文明的数字信息。"突破行动"拟定的信息方案旨在准确而艺术地展现人类和地球，但是，在对接触先进文明的回报和风险进行辩论之前，他们不得传递任何信息。

注视我们自己

1990年，卡尔·萨根说服了"旅行者1号"的控制人员，将宇宙飞船的相机转向了地球。从60亿千米外，飞船捕捉到了这张"暗淡蓝点"的图像。萨根写道："每一个你爱的人，每一个你认识的人，每一个你听说过的人，每一个曾经存在过的人，都在阳光下的一粒尘埃中度过一生。"萨根强调了审视自己的重要性："地球是迄今为止，唯一的已知存在生命的地方。至少在可预见的将来，人类不会找到其他可以移民的地方。访问其他星球，可以做到。定居在那里，没有可能。不管你是否接受，目前地球是我们仅有的立足之地。"

SETI表明了一系列问题，这些问题的答案将告诉我们地球在宇宙中的位置：哥白尼原理是否正确，如果正确，生命又在何处进化。这些答案最终可能为人类提供一种超越他们起源，并成为一个银河物种的方式。■

几乎可以肯定，我们不是第一个进行这种搜寻的智慧物种……他们的坚持将是我们在开始倾听阶段最大的财富。

——NASA"独眼巨人计划"报告

它一定是某种新的恒星

类星体与脉冲星

背景介绍

关键天文学家：

安东尼·赫维希（1924年—）

乔斯林·贝尔·伯奈尔（1943年—）

此前

1932年 英国物理学家詹姆斯·查德威克发现了中子。

1934年 沃尔特·巴德和弗里茨·兹威基提出，超新星爆炸后留下的坍缩残留物是由紧密结合的中子组成的，他们将其命名为中子星。

此后

1974年 美国天体物理学家约瑟夫·泰勒和罗素·赫尔斯发现了两颗中子星，其中一颗是脉冲星，它们围绕彼此运行。

1982年 美国天体物理学家唐纳德·巴克和他的同事发现了第一颗每秒自转642次的毫秒脉冲星。

20世纪50年代末，世界各地的天文学家陆续在天空中发现了神秘而致密的射电信号来源，但没有任何相应的可见天体。天文学家最终确定了这些射电波的一个来源——一个微弱的光点，也就是后来所说的类星体。1963年，荷兰天文学家施密特发现了一个非常遥远的类星体（在25亿光年外）。它很容易被探测到，这意味着它一定在释放能量。

寻找类星体

20世纪60年代中期，许多射电天文学家开始寻找新的类星体。

参见：射电天文学 179页，超新星 180~181页，类星体与黑洞 218~221页，发现黑洞 254页，赖尔（目录）338~339页。

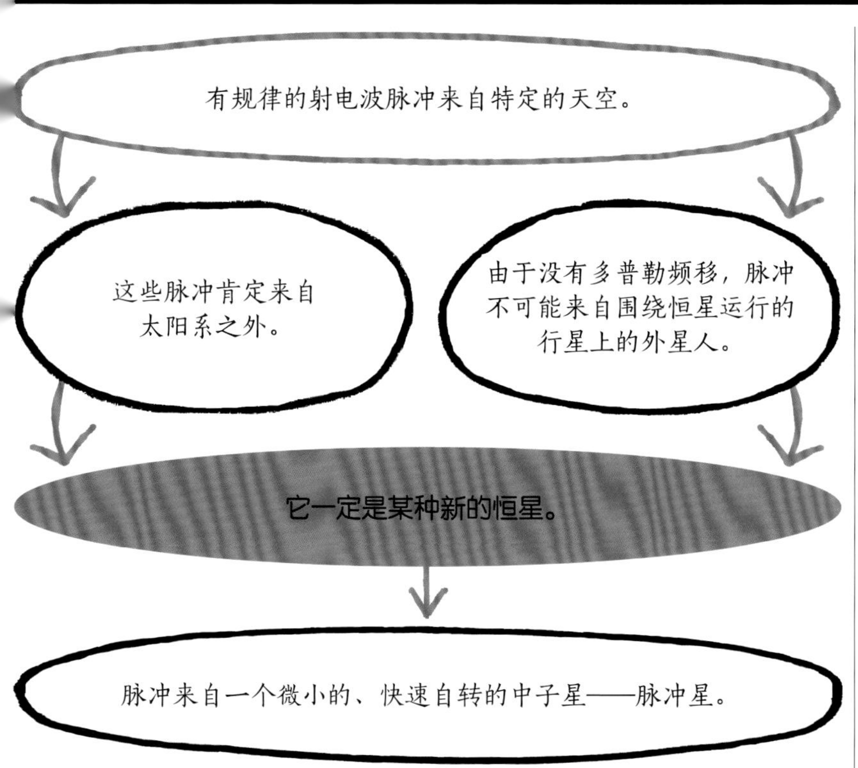

剑桥大学射电天文学研究小组的成员安东尼•赫维希就是其中之一。他一直在研究一种新的射电天文学技术。这种技术基于一种叫作“行星际闪烁”（IPS）的现象，即密集射电源的射电发射强度的“闪烁”或波动。恒星等可见光源在其光线穿过地球大气时会因地球大气的扰动而出现闪烁。然而，射电源的闪烁是由太阳发射的带电粒子流引起的。当射电波通过这种“太阳风”时，它们会发生衍射，这意味着射电波会扩散开来，使得射电源看起来像是在闪烁。

赫维希希望IPS能用于发现类星体。来自致密源（如类星体）的射电波比来自较不致密源（如星系）的辐射更强，因此类星体应该比其他射电源闪烁得更厉害。赫维希和他的团队建造了一个专门用来探测IPS的大型射电望远镜。它占地近2公顷，耗时两年建成，需要190多千米的电缆来传输所有的信号。

剑桥射电天文小组的成员们自己建造了这台新的望远镜。其中有一个叫乔斯林•贝尔•伯奈尔的博士生。在1967年7月该望远镜开始工作时，贝尔在赫维希的领导下负责操作和分析数据。她的部分工作是监控望远镜的输出数据，这些数据是由记录图表的笔式记录器打印出来的。贝尔每天检查大约30米的记录纸，很快就学会了如何识别闪烁的光源。

小绿人1号

大约两个月后，贝尔注意到了一个不同寻常的信号模式，她称之为“脖颈”。它看起来太规整了，而且频率太高，不可能来自类星体。通过检查她的记录，她发现它以前就曾出现在数据中而且总是来自同一块天空。出于好奇，贝尔开始对这一区域的天空进行更有规律的记录。1967年11月底，她又发现了这个信号。这是一系列等间隔的脉冲，总是间隔1.33秒。

贝尔向休伊什展示了被称为小绿人1号（LGM-1）的信号。赫维希最初的反应是，对于像恒星这么大的天体来说，每1.33秒就出现一次脉冲，这实在是太快了，因此这个信号一定是人类活动发出的。贝尔和赫维希一起排除了各种与人

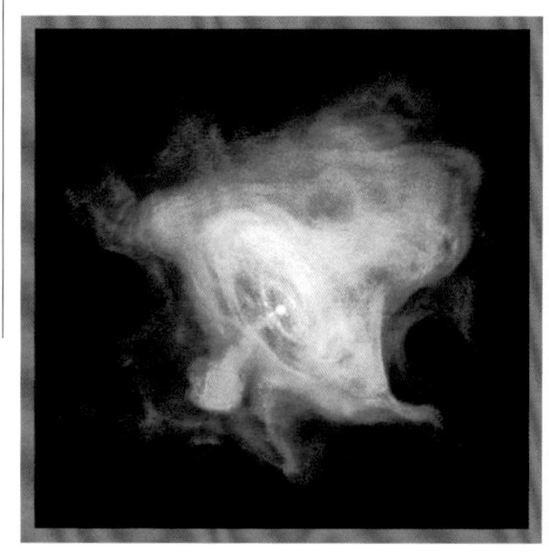

这张蟹状星云脉冲星的图片是由钱德拉X射线天文台在太空中拍摄的。中间的白点是中子星。

类有关的来源，包括从月球反射回来的雷达、地球上的无线电传输，以及特殊轨道上的人造卫星。后来他们发现另一台望远镜也接收到了此类脉冲，这就证明脉冲不可能是由于设备故障造成的。计算结果表明脉冲来自太阳系之外。

赫维希不得不改变他认为这些信号是人类活动发出的观点。不能排除它们是由外星人发射的可能性。研究小组测量了每个脉冲的持续时间，发现只有16毫秒。这短暂的持续时间表明其源头可能不会比一个小行星大。但是源头来自地球或者生活在行星上的地外文明，都是不可能的，因为当一颗行星围绕它的恒星运行时，信号会显示出频率上的微小变化，即多普勒频移（参见第159页）。

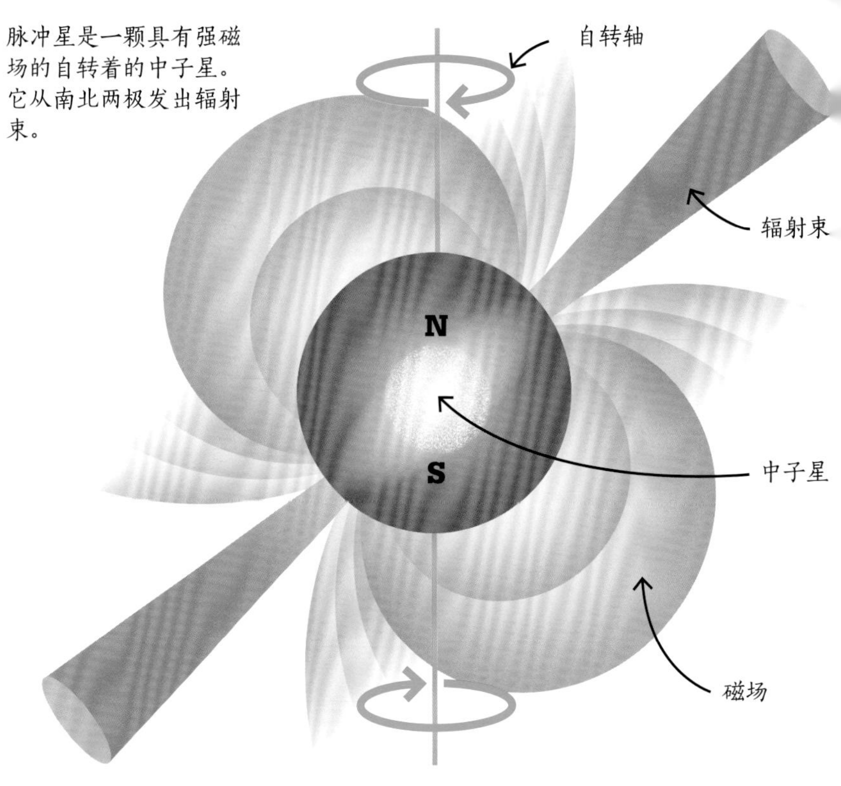

脉冲星是一颗具有强磁场的自转着的中子星。它从南北两极发出辐射束。

发表窘境

赫维希、贝尔和他们的同事们不确定该如何发表他们所发现的测量结果。虽然似乎不太可能是地外文明发出的信号，但没人能给出其他解释。贝尔反过来对她的图表进行了分析，并很快在天空中另一个不同的位置发现了另一个“脖颈”。她发现这个“脖颈”是由另一个脉冲信号引起的，这次的稍微快一些，每1.2秒一次。现在她确信脉冲一定有某种自然的解释——在不同地方的两组外星人肯定不会在同一时间以几乎相同的频率向地球发送信号。

我顿悟的时刻是在深夜。但是当结果从图表中喷涌而出时，你会立刻意识到这是多么重要——你真正发现的是什么——这真的很棒！

——乔斯林•贝尔•伯奈尔

到1968年1月，赫维希和贝尔总共发现了四个脉冲源，他们决定称其为“脉冲星”。他们写了一篇论文，描述了第一个来源，认为它可能是由一种理论上称为中子星的超致密坍缩恒星的脉冲辐射造成的。早在1934年就有人预测过这种类型的天体，但到那时为止还从未有人探测到过。

解释脉冲

三个月后，美国天文学家托马斯•戈尔德发表了一篇关于脉冲信号较完整的解释。他认同每组射电信号都来自一颗中子星，但他提出这颗恒星正在快速自转。像这样的恒星不必以“发射脉冲辐射”的概念来解释所观测到的信号模式。取而代之的概念是，这样的恒星可能在发射一束稳定的射电信号并绕着轴自转，就像灯塔发出的光一样。当脉冲星的光束（或许是两束中的一束）指向地球时，我们就会探测到一个信号，该信号会以贝尔在打印输出中注意到的那种短脉冲形式出现。当光束经过地球后，信号就会消失，直到光束再次转动回来。当被问及脉动率（这意味着极快的自转）时，戈尔德解释说，中子星之所以会以这种方式自转，是因为它们是在超新星爆炸时由恒星核心坍缩而形成的。

证实假说

起初，戈尔德的解释并没有得到天文学界的认可。然而，在从著名的超新星遗迹——蟹状星云中发现了一颗脉冲星之后，他的解释就被广泛接受了。在随后的几年里，人们又发现了更多的脉冲星。现在已知脉冲星是具有强电磁场的、快速自转的中子星，从它们的南北两极发射出电磁辐射束。这些辐射束通常是射电波，有时是其他形式的辐射，在某些情况下会包含可见光。脉冲星的发现令人兴奋的一个原因是：它增加了发现和证实另一种理论现象——黑洞的可能性。像中子星一样，黑洞是超新星爆炸后恒星核心引力坍缩的结果。

1974年，赫维希和马丁·赖尔分享了诺贝尔奖：“赖尔获奖是因为他的观测和发明……赫维希是因为他在脉冲星发现过程中起到的决定性作用。”然而，乔斯林·贝尔·伯奈尔被告知她无法与他们分享这个奖项，因为她当时还是一名学生。她优雅地接受了这个决定。■

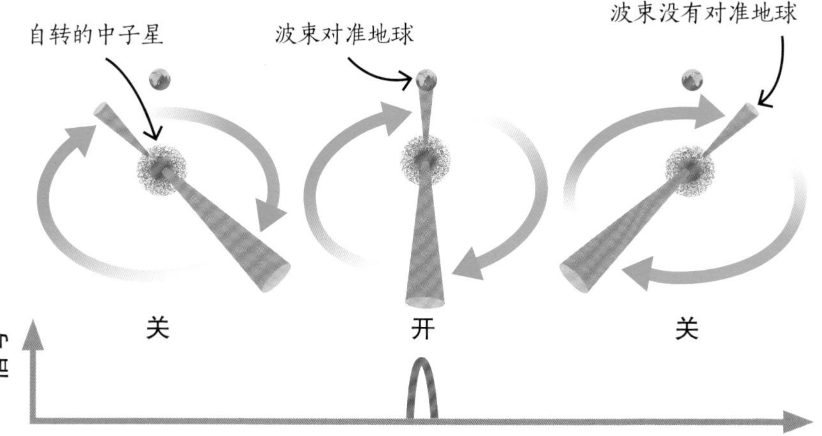

一个自转的中子星发射出辐射束，如果其中一束或两束在太空中重复地经过地球，就会被地球探测为脉冲星。随后，被探测到的脉冲星会有一系列非常有规律的信号“标记”。

乔斯林·贝尔·伯奈尔

乔斯林·贝尔1943年出生于北爱尔兰的贝尔法斯特。1965年在格拉斯哥大学获得物理学学位后，她前往剑桥大学攻读博士学位。在那里，她加入了一个射电望远镜探测类星体的团队。1968年，贝尔成为南安普顿大学的一名研究人员，由于结婚，她把姓氏改成了贝尔·伯奈尔。在后来的职业生涯中，她担任过各种与天文学和物理学相关的职位。1991–2001年，她在开放大学担任物理学教授。2008–2010年，她担任物理研究所所长。乔斯林·贝尔·伯奈尔因其在专业上的贡献而多次获奖，包括1989年英国皇家天文学会颁发的赫歇尔奖章。2016年，她在牛津大学任天体物理学客座教授。

主要作品

1968年 《对一个快速脉动的射电源的观测》（与安东尼·赫维希和其他人合作）

随时间而变的星系

理解恒星演化

背景介绍

关键天文学家：

比阿特丽斯·廷斯利

（1941—1981年）

此前

1926年 埃德温·哈勃根据星系的形状对它们进行了分类。

20世纪60年代初 美国天文学家艾伦·桑戴奇提出：盘状星系是由于大型气体云的坍缩而形成的。他基于最亮的星系都有相似光度的观念去估算遥远星系的距离。

此后

1977年 布伦特·塔利和理查德·费希尔发现了旋涡星系的光度和它们的转动之间的联系。这一成果可有效地用于估计旋涡星系的距离。

1980年 维拉·鲁宾发现了旋涡星系实际转速和预测转速之间的差异，证明了在这些星系中存在着看不见的暗物质。

在1966年年轻的新西兰天文学家比阿特丽斯·廷斯利发表一篇极具独创性的论文之前，宇宙学家用来计算遥远星系距离的方法一直存在缺陷。这些距离数据的准确性很重要，因为它们有助于回答宇宙学中一些最基本的问题，即宇宙的平均密度、年龄和膨胀率分别是多少。

20世纪60年代使用的一种方法基于相同类型的星系（例如巨型椭圆星系）应该具有大致相同的固有亮度。在此基础上，人们认为，只要测量遥远星系的光输出，并将其与已知距离的同类型邻近星系的光输出进行比较，就可以得到遥远星系的距离。

比阿特丽斯的论点

比阿特丽斯对这种方法提出了质疑，称其粗糙且不可靠。她认为在计算星系距离时，必须更多地考虑星系随时间演化的事实。来自遥远星系的光可能需要数百万年或

比阿特丽斯·廷斯利

1941年，比阿特丽斯出生于英国切斯特，4岁时随家人移居新西兰。1961年，她获得了坎特伯雷大学的物理学学位，同年嫁给了同学布莱恩·廷斯利。1963年，他们搬到了美国得克萨斯州的达拉斯，她的丈夫在那里的一所大学找到了一份工作。比阿特丽斯不被允许与丈夫在同一所大学工作，所以她在奥斯汀的得克萨斯大学找了一份教书的工作。

1966年，她以一篇关于星系演化的论文获得了博士学位。比阿特丽斯很快成了宇宙学领域有影响力的人物。1974年，她担任耶鲁大学的副教授，1978年成为耶鲁大学首位天文学女教授。1981年，年仅40岁的她死于癌症。新西兰的廷斯利山是以她的名字命名的。

主要作品

1966年 《星系的演化及其宇宙学意义》

参见: 丈量宇宙 130~137页, 宇宙的诞生 168~171页, 银河系之外 172~177页, 星系核与辐射 185页, 原初原子 196~197页, 暗物质 268~271页。

从地球上观测星系的视星等取决于它们的距离和年龄。

通过望远镜看到的遥远星系，就像它们数百万年或数十亿年前的样貌。

从地球上看，遥远星系与较近的星系不同，部分原因是它们处于演化的早期阶段。

在测量星系间的距离时必须考虑它们的年龄。

数十亿年才能到达地球，星系看起来就像它们在遥远的过去的样貌。它们离得越远，呈现出的演化阶段就越早。换句话说，一个看起来呈椭圆形状的遥远星系可能与一个较近的、被称为椭圆星系的星系大不相同。她认为，在计算遥远星系的距离时，需要根据随着星系演化而变化的因素，特别是不同化学元素的丰度和恒星的诞生率进行修正。

比阿特丽斯概述了星系在亮度、形状和颜色方面的演化方式。星系中的恒星和非恒星物质（气体和尘埃）在很长一段时间内会发生变化。例如，一些恒星最终会变成巨星，并随着年龄的增长而变得更亮；恒星的形成速度会随着气体和尘埃的消耗而改变；当年老的恒星死亡时，星际介质（恒星之间的物质）会富含比氦和氢更重的元素。

星系模型

比阿特丽斯的论文被得克萨斯大学的同行们描述为“非凡而深刻”。在她短暂职业生涯的剩余时间里，她继续研究不同种类（群体）恒星的老化方式，以及它们对星系可观测质量的影响。在此基础上，她建立了星系演化的模型，将对恒星演化的理解与恒星运动和核物理学的知识结合了起来。今天，这些模型构成了星系演化研究的基础。它们还提供了关于原星系（处于婴儿期的星系）可能是什么样子的信息。比阿特丽斯的工作还有助于研究宇宙是开放的（永远膨胀）还是封闭的（最终会停止膨胀和收缩）。

作为过去一个世纪中最具洞察力的天文学理论家之一，比阿特丽斯被描述为“打开了未来研究恒星、星系甚至宇宙本身演化的大门”的人。■

这幅艺术作品描绘了在银河系内一颗假想行星上看到的夜空，当时银河系只有30亿年的历史。天空中闪耀着新星诞生的氢云。

我们选择登月

太空竞赛

背景介绍

关键组织：

NASA（阿波罗计划）（1961—1972年）

此前

1957年 苏联发射了第一颗人造地球卫星，让美国大吃一惊。

1961年 宇航员尤里·加加林成为第一位进入太空的人。

此后

1975年 美苏第一个联合太空项目标志着“太空竞赛”的结束。

1994—1998年 美国和俄罗斯航天机构在“和平号”航天飞机项目期间分享了技术和专业知识。

2008年 印度月球任务——“月船1号”发现了月球表面广泛存在水冰的证据。

2015年 中国探测器“玉兔”在月球上发现了不同的岩层，包括一种新型的玄武岩。

20世纪60年代初，美国在“太空竞赛”中落后于苏联。苏联在1957年发射了第一颗人造地球卫星，1961年4月16日，尤里·加加林成为第一位进入太空的人。作为回应，1961年，当时的美国总统约翰·肯尼迪公开承诺要在十年之内实现人类登上月球的计划。这是经过精心挑选的——登月远远超出了任何一个国家的能力，因此苏联早期的领先可能并不那么重要。

尽管当时许多人对登月的科学价值持保留态度，特别是考虑到其中涉及的危险性和技术复杂性，但现在载人航天已是美国太空计划的重点。NASA的管理人员认为如果有足够的资金，他们可以在1967年之前把人送上月球。NASA原局长詹姆斯·E. 韦伯建议再增加两年作为应急时间。

在1961年到1967年的6年间，尽管大部分硬件的规划、设计和建造都是由私营企业、研究机构和大学承担的，但NASA的员工人数仍增加了两倍。NASA声称，只有建造巴拿马运河和开发核弹的曼哈顿计划，才能与阿波罗计划的努力和花费相匹敌。

我认为这个国家应该致力于实现这个目标，在这个十年结束之前，让一个人登上月球并安全返回地球。

——约翰·肯尼迪

去月球该走哪条路？

在肯尼迪发表这一历史性的声明时，美国夸下海口要进行共计15分钟的载人航天飞行。从地球登

吉恩·克兰茨

也许NASA精神的化身不是英勇的宇航员，而是传奇的阿波罗飞行指挥员吉恩·克兰茨。克兰茨出生于1933年，从小就对太空着迷。他曾担任美国空军飞行员，之后前往麦克唐纳飞机公司和NASA从事火箭研究。

克兰茨穿着由他妻子制作的简洁的白色“使命”背心，理着平头，杰出而富有感染力。尽管他从未说过“失败不是一种选择”这句话（那是为他在电影《阿波罗13号》中的角色写的），但这句话概括了他的态度。克兰茨在“阿波罗1号”的灾难后对飞行控制人员发表的演讲被载入了史册，成了励志演讲的杰作。在演讲中，他给出了克兰茨格言——“坚强能干”。这几字将为航天地面控制中心指明方向。1970年，克兰茨因成功地让“阿波罗13号”返回地球而被授予总统自由勋章。

参见: 人造卫星的发射 208~209页，了解彗星 306~311页，探索火星 318~325页。

1962年2月20日，水星计划宇航员约翰·格伦进入“友谊7号”。他的任务持续了不到5个小时，是美国第一次载人轨道太空飞行。

上月球，需要克服许多技术障碍。第一个障碍就是到达月球的方法。三个任务架构选项被提上了议程。直接登月（DA）方案：登月“一气呵成”，但需要一个巨大的多级火箭与足够的燃料载送宇航员返回地球。最初这是最受欢迎的方法。然而，这也是最昂贵的。人们对在1969年的最后期限之前建造出这种巨型火箭的可行性提出了质疑。

在环地球轨道会合（EOR）方案中，一艘月球飞船将在太空中组装，并与已经放置在轨道上的模块对接。在任何离地任务中，将物体送入太空都是最消耗能源的部分，但多枚火箭的发射将回避对单艘宇宙飞船的需求。这是最安全的选择，但速度会很慢。

真正轻量化的方案是绕月会合（LOR）方案。在该方案中，一枚较小的火箭将把一艘由三部分组成的宇宙飞船送上月球。在月球上，一个指挥舱将与返程燃料一起留在轨道上，而一艘轻型的两级月球着陆器将被送到月球表面。这种快速而相对便宜的选择同时也带来了一个非常现实的风险，那就是一旦出了差错，宇航员就会被困在太空中。经过大量的辩论和游说，一些有影响力的人物，如NASA马歇尔航天中心主任沃纳·冯·布劳恩，选择支持LOR。1962年，美国最终选择了LOR。这是阿波罗计划诸多“信仰的飞跃”的第一步。

技术障碍

1962年2月20日，约翰·格伦成为第一位环绕地球飞行的美国人。他在“友谊7号”中绕地球飞行了三圈，这是美国第一个太空飞行计划——水星计划的一部分。该计划从1958年持续到了1963年。之后美国又有三次成功的水星计划飞行，但是在近地轨

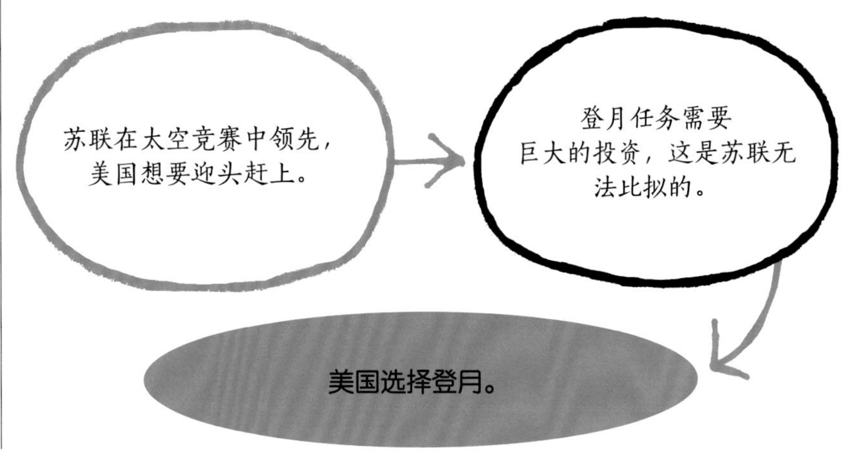

从今天起，飞行控制中心将因两个词而驰名："坚强、能干"。

——吉恩·克兰茨

道上的飞行和在月球上的着陆有很大的不同，后者需要一个全新的运载火箭舰队。与搭载一名宇航员的水星飞船不同，阿波罗飞船需要三名宇航员，此外，还需要更可靠的电源和更多的太空经验。世界上最早的燃料电池就是用来为其提供能量的。

NASA的第二个人类太空飞行项目"双子座计划"实现了持续太空飞行、轨道操纵和太空行走等技术。科学家们还需要更多地了解月球表面。一层厚厚的尘埃可能会吞没一艘宇宙飞船使其无法离开、阻塞推进器或导致电子设备故障。

无人驾驶月球勘测任务是与阿波罗计划同时进行的，但第一批派往月球的机器人探险者却彻头彻尾地失败了。6艘"徘徊者号"着陆器发射失败，错过了月球或在撞击中坠毁，导致该计划有了"发射并期待"的绰号。幸运的是，最后的3艘"徘徊者"号探测器取得了超乎寻常的成功。

1966年至1967年间，5颗绕月轨道卫星被送入了月球轨道。它们绘制了月球表面99%的地图，并帮助确定了可能的着陆点。NASA的7艘"测量员号"飞船也证实了在月球土壤上软着陆是可行的。

赌博和灾难

高110.5米的"土星五号"——承载阿波罗宇航员离开地球大气层的重型助推器，仍然是有史以来最高、最重、最强大的火箭。载人火箭被证明是特别麻烦的。巨大的发动机产生的震动有可能使火箭解体。得知项目进度落后之后，NASA负责载人航天飞行的副局长乔治·米勒开创了一项大胆的"全面"测试制度。米勒并没有采用冯·布劳恩所推崇的那种谨慎的分阶段的方法，而是把整个阿波罗-土星系统放在一起进行测试。

在追求完美的过程中，NASA的工程师们提出了一种新的工程概念：冗余。为了提高整体可靠性，他们对关键部件进行了复制。水星和双子座计划教会了工程师

"土星5号"火箭是为阿波罗计划研制的。许多公司参与了它的生产，包括波音、克莱斯勒、洛克希德和道格拉斯。

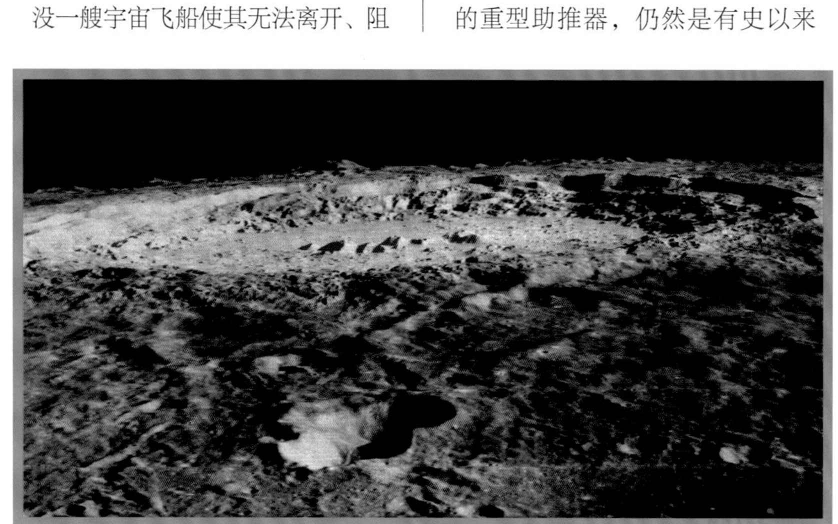

月球轨道卫星拍摄了可能的着陆点的图像。1966年，月球轨道"飞行器2号"发回了这张哥白尼陨石坑的照片，这是有史以来人类第一次近距离观察月球。

要预料到不可预见的风险。一艘完全组装好的阿波罗飞船有560万个部件，150万个系统、子系统和组件。

即使有99.9%的可靠性，工程师也能预测出5,600个缺陷。尽管如此，在17次无人驾驶和15次有人驾驶的飞行中，土星火箭助推器展示了100%的可靠性。随着两次部分成功的试飞，米勒宣布下一次发射将搭载宇航员。

1967年之前，计划推进速度极快且进展顺利。然而灾难发生了。在一次发射演习中，电路短路引发了一场大火，将“阿波罗1号”的机组人员烧成了灰烬。悲剧发生后，接下来的5次阿波罗任务都是无人驾驶的测试。改进后的飞船更安全，不仅有了一个新的燃气舱，其驾驶舱里还安装了一个氧氮混合系统，并安装了防火电线。

阿波罗驾着他的战车穿越太阳，这与计划的宏大规模是相称的。

——阿伯·西尔弗斯坦

太空中地球的位置

“阿波罗8号”是第一艘离开地球轨道的载人飞船。1968年圣诞节前夕，弗兰克·博尔曼、詹姆斯·洛弗尔和比尔·安德斯环绕月球远端，目睹了地球从月面之后升起的惊人景象。人类第一次从太空看到他们的家——一个令人吃惊的蓝色世界，消失在了无边无际的太空中。正如安德斯所说：“我们远道而来探索月球，但最重要的是我们发现了地球。”

机组人员也首次通过了范艾伦辐射带。这个带电粒子带从地球延伸至24,000千米之外，最初被认为是人类太空旅行的严重障碍。实际上此处的辐射剂量仅相当于做胸部X光片产生的辐射。

最后，该计划为终极步骤——在月球上迈出真实的一步做好了准备。1969年7月21日，全球约5亿名观众收看了关于尼尔·阿姆斯特朗

1968年，“阿波罗8号”在月球轨道上进行了现场直播。宇航员比尔·安德斯从宇宙飞船上拍摄的图像包括标志性的地球升起。

尼尔·阿姆斯特朗在月球表面拍摄了这张著名的巴兹·奥尔德林的照片。从奥尔德林的面罩中可以看到站在登月舱旁边的阿姆斯特朗的倒影。

和巴兹·奥尔德林走出登月舱并踏上月球表面过程的节目。这是近十年合作努力的结果，它实际上结束了太空竞赛。

在“阿波罗11号”之后，美国又有6次登月任务，其中包括“阿波罗13号”——差点酿成灾难的那次。1970年，“阿波罗13号”登月任务因船上的氧气罐爆炸而流产。在全球电视观众面前上演的一出真实“戏剧”中，宇航员们乘坐损坏的宇宙飞船安全返回了地球。

了解月球

在阿波罗计划之前，人类关于月球这一地球唯一天然卫星的物理性质只是猜测，但是随着政治目标的实现，人类也有了一个直接了解外星世界的机会。6次着陆任务中，宇航员每一次都携带着一套科学工具——阿波罗月球表面实验包。阿波罗的仪器分析了月球的内部结构，探测到了可能是月震的地面震动，此外还测量了月球的重力场和磁场、表面的热流，以及月球大气的组成和压力。

多亏了阿波罗计划，科学家们从对月球岩石的分析中获得了令人信服的证据，证明了月球曾经是地球的一部分（参见第186～187页）。和地球一样，月球也有内层，很可能在其早期历史的某个时刻处于熔融状态。然而与地球不同的是，月球上没有液态水。由于它没有运动的地质板块，所以它的表面不会不断地被重新覆盖。因此，最年轻的月岩与地球上最古老的岩石同龄。然而月球并非完全没有地质活动，它偶尔会发生持续数小时的月震。

“阿波罗11号”的一项实验仍在进行，它自1969年以来一直在传回数据。安置在月球表面的反射器能够反射从地球上发射的激光束，使科学家能够计算出误差在几毫米以内的月球距离。这样人们就可以精确地测量出月球轨道及月球渐渐远离地球的速度（大约每年3.8厘米）。

阿波罗的遗产

1972年12月19日，当“阿波罗17号”返回舱“砰”的一声撞向地球大气层时，南太平洋上空的音爆宣告了阿波罗计划的终结。在整个阿波罗计划中，共有12个人在月球上走过。当时，人们普遍认为通向火星的常规飞行将很快成为现实，但在这之后的40年里，科学重

休斯敦。这里是宁静的基地。老鹰已经着陆。

——尼尔·阿姆斯特朗

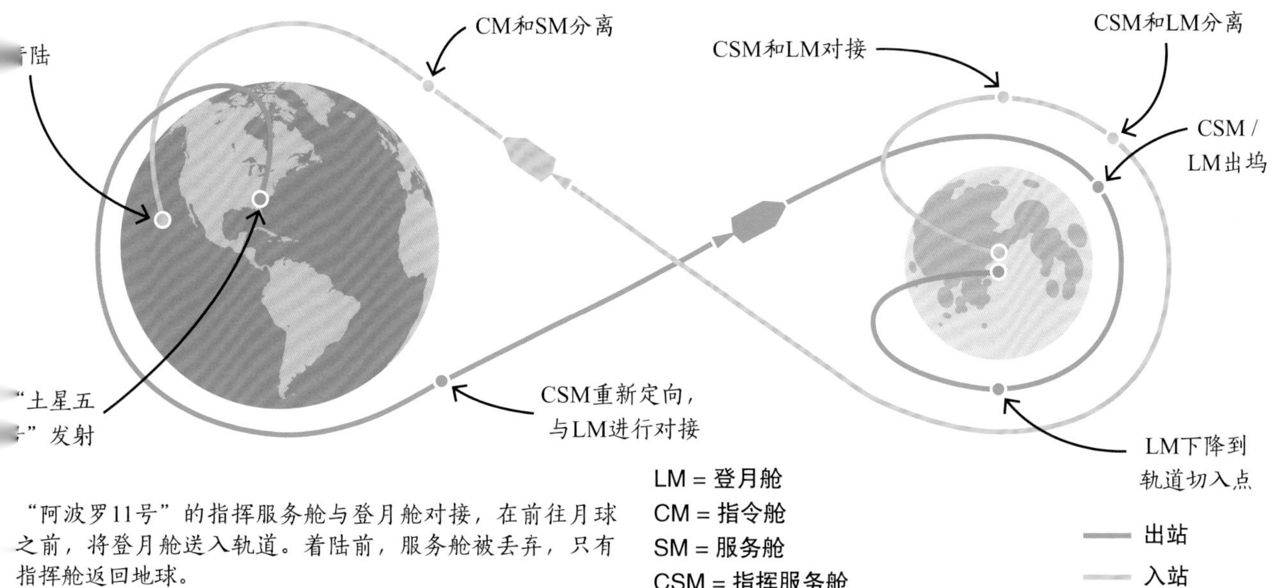

“阿波罗11号”的指挥服务舱与登月舱对接，在前往月球之前，将登月舱送入轨道。着陆前，服务舱被丢弃，只有指挥舱返回地球。

点发生了变化，政治家们开始担心成本，人类太空旅行仍然没有走出地球轨道。

在许多人看来，结束载人登月任务的决定实属错失良机，这归因于想象力和领导力的缺乏。激烈的冷战竞争导致了阿波罗计划的诞生，但是它的结束为NASA开启了一个国际合作的新时代，催生了天空实验室、和平号空间站以及国际空间站的国际合作。

最后一位登上月球的吉恩·塞尔南预测，人类可能还需要100年的时间才能认识到阿波罗计划的真正意义。阿波罗计划的意义之一可能是它让美国人变得更精明了——美国大学的博士学位招生人数在20世纪60年代增加了两倍，尤其是在物理学领域。

阿波罗计划也培育了如计算机和半导体等新兴产业。总部位于加州的飞兆半导体公司的几名员工后来成立了新的公司，其中包括科技巨头英特尔。这些公司总部所在的圣克拉拉地区如今已成为硅谷。

但也许阿波罗计划真正的遗产是地球属于太空中脆弱的生命绿洲这一观念。从轨道上拍摄的照片，比如“蓝色大理石”和“地球升起”（参见第247页），让人们意识到地球是唯一的独立存在体，需要悉心的呵护。■

在阿波罗计划的最后三次任务中，宇航员们驾驶月球车探索了月球表面。这些漫游车被遗弃在了月球。在被遗弃的地方仍然可以看到它们。

气体尘埃盘形成了行星

星云假说

背景介绍

关键天文学家：

维克托·萨夫罗诺夫

（1917—1999年）

此前

1755年 德国哲学家伊曼努尔·康德认为太阳系是由一个巨大的气体云坍缩而成的。

1796年 皮埃尔-西蒙·拉普拉斯建立了一个太阳系形成模型，与康德提出的类似。

1905年 美国地质学家托马斯·钱柏林首次提出行星是由他称之为"星子"的粒子发展而来的。

此后

20世纪80年代 一些看起来很年轻的恒星，比如绘架座β，被低温尘埃盘包围着。

1983年 红外天文卫星发射。它观测到了许多恒星有过量的红外辐射这一现象。如果它们被较冷的物质盘环绕，就可以解释这种现象。

几个世纪以来，天文学家提出了各种各样的模型来解释太阳和行星是如何形成的。18～19世纪，星云假说开始崭露头角。这表明，太阳系是从一个巨大的气体和尘埃云团中形成的，它坍缩并开始旋转。大部分物质聚集在中心，形成了太阳，而其余的物质则变成了一个自转的圆盘，行星和较小的物体从中凝聚而成。法国人皮埃尔-西蒙·拉普拉斯在1796年提出了这个假说的一个版本。

20世纪60年代末，维克托·萨夫罗诺夫在莫斯科研究行星如何在星云中形成。1969年，他写了一篇重要的论文。这篇论文在苏联以外鲜为人知，直到1972年才有了英文版。萨夫罗诺夫的理论，今天被称为太阳星云盘模型（SNDM），本质上是一个修正的、在数学上更加完善的星云假说。直到20世纪40年代，天文学家们还认为，星云假

在环绕早期太阳的物质盘中，粒子偶尔会发生碰撞。

在这些碰撞中，一些运动较慢的粒子黏在一起，形成较大的粒子。

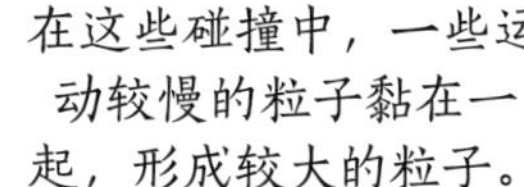

随着时间的推移，更大的星子形成了。它们聚集成几个大的天体，促进了行星的出现。

气体尘埃盘形成了行星。

参见: 引力扰动 92~93页, 柯伊伯带 184页, 奥尔特云 206页, 巨分子云内部 276~279页。

维克托·萨夫罗诺夫

维克托·萨夫罗诺夫1917年出生于莫斯科附近的维利基耶·卢基，1941年，毕业于莫斯科国立大学机械和数学学院。1948年，他获得了博士学位。萨夫罗诺夫职业生涯的大部分时间都在莫斯科科学院的施密特地球物理研究所工作。在那里，他遇到了自己的妻子尤金妮娅·鲁斯科尔，两人进行了一段时间的合作研究。20世纪50年代到90年代，他致力于研究模拟气体尘埃盘形成行星的过程。今天，尽管出现了一些替代理论，但萨夫罗诺夫关于行星形成的星子假说仍被广泛接受。

主要作品

1972年 《原行星云的演变和地球的形成》

说存在一个被称为“角动量问题”的重大缺陷。他们计算出，如果太阳系是由收缩的、自转的云团形成的，那么太阳的自转速度应该比实际看到的快得多。在20世纪上半叶，许多替代假说与星云假说相互竞争。有人认为，行星可能是由一颗经过的恒星从太阳中拉出的物质形成的；还有人认为，太阳穿过致密的星际云，在气体和尘埃的包围下穿出，行星就是在这些气体和尘埃中结合而成的。最终，充分否定这些替代方案的理论出现了。

萨夫罗诺夫理论的发展

萨夫罗诺夫没有被吓倒，他详细地研究了拉普拉斯关于物质盘是如何形成行星的假说。这个盘可能由一堆尘埃、冰粒子和气体分子组成，它们都围绕着早期的太阳运行。萨夫罗诺夫的突破来自他计算了一些粒子碰撞对这样一个系统的影响。他算出了它们相撞的速度。高速运动的粒子会直接反弹回来，但运动较慢的粒子会黏在一起，形成较大的粒子。当它们变大时，每个粒子的引力会使它们结合形成更大的天体，称为星子。

更大的天体会吸引更多的团块，最大的星子会变得越来越大，直到它们收集了它们引力范围内的所有东西。几百万年后，只有几颗行星大小的天体会被留下。

到了20世纪80年代，人们对太阳星云盘模型（SNDM）达成了广泛共识。一位研究人员提出，“角动量问题”可以通过原来盘上的尘埃颗粒减缓中心的自转来解决。此外，另一些人将萨夫罗诺夫的想法纳入了计算机模型。这些模型表明，围绕早期太阳运行的粒子系统可能确实已经形成了几颗行星。最近对年轻恒星周围冷尘埃盘的观测进一步支持了SNDM。■

在萨夫罗诺夫的模型中，行星是由尘埃和冰粒子构成的，它们黏在围绕新形成的太阳自转的物质盘中。

1. 一大团气体和尘埃开始收缩并缓慢自转。

2. 云团逐渐变平，成为一个中心密度更大、温度更高的自转盘，并形成了太阳。

3. 太阳辐射使内太阳系的温度升高。

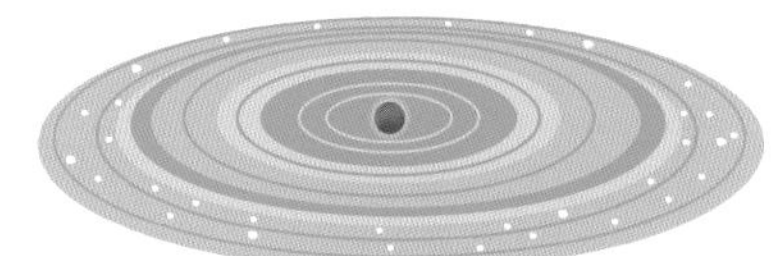

4. 富含铁和硅酸盐的星子开始形成。

5. 太阳系形成。

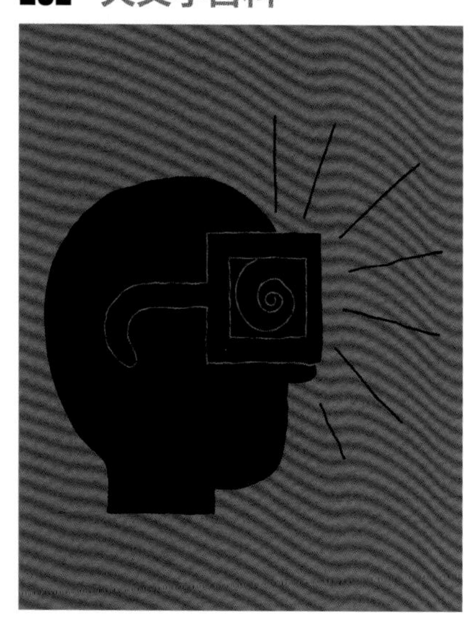

只有用非常大的探测器才能看到太阳中微子

霍姆斯塔克实验

背景介绍

关键天文学家：

雷·戴维斯（1914—2006年）

此前

1930年 奥地利物理学家沃尔夫冈·泡利指出存在中微子。

1939年 汉斯·贝特概述了恒星获取能量的两个主要过程。

1956年 美国物理学家克莱德·考恩和弗雷德里克·莱恩斯证实了存在中微子的反粒子——反中微子。

此后

1989年 由日本小柴昌俊组织的神冈二号实验最终证明了太阳是中微子的来源之一，并解释了戴维斯异常低的探测率的原因。

如果太阳从核聚变中获得能量，那么就会产生快速运动的低质量粒子，即中微子。

中微子几乎不与其他粒子相互作用，但它们可能以放射性衰变的形式相互作用。

相互作用的探测率可能很低。

需要一个非常大的探测器。

在20世纪上半叶，科学家们研究出了太阳通过将氢聚变成氦来产生能量的过程。在太阳的核心，伴随能量的释放，4个氢原子核即质子，会变成1个氦核、2个正电子（也叫反电子）和2个微小的幽灵般的粒子，即中微子。人们认为产生的中微子能很容易地从太阳中逃离。尽管这一理论在20世纪50年代就被接受了，但并未被证明过。1955年，一位名叫雷·戴维斯的美国化学家开始研究太阳产生的高能中微子。然而在实现这一目标时，他面临着一个巨大的问题：它们的存在是不确定的。此外科学家们还认为中微子的电荷为零，质量极小（如果有的话），并且很少与其他粒子相互作用。科学家们认为，如果太阳使氢发生聚变，那么每秒钟地球表面每平方厘米上就会

参见：宇宙线 140页，能源生产 182~183页，引力波 328~331页。

中微子物理学在很大程度上就是一门不用通过观测即可学到很多东西的艺术。

——哈伊姆·哈拉里
以色列物理学家

有数十亿个中微子通过，但可能只有千分之一的中微子会与原子物质发生相互作用。

戴维斯认为中微子可能自始至终参与了一种被称为β衰变的放射性衰变，因而能被检测到。理论上讲，一个高能中微子应该能够把原子核中的中子转化成质子。在实验中，戴维斯发现，在非常罕见的情况下，中微子通过一个装有物质氯的容器时，就会与稳定的氯原子的原子核发生相互作用，从而产生氩的一种不稳定同位素的原子核，称为氩-37。

霍姆斯塔克实验

1964年，在所谓的霍姆斯塔克实验中，戴维斯开始使用一个装有含氯物质的大容器作为探测器。戴维斯的一个熟人，天体物理学家约翰·巴赫恰勒计算了太阳应该产生的不同能量的中微子的理论数值，并据此计算了容器中应该产生氩-37的速率。戴维斯开始计算实际产生的氩-37的原子数量。

尽管戴维斯的实验最终证明了太阳确实会产生中微子，但只有巴赫恰勒预测的氩-37原子数量的三分之一被探测到。预测的中微子相互作用的数量与探测到的数量之间存在差异，这被称为“太阳中微子问题”。

1999年，小柴昌俊利用日本超级神冈中微子探测器发现了造成这一差异的原因。当中微子在空间中穿行时，它们在三种不同的类型——电子中微子、介子中微子和中微子之间振荡。戴维斯的实验只检测到了电子中微子。■

戴维斯的中微子探测器被放置在地下深处，以保护它免受宇宙射线（另一种可能的中微子来源）的伤害。

雷·戴维斯

雷·戴维斯1914年出生于华盛顿特区。1943年，他在耶鲁大学获得物理化学博士学位。二战后期，戴维斯在犹他州观察化学武器试验的结果。从1946年起，他在俄亥俄州的一个实验室工作，从事放射性化学元素的研究。1948年，他加入了位于长岛的布鲁克海文国家实验室。该实验室致力于寻找和平利用核能的方法。他的余生都在研究中微子。1984年，戴维斯从布鲁克海文国家实验室退休，但仍继续参与霍姆斯塔克实验，直到90年代末结束。

戴维斯在布鲁克海文国家实验室遇到了他的妻子安娜。他们有了五个孩子。2002年，他因对天体物理学的开创性贡献与小柴昌俊分享了诺贝尔物理学奖。2006年，他在纽约去世，享年91岁。

主要作品

1964年 《太阳中微子Ⅱ实验性研究》

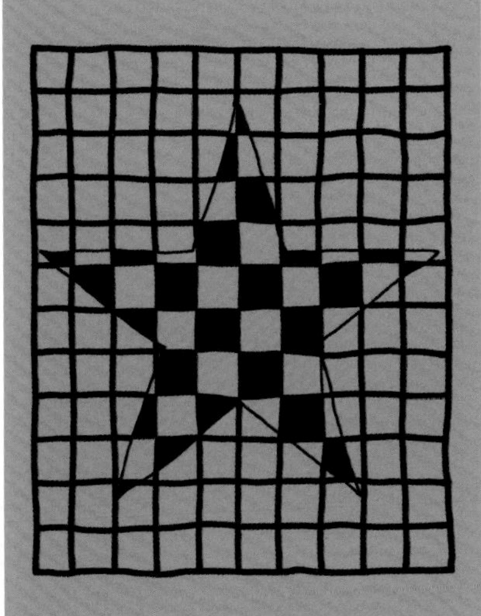

看不见的恒星

发现黑洞

背景介绍

关键天文学家：

露易丝·韦伯斯特（1941—1990年）

保罗·默丁（1942年—）

汤姆·博尔顿（1943年—）

此前

1783年 英国牧师约翰·米歇尔提出，存在一颗引力强大到连光都无法逃脱的恒星。

1964年 探空火箭中的盖革计数器探测到了宇宙X射线。

1970年 第一颗X射线观测卫星乌胡鲁发射。

此后

1975年 史蒂芬·霍金与理论物理学家基普·索恩打赌说天鹅座X-1不是黑洞。

2011年 进一步的观测表明，天鹅座X-1的预期质量为14.8倍太阳质量。

黑洞是看不见的。除了“事件视界”上的低能级霍金辐射，它们不允许任何物质逃逸，甚至会吞噬电磁光能。由于很难探测到看不见的天体，因此直到20世纪中叶，黑洞仍然是纯理论概念。但是，如此集中的质量仍然会产生可观测的效应。物质被拖入黑洞时会被加热到数百万开氏度并在引力的作用下被撕裂，在这个过程中X射线会被释放到太空中。

20世纪60年代，天文学家利用一系列气球和火箭发射的探测器寻找宇宙X射线源。他们发现的数百个射线源中，有许多被认为是X射线双星——在恒星系统中，中子星等密度极高的恒星残骸会将物质从它的可见伴星上剥离。1964年，在第一批被发现的X射线双星中，有一个强大的射线源靠近银河系活跃的恒星形成区域——天鹅座。

1973年，澳大利亚人露易丝·韦伯斯特、英国人保罗·默丁和美国人汤姆·博尔顿分别对蓝超巨星HDE 226868进行了测量。他们发现它围绕着一颗质量大得不可能是中子星的天体运行。这颗不可见的伴星——天鹅座X-1的唯一可能就是一个黑洞。黑洞现在已经不仅仅是理论上的存在了。■

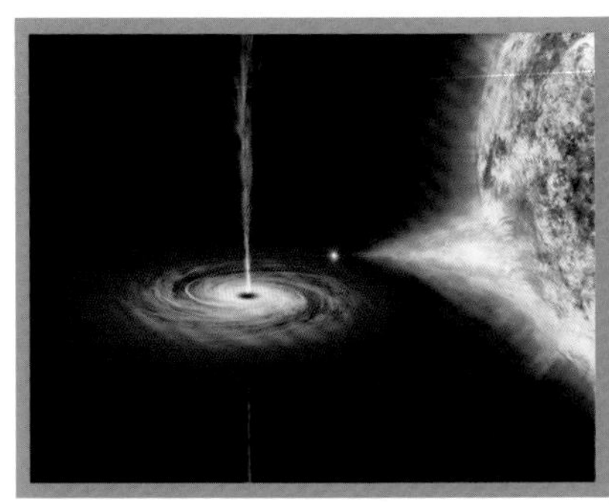

这幅艺术想象图展示了物质正从蓝超巨星HDE 226868流入它的黑洞伴星天鹅座X-1。这颗恒星每40万年失去一个太阳质量的物质。

参见：超新星 180~181页，宇宙辐射 214~217页，霍金辐射 255页。

黑洞发出辐射

霍金辐射

背景介绍

关键天文学家：

斯蒂芬·霍金（1942—2018年）

此前

1916年 卡尔·史瓦西为广义相对论的场方程提供了一个解，使他能够描述如黑洞一样的天体周围的引力场。

1963年 新西兰数学家罗伊·克尔描述了旋转奇点的性质。

1965年 英国数学家罗杰·彭罗斯表明，巨星的引力坍缩可能导致了奇点。

1967年 基于史瓦西、克尔、彭罗斯等人所描述的天体类型，美国物理学家约翰·惠勒创造了“黑洞”一词。

此后

2004年 斯蒂芬·霍金收回了先前关于任何进入黑洞的物体都将完全消失在宇宙中的言论。

黑洞的数学理论是由德国物理学家卡尔·史瓦西在20世纪10年代提出来的。史瓦西描述的物体具有非旋转的质量，集中在一个具有无限密度的点上，他称之为奇点。距离这一点的某处，也就是被称为史瓦西半径的地方有一个被称为“事件视界”的巨大球面。在该球面靠奇点的一侧，引力如此之大，以至于任何东西甚至光都无法逃脱。在随后的几十年里，黑洞理论以各种形式发展，但黑洞始终被认为是完全黑且不发光的。

虚粒子

1974年，黑洞理论发生了重大变化。英国物理学家斯蒂芬·霍金提出黑洞会发射粒子，也就是今天所说的霍金辐射。霍金坚持认为，黑洞不是完全黑的，因为即使不一定发光，它们也会发出某种辐射。

量子理论预测，在整个空间中，“虚”粒子和它们的反粒子应该不断地从虚无中出现，然后毁灭（抵消回到虚无）。每一对粒子中有一个有正能量，另一个有负能量。

其中一些粒子-反粒子对（成对出现）会出现在黑洞的“事件视界”之外。粒子-反粒子对的其中之一可能会逃逸——观测上表现为（正）能量辐射，而另一个则落入黑洞。为了在系统中保持相同的总能量，落入黑洞的粒子必须有负能量。这会导致黑洞慢慢失去质能——这个过程就被称为黑洞蒸发。

霍金辐射仍然是一个理论预测。如果它被证明是正确的，那就意味着黑洞不会永远存在，也暗示了宇宙的命运，因为人们曾经认为黑洞将是最后存在的天体之一。■

参见：时空曲线 154~155页，恒星的生命周期 178页，银河系的心脏 297页，米歇尔（目录）335页。

THE TRIUMPH OF TECHNOLOGY

1975–PRESENT

科技的胜利
1975年—现在

NASA发射了两艘“旅行者号”宇宙飞船，执行探测外行星的任务。

1977年

美国天文学家维拉·鲁宾公布的数据显示，星系的旋转速度表明有不可见的暗物质存在。

1980年

哈勃太空望远镜进入轨道。它提供了最好的可见和近可见光谱图像。

1990年

1979年

美国宇宙学家艾伦·古斯认为，早期宇宙经历了一段快速膨胀期。

1986年

美国人徐遐生及其同事提出了一种新的恒星形成模型。

1995年

第一颗褐矮星被发现，证实了1962年希夫·S.库马尔的理论预测。

天文学的大多数重大发现都是由于技术进步而得以实现的。近几十年的科技发展为从太空收集辐射和处理大量数据提供了强有力的工具，使发现的步伐以惊人的速度加快。特别是微电子和计算机处理能力，在过去40年里带来了新的发现契机。

望远镜和探测器

位于智利安第斯山脉的欧洲南方天文台（ESO）于1989年启用的新技术望远镜（NTT）就是一个革命性的望远镜的例子，它后来成为标准设备。它的主镜和副镜都是可弯曲的，但是却能通过一个由计算机控制的支撑器——促进器组成的支撑网来保持其精确的形状。

ESO选择了智利，是因为这里是天文学家在全世界彻底搜索后趋之若鹜的地方之一，他们要在天气晴朗，空气静止、干燥，没有光污染的地方寻找最佳台址。另一个重要的天文台址是1967年在夏威夷大岛的莫纳克亚火山山顶上建立的。这一重要台址现在拥有13台望远镜。

直到20世纪70年代早期，所有的天文成像仍然是通过传统的照相方法进行的。然后，在20世纪70年代中期，一种全新的电子图像记录方式成为现实。这就是电荷耦合器件（CCD）。CCD是一种具有光敏像素的电子电路，当光子落在它上面时，它就会产生电荷。它在感应微弱光线和精确记录物体亮度方面远远优于照相技术，而且它还能观测到以前由于太过暗弱而无法

我们需要确定量子引力理论，它是大统一理论的一部分而且是主要缺失的部分。

——基普·索恩

1995年

瑞士天文学家迪迪埃·奎洛兹和米歇尔·麦耶发现了第一颗围绕类太阳恒星运行的系外行星。

1998年

发现宇宙膨胀正在加速，表明确实存在一种神秘的暗能量。

2012年

NASA的“好奇号”火星车在火星着陆并开始探测火星表面。

2013年

欧洲南方天文台开启了它的阿塔卡玛大型毫米波天线阵，这是一个位于智利的巨型射电望远镜。

2015年

经过11年的旅程，NASA的“新视野号”宇宙飞船与冥王星亲密接触，揭示了冥王星冰冷表面的细节。

2016年

LIGO宣布探测到了引力波，证实了爱因斯坦的广义相对论。

探测到的天体，比如海王星外的柯伊伯带中小而冰冷的星体。

计算能力

快速、可靠的计算机和巨大的数据存储能力不仅是望远镜及其仪器构造的关键，也是理解它们所收集的天文数据的关键。斯隆数字巡天计划是一个重要的项目，自2000年开始以来，它已经收集了大约5亿个天体的信息。这个数据库已被用来创建三维太空地图，以显示星系如何分布在整个宇宙中，并揭示其中最大的结构。

计算机对理论家来说也是必不可少的。巨大的计算能力使我们有可能通过创建基于物理定律的仿真模拟来深入了解观测结果告诉我们的宇宙运行方式。例如，计算机使科学家能够模拟太阳系形成和演化的方式。

太空探测现在已经延伸到了太阳系的边缘，在某种程度上，行星系统中没有任何区域是未被探测过的。2015年，“新视野号”宇宙飞船掠过了冥王星，目前正在穿过柯伊伯带；而1977年发射的“旅行者号”飞船现在正从星际空间发回数据。随着互联网的出现，宇宙飞船也可以被实时跟踪，因此，哈勃太空望远镜和火星上“好奇号”漫游者的最新图像可以即时获得。

里程碑式的发现

在最近几十年对我们的理解产生影响的众多发现中，有三个是突出的。1998年关于宇宙膨胀正在加速的惊人发现表明，我们在基础理论方面还有差距。相比之下，2016年探测到的引力波证实了爱因斯坦100年前的理论预测。与此同时，1995年第一颗太阳系外行星的发现，以及此后数千颗行星的发现，为寻找外星生命注入了活力。甚至可以说未来20年可能会是什么样子我们都无法推测。■

巨行星之旅

探测太阳系

背景介绍

关键组织：

NASA（旅行者任务）（1977年—）

此前

1962年 “水手2号”首次飞越金星。

1965年 “水手4号”首次访问火星。

1970年 “金星7号”首次登陆金星。

1973年 “先锋10号”是第一艘穿越小行星带前往木星的宇宙飞船。

1976年 “海盗1号”从火星表面发回图片。

此后

1995年 “伽利略号”进入木星轨道。

1997年 “旅居者号”火星车首次登陆火星。

2005年 “惠更斯号”探测器降落在了土卫六上。

2015年 “新视野号”探测器首次飞越冥王星和冥卫一。

搭载“旅行者1号”飞船的泰坦3E火箭发射升空。泰坦3E是当时最强大的运载火箭。

1977年8月20日，“旅行者2号”宇宙飞船从佛罗里达州的卡纳维拉尔角发射升空。两周后，它的姐妹“旅行者1号”发射升空，从此开始了人类对太阳系最雄心勃勃的探测。这次发射是十多年工作的成果。其核心任务为期12年，但星际任务仍在继续。

走向行星际

20世纪60年代初，苏联和美国的航天机构都在向其他星球发射探测器。失败的次数比成功的次数要多，但在十多年后，机器人宇宙飞船开始传回金星和火星的近距离图像。NASA的飞船是水手计划的一部分，主要由加利福尼亚的喷气推进实验室（JPL）运作。JPL的数学家们完善了“飞掠”的技术——发射一艘飞船，让它近距离飞过一颗行星，虽然它会因速度太快而无法进入行星轨道，但也足以拍摄和观察到这颗行星。1965年夏季，在JPL工作的研究生加里·弗兰德罗接到了一项任务：找出前往外行星的路线。他发现，到1978年，所有外行星都将位于太阳的同一侧。他的计算表明，这种情况自1801年以来就没有发生过，且直到2153年才会再次发生。

弗兰德罗看到了进行外太阳系大巡游的机会，但是所涉及的距离远远超出了当时宇宙飞船的能力。1965年，火星是当时距离地球最近的行星，距离为5,600万公

参见: 其他星球上的生命 228~235页, 星云假说 250~251页, 系外行星 288~295页, 了解彗星 306~311页, 研究冥王星 314~317页。

里，而海王星距离地球40亿公里，去那里旅行一次需要花上好几年的时间。

了解行星的最好方法是向它们发射机器人航天器。

所有的外行星都将在短时间内相互靠近。

可以在这段时间内发送探测器来进行研究它们的“大巡游”。

旅行者计划对这些巨行星进行了一次“大巡游”。

行星弹弓

为了飞越所有的行星，进行大巡游的宇宙飞船将不得不多次改变航向。弗兰德罗的计划是利用重力帮助飞船从一个星球飞到另一个星球。这也被称为引力弹弓。苏联的“月球3号”首先使用了引力辅助推进。1959年，“月球3号”被“弹”到了绕月球较远的一侧飞行，并在飞行过程中进行了拍摄。但引力弹弓从来没有被用来引导宇宙飞船远离地球。计划中的弹弓要求飞船正面接近这颗行星，并与行星的轨道运动方向相反。当飞船绕着行星旋转时，行星的引力会使飞船加速。然后，飞船会在进入太空时再次减速，并转身。如果忽略行星的运动，飞船的逃逸速度将或多或少等于它的接近速度。然而，考虑到行星的运动，飞船离开时的速度大约是行星自身速度的2倍。弹弓不仅可以改变飞行器的飞行方向，还可以使其加速飞向下一个目标。

这幅印象画展示了太空中的“旅行者1号”。这艘飞船和它的孪生姐妹“旅行者2号”通过一个3.7米的天线发射和接收无线电波与地球通信。

进行大巡游

1968年，NASA成立了外行星工作组。外行星工作组提出了行星大巡游计划，即派遣一艘宇宙飞船访问木星、土星和冥王星，另一艘前往天王星和海王星。该计划需要一艘新的远程宇宙飞船，而且成本

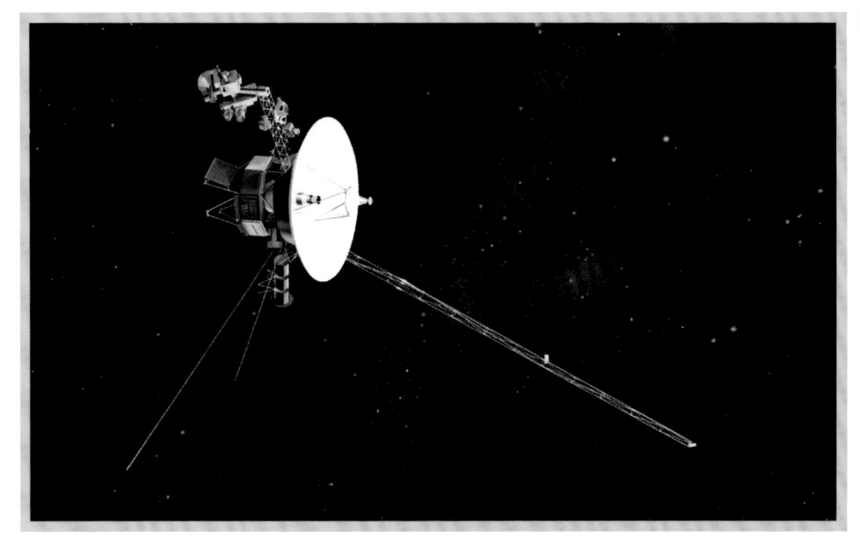

这是一个每176年才出现一次的机会，我们为此做好了准备。由此产生了迄今为止最伟大的行星探测任务。

——查尔斯•科尔哈泽

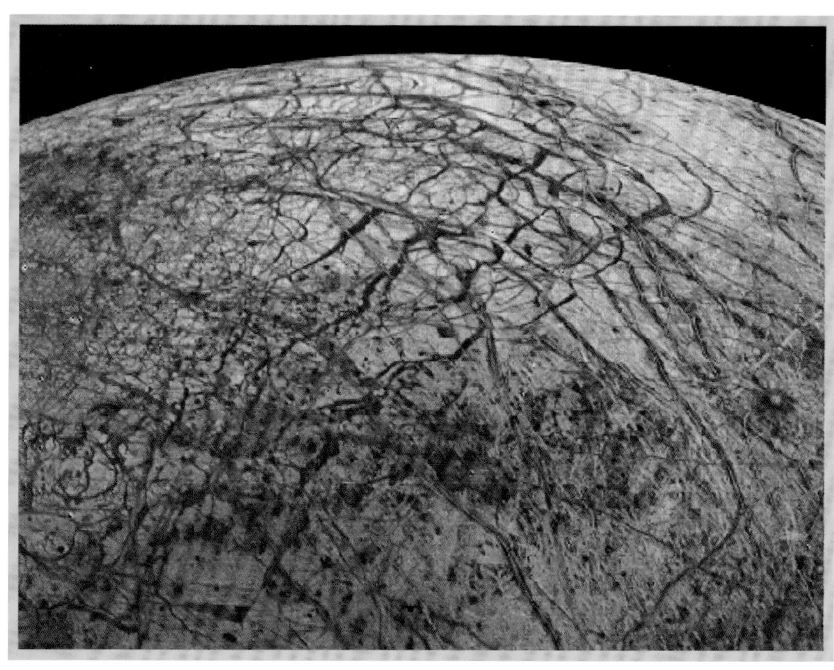

“旅行者2号”拍摄了木星的卫星欧罗巴。卫星表面覆盖着一层厚厚的冰壳，冰壳已经破裂并被来自卫星内部的物质填满。

节节升高。1971年，NASA取消了这次大巡游计划，因为它需要金钱来资助航天飞机项目。

对外行星的探测工作又回到了水手计划。这次任务被命名为“水手木星-土星”计划，或简称为MJS77计划（77指发射年份）。为了降低成本，旅行规划中去掉了冥王星。取而代之的规划是土星巨大的卫星——土卫六（泰坦）。泰坦被认为比遥远的冥王星更有趣。它比水星还大，在当时被认为是太阳系中最大的卫星。它也是已知的唯一拥有自己大气层的卫星。这一变化意味着这次任务的预算将用于两大气态行星的探测，而不是一次大巡游。然而，代号为JST的宇宙飞船会有一艘备用的JSX。X代表一个未知数。如果JST失败，JSX的任务也将包括木星和土星。但如果JST完成了它的任务，那么JSX将前往天王星和海王星。

“旅行者1号”在木星的卫星木卫一上拍摄到了150公里高的火山喷发。由于受到木星引力的强烈影响，木卫一是太阳系中火山活动最频繁的地方。

任务概要

1974年，任务设计经理查尔斯·科尔哈泽开始为MJS77任务制定总体规划。他必须考虑每一个方面，从航天器的设计、大小和发射系统，到它们在飞行途中可能遇到的许多变数——辐射水平、光照条件和改变任务的可能性。科尔哈泽和他的团队花了8个月的时间，最终确定了两条符合所有标准的轨道。

科尔哈泽和MSJ77的其他工作人员都不喜欢这个名字。随着发布日期的临近，他们组织了一场新名字的竞选。流浪者和漫游者进入了候选名单，但当这两艘完全相同的飞船准备就绪时，它们被命名为“旅行者1号”和“旅行者2号”。这两艘“旅行者号”宇宙飞船各重720公斤，几乎比以往任何一艘飞离地球的飞船都重。其中约100公斤是科学设备，包括两台照相机、磁场传感器、光谱仪（用于分析光及其他辐射以显示大气中存在哪些化学物质）和粒子探测器（用于调查宇宙射线）。此外，无线电系统可以用于各种各样的实验，如探测行星大气和土星环。宇宙飞船的轨道将由16台联氨推进器控制。然而，在小行星带之外的地方，由于太暗，太阳能电池板无法为航天器提供足够的电力，而且电池的使用时间也不够长。这个问题的解决方案就是使用放射性同位素热电发电机（RTG）形式的核电池，电池被安装在一根吊杆上，以使它们与敏感设备分隔开。每台RTG包含24个释放热量的钚球，通过热电偶将其转化为电流。这样构建的供电系统可使用约50年。

木星及其卫星

到1977年12月，“旅行者1号”已经超越了“旅行者2号”。“旅行者2号”的飞行轨迹更接近圆形，它在1978年1月到达木星系统。“旅行者1号”大部分的重要发现都是在1978年3月5日前后的48小时内疯狂完成的。当时它离木星最近，距离木星的云顶只有349,000公里。除了传回图像，“旅行者1号”还分析了这些云的成分，并测量了这颗行星的巨大磁场。结果也表明木星有一个微弱的光环系统。最令人难忘的发现来自“伽利略号”卫星的飞掠。这些不是荒凉的、坑坑洼洼的球体，而是活跃的世界。木卫一的照片显示了有史以来最大规模的火山喷发，将火山灰喷入了轨道。对木卫三最新的测量结果显示，它的体积甚至超过了土卫六。而木卫二那光滑且诡异的淡黄色圆盘似的图像则让天文学家困惑不已。“旅行者2号”在一年多之后抵达木星，虽然没有“旅行者1号”距离木星那么近，但它拍摄了一些该任务中最具标志性的木卫一凌木星图像。“旅行者2号”还对木卫二进行了更近距离的观察。它发现木卫二上覆盖着一层被裂缝撕裂的水冰壳。后来的分析表明，这些裂缝是由地壳下的液体海洋上涌造成的。据估计，

“旅行者2号”拍摄的土星环图像显示了一个由小卫星组成的复杂结构，这些小卫星的直径都不超过5～9公里。

下一个十年的后半段充满了有趣的多种行星参观机遇。特别令人感兴趣的是1978年的“大巡游”，它将使对太阳系所有外行星的近距离观测成为可能。

——加里·弗兰德罗

"旅行者2号"传回了这张海王星的冰卫星海卫一（特里同）的照片。飞船在飞越的过程中，只能看到南极的冰盖。它是由冻结的氮和甲烷组成的，反光性很强。

该海洋的含水量至少是地球的两倍，科学家们认为，木卫二是存在外星生物的主要候选者。

土卫六和土星

到1980年11月12日，"旅行者1号"从距离土星大气层124,000公里的位置掠过。在接近过程中，尽管仪器出现了一些故障，但它仍然揭示了由数十亿块水冰组成的土星光环的细节，光环的有些地方只有10米厚。在接近土星之前，科尔哈泽已经派遣"旅行者1号"拜访过土卫六，以防止土星大气层和土星光环对这一关键阶段造成任何危害。宇宙飞船在土卫六后面荡漾，这样太阳的光线就可以穿透土卫六大气层，方便测量大气层的厚度和成分。

随后飞船由土卫六轨道掠过土星的极点，飞向太阳系的边缘。

"旅行者2号"于1981年8月抵达土星，更详细地研究了土星的光环和大气，但它的照相机在飞越过程中失灵了。幸运的是它被恢复了，并得到了继续向着冰巨星前进的命令。

天王星和海王星

"旅行者2号"是唯一访问过冰巨星天王星和海王星的飞船。从土星到天王星它花了4.5年的时间，它在那里经过了浅蓝色大气上方81,500公里的高度。它观察了这颗行星的薄环，发现了11颗新卫星，它们现在都以莎士比亚笔下的人物命名，这也是天王星卫星的命名规则。在这颗相对平静的星球上，最令人好奇的是它的自转轴的倾斜，大约是90°。因此，天王星并没有在它运行的公转轨道上自转，而是绕着太阳"滚动"。

"旅行者2号"最后停靠的港口是海王星，于1989年8月到达。

查尔斯·科尔哈泽

查尔斯·科尔哈泽出生在田纳西州的诺克斯维尔，毕业时获得了物理学学位。在1960年加入喷气推进实验室之前，他曾在美国海军短暂服役。在加入"旅行者"团队之前，他把毕生的探索热情都投入了"水手号"和"海盗号"项目中。1997年，科尔哈泽离开"旅行者号"，之后他设计了"惠更斯号"的土星之旅。2005年，"惠更斯号"在土卫六表面成功着陆。在20世纪70年代末，他与计算机艺术家合作，制作了精美的太空任务动画，以提高公众对NASA工作的理解度。如今，科尔哈泽已经退休，但他仍然参与了几个融合艺术和空间科学的项目，旨在教育和激励下一代火箭科学家和星际探索者。

主要作品

1989年 《"旅行者号"海王星旅行指南》

“旅行者号”飞船携带的金质唱片包括精选的音乐，55种不同语言的问候，以及人类、动物和植物的图像。

在这颗深蓝色的行星上发现了太阳系中最强的风，风速可达2,400公里/小时——比地球上任何风都要强劲。“旅行者号”的任务控制人员在行星任务接近尾声时放弃了警戒。在没有考虑最终轨道的安全性的情况下，“旅行者2号”被重新定向并直接飞过海王星的卫星海卫一。巨大的冰卫星的图像显示，从卫星表面喷出了大量的泥浆。

继续执行任务

旅行者计划仍在继续，两艘飞船仍与NASA保持联系。到2016年，“旅行者1号”距离地球200亿公里，“旅行者2号”距离地球160亿公里。飞船每年自转六次来测量周围的宇宙射线。这些数据显示飞船正在接近日球层的边缘。日球层是受太阳影响的空间区域。不久它们将进入星际空间，测量来自古代恒星爆炸的宇宙风。

到2025年，这两艘飞船将会关闭电源，永远安静下来，但它们的任务可能还没有完成。由卡尔·萨根担任主席的一个委员会为镀金留声机唱片（它的模拟槽线比数字格式更易于阅读）选择了内容。这些内容包括来自世界各地的问候、地球的声音和景象，以及人类的脑电波。这张唱片是人类给予外太空文明的一张名片。“旅行者号”并没有前往任何恒星系；最接近的将是4万年后“旅行者1号”从距离一颗恒星1.6光年的地方经过。很有可能，它们将永远不会被智慧生命发现，但这些金质唱片象征着两艘星际飞船被送上太空的希望。■

只有星际空间中存在先进的外太空文明，飞船才会遇到外太空文明并播放唱片。但是，把这个“瓶子”发射到宇宙的“海洋”中，说明了这颗星球上的生命充满了希望。

——卡尔·萨根

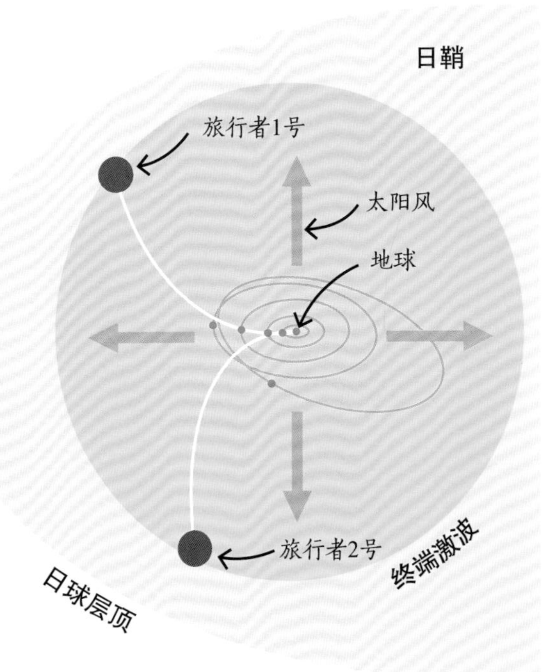

2005年，“旅行者号”已经到达了终端激波区，进入了日鞘区。在那里太阳风与星际介质（恒星系空间的物质）混合，速度变慢并形成湍流。2016年，它们已经接近日球层顶，在那里太阳风被星际介质所阻挡。

看不见的大部分宇宙

暗物质

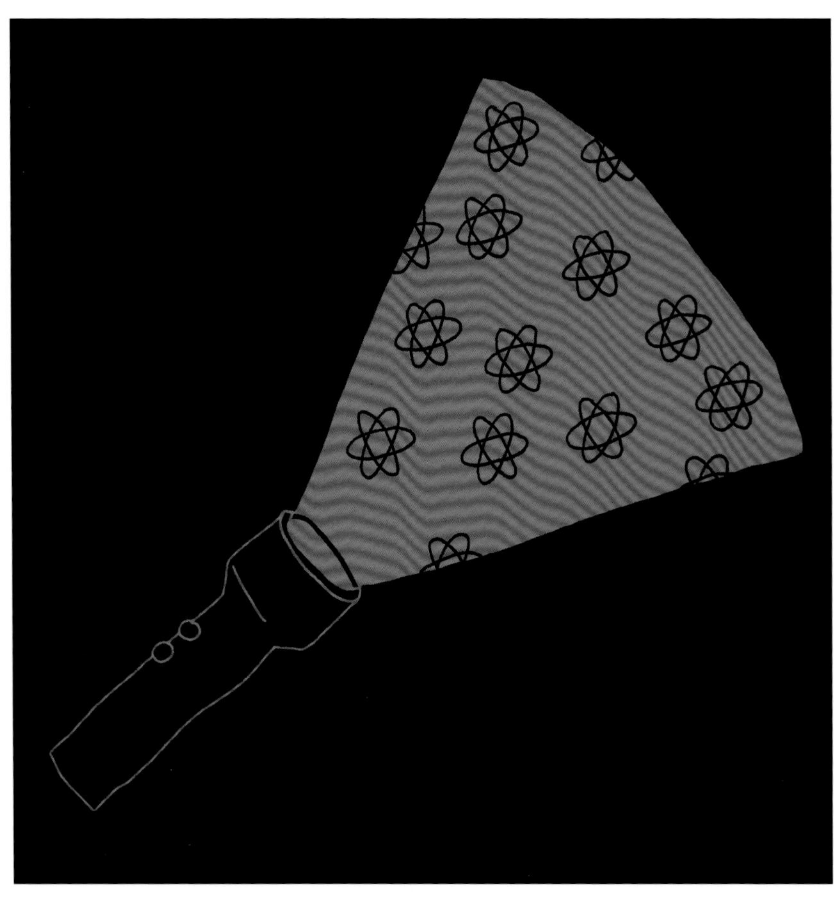

背景介绍

关键天文学家：

维拉·鲁宾（1928—2016年）

此前

1926年 贝蒂尔·林德布拉德计算出了银河系可能的形状。

1932年 简·奥尔特发现银河系的转速与假定的质量不符。

1933年 弗里茨·兹威基提出宇宙大部分是由黑暗且看不见的物质构成的。

此后

1999年 人们发现暗能量正在加速宇宙膨胀。

2016年 LIGO实验探测到了引力波，这为绘制暗物质在宇宙中的分布图提供了一种新方法。

艾萨克·牛顿的万有引力定律足以计算卫星发射入轨、宇航员登月、将宇宙飞船送上行星的宏伟旅程。牛顿清晰的数学方法在太阳系尺度的大多数情况下都能获得很好的结果，但在更大的宇宙尺度上就失效了；而此时就需要用爱因斯坦相对论的引力理论来解决（参见第146～153页）。然而，牛顿的万有引力定律为揭示天文学中最大的谜团之一——暗物质提供了所需要的全部理论方法。1980年，美国天文学家维拉·鲁宾提出了暗物质存在的明确证据。多亏了鲁

参见: 引力理论 66~73页, 引力扰动 92~93页, 银河系的形状 164~165页, 超新星 180~181页, 奥尔特云 206页, 暗能量 298~303页。

我们成了天文学家，以为自己在研究宇宙，而现在我们知道，我们只是在研究那5%的发光体。

——维拉·鲁宾

宾，普通大众才知道宇宙的大部分似乎都消失了。

在整个20世纪六七十年代，天文学被大规模的项目所主导，研究人员经常在世界的偏远地区使用大型仪器来搜寻奇异的天体，如黑洞、脉冲星或类星体。与之相反，鲁宾正在寻找一个研究领域，可以让她留在她的家乡华盛顿特区抚养她的四个孩子。她选择研究星系的旋转，特别是观察星系外部区域的异常行为。

快速旋转的旋涡

鲁宾解决的问题是，附近星系中巨大的星盘并没有按照牛顿万有引力定律的方式移动，它们的外围区域移动得太快了。这种“怪事”并不是什么新鲜事，但在此之前，它在很大程度上被忽视了。

20世纪20年代，当贝蒂尔·林德布拉德和其他人证明了银河系以及其他许多星系是围绕着一个中心点运动的恒星圆盘时，人们就可以认为银河系以及其他星系一样都是轨道系统。在太阳系中，近日天体的轨道运行速度比远日天体的快得多，所以水星的移动速度比海王星的快得多。按照牛顿万有引力定律理解，这是由于引力随着距离的平方而减小造成的。把行星的速度与它们到太阳的距离绘制成图，就形成了一条平滑向下的“旋转曲

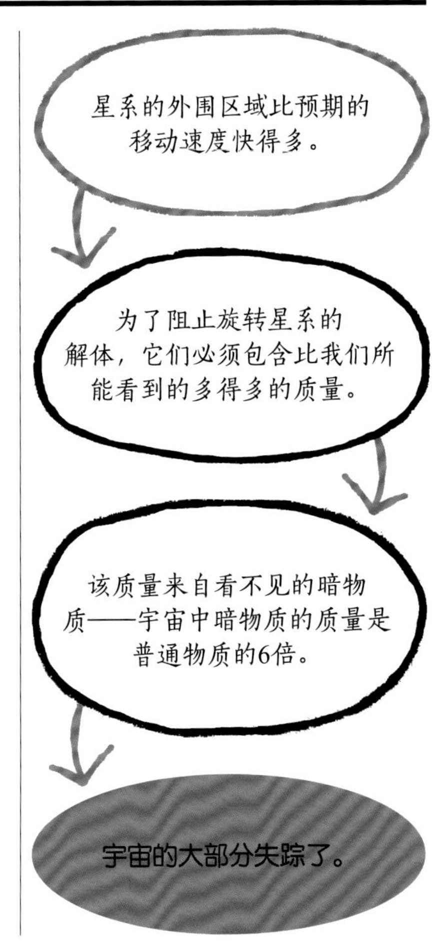

维拉·鲁宾

鲁宾出生在美国费城，她在纽约北部的瓦萨学院获得了她的第一个学位，然后又申请去普林斯顿大学。她的申请未得到回应，因为直到1975年，女性都被禁止参加该大学的天文学研究生课程。后来鲁宾在康奈尔大学继续她的学业，并师从理查德·费曼和汉斯·贝特等大师。随后，她在乔治·伽莫夫的指导下，在华盛顿特区的乔治敦大学获得了博士学位。她的论文发表于1954年，得出了星系会聚集在一起的结论。这一事实直到20世纪70年代后期通过约翰·修兹劳的研究才得到充分的探索。在马里兰的一所大学任教后，鲁宾回到了乔治城，然后于1965年搬到了华盛顿的卡内基学院。就是在这里她完成了关于星系旋转的研究工作，从那时起她就一直留在那里。

主要作品

1997年 《明亮的星系——暗物质》

线”。绘制离银河系中心不同距离恒星的轨道速度应该会得到类似的曲线。

1932年，荷兰天文学家简·奥尔特成为第一个提供观测证据的人，他证明了银河系是一个由旋转的恒星旋涡组成的单一轨道系统，其中太阳的公转周期为2.25亿年。然而，在计算过程中，奥尔特发现，星系的运动表明它的质量是可见恒星总质量的两倍。他认为一定有某些隐藏的质量来源。一年后，美国人弗里茨·兹威基在研究后发现了星系团（Coma Cluster）中星系的相对运动。星系的运动表明可见物质的质量并非那里唯一物质的质量。他将丢失的物质命名为Dunkle Materie（德文的意思为“暗物质”）。

奥尔特早期的测量是不准确的，而兹威基最初的估计是暗物质比可见物质多400倍——这是一个巨大的高估。这使得他们的发现被当作测量误差而不予考虑。1939年，美国人霍勒斯·巴布科克再次发现了仙女座星系旋转的异常现象并提出：来自失踪物质的光通过某种机制被星系核心吸收了。

银河旋转曲线

20多年后，鲁宾又回到了星系旋转的问题上。和巴布科克一样，她选择了关注仙女座星系的旋转。仙女座是离银河系最近的星系。她和她在华盛顿卡内基研究所的同事肯特·福特一起测量了仙女座星系外围天体的速度。他们用一台灵敏的摄谱仪做了这项工作，这使他们能够探测到天体的红移和蓝移，并计算出它们离开地球和接近地球时的相对速度。

经过几年缓慢而细致的工作，鲁宾获得了足够的数据来绘制仙女座星系的旋转曲线。仙女星系曲线的速度数据与距离保持相当水平，而不是像太阳系曲线那样向下俯冲。这意味着仙女座星系的外围区域与靠近星系中心的区域移动速度相同。如果星系的质量被限制在用望远镜可以观测到的范围内，那么仙女座星系外围区域的速度将会比逃逸速度更快，它们应该会直接飞向太空。然而，它们显然是被星系的整体质量控制住了。鲁宾计算出，保持外围区域在轨道上运行所需的星系总质量大约是可见质量的7倍。现在人们认为可见物质与暗物质质量的比例大约是1∶6。

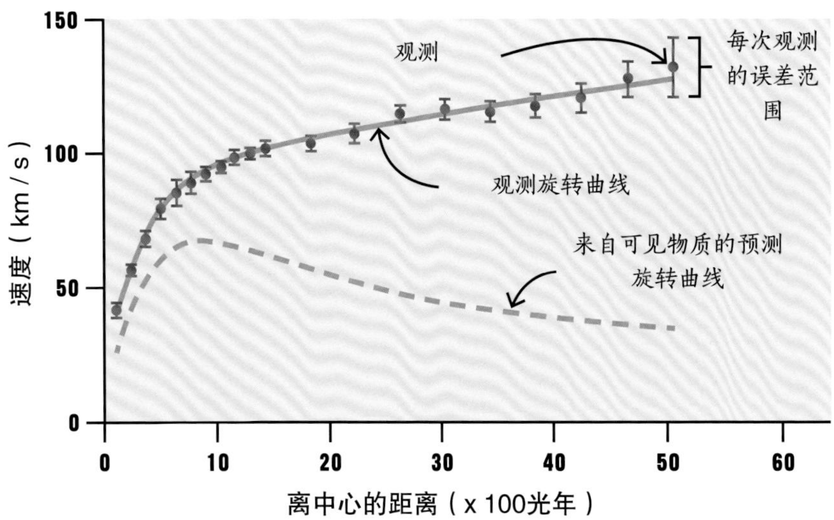

在没有暗物质的情况下，星系外层区域中天体的速度比观测的速度慢。在这里，观测到的旋转曲线与从可见物质预测的曲线形成了对比。

任何观测问题都需要更多的数据来解决。

——维拉·鲁宾

什么是暗物质?

1980年广泛传播的鲁宾星系旋转曲线是暗物质存在的视觉证据。随着证据的进一步增加，关于它可能是什么的谜团仍然存在。暗物质不能被直接观测到，但是它的影响是可被检测到的，而唯一能检测到的影响就是它的引力。它不与电磁力相互作用，也就是说它不吸收热、光或其他辐射，也不发射任何辐射。暗物质可能是完全看不见的。

暗物质可以作为证据，来证明我们的宇宙是众多相邻存在的宇宙中的一个，存在于单独的空间维度中，存在于类似气泡的多元宇宙中。

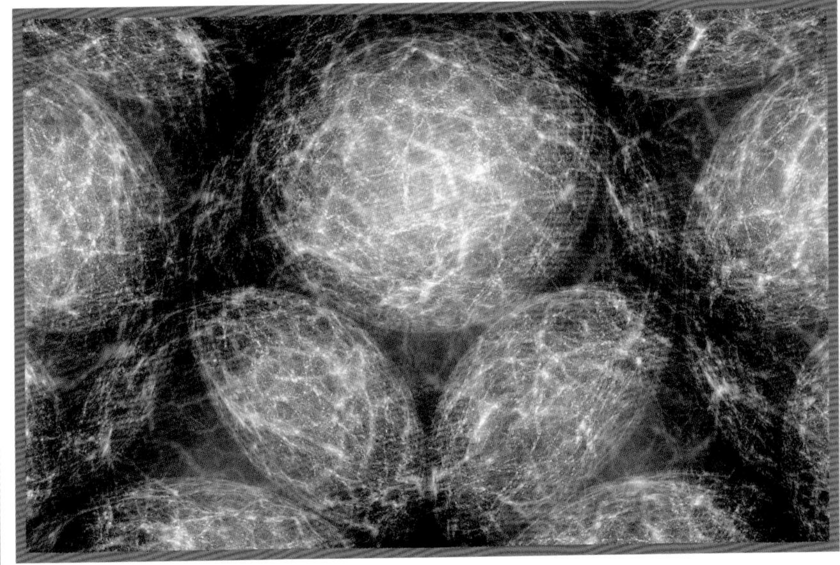

可能的来源

关于暗物质问题最简单的解释也是最直白的。它由密度极高的普通物质组成，由于太暗而无法被观测到。天文学家将这些大质量的天体物理致密晕天体称为MACHO。MACHO包括黑洞、中子星、白矮星和褐矮星等天体。它们占据着星系晕，这是一个围绕着主要且发光的星系盘的、黑暗而弥散的区域，这就是为什么很难看到它们的原因。MACHO显然是存在的，但根据目前的估计，它们只占暗物质的很小一部分。另一类观点认为暗物质是弱相互作用大质量粒子（WIMP）。这个概念很大程度上基于粒子物理学中一个叫作超对称性的概念。它对能量和普通物质提出了一种新的解释。能量和物质构成了两个截然不同的亚原子粒子群。超对称理论认为，这些粒子群会有相互作用主要得益于“超级粒子”的活动。WIMP可能是在宇宙早期从它们的伙伴那里逃脱的粒子，也可能是一直存在的物质。

最后，暗物质可能是存在于不同于这个宇宙的空间维度上的另一个宇宙或多个宇宙的可见效应。它们的物质可能非常接近，相隔只有几厘米远，但由于每个宇宙的辐射都被困在自己的时空内，因此一个宇宙永远无法看到另一个宇宙。然而那个隐藏的宇宙中物质的引力效应通过时空的扭曲渗入了这个宇宙中。

为暗物质提供解释仍然是天文学中最重要的事情之一。然而，在1999年，一个可能更令人困惑的现象被发现了。人们发现宇宙中68%既不是物质，也不是暗物质，而是所谓的暗能量。宇宙中暗物质占27%，可见物质仅占5%。■

在这张哈勃太空望远镜拍摄的图片的边缘，有一个巨大的暗物质环，它是很久以前在两个巨大的星系团的碰撞中形成的。

目前，我们很可能称它们为DUNNOS（某处暗的、未知的、不反射的、无法探测的物体）。

——比尔·布莱森

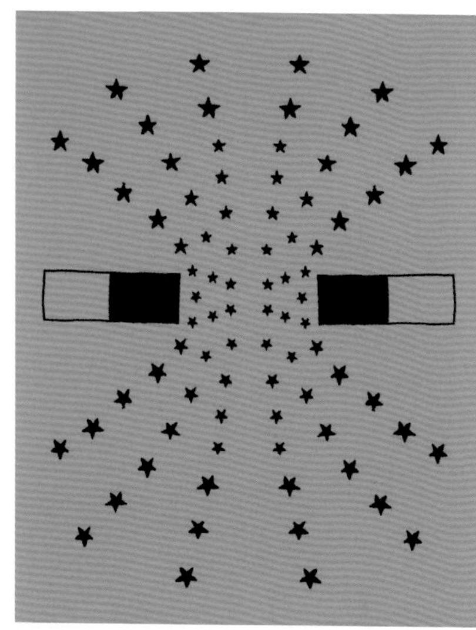

负压力产生反重力

宇宙膨胀

背景介绍

关键天文学家：

艾伦·古斯（1947年—）

此前

1927年 乔治·勒梅特提出，宇宙诞生自一个原始原子。这就是后来的大爆炸理论。

20世纪40年代 乔治·伽莫夫和拉尔夫·阿尔弗描述了早期宇宙中氢和氦元素是如何形成的。

1964年 宇宙微波背景被发现是大爆炸的残存物。

此后

1999年 宇宙学家发现暗能量正在加速宇宙膨胀。

2014年 BICEP2撤回了发现宇宙膨胀证据的说法。

2016年 LIGO探测到了引力波，提供了一种观察时空结构的新方法。

到20世纪70年代，宇宙学家一直在努力解决大爆炸理论带来的各种问题。为了解决这些问题，艾伦·古斯提出了早期宇宙快速膨胀的阶段，这是由量子理论预测的效应所引起的。

谜题

大爆炸理论的第一个问题来自大统一理论（GUT）。它描述了宇宙的力量（除了引力）是如何在大爆炸后几分之一秒内产生的。直觉预测，这时的高温会使宇宙产生奇异的特征，比如所谓的磁单极子（只有一个磁极的粒子）。然而，没有任何发现表明宇宙冷却的速度比预期的要快。

第二个问题是空间如此“平坦”，这意味着它是按照“正常的”欧几里得几何学扩展的（见第273页图）。一个平坦的宇宙只有在早期宇宙的密度达到某个临界数字时才会出现。密度稍微改变一下就会形成弯曲的宇宙。

最后一个问题是视界问题。来自可观测宇宙边缘的光，经过整个宇宙的生命历程才到达地球。由于光速是恒定的，科学家们知道它没有时间照射到宇宙的另一端，因此，如果光、能量或物质从未在宇

宇宙大爆炸理论预测了当前宇宙中看不到的特征。

宇宙大爆炸后的第一阶段可能是一个被称为暴胀的快速膨胀时期。

暴胀解释了宇宙的许多特征，但没有证据表明它是正确的。

参见: 宇宙的诞生 168~171页，原始原子 196~197页，搜找大爆炸 222~227页，引力波 328~331页。

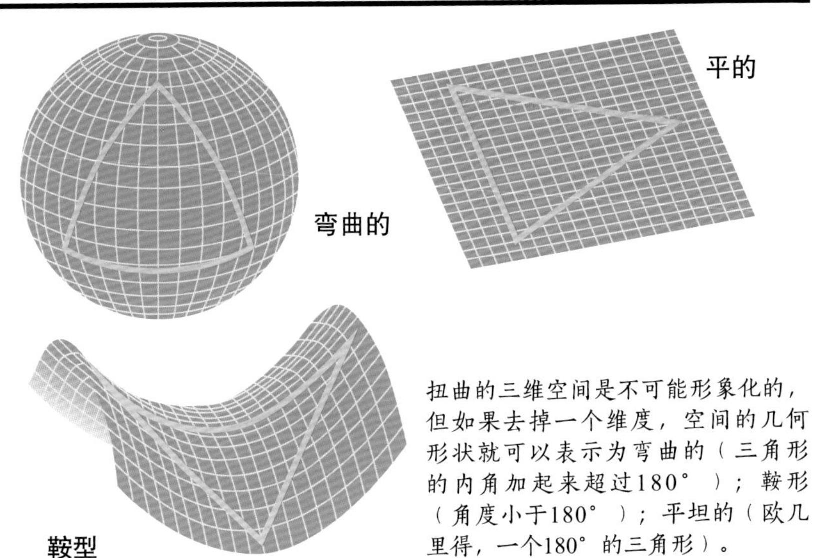

扭曲的三维空间是不可能形象化的，但如果去掉一个维度，空间的几何形状就可以表示为弯曲的（三角形的内角加起来超过180°）；鞍形（角度小于180°）；平坦的（欧几里得，一个180°的三角形）。

宙的边缘之间穿过，那么就留下了一个谜题：为什么宇宙在各个方向上都如此相似。

解决方案

古斯对这些问题的理论解决方案利用了一种被称为“假真空”的量子效应，以使早期宇宙膨胀起来。在这种量子效应中，随着空间的膨胀，正物质能被创造出来，而引力的增加（负能量的一种形式）也能平衡正物质能。在大爆炸后的10～35秒，宇宙空间的尺寸翻了100倍，从亚原子粒子的十亿分之一大小变成了弹珠大小。这意味着，在一开始，宇宙边缘足够接近从而可以混合变得均匀，这就解决了视界问题。在暴胀期间，空间的扩张速度比光速还快（光速只是穿过空间的速度限制）。暴胀迅速冷却了宇宙，从而解决了GUT的问题并锁定了今天看到的均匀性。最终，因为宇宙的密度达到了平坦宇宙所需要的值，暴胀结束了。2014年，在南极进行的BICEP2实验报告了与宇宙暴胀一致的空间涟漪。然而这一说法很快就被撤回了。宇宙暴胀尚未得到证实，但它是目前关于大爆炸的最佳理论。■

宇宙学的最新发展强烈地暗示，宇宙可能是最终的免费午餐。

——艾伦·古斯

艾伦·古斯

艾伦·古斯出生于新泽西州，1972年获得博士学位，专攻粒子物理学，主要研究夸克（基本粒子）。20世纪70年代末，他在麻省理工学院、普林斯顿大学、哥伦比亚大学、康奈尔大学和斯坦福大学都工作过，当时他正在全国寻找一个长期的学术职位。在哥伦比亚大学的时候，古斯对大统一理论产生了兴趣。该理论是在1974年提出的。1978年，他在康奈尔大学听说了宇宙的平坦性问题后，开始发展他的暴胀理论。不久之后他肠胃出现了问题。在斯坦福大学的时候，他遇到了视界问题，并在1981年发表了著名的理论。他现在是麻省理工学院的教授，在那里他帮助寻找宇宙暴胀的证据。

主要作品

1997年 《暴胀的宇宙：寻求宇宙起源的新理论》

2002年 《暴胀和高精度宇宙学的新时代》

星系似乎位于泡沫状结构的表面

红移巡天

背景介绍

关键天文学家：

玛格丽特·盖勒（1947年—）

约翰·胡克拉（1948—2010年）

此前

1842年 克里斯蒂安·多普勒描述了波长如何由于相对运动而改变。

1912年 维斯托·斯莱弗发现星系会因多普勒效应而出现蓝移。

1929年 埃德温·哈勃使用红移表明了遥远的星系比近处的星系运动得更快。

1980年 艾伦·古斯提出，快速膨胀（又称为宇宙暴胀）塑造了宇宙。

此后

1998年 斯隆数字巡天发现了星系长城、星系薄片和长达数百光年的星系“细丝”。

1999年 超新星红移巡天显示宇宙的膨胀正在加速。

20世纪20年代以来，对遥远星系红移的研究揭示了宇宙的尺度和宇宙向各个方向膨胀的方式。当光源远离观测者时会发生红移（参见第159页）。20世纪七八十年代，美国天文学家玛格丽特·盖勒和约翰·胡克拉在哈佛-史密森天体物理中心进行了红移巡天，提供了一幅更清晰的宇宙图景，表明星系群围绕着巨大的真空洞。盖勒和胡克拉的工作为探索早期宇宙的性质提供了宝贵的线索。

红移观测使用宽视场望远镜来选择目标星系，目标星系通常距离我们数百万光年。天文学家将每个星系发出的光与基准波长进行比较以确定红移，从而确定光走过的距离，依此确定许多星系的位置。胡克拉在1977年开始了第一次红移巡天，到1982年完成时，他已经绘制出了2,200个星系的太空地图。

在胡克拉开始他的测量之前，人们就已经知道了星系是成团存在的。例如，银河系是至少有

玛格丽特·盖勒

1975年，玛格丽特·盖勒被普林斯顿大学授予博士学位，在1983年加入哈佛-史密森天体物理中心之前，她在多个研究机构待过。她和约翰·胡克拉一起工作，分析他的红移巡天结果。盖勒继续领导第二次红移巡天。她频繁参与公众演讲，拍摄了几部关于宇宙的电影，包括《星系在哪里》。这部电影带领观众以图形化的方式游历并观察宇宙中的大型天体。

参见：旋涡星系 156~161页，银河系之外 172~177页，宇宙膨胀 272~273页，数字天空视图 296页。

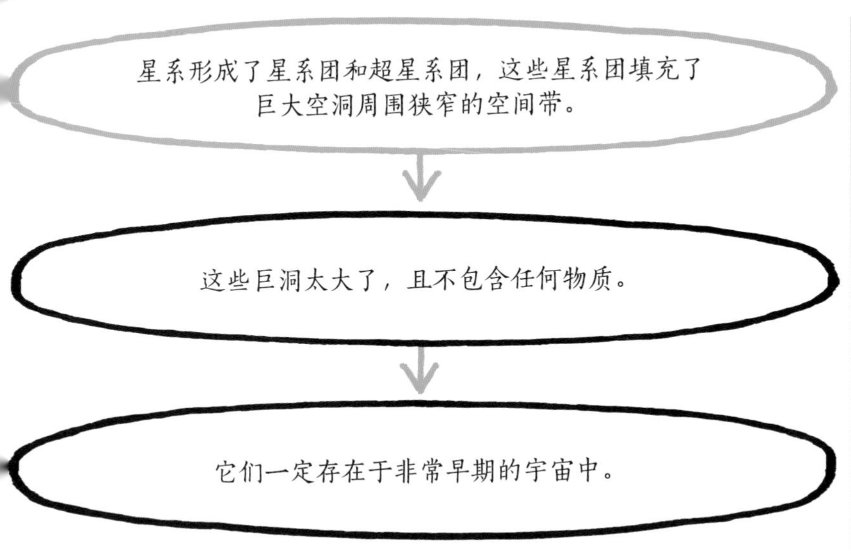

54个星系的星系群的成员之一，这个星系群被称为本星系群，大约有1,000万光年宽。星系团被假定是均匀分布的。然而，到了1980年，胡克拉通过他的红移巡天显示，几十个星系团形成了数亿光年宽的超星系团。本星系群是拉尼亚克亚超星系团的一部分，而拉尼亚克亚超星系团中还包括10万个其他星系。

星系长城

1985年，盖勒开始了第二次红移巡天，她花了10年时间绘制了包含15,000个星系的太空地图。她的测量证实，超星系团本身也排列在包围着巨大空洞的星系片和星系壁上，就像气泡表面的薄膜。1989年，她发现了超星系团组成的第一道星系长城。星系长城的确切尺寸尚不清楚，但估计有7亿光年长，2.5亿光年宽，1,600万光年厚。这是目前已知的几个超大型结构中的第一个。

空洞的尺寸使天文学家感到困惑。它们太大了，不可能被构成恒星和星系的物质的引力坍缩完全掏空，这意味着它们从宇宙诞生开始就一定是空的。宇宙学家认为超星系团和空洞的大尺度排列是宇宙膨胀时期量子涨落的“遗产”。量子涨落是空间点上能量总量的短暂变化。在宇宙诞生的最初几分之一秒内，这些微小但非常重要的不规则现象就被锁定在了宇宙的结构中，并一直持续到了今天。它们现在是由错综复杂的物质模式所渗透的巨大空洞区域。■

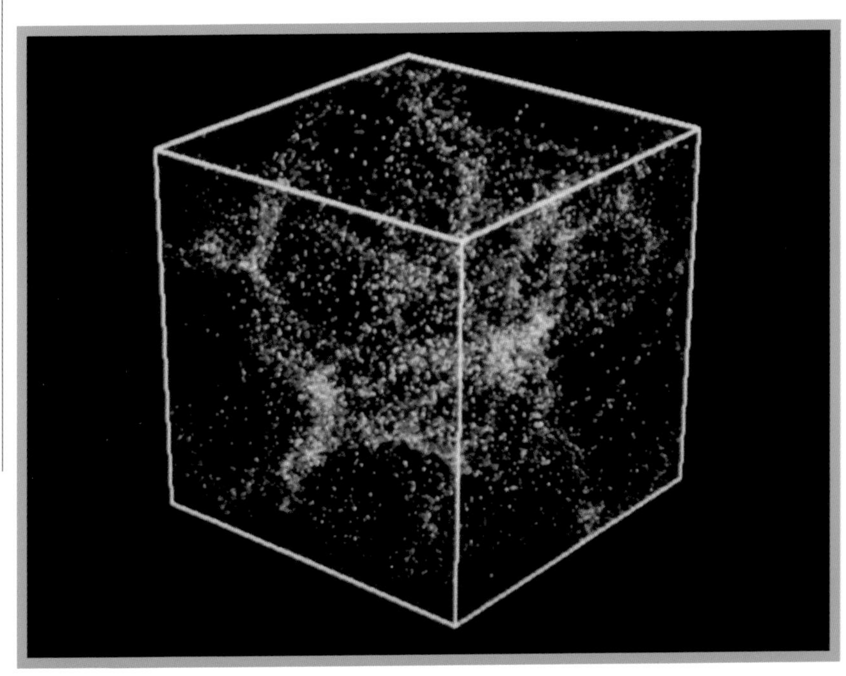

这是计算机模拟宇宙的一部分，显示了10,000个星系的分布。这些星系聚集在长长的“细丝”和“墙壁”之间，中间则是巨大的空洞。

恒星是由内而外形成的

巨分子云内部

背景介绍

关键天文学家：

徐遐生（1943年—）

此前

1947年 巴特·博克观测到了暗星云，认为它们是恒星形成的场所。

1966年 徐遐生和林家翘提出了密度波理论用以解释银河系中的旋臂。

此后

2003年 红外天文台斯皮策太空望远镜发射。它提供了迄今为止最好的“恒星托儿所”的景象。

2018年 詹姆斯·韦伯太空望远镜首次曝光，使天文学家得以研究黑暗的博克球状体内的原恒星。

恒星形成于由尘埃和气体组成的黑暗球状体中，这些球状体被称为巨分子云（GMCs）。然而，气体云转变成一颗胚胎恒星或原恒星的过程从未被观测到，一部分原因是这个过程必须花费数百万年的时间，另一部分原因则是即使是最先进的望远镜也很难穿透黑暗、致密的云团。

如果没有观测到的证据，天体物理学家们就必须为他们认为在这些暗球状体内部发生的事情建立数学模型。最可靠的恒星形成模型是由美国数学家徐遐生推导出来的。

参见：恒星组分 162~163页，恒星内部的核聚变 166~167页，能源生产 182~183页，致密分子云 200~201页，研究遥远的恒星 304~305页，琼斯（目录）337页，阿姆巴楚米扬（目录）338页。

创造之柱由巨大的气体云和尘埃构成，新的恒星在那里诞生。这张著名的照片是由哈勃太空望远镜在1995年拍摄的。

加州大学伯克利分校的徐遐生和他的同事弗雷德·亚当斯、苏珊娜·里扎诺经过20年的研究，于1986年提出了他们的模型。

由内而外模型

徐遐生的模型被称为奇异等温模型或由内而外模型。它用复杂的数学定义了气体云的动态，考虑了诸如温度、密度、电荷和磁性等因素。徐遐生的模型通过使运行过程自相似来发挥效力。使一些气体云收缩成致密的核心的初始条件，会导致出现相同的或类似的条件，从而使更多的气体加入核心，以此类推。这个过程是足够稳定的，以保证年轻的恒星一起成长。早期的模型没有成功，是因为他们没有找到平衡吸入气体和排出热量的机制。结果，这种模型随着年轻恒星的解体而终止。

巨分子云是银河系中的巨大区域，充满了氢原子及混合着尘埃和冰的分子。一般来说，一个巨分子云包含10万个太阳质量的物质，这些物质是大爆炸产生的原始气体和早已死亡的恒星残留物的混合物。巨分子云一般主要存在于星系的旋臂中。

在20世纪60年代中期，徐遐生和著名的美籍华人数学家林家翘模拟了旋涡星系的自转，并指出这些旋臂位于密度波上——恒星的“交通堵塞”。这种密度波将星际物质收入巨分子云中，从而触发了恒星的形成。密度波的影响或其他更剧烈的事件，如附近超新星爆炸

恒星是由超热的氢组成的致密球体。

它们一定是由星际空间中的氢气体云形成的。

靠近中间的物质先收缩，然后再形成外部区域。

恒星是由内而外形成的。

徐遐生的由内而外模型描述了一个巨大的分子云形成恒星的四个阶段。

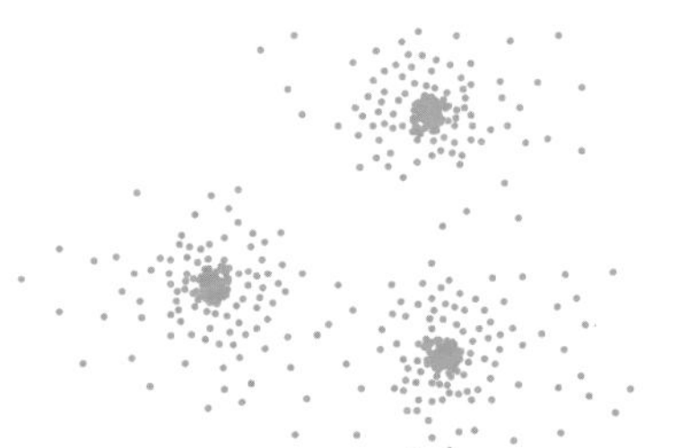

1. 随着磁压力和湍流的消散，云核在巨分子云内形成。

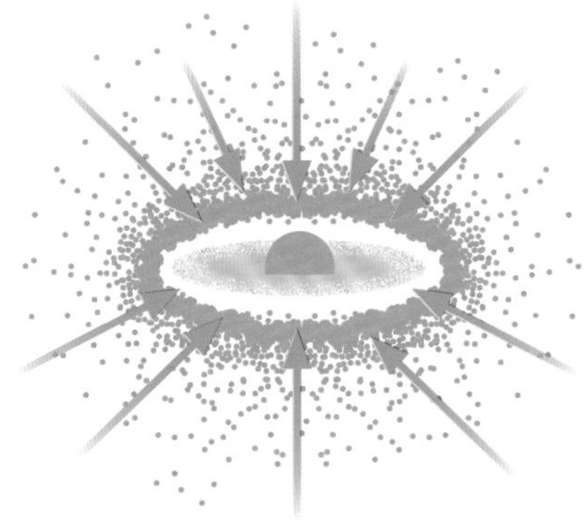

2. 在云核的中心形成了一颗周围有星云盘的原恒星，并开始由内而外坍缩。

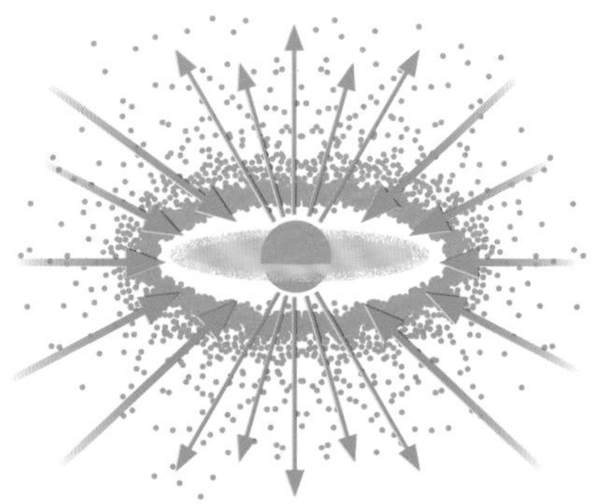

3. 恒星风顺着系统自转轴爆发，形成双极流。

4. 物质结束掉入，一颗有着星周盘的新恒星形成了。

的冲击，会使巨分子云内部产生湍流。然而，高度纠缠的磁场穿过云层，阻止了湍流撕裂云层。磁力也能防止云在自身引力作用下坍缩。

云核

在数百万年的时间里，气体云中的磁压力和湍流逐渐消散，形成了平静区域，慢慢旋转的云核形成了。若仔细观察，可以发现巨分子云并不是均匀的，而由黑暗的碎片或更致密的物质团块组成，它们被称为博克球状体。每个球状体包含几个云核。

徐遐生的模型假设云核变为一个独立的等温球体，或与之非常接近的东西。这意味着把气体球聚在一起的引力是由运动气体的向外压力和磁力来平衡的。这样的状态不可能持续很长时间，核心的引力收缩战胜了向外的压力。

云核的内部区域开始收缩，在中心形成了一个致密的气体球。这就是原恒星。原恒星的形成不是一个快速的过程，需要数百万年的时间，并且还要再过数百万年，它才能成为一颗成熟的恒星。原恒星也被一个由系统自转形成的物质圆盘包围着，一波又一波的物质从周围的气体包围圈中被拉了进来。随着每一波物质的加入，原恒星的质量和它周围扩散的盘都在增大，它的引力也随之增大。不断增加的引力稳定地将物质从更远的地方吸进来，因此这个过程被描述为“由内而外的坍缩”。

恒星聚集质量

原恒星随着密度的增加而升温，但它仍然太小、太冷，无法通过核心氢聚变来产生能量。新物质在原恒星表面落下带来的势能也增加了原恒星发出的热量。在这一阶段，原恒星只发出微弱的红外线和微波辐射，这使得它很难被看到。但原恒星最终会聚集足够的质量并开始聚变，最初只有氘——氢的一种重同位素——开始燃烧。与成熟的恒星不同，原恒星完全通过对流过程释放热量。核心的热量上升到

徐遐生

徐遐生出生在中国昆明，6岁时随父亲来到美国。他的父亲是一名数学家，在麻省理工学院工作。徐遐生跟随父亲来到麻省理工学院，并于1963年获得了物理学学士学位。在那里，他研究了旋臂的密度波理论。1968年，他搬到哈佛大学攻读天文学博士学位。徐遐生在伯克利分校的时候就在研究他的原恒星模型，当他在1986年全面回顾他的等温球体模型时，他已经是那里的天文系系主任了。如今，徐遐生是伯克利分校的终身教授。近年来，他在利用自己的天体物理学知识研究气候变化。他经常和他的研究生一起工作，他们一起被称为“徐工厂”。

主要作品

1981年 《物理宇宙》

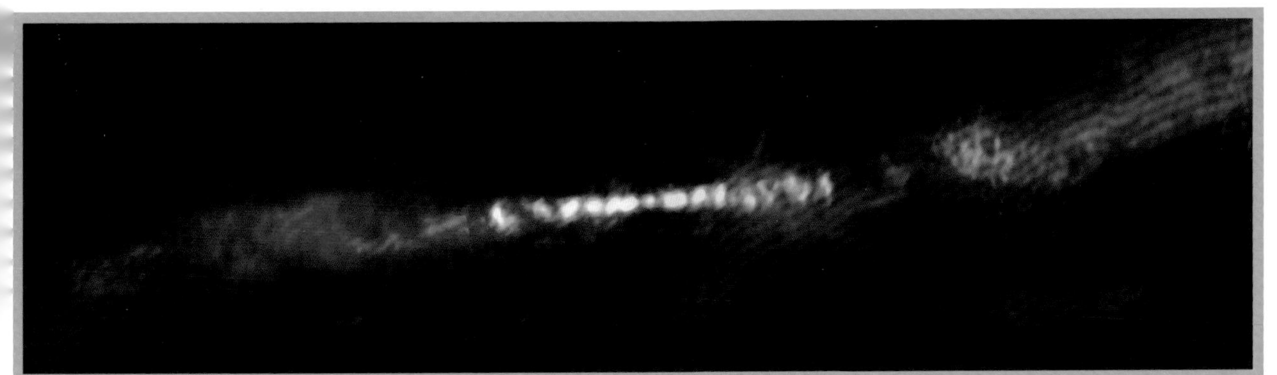

一颗处于婴儿期的恒星位于两股几乎对称的稠密气体喷流的中心。这颗恒星距离地球约1400光年，被称为“CARMA -7”。

表面，就像锅里热水沸腾时的滚动一样。恒星的对流和自转产生了强大的磁场，磁场从磁极伸展出来，在气体和尘埃的包层上清理出一个狭窄的洞。不断增长的原恒星的热量和等离子体的恒星风通过这些极区喷流直接离开恒星。徐遐生的模型解释的这些特征，已经通过观测得到了证实。

差不多快成为恒星了

与太阳质量相当的恒星会在原恒星阶段存在大约1,000万年。随着它质量的增加，极区喷流的角度会变大，把更多的气体云推开。最终，原恒星的恒星风会从整个恒星表面喷发出来，将气体云完全吹走。此时，这颗年轻的恒星第一次露出了真面目。到这时，巨星（8倍太阳质量以上）已经开始燃烧氢，成为羽翼丰满的明星了，但注定是明亮而短暂的。那些质量小于8倍太阳质量的小恒星还没有开始完全的聚变过程，因此被称为主序前星（PMS）。

主序前星仍然有物质盘围绕它旋转。其中一些物质会被恒星风吹散到更广阔的巨分子云中。剩下的，尤其是在较小的恒星周围的，很可能会形成气态的巨行星，也许以后还会形成岩石行星。

最终点火

恒星形成的最后阶段是快速自转的主序前星（PMS）的收缩。红色、橙色和黄色的矮星（M型、K型、G型和F型恒星）由小于2倍太阳质量的主序前星形成。这些恒星比它们的成年形态要大得多，密度也小得多，当它们从更大的表面区域发出光时，会显得更明亮，并且经常会有高能的X射线爆。这种能量源自引力收缩，而不是核聚变。主序前星需要大约1亿年的时间来压缩自身以开始燃烧氢。到那时，它将失去一半到四分之三的初始质量。较大的主序前星（2～8倍太阳质量）经过不同的演化路径来实现聚变，最终形成稀有的蓝矮星（A型和B型恒星）。

在金牛座中，一个原行星盘围绕着年轻的HL金牛座恒星。暗斑代表着新形成的行星的可能位置。

主序前星是已被清楚观测到的恒星形成的最早阶段。斯皮策红外空间望远镜和哈勃空间望远镜就已经观测到了一些暗弱的原恒星，但在大多数情况下，它们都被黑暗的尘埃云所遮蔽。NASA最新的詹姆斯·韦伯红外空间望远镜被设计得足够灵敏，能够看穿尘埃，或许不久之后，它可能会观测到某颗恒星诞生的那一刻。■

时间褶皱

观测宇宙微波背景辐射

背景介绍

关键天文学家：

乔治·斯穆特（1945年—）

约翰·马瑟（1946年—）

此前

1964年 宇宙微波背景——大爆炸本身的“回声”——被发现。

1981年 艾伦·古斯提出了宇宙膨胀理论，该理论认为大爆炸期间能量密度的波动被锁定在了空间中。

1983年 红移巡天显示星系聚集在空无一物的巨洞周围。

此后

2001年 威尔金森微波各向异性探测器发射，以细化微波背景辐射图。

2015年 普朗克天文台研究宇宙微波背景辐射，将宇宙年龄精确到了138.13亿年±3,800万年。结合其他数据，最新的估计是137.99亿年±2,100万年。

我一直认为时空是空间的真实本体，星系和恒星就像海洋上的泡沫。

——乔治·斯穆特

COBE在太空中花了四年时间收集有关宇宙微波背景辐射的信息，它每六个月扫描一次天球。

宇宙微波背景（CMB）是在1964年被发现的。这是138亿年前大爆炸的“回声”，它是科学家能够观测到的最接近宇宙形成的事件。将宇宙中观测到的结构与CMB中发现的特征联系起来，仍然是宇宙学家们面临的一个主要挑战。

时间褶皱

第一次伟大的突破来自宇宙微波背景探测器（COBE），它是NASA于1989年发射的一颗卫星。由乔治·斯穆特、约翰·马瑟和迈克·豪泽设计并运行的COBE能够发现可见宇宙中最古老的结构，斯穆特称之为“时间的褶皱”。这些原本均匀的空间里的褶皱曾经是密度很大的区域，包含了可以形成恒星和星系的物质。它们相当于今天在宇宙中看到的大尺度超星系团和斯隆长城，并扩大了美国人艾伦·古斯所提出的早期宇宙膨胀模型的影响。

宇宙微波背景辐射是宇宙大爆炸后约38万年时释放出的一种闪光，当时第一批原子形成（参见第196~197页）。膨胀的宇宙已经冷却到足以形成稳定的氢离子和氦离子（带正电的原子核）的程度。之后，经过稍微冷却，离子开始汇集电子形成中性原子。自由电子从空间中消失并释放出光子（光辐射粒子）。

这些光子现在以宇宙微波背景的形式出现。宇宙微波背景来自天空的四面八方，无一例外。它已经被红移（波长被拉长了），现在的波长是几毫米，而起始辐射的波长只有几纳米（十亿分之一米）。20世纪70年代，对宇宙微波背景辐射的一次重要观测消除了人们对它是宇宙大爆炸的“回声”的怀疑。这次的观测结果表明，宇宙微波背

参见：宇宙的诞生 168~171页，搜寻大爆炸 222~227页，宇宙膨胀 272~273页，红移巡天 274~275页，泰格马克（目录）339页。

景辐射的热谱与理论上的黑体辐射的热谱非常接近（参见第225页）。

宇宙微波背景辐射是大爆炸38万年后产生的辐射闪光。

宇宙微波背景辐射的波长揭示了其发射时的温度。

宇宙微波背景并不光滑和均匀，但其温度波动很微小。

这些波动，或"时间褶皱"，是迄今为止发现的最古老的结构，标志着第一批恒星和星系的形成。

黑体

黑体并不真的存在——不可能被制造出来，且在宇宙中观测到的任何物体都与理论上的黑体不一样。宇宙微波背景辐射是迄今为止发现的与黑体最接近的物质。

黑体能吸收所有传给它的辐射。没有什么会在黑体上发生反射。然而，吸收的辐射会增加黑体的热能，这些热能以辐射的形式释放出来。1900年，德国量子物理学的奠基人马克斯·普朗克指出，黑体释放的辐射光谱完全取决于它的温度。

在辐射随温度变化的日常例子中，铁棒刚开始被加热时会发出红色的光，继续加热会使其呈橙色，最终铁棒会"热得发蓝"。冶金工人会根据铁的颜色来粗略判断其温度。金属在理论上并不很接近于黑体，但恒星和其他天体更接近于黑体，因此它们的颜色或发射的波长可以与理论上的黑体的热谱相比较，从而给出一个相对精确的温度。

如今，宇宙微波背景的温度是极冷的2.7 K。这一温度下的热光谱不包含可见光，这就是为什么人类看到的太空是黑色的。然而，随着宇宙的膨胀，光谱随时间发生

乔治·斯穆特

在佛罗里达和俄亥俄度过一段时间后，斯穆特在麻省理工学院开始了他作为粒子物理学家的职业生涯。他的兴趣转向了宇宙学，因此他搬到了劳伦斯伯克利国家实验室。在那里，他研究了宇宙微波背景辐射，并开发了测量其辐射的方法。

斯穆特早期的工作包括在高空U2间谍飞机上安装探测器，但在20世纪70年代末，他开始参与COBE项目，并将他的探测器送入了太空。成功之后，斯穆特与凯伊·戴维森共同撰写了《时间褶皱》一书来解释他的发现。斯穆特和约翰·马瑟因对COBE的研究获得了2006年的诺贝尔奖。据报道他把奖金捐给了慈善机构。

主要作品

1994年 《时间褶皱》（与凯伊·戴维森合著）

了红移（波长被拉长）。回到宇宙微波背景辐射发出的那一刻，它的初始温度约为3,000K。在这一温度下，辐射的颜色是橙色的，所以宇宙微波背景辐射一开始时是一束橙色的光，从空间的每一点发出。

平滑的信号

宇宙微波背景辐射的早期观测表明它是各向同性的，这意味着它的光谱在任何地方都是相同的。在宇宙学中，当讨论早期宇宙时，密度、能量和温度等术语在某种程度上是同义的。所以，宇宙微波背景辐射的各向同性表明：在早期，宇宙的密度是均匀的或者说能量是均匀分布的。然而，这与大爆炸理论的发展并不相符。大爆炸理论要求物质和能量不是均匀地分布在年轻的宇宙中，而是集中在某些地方的。这些密度更大的或者说各向异性区域，是恒星和星系形成的地方。COBE被送入太空，仔细观测宇宙微波背景辐射，看是否能够发现任何各向异性，看宇宙微波背景辐射是否会随观测位置的变化而发生微小的变化。

COBE任务

自20世纪70年代中期开始，从太空中研究宇宙微波背景辐射的任务就一直处于规划阶段。COBE的建设始于1981年。它最初的轨道被设计成了极内轨道（轨道经过两极）。然而，1986年“挑战者号”灾难导致航天飞机停飞，COBE团队不得不寻找另外的发射系统。1989年，这颗卫星通过德尔塔火箭发射，被放置在与太阳同步的地心轨道上——这样的轨道使它可以在每天同一个时刻经过地球上的同一个地点。这种轨道和极内轨道一样有效，因为它允许COBE指向远离地球的地方，并一条一条地扫描整个天球。

航天器携带三种仪器，它们都被锥形的防护罩保护着，以免受太阳的热量和光线影响，并利用650升液氦冷却到了2K（比太空本身还要冷）。乔治·斯穆特负责差分微波辐射计（DMR），它可以绘制出微波背景辐射的精确波长；约翰·马瑟负责远红外线绝对分光光度计（FIRAS），它可以收集微波背景辐射的光谱数据。这两个仪器的任务都是寻找各向异性。COBE上的第三台仪器有着稍微不同的任务。由迈克·豪泽进行的弥漫红外背景实验发现了非常古老且遥远的星系，这些星系只能通过它们的热辐射（或红外线）被观测到。

COBE做出了20世纪（如果不是有史以来）最伟大的发现。

——斯蒂芬·霍金

COBE的仪器绘制了迄今为止最精确的宇宙微波背景图。然而，这并不是一项简单的测量工作。斯穆特和马瑟对基本的各向异性——在宇宙微波背景辐射形成时存在的密度差异——很感兴趣。为了发现这些各向异性，他们需要去除COBE和宇宙边缘之间的障碍物所造成的次级起伏。尘埃云和引力作用干扰了CMB在到达地球前的漫长旅程。这三种仪器的数据被用来检测和校正这些所谓的次级各向

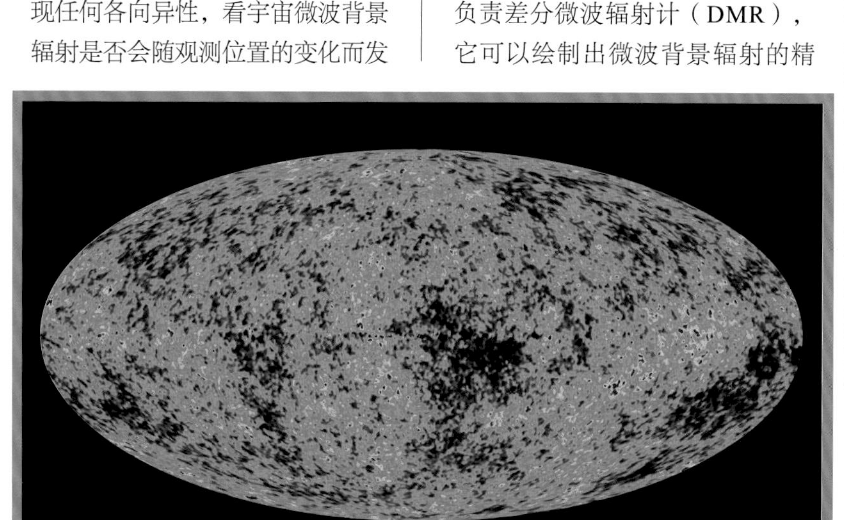

威尔金森微波各向异性探测器（WMAP）在2011年制作的全景图显示出了宇宙微波背景辐射各向同性的许多细节。较冷的地方是蓝色的，而较热的地方是黄色和红色的。

除了绘制宇宙微波背景图，WMAP还测量了宇宙的年龄：137.7亿年，暗物质占宇宙的24.0%，暗能量占71.4%。

异性。

微小的起伏

在太空中待了10个月后，COBE的氦耗尽了，这限制了两台红外探测器的功能，但DMR仍一直工作到1993年。到1992年，COBE团队的分析已经显示出了他们在寻找的东西。宇宙微波背景，也就是早期的宇宙，并不是一团均匀的能量。相反，它充满了微小但显著的起伏。差异很微小，密度变化约为0.001%。然而，这一结果足以解释为什么宇宙的物质会聚集在一起，而其余空间为巨大的空洞。

COBE之后的两次任务增加了CMB图像的细节。2001年至2010年间，NASA的威尔金森微波各向异性探测器将微波背景辐射的分辨率提高到了更高水平。2009年到2013年，欧洲航天局的普朗克天文台绘制出了迄今为止最精确的宇宙微波背景图。

宇宙微波背景图上的每一条褶皱都是大约130亿年前全体星系形成的种子。然而，在宇宙微波背景辐射中看不出任何已知星系的形成。今天探测到的宇宙微波背景辐射是从可观测宇宙的边缘附近花了宇宙年龄的大部分时间传播过来的。天文学家只能看到138亿光年远，但现在宇宙的大部分都比这更遥远。在CMB中形成的星系现在都已经远远超出了我们所能观测到的范围，它们正在以比光速还快的速度退行。■

提高CMB的分辨率

在这幅宇宙微波背景辐射全天图的10平方度子图上，COBE对宇宙微波背景辐射的成像显示出了微小的变化，这证明了宇宙微波背景辐射是不均匀的。

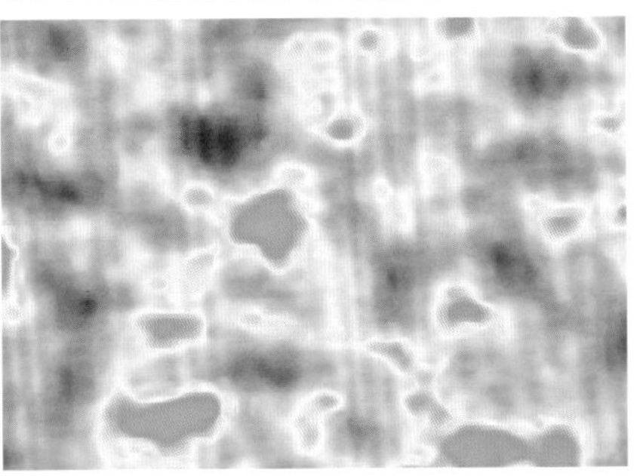

WMAP的宇宙微波背景辐射图在同一子图中显示出了更多的细节，揭示了COBE无法识别的小尺度特征。

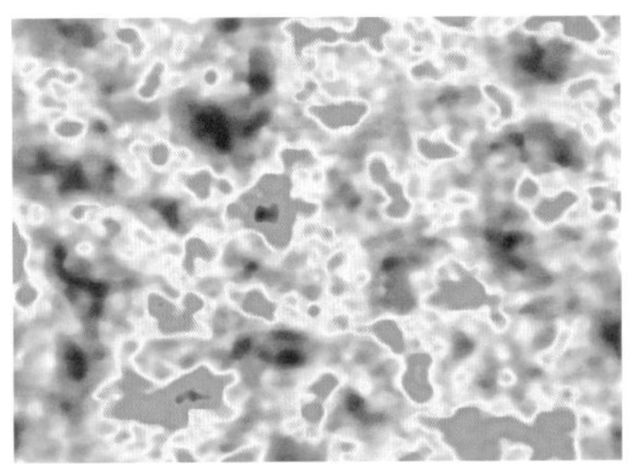

普朗克天文台的宇宙微波背景辐射图的分辨率是WMAP的2.5倍，揭示出了小至1/12°的特征。这是迄今为止最详细的宇宙微波背景辐射图。

柯伊伯带是真实存在的

探索海王星之外

外太阳系包含行星形成的残余物质。

一些物质以长周期彗星的形式在太阳系边缘运行。

短周期彗星一定有着更近的来源。

柯伊伯带理论上是海王星轨道外冰质天体的储藏库，可能是短周期彗星的来源地。

背景介绍

关键天文学家：

戴维·杰维特（1958年—）

刘丽杏（1963年—）

此前

1930年 美国天文学家克莱德·汤博发现冥王星在海王星外运行。它最初被认定为第九颗行星，但后来又被重新分类。

1943年 肯尼斯·埃奇沃斯指出冥王星只是太阳系外众多天体之一。

1950年 弗雷德·惠普尔把彗星的冰质特性描述为“脏雪球”。

此后

2003年 在柯伊伯带外边缘，距太阳76~1,000 AU发现了小天体赛德娜。

2005年 在柯伊伯带外的离散盘上发现了厄里斯。

2008年 两颗柯伊伯带天体与厄里斯、冥王星和谷神星一起被归类为矮行星。

1950年，荷兰天文学家简·奥尔特提出，一个由潜在彗星组成的球壳状天体在半光年之外环绕着太阳系。所谓的奥尔特云就是长周期彗星的源头，这些长周期彗星要花数千年才能绕太阳运行一周。而几个世纪就绕太阳一周的短周期彗星的源头肯定更近。1943年，爱尔兰科学家肯尼斯·埃奇沃斯推测，彗星的储藏库位于海王星之外的一条带状区域内。而荷兰裔美国天文学家热拉尔·柯伊伯则在1951年提出，尽管曾经有过这样的带状区域，但它会被外行星的引力驱散。这在当时是一个谜，即使是用当时最好的望远镜也无法观测到遥远的彗核。

20世纪80年代，灵敏的新型电荷耦合器件（CCD）探测器问世，天文学家终于有机会观测海王

参见：柯伊伯带 184页，奥尔特云 206页，研究冥王星 314~317页。

鸡蛋状的矮行星豪米亚悬挂在它的两颗卫星之一那玛卡的上空。于2004年被发现的豪米亚是第三大矮行星。

星以外的小冰状天体了。美国人戴维·杰维特和刘丽杏都是致力于这项艰巨任务的天文学家。经过五年的搜寻，1992年，杰维特和刘丽杏发现了一颗被正式命名为1992 QB1的天体。这是自冥王星发现以来在海王星之外发现的第一个天体，也是证明柯伊伯带存在的第一个证据。

经典柯伊伯带天体和冥族小天体

目前已知的柯伊伯带天体（KBOs）超过1,000个，可能还有数千个。它们被认定为小行星，但与大多数小行星不同的是，KBOs是岩石和冰的混合物，最大的有几百千米宽，其中很多都有卫星。

1992 QB1是典型的柯伊伯带天体，位于柯伊伯带天体最密集的中部区域，距离太阳约45个AU。这些KBOs有时被称为“经典柯伊伯带天体”。在更近的40AU处，海王星的引力使柯伊伯带变薄，留下了一个被称为“冥族小天体”的天体家族（包括冥王星本身），它们处于不受海王星引力影响的轨道上。在主柯伊伯带之外，有一个被称为离散盘的区域，其中包括大型天体厄里斯和赛德娜。现在人们认为这个区域是短周期彗星的源头。2008年，两颗柯伊伯带天体鸟神星和豪米亚，与厄里斯、冥王星和谷神星一起被归为矮行星。■

杰拉德·柯伊伯

杰拉德·柯伊伯1905年出生于荷兰。在那个时代，很少有天文学家对行星感兴趣。柯伊伯主要在芝加哥大学工作，他的许多发现改变了太空科学的进程：他发现了火星的大气成分主要是二氧化碳，土星的光环由数十亿块冰组成，月球被一层细小的岩粉覆盖着。1949年，柯伊伯关于行星是由围绕在年轻太阳周围的气体和尘埃形成的观点改变了科学家对早期太阳系的看法。20世纪60年代，柯伊伯帮助阿波罗计划确定了月球上的着陆点，并对几颗双星进行了编目。1973年，他死于心脏病，享年68岁。自1984年以来，美国天文学会每年都会颁发柯伊伯奖，以表彰在行星科学领域取得成就的天文学家。很多人认为杰拉德·柯伊伯是该领域的先驱者。

大多数恒星由行星环绕

系外行星

背景介绍

关键天文学家：

米歇尔·麦耶（1942年—）

迪迪埃·奎洛兹（1966年—）

此前

1952年 美国科学家奥托·斯特鲁夫提出了用径向速度法寻找系外行星的方法。

1992年 第一颗系外行星被发现，它绕着脉冲星而不是主序星运行。

此后

2004年 詹姆斯·韦伯空间望远镜开始建造。

2005年 尼斯模型为太阳系的演化提供了一种新思路。

2014年 欧洲特大望远镜开始建造。

2015年 开普勒442-b被发现，这是一颗围绕一颗橙色矮星运行的岩质系外行星，与地球大小相当。

1995年，两位瑞士天文学家，米歇尔·麦耶和迪迪埃·奎洛兹在马赛附近的上普罗旺斯天文台进行研究时，发现了一颗行星围绕着“飞马座51”公转。“飞马座51”是一颗60光年外的类太阳恒星，位于飞马座。这是对真正的太阳系外行星或称系外行星——太阳系外的行星的第一次确认的观测。它围绕着一颗主序星运行，因此被认为与太阳系有着相同的形成过程。

麦耶和奎洛兹将这颗新行星命名为“飞马座51b”，但它却被非正式地命名为柏勒罗丰，以骑着飞马帕伽索斯的英雄的名字命名。帕伽索斯是古希腊神话中有翼的马。这一发现促使科学家展开了一次搜寻更多系外行星的重大行动。自1995年以来，有数千颗系外行星被发现，其中许多位于多个恒星系统中。天文学家现在估计银河系中平均下来每颗恒星周围有一颗行星，尽管这可能是一个非常保守的数字。有些恒星周围没有行星，但大多数恒星像太阳一样，有好几颗行星。

两千多年来，人们一直梦想着找到其他适合居住的星球。

——米歇尔·麦耶

“飞马座51b”的发现，是一个进程的最后里程碑，这个进程迫使天文学家放弃了地球在宇宙中占据特殊地位这一根深蒂固的观念。

哥白尼原理

20世纪50年代，天文学家赫尔曼·邦迪描述了一种人类思考自身的新方法，他称之为哥白尼原理。根据邦迪的观点，人类不能再认为自己是宇宙中一种独特的具有

米歇尔·麦耶

米歇尔·麦耶出生于瑞士洛桑，他的大部分职业生涯都是在日内瓦大学度过的。他对系外行星的兴趣源于他对银河系中恒星固有运动的早期研究。为了更准确地测量恒星的固有运动，他发明了一系列摄谱仪，最先进的是ELODIE。ELODIE最初是为了寻找褐矮星——比行星大但还没有大到可以成为恒星的天体而设计的。然而，该探测器足够灵敏，也能发现巨行星。在1995年的发现之后，麦耶担任了智利欧洲南方天文台HARPS项目的首席研究员。2004年，麦耶被授予爱因斯坦奖章。（注：2019年，他与迪迪埃·奎洛兹一起获得了诺贝尔物理学奖。）

主要作品

1995年 《类太阳恒星的木星质量伴星》（与迪迪埃·奎洛兹合作）

参见：哥白尼模型 32~39页，射电望远镜 210~211页，研究遥远的恒星 304~305页，遥望太空 326~327页，库马尔（目录）339页。

核心重要性的奇迹了。恰恰相反，人们现在应该明白，在宇宙背景下人类的存在是微不足道的。

这一原理以尼古拉斯·哥白尼的名字命名。哥白尼将地球从太阳系的中心变成了几颗绕太阳公转的行星之一，从而改变了人类对自身的看法。到20世纪后期，一系列的发现已经把太阳系从宇宙的中心移到了一个拥有2,000亿颗恒星的星系边缘的安静侧翼。这个星系也并不特别，它只是至少1,000亿光年长的巨大丝状星系中的一个。尽管如此，地球和太阳系仍然被认为是非常特殊的——因为没有关于其他恒星有行星的任何证据，更不用说能够支持生命的行星了。然而，麦耶和奎洛兹的发现使得这一观点也屈从于哥白尼原理。

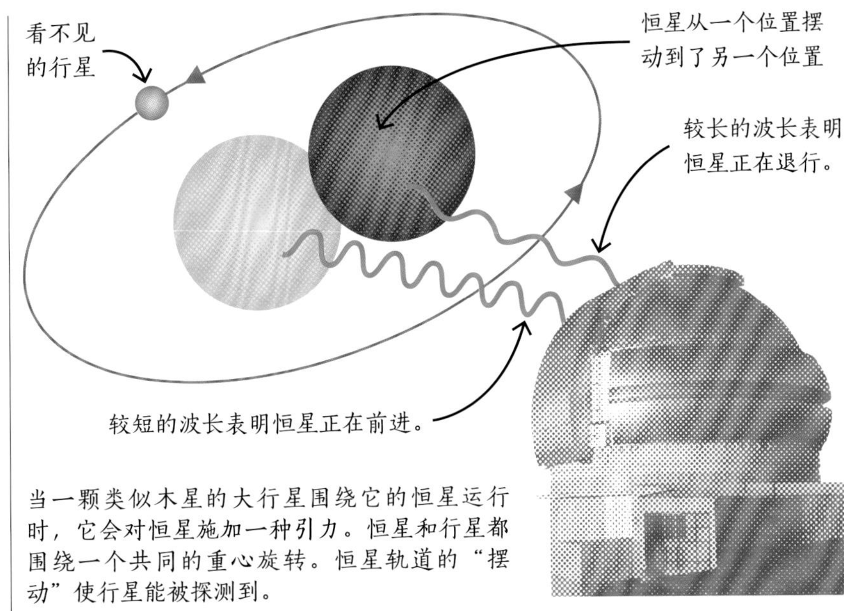

当一颗类似木星的大行星围绕它的恒星运行时，它会对恒星施加一种引力。恒星和行星都围绕一个共同的重心旋转。恒星轨道的“摆动”使行星能被探测到。

摆动的光

奎洛兹和麦耶使用一种叫作多普勒光谱的系统发现了飞马座51b。多普勒光谱也被称为径向速度或“摆动”方法，它可以通过系外行星对主恒星的引力作用来探测系外行星。恒星的引力远远大于行星的引力，这就是恒星让行星保持在轨道上的原因。然而行星的引力对恒星也有细微的影响，会使恒星来回摆动，因为行星在围绕着恒星运动。这种影响很小：木星在11年的周期里对太阳速度的改变约为7.4千米/秒，而地球产生的影响每年只有0.16千米/秒。

1952年，美国天文学家奥托·斯特鲁夫提出，利用恒星光谱的微小波动可以探测到恒星摆动。当恒星远离地球时，它所发出的光会稍微红移，当它再次向观测者靠近时，光线就会发生蓝移。这一理论是可靠的，但要探测到这种摆动需要超灵敏的探测器。

这个探测器是1993年由麦耶发明的名叫ELODIE的摄谱仪。ELODIE的灵敏度是之前仪器的30倍。即便如此，它也只能测量到11千米/秒以上的速度变化，这意味着它只能探测到木星大小的行星。

我们离观测到像我们一样的太阳系越来越近了。

——迪迪埃·奎洛兹

改进搜索

1998年，一台更灵敏的光谱仪CORALIE被安装在了智利的拉西拉天文台上。该天文台再次使用径向速度法搜寻行星。2002年，米歇尔·麦耶开始在同一地点使用一台能够探测到地球大小系外行星的光谱仪来监管高精度径向速度行星搜寻仪（HARPS）。这种探测方法的进展非常缓慢，所以天文学又开发出了搜寻系外行星的新技术。

最成功的是观测恒星亮度周期性变化的凌日法。恒星亮度周期性变化非常小，而且是在一颗

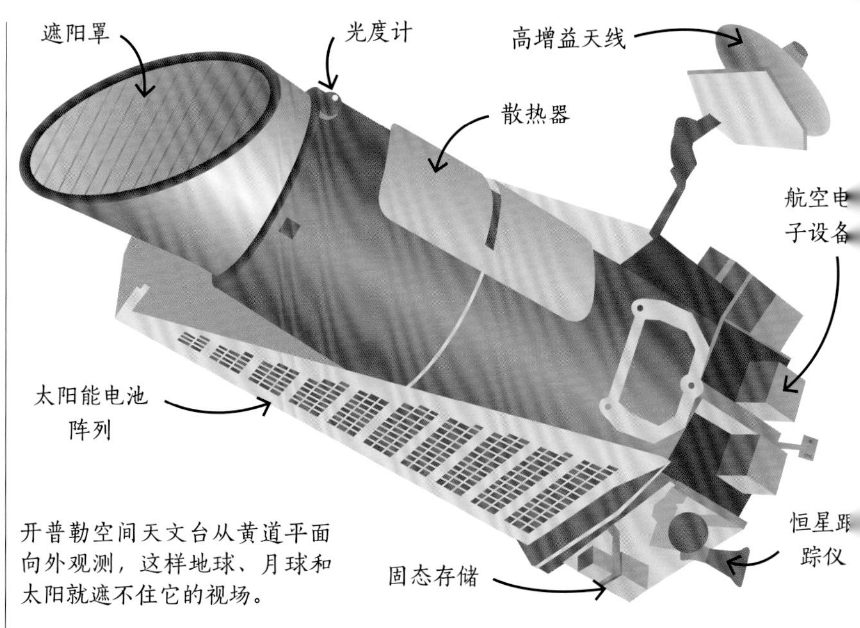

开普勒空间天文台从黄道平面向外观测，这样地球、月球和太阳就遮不住它的视场。

行星经过它时发生的。行星在恒星和观测者之间穿过，使恒星的光细微变弱。用凌日法寻找系外行星的最佳地点是太空，因此，2009年发射了开普勒空间天文台，它以第一位描述行星轨道的人的名字来命名（参见第50～55页），目的就是寻找系外行星。

紧盯一处

开普勒空间天文台被发射到了一个以太阳为中心的轨道上，它跟随地球围绕太阳运行。开普勒望远镜的设计使它能够牢牢地指向一个被称为开普勒天区的地方。这一天区仅占整个天空的0.25%，但望远镜可以看到15万颗恒星。为了发现系外行星，开普勒望远镜必须年复一年地专注于这个单一的区域。它无法看到单颗的系外行星，但可以识别出可能有系外行星的恒星。

开普勒望远镜只能探测到那些轨道路径穿过望远镜视线的系外行星的凌日现象。许多系外行星会以错误的角度运行。那些角度正确的行星每个公转周期（行星的一年）只会经过恒星一次，因此开普勒望远镜的方法更适用于发现那些公转轨道距离恒星更近的行星，它们每次公转只需要几年、几个月（甚至几周、几天）。

候选恒星

到2013年初，开普勒望远镜已经发现了大约4,300颗可能存在太阳系外行星系统的候选恒星。不幸的是，开普勒望远镜用来锁定目标的导航系统后来失灵了，导致它的行星搜寻行动比预期提前了三年结束。然而，它收集到的数据足以让研究人员在未来数年内保持忙碌。开普勒的候选恒星只能通过地面天文台（如智利的HARPS和夏威夷的凯克望远镜）的径向速度（恒星在地球方向上的运动速度）测量被确认为行星系统。到目前为止，大约有十分之一的开普勒候选恒星被证明是误报，但经过3年的分析，该项目已经确认了1,284颗系外行星，还有3,000多颗恒星有待研究。开普勒天区的系外行星的

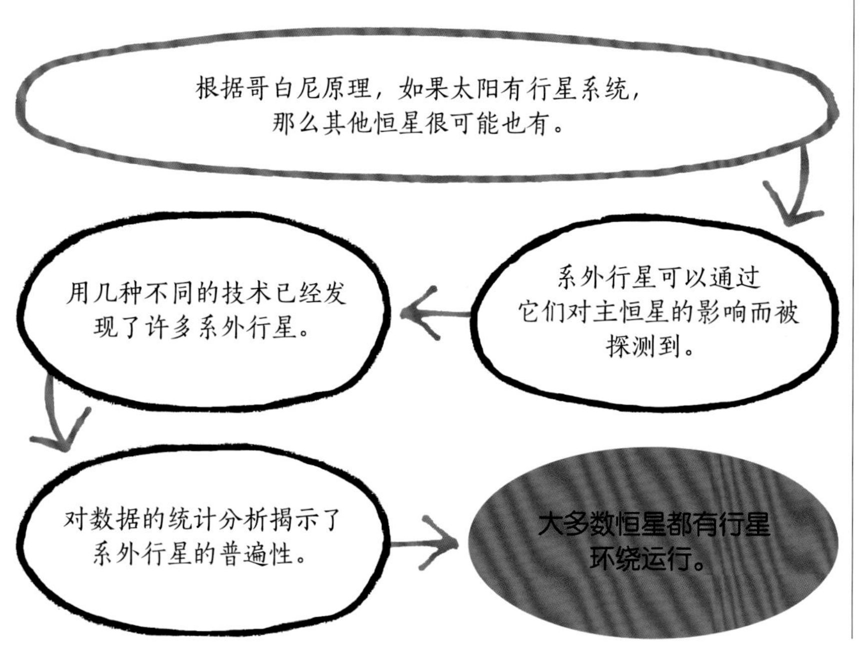

统计数据是惊人的，大多数恒星都是行星系统的一部分。这意味着宇宙中行星的数量可能会超过恒星的数量。

凌日过程中亮度的减弱程度是系外行星可能大小的基本指标，但对系外行星的大小和特征的研究仍处于初级阶段。一颗行星反射的光比它所环绕的恒星的光大约弱100亿倍。天文学家正在等待利用2021年的詹姆斯·韦伯空间望远镜和2024年的欧洲特大望远镜来直接拍摄这束光，并分析系外行星的化学成分。在此之前，他们只能用很少的数据来推测行星的大致质量、半径、轨道距离和恒星的温度。这能告诉他们该行星可能是由什么组成的，以使他们可以推测出行星可能的地表条件。

我们并没有期望找到一颗公转周期为4天的行星。这出乎所有人的意料。

——米歇尔·麦耶

热木星和超级木星

目前为止发现的系外行星为太阳系的行星系统这一有序的家族增添了许多神奇的成员。例如，“飞马座51b”是许多热木星中的第一颗。它们的质量与木星相似且体积也很大，这表明它们主要是由气体构成的。“飞马座51b”的质量是木星的一半，但体积比木星略大。这颗气态巨星每4天绕其类太阳主星运行一周。这意味着它到其恒星的距离比水星到太阳的更近。如此接近意味着它被潮汐力锁定在恒星上，一面总是面对灼热的恒星表面，另一面总是背对恒星表面。已经有许多热木星被发现了。它们一直困扰着科学家，他们试图理解气态行星是如何在离恒星如此近的地方存在而不会蒸发的。一些系外行星的质量是木星的几十倍，被称为超级木星。这些超级木星的体积并没有随着质量的增加而增大。例如，Corot-3b是一颗超级木星，它的质量是木星的22倍，但体积却与木星大致相同，这是由于它的引力

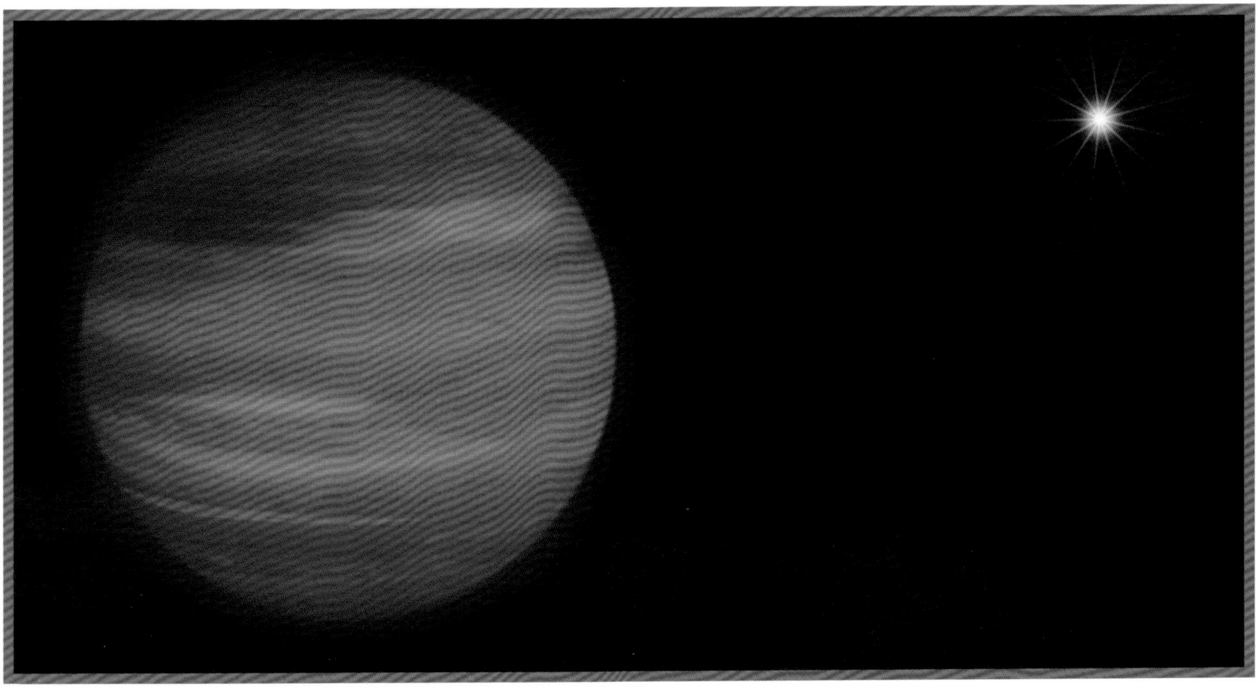

超级木星仙女座卡帕b，如图所示，其质量是木星的13倍。它发出淡红色的光，可能会被重新归类为褐矮星。

拥有岩质行星的红矮星可能在宇宙中无处不在。

——菲尔·穆尔黑德
波士顿大学天文学教授

将气态物质聚集在一起导致的。天文学家计算得出了Corot-3b的密度比黄金甚至是地球上密度最大的锇元素的密度还要大。

褐矮星和流浪星

当一颗超级木星的质量达到木星质量的60倍时，它就不再被认为是一颗行星了，而会被认为是一颗褐矮星。褐矮星本质上是一颗失败的恒星——一个气体球，由于太小而不能通过核聚变明亮地燃烧。褐矮星和它的主恒星可以被认为是一个双星系统，而不是一个行星系统。一些超级木星和小褐矮星已经脱离了它们的恒星，变成了自由漂浮的流浪行星。其中一颗被命名为MOA-2011-BLG-262的行星被认为拥有一颗卫星，它可能是第一颗拥有系外卫星的系外行星。

另一类行星被称为超级地球。它们的质量是地球的10倍，但比海王星这样的冰巨星要小。超级地球不是由岩石构成的，而是由气体和冰构成的：它们的另一种名称是迷你海王星或气态矮星。

宜居行星

地球所在的太阳系有类地行星（表面有岩石的行星），其中地球是最大的一颗。到目前为止，系外行星搜索一直在努力寻找类地行星，因为它们通常很小，所以往往超出了行星探测器的灵敏度。第一颗被确认的类地系外行星是开普勒10b，它的质量是地球的3倍，离它的主恒星很近以至于它的公转周期是一个地球日，其表面温度足以融化铁，那里似乎不太可能存在生命。对可能更适宜居住的岩质行星的搜寻仍在继续。

天体生物学家——搜寻外星生命的科学家——关注所有生命需要的特殊条件。在选择可能的观测目标时，他们假设外星生命形式需要液态水和碳基化学物质，就像地球上的生命一样。宜居行星也需要大气层来保护其表面不受宇宙射线的伤害，并在夜间像毯子一样保持行星的部分热量。

在恒星周围的某些区域，温度允许行星有液态水、碳基化学物质和大气层存在，这就是所谓的宜居带，也被称为“温和带”，就像童话故事里熊宝宝喝的粥一样，“不太热，也不太冷”。宜居带的大小和位置取决于主恒星的活动性。例如，如果地球正绕着一颗K型恒星运行，这是一颗比太阳冷得多的橙色矮星（太阳是一颗G型或

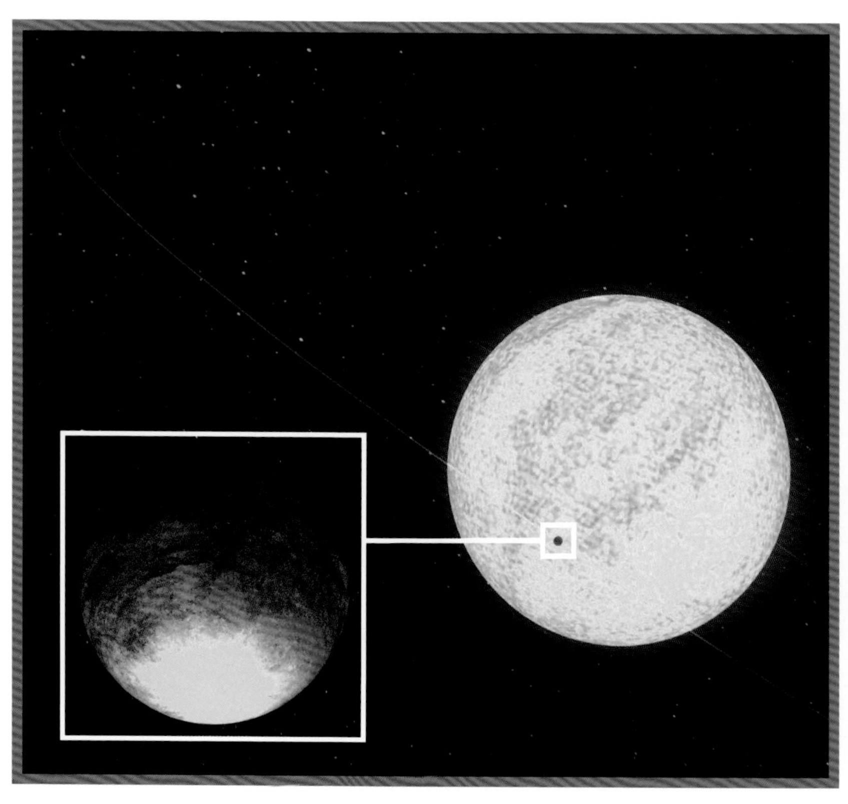

在艺术家的印象图中，天龙星座的开普勒10b正在发生凌日。它极高的表面温度和令人目眩的轨道意味着那里不太可能存在生命。

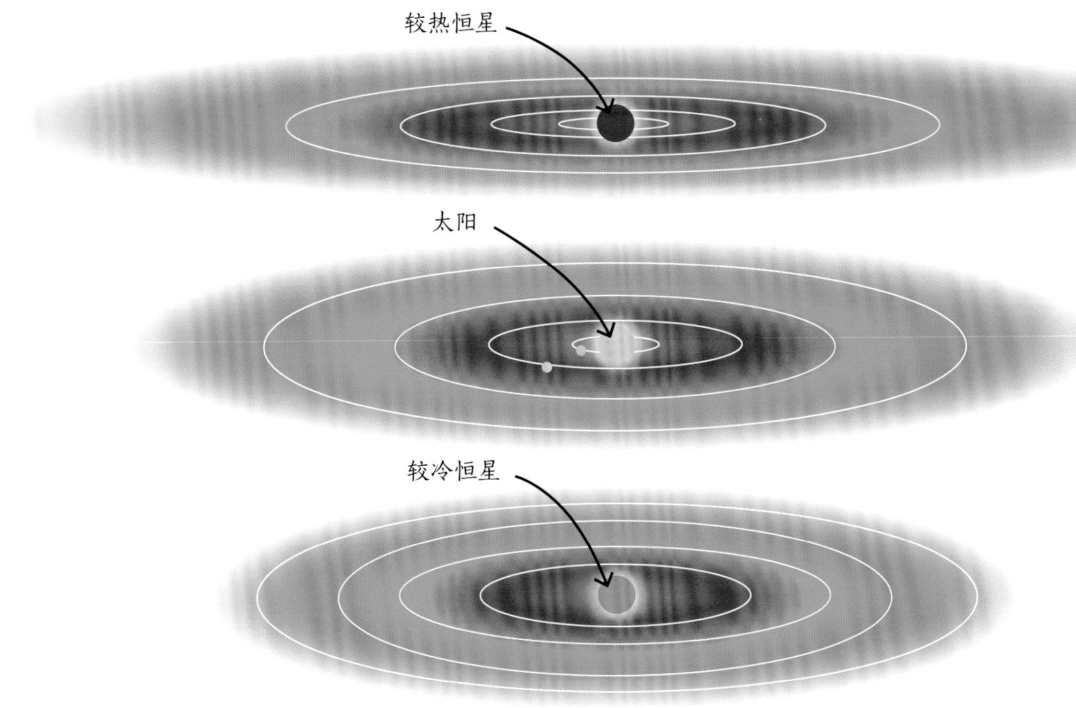

宜居带的大小（绿色）取决于恒星的大小。红色区域太热，蓝色区域太冷。宜居带离较冷的恒星更近，而离较热的恒星更远。行星的大小、轨道的形状、日夜不断的自转也会影响它的宜居性。

黄矮星），那么地球需要在当前轨道距离的三分之一处运行，才能获得同样多的热量。

在已被确认的数千颗系外行星中，只有一小部分是在其恒星的宜居带中运行的，这些宜居带上的候选行星具有类似于地球的生命条件——岩石表面、液态水。一般来说，它们比地球大，很少有可能成为类地行星。如果发现类似地球的行星，天体生物学家将会从大气化学中寻找生命的迹象，比如通过光合作用引起的氧气含量升高。生命是如何从地球上的无生命物质进化而来的仍然是个谜，但对类地行星的研究可能会对理解这一过程有所启发。即使发现了生命，很可能大多数地外自然演化历史也不会超越微生物。由于向更复杂的生命形式进化的每一步都变得越来越不可能，因此与人类相匹配的地外文明将会少很多。然而，如果只计算像太阳这样的G型恒星，银河系中大约有500亿颗。据估计，其中22%的恒星在它们的宜居带中有一颗类似地球的行星，这相当于有110亿颗可能的地球。加上其他类型的恒星，如橙矮星和红矮星，这个数字将上升到400亿颗。即使文明进化的可能性是十亿分之一，人类也有可能不是在唯一的。■

如果我们继续努力，继续保持热情……其他星球上的生命问题将会得到解决。

——迪迪埃·奎洛兹

史上最具雄心的宇宙地图

数字天空视图

背景介绍

关键天文学家：

唐纳德·约克（1944年—）

此前

1929年 埃德温·哈勃证明了宇宙在膨胀。

1963年 马丁·施密特发现了准恒星天体即类星体，它们是年轻的星系。

1999年 索尔·珀尔马特、布莱恩·施密特和亚当·里斯的研究表明，宇宙膨胀的加速得益于暗能量的神秘作用。

此后

2004年 詹姆斯·韦伯空间望远镜开始建造，它将利用红外线来观测大爆炸后形成的第一批恒星。

2014年 欧洲特大望远镜获得立项，它将拥有39米的分割主镜，将是有史以来最灵敏的光学望远镜。

1998年，斯隆数字巡天计划（SDSS）开始运行，旨在制作“宇宙图鉴”。这个雄心勃勃的计划想要绘制一幅大尺度的宇宙地图——不仅对天球上的天体进行巡天测量，而且要建立一部外太空的三维模型。该项目最初由美国天文学家唐纳德·约克领导，现在则有来自25个机构的300名天文学家参与。SDSS使用位于新墨西哥州阿帕奇天文台的2.5米望远镜。该望远镜的广角照相机已将北天半球可见的天体数字化。

天文学家从5亿个可见天体中，选出了最亮的80万个星系和10万个类星体，它们在天空中的大小和位置被精确地转换为钻在数百片铝盘上的孔洞。当安装在望远镜上时，铝盘可以阻挡不需要的光，并将来自每个目标星系的光输入它自己专用的光纤中，并传输到光谱仪上。根据这些精确的星系光谱，天文学家可以计算出每个星系的距离。数据采集始于2000年，一直持续到2020年。到目前为止，收集到的信息已经揭示出了星系团和超星系团中的星系，甚至是星系长城——包含数百万个星系的巨大结构，形成了中间有巨大空洞的错综复杂的宇宙网。■

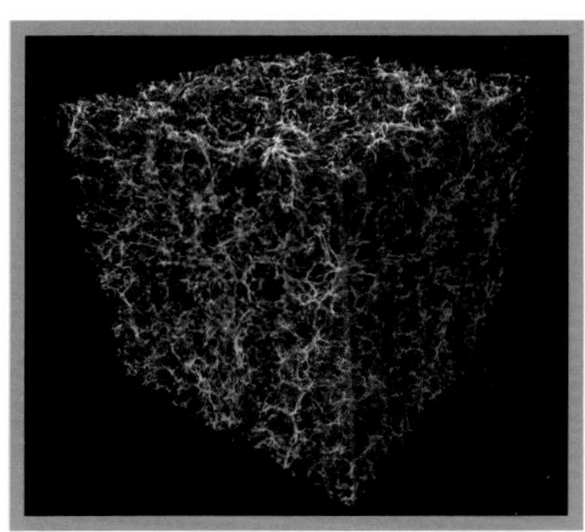

SDSS天空视图的立体截面图展示了物质在空间中的复杂分布。这些纠缠在一起的光是相互连接的星系。

参见：银河系之外 172~177页，类星体与黑洞 218~221页，研究遥远的恒星 304~305页，遥望太空 326~327页。

我们的银河系有一个巨大的中央黑洞

银河系的心脏

背景介绍

关键天文学家：

安德里亚·盖兹（1965年—）

此前

1971年 英国天文学家马丁·里斯和唐纳德·林登·贝尔提出，人马座A发出的射电波是由黑洞产生的。

此后

2004年 在绕人马座A*的轨道上发现了一个较小的黑洞。

2013年 钱德拉X射线天文台观测到了一个破纪录的X射线耀斑，它来自天马座A*，可能是由一颗小行星进入黑洞引起的。

2016年 LIGO实验首次探测到了引力波，捕捉到了两个黑洞合并的瞬间。

1935年，卡尔·央斯基在银河系中心发现了一个名为人马座A的射电波源。由于宇宙尘埃阻挡了光学望远镜的观测，因此射电波看起来是从几个源头发出的。1974年，射电望远镜精确地找到了最强的源头，被命名为人马座A*。该射电源很小且有着强烈的X射线，这表明银河系中心的物质正在被一个巨大的黑洞撕裂，且在这个过程中释放出了X射线。然而，在加州大学洛杉矶分校的天文学家安德里亚·盖兹使用红外线穿过尘埃观测恒星之前，这始终只是一种假设。

1980年，夏威夷的凯克天文台开始测量靠近银河系中心的恒星的运行速度。这些数据使得计算人马座A*内部不可见天体的质量成为可能。盖兹的团队发现最接近人马座A*的恒星的轨道速度是光速的四分之一。这样的速度表明存在巨大的引力：一个比太阳重400万倍的黑洞，一定在银河系年轻时吞噬了恒星和其他黑洞。■

一个X射线耀斑从银河系中心的黑洞发射出来。这一发现表明所有星系的中心可能都有黑洞。

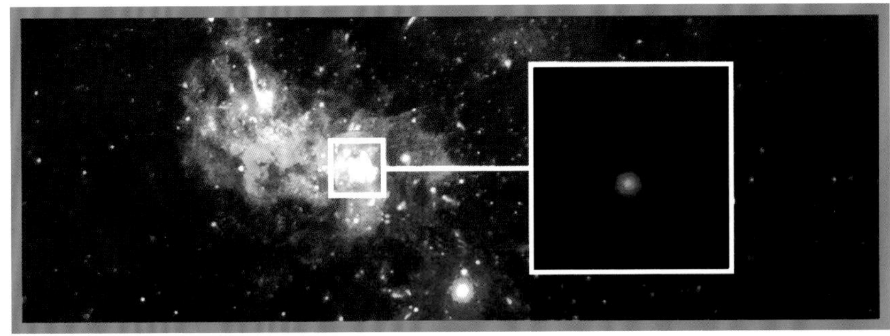

参见：射电天文学 179页，发现黑洞 254页，研究遥远的恒星 304~305页。

宇宙膨胀
正在加速

暗能量

背景介绍

关键天文学家：
索尔·珀尔马特（1959年—）
布莱恩·施密特（1967年—）
亚当·里斯（1969年—）

此前

1917年 阿尔伯特·爱因斯坦在他的场运算中加入了一个宇宙常数来保持宇宙的静态。

1927年 乔治·勒梅特认为宇宙可能是动态的而不是静态的。

1928年 埃德温·哈勃发现了宇宙膨胀的证据。

1948年 弗雷德·霍伊尔、赫尔曼·邦迪和托马斯·戈尔德提出了膨胀宇宙的稳态理论。

此后

2013年 "暗能量巡天"项目开始绘制宇宙地图。

2016年 哈勃空间望远镜显示，宇宙的膨胀加速比最初测量的要快9%。

大爆炸理论的核心思想很简单——宇宙一开始很小，然后膨胀。1998年，两组科学家发现宇宙自身的膨胀正在加速。这一发现表明，天文学家可以直接探测到的物质只占宇宙总质量和能量的5%。不可见的暗物质占了另外的24%，剩余部分是一种神秘的事物，被简单地称为暗能量。2011年，三位美国人索尔·珀尔马特、布莱恩·施密特和亚当·里斯，因为这一发现而获得了诺贝尔物理学奖。

它确实无所不在。它就在星系之间。它就在这个房间里。我们相信，只要有空间——真空的空间——你就无法避开这些暗能量。

——亚当·里斯

空间正在膨胀

在乔治·勒梅特在其提出宇宙大爆炸假说的第二年，埃德温·哈勃就发现了宇宙膨胀的证据，他证明了星系正在远离地球，而那些离地球更远的星系运动得更快。这不是天体在空间中因为爆炸而简单的彼此远离，而是空间本身在不断扩大，其中的物质也随之运动引起的远离。星系不仅在远离地球，同时也在向四面八方扩散。

更好的图像

随后的观测有助于了解宇宙膨胀的历史。1964年宇宙微波背景的发现，表明宇宙已经膨胀了大约138亿年。对宇宙大尺度结构的巡天结果揭示出，数十亿个星系聚集在巨大的空洞周围（参见第296页）。这种结构和宇宙微波背景辐射中的微小涟漪相对应。这些涟漪显示了可观测到的物质——恒星和

由于引力的作用，人们认为宇宙的膨胀正在减慢。

测量这种减速应该能揭示宇宙的最终命运。

然而测量结果表明宇宙膨胀正在加速。

这种加速一定是由一种以前不为人知的、与引力相反的力造成的，即存在暗能量。

参见：相对论 146~153页，旋涡星系 156~161页，宇宙的诞生 168~171页，银河系之外 172~177页，搜寻大爆炸 222~227页，音物质 268~271页，红移巡天 274~275页。

星系——是如何在其他空间的异常区域中出现的。然而，宇宙的未来是不确定的，它会永远膨胀下去还是有一天会在自身引力的作用下坍缩，这些都是未知的。

减速的宇宙

整个20世纪，宇宙学家都认为宇宙膨胀的速度正在减慢。在最初的快速膨胀之后，引力将使之开始减速。似乎有两种主要的可能性：第一种可能性是如果宇宙质量足够大，那么它的引力最终会使膨胀停止，并开始把物质往回拉，形成灾难性的大坍缩，导致一种反向的大爆炸；第二种可能性是宇宙太轻而无法阻止膨胀，因此膨胀将永远持续下去，并逐渐放缓“脚步”，这将导致宇宙的热死亡，宇宙的物质在这种情形下会破碎且变得无限分散，不再以任何方式相互作用。对宇宙膨胀减速的测量将告诉天文学家宇宙可能走向的未来。

20世纪90年代中期，为了测量宇宙的膨胀率，天文学家实施了两个项目。超新星宇宙学项目由劳伦斯伯克利国家实验室的索尔·珀尔马特主管，澳大利亚国立大学的布莱恩·施密特则领导高红移超新星搜索团队。空间望远镜科学研究所的亚当·里斯是另一个项目的主要发起人。两个项目负责人考虑过合并，但他们对项目如何进行有不同的想法，所以选择了良性竞争。

这两个项目都使用了“卡兰/索洛多超新星巡天”的一项发现。该巡天于1989年至1995年在智利进行。巡天发现，Ia型超新星可以当成“标准烛光”，或者说用来测量天体之间的空间距离。“标准烛光”是一种已知亮度的天体，它的视星等（从地球上看到的亮度）表明了它离我们有多远。

Ia型超新星与标准的超新星稍有不同，标准的超新星是大型恒星耗尽燃料并发生爆炸后形成的，而Ia型超新星是在双星系统中形成的。在双星系统中，一对恒星围绕彼此运行，一个是巨星，另一个是白矮星。白矮星的引力将物

如果你对什么是暗能量感到困惑，那么还有很多人与你为伴。

——索尔·珀尔马特

钱德拉X射线天文台拍摄了这张仙后座内Ia型超新星SN1572的遗迹照片。它也被称为第谷新星，因为它是第谷·布拉赫观测到的。

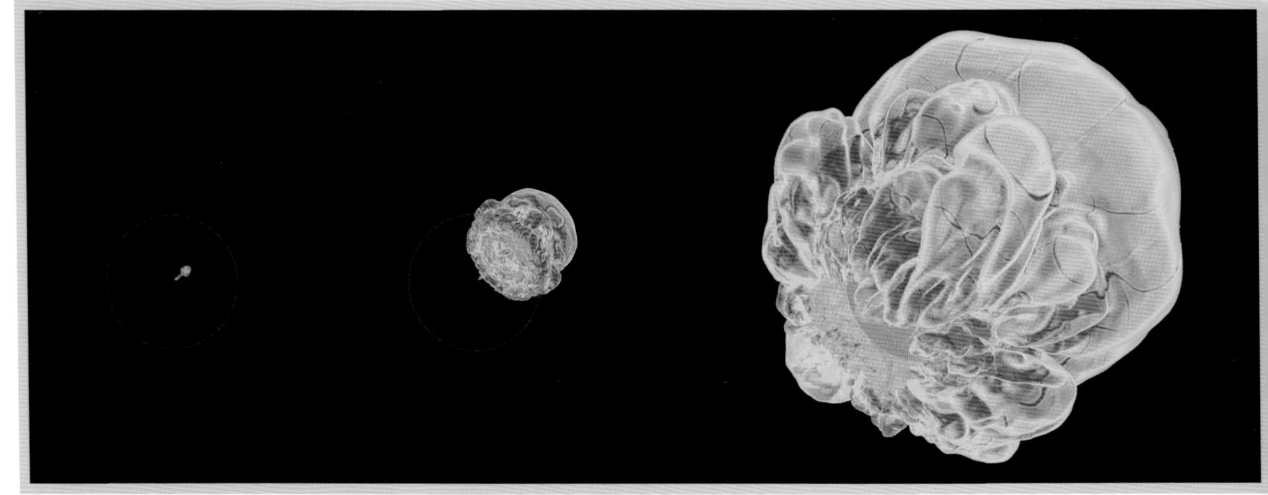

质从巨星上拉过来。这种物质在白矮星的表面堆积，直到其质量达到1.38倍太阳质量，此时的温度和压力足以让失控的核聚变爆炸从而点燃恒星，创造出一个比太阳还要亮数十亿倍的天体。

距离和运动

两个巡天计划都使用智利的塞罗托洛洛美洲天文台来搜寻Ia型超新星。研究计划并不是简单地画出超新星的位置就行。他们利用位于夏威夷的凯克望远镜记录每一次超新星爆发的光谱，并给出它的红移值。

每颗恒星的亮度或星等给出了它们的距离——通常是数十亿光年，而红移则表明了它相对于地球的速度，这是由宇宙膨胀造成的。这些团队的目标是测量宇宙膨胀的速度。根据更遥远的天体所显示出的膨胀速度，宇宙膨胀的速度预期会逐渐变慢。确切地说，宇宙膨胀的速度将揭示宇宙是“重”的还是“轻”的。然而，当研究小组观测距离超过50亿光年（这意味着他们在观测50亿年前的过去）的Ia型超新星时，他们发现了相反的情况——宇宙的膨胀并没有减速，反而在加速。

计算机模拟显示了一颗白矮星在Ia型超新星中爆炸。恒星内部（左）形成一个火焰气泡，上升到表面（中），并包围恒星（右）。

暗能量巡天

2013年，为了详细地绘制宇宙的膨胀图，天文学家开始了一项为期五年的暗能量巡天项目。该项目使用了智利塞罗托洛洛美洲天文台的暗能量相机。这架相机的视场是目前世界上最宽的视场之一。除了寻找Ia型超新星，该项目还在寻找重子声学振荡。这些是正常物质分布的规则涟漪，相隔大约4.9亿光年，可以当成“标准尺”来揭示宇宙膨胀。

暗能量

这个结果最初被认为是错误的，但接下来的核查表明它没有错——两个团队都发现了同样的现象。1998年珀尔马特和施密特公开了他们的研究结果。暗能量的测量结果震惊了科学界。利用爱因斯坦广义相对论的场方程，亚当・里斯发现测量结果似乎给了宇宙一个负质量。换句话说，似乎是有一种反引力把物质推开了。这种反引力的来源被称为暗能量，因为它完全是一个谜团。

2016年，新的观测被用来计算更准确、稍微快一点的宇宙膨胀加速数据。如果暗能量继续将宇宙推离（可能也不会，没有人真正知道），它将使星系分散开来，最终使它们都远离地球（那时地球本身将不再存在）。最终，它可能会将恒星分散在银河系内直到空间变暗，太阳和太阳系里的行星会被拉开。最后，原子中的粒子也会被分开，造成一种被称为大撕裂的热死亡。

重提爱因斯坦的错误

暗能量可能表明，宇宙并不像天文学家认为的那样是均匀的，可见的明显加速是由于它位于一个比其他地方物质更少的区域内。这也可能表明，爱因斯坦的引力理论在最大尺度上是错误的。另外，暗能量也可以用爱因斯坦1917年发明的宇宙常数来解释。爱因斯坦用这个数值来抵消引力，使宇宙成为一个静止不变的地方。然而，当勒梅特用爱因斯坦自己的方程证明宇宙只能是动态的——膨胀或收缩时，爱因斯坦就从他的理论公式中去掉了这个常数，称它是一个错误。

爱因斯坦的宇宙常数的值被假设与真空中包含的能量相匹配。这一假设值是零。然而，根据量子理论，即使是真空也包含虚粒子，它们会存在一段普朗克时间（10 ~ 43秒，可能的最短时间），然后再次消失。暗能量可能符合这一想法——它是一种由这些虚粒子产生的能量形式，它产生的负压将空间拉开，代表宇宙常数的非零值。

膨胀并不总是在加速。曾经有一段时间，引力和其他力量把物质拉在了一起，这些力量比暗能量更强大。然而，一旦宇宙变得足够大、足够空，暗能量的影响似乎就占据了主导地位。未来可能会有另一种力量取而代之，或者暗能量的影响可能会继续增加。还有一种说法是，大撕裂的力量如此强大，以至于暗能量会撕裂时空本身，创造出一个奇点——下一次宇宙大爆炸。■

这一发现使我们相信，有某种未知形式的能量正在撕裂宇宙。

——布莱恩·施密特

四种可能的未来

如果宇宙的平均密度高于某个临界密度，它就应该是闭合的，并以大坍缩结束。

如果密度等于临界密度，宇宙的几何形状将是平坦的，宇宙应该继续延伸到未来，既不膨胀也不收缩。

如果密度低于临界密度，宇宙应该永远是开放和膨胀的，最终会以热死亡告终。

观测表明，由于神秘的暗能量，宇宙正在加速膨胀。测量的密度非常接近临界密度，但暗能量正在加速膨胀。

回到135亿年前

研究遥远的恒星

背景介绍

关键研制成果：

詹姆斯·韦伯空间望远镜

（2002年—）

此前

1935年 卡尔·央斯基证明了可见光以外的辐射也可以用来观测宇宙。

1946年 莱曼·小斯皮策建议将望远镜放到太空中以避免大气的干扰。

1998年 斯隆数字巡天项目开始制作星系的三维地图。

此后

2003年 红外天文台——斯皮策空间望远镜发射升空。

2014年 欧洲特大望远镜项目获批，主镜直径达39米。

2016年 LIGO发现了引力波，这意味着存在一种方式能比JWST看得更远。

艺术家的JWST想象图，展示了望远镜下面层层叠叠的遮阳板。铍镜面镀有黄金以达到最佳的反射效果。

詹姆斯·韦伯空间望远镜（JWST）被设计成太空中最强大的天文工具，能比哈勃空间望远镜看得更远。JWST于2002年以负责阿波罗计划的NASA局长的名字命名。它是一架装有6.5米宽镀金镜面的红外望远镜。这将使它能够看到超过135亿光年的距离。

作为哈勃望远镜的继任者，JWST在1995年就被构想出来了，但是遇到了很多技术障碍，因此，完成它还有很长的路要走。等到它发射（发射时间已推迟到2021年10月）时，它将在L2点（拉格朗日点2）附近的一个紧密轨道上运行，这个位置距离地球轨道150万千米，远离太阳。

在L2点，天体会受到太阳和

参见：射电天文学 179页，空间望远镜 188~195页，数字天空视图 296页，引力波 328~331页，拉格朗日（目录）336页。

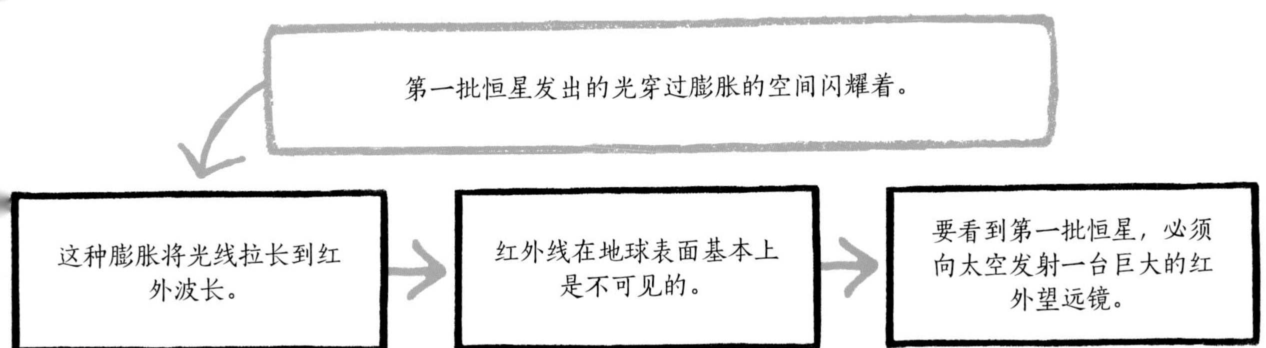

地球引力的共同作用，并以与地球相同的速度绕太阳公转，每年绕太阳运行一圈。这意味着JWST的大部分都处于地球的阴影之下，避免了来自太阳的任何热污染，使其可以探测到深空中非常微弱的红外源。NASA称，该望远镜可以探测到月球上一只大黄蜂的热量。

热导追踪

JWST巨大主镜的面积是哈勃望远镜的7倍，由18个六角形单元组成，这些单元镜是由铍制成的，以实现最高程度的反射。这个25平方米的镜面太大了，不能平展着发射，因此被设计成进入轨道后展开。

为了探测到最遥远恒星微弱的热信号，望远镜的探测器必须一直保持极低的温度——不超过-223°C。为了满足这一要求，JWST有一个网球场大小的隔热罩。当然，隔热罩也是折叠起来发射的。隔热罩由五层闪亮的塑料制成，能反射大部分的光和热。任何穿透表层的热量都会被其下的内层辐射到侧面，因此几乎不会有热量到达望远镜本身。

第一缕光

第一批形成的恒星发出的光波在宇宙膨胀的过程中被拉长，从可见光变成了红外线，它们是JWST的首要观测目标。与此同时，它还有另外三个主要的任务：研究星系是如何在数十亿年的时间里形成的、研究恒星和行星的诞生、提供关于太阳系外行星的数据。NASA希望该望远镜至少能运行10年。■

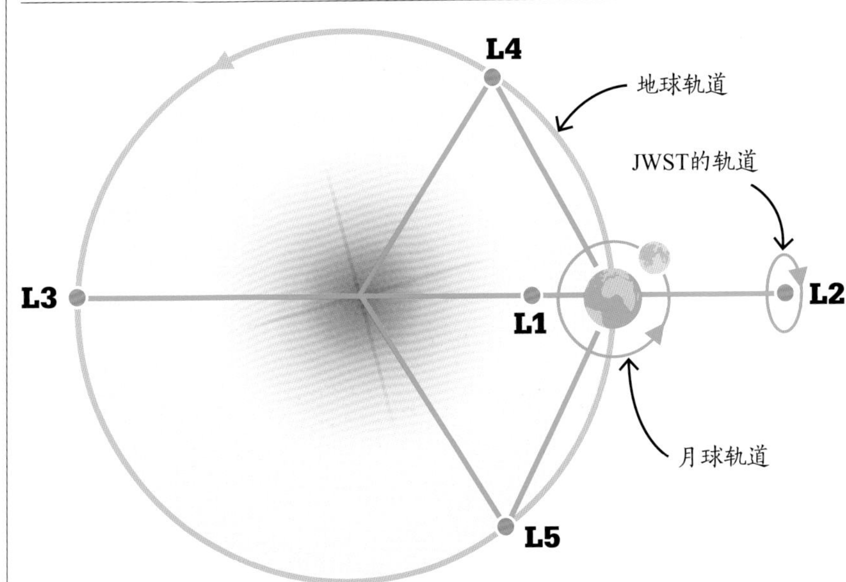

JWST不会精确地待在L2点，而会以晕轨道环绕着L2点。拉格朗日点是两个大天体轨道上的位置，小天体在这些点上相对于这两个大天体可以保持位置稳定。在地球和太阳的轨道平面上有5个拉格朗日点。

我们的任务是在彗星上着陆

了解彗星

背景介绍

关键研制成果：
欧洲航天局的“罗塞塔号”
（2004年）

此前

1986年 由以欧洲航天局的“乔托号”为首的八艘宇宙飞船组成的哈雷舰队对哈雷彗星进行了观测。

2005年 “深度撞击”任务向坦普尔1号彗星发射了探测器，在彗星表面形成了一个陨石坑，并分析了彗星内部的物质。

2006年 “星尘号”任务从怀尔德2号彗星的彗尾收集了一小容器的彗星尘埃，并且返回了地球。

此后

2015年 “新视野号”飞过冥王星，开始了对柯伊伯带的探测。

2016年 NASA的奥西里斯-雷克斯飞船发射升空，其任务是收集并带回小行星101955——Bennu的样本。

天文学家希望通过研究彗星来重新认识有关早期太阳系、地球的形成甚至是生命起源的各种问题。

地球是已知的唯一拥有液态水海洋的行星。这些水的来源是地球科学中永久的谜团。一种主流的理论认为，这颗年轻炙热的行星从岩石中蒸发出了水分，并将水蒸气释放到了大气中，一旦它冷却到一定程度，这些水蒸气就会凝结，并以倾盆大雨的形式汇入海洋。另一种理论认为，地球上至少有一部分水是从太空中来的，特别是在地球存在的前5亿年时间里，几十万颗冰冷的彗星如雨点般落在地球上，并在撞击中蒸发。

1986年，以欧洲航天局“乔托号”为首的一队宇宙飞船飞掠哈雷彗星，首次近距离观察了彗核。这次与哈雷彗星的相遇提供了确凿的证据，证明了彗星主要由冰、有机尘埃和大块岩石混合而成。这就令人想起了地球上的水来自彗星的理论。关于生命起源的一种理论认为，氨基酸和核酸等构成生命所必需的复杂化学物质是从太空来到地球的。也许这些有机化合物也是由彗星带到地球的。找到答案的唯一方法是发射一艘宇宙飞船与一颗彗星相遇并在其表面着陆。2004年，欧洲航天局主导的“罗塞塔号”飞船发射升空，开始了为期10年的太空之旅。

“乔托号”点燃了欧洲行星科学界的热情。

——格哈德·史威汉姆

新的目标

“罗塞塔号”的目标是67P/丘留莫夫-格拉西缅科彗星，简称67P。1959年，这颗彗星受木星的引力影响，被拉进了一个周期较短的6年绕太阳运行一周的轨道。在此之前，67P一直在离太阳更远的地方绕着太阳公转。这让“罗塞塔号”的科学家们兴奋不已，因为彗尾——彗星最常见的特征——是由于太阳辐射加热彗核表面所导致的，这一过程会产生长达数亿

2005年，“深度撞击”任务的撞击器与坦普尔1号彗星相撞，释放出彗星的内部碎片。分析表明，这颗彗星的冰比预期的要少。

参见: 奥尔特云 206页，彗星的组成 207页，探究陨石坑 212页，探索海王星之外 286~287页，研究冥王星 314~317页。

艺术家的想象画展示了“罗塞塔号”释放“菲莱”着陆器到67P上的场景。着陆器在着陆时被弹起，从彗星的一边飞到另一边上再次落下。

彗星是行星形成的残留物。

地球上的水和生命所需的化学物质可能来自彗星。

为了找到答案，我们需要降落在一颗彗星上。

最初的迹象表明，地球上的水和有机化学物质并非来自彗星。

千米的尘埃、气体和等离子流。彗尾中的物质永远地从彗星上消失了。67P在它的存在期间只接近过太阳几次。这意味着它仍然是“崭新的”，其原始成分完好无损。

飞船装载

“罗塞塔号”飞船搭乘“阿丽亚娜5号”火箭从欧洲航天局航天中心发射升空。这艘飞船的重量略低于3吨，其中心船体大约和一辆小型货车一样大。折叠的太阳能电池阵列展开后可提供64平方米的光伏电池，它将在整个任务期间为飞船提供动力。

我们不止着陆一次，也许还着陆了两次!

——斯蒂芬·乌拉梅克

“菲莱”着陆主管

“罗塞塔号”上的大多数仪器都是为研究这颗在轨道上运行的彗星而设计的。它们包括各种光谱仪和微波雷达，用于研究彗星的表面组成，以及它接近太阳并开始升温时释放出的尘埃和气体。其中最重要的仪器之一是无线电彗核回波探测器（CONSERT），它会向彗星发射无线电波，以查明彗星的内部情况。CONSERT将在“菲莱”着陆器的协助下进行工作。“菲莱”一到达彗星表面，就会接收到来自CONSERT的信号，这是CONSERT在绕彗星轨道的远端运行时发出的。“菲莱”配备了太阳能电池板和可充电电池，使它可以在彗星表面工作，以分析彗星的化学成分。

“罗塞塔”和“菲莱”这两个名字都与古埃及文物有关。罗塞塔石碑上刻有三种文字：象形

2015年7月14日，“罗塞塔号”在67P距离太阳最近时，从距离彗星154公里远的地方拍摄了这张图片。

文字、通俗古埃及文和古希腊文。

在19世纪早期，学者们已经能够破译象形文字系统，从而解释许多古埃及文字的含义了。菲莱指的是方尖碑，上面有多种采用类似方式书写的碑文。彗星是太阳系形成的残留物，因此选择“罗塞塔”和“菲莱”命名67P任务代表着该任务的目的是揭示形成行星的原始物质。

巡游彗星

“罗塞塔号”利用迂回路线飞往彗星，它三次飞掠地球，一次飞掠火星（这是一次危险的轨道机动，其掠过火星大气层的高度只有250千米），以利用引力助推来加速。这一过程花了五年时间，之后“罗塞塔号”全速飞越小行星带（近距离观测了一些小行星），并飞出木星轨道。在那里它开始掉头，然后以极快的速度冲向67P。在前往深空的旅途中，“罗塞塔号”曾被关闭以节省能源，但在2014年8月接近彗星时，“罗塞塔号”又被重新启动了，并如期与地球取得了联系。随后，“罗塞塔号”的控制器开始了一系列的推进器燃烧，以使它在太空中迂回前进，并从775米/秒减速至了7.9米/秒。2014年9月10日，飞船进入了环绕67P的轨道，首次目睹了目标世界。

颠簸着陆

67P长约4千米，其形状比预想的更不规则。从某些角度看去，这颗彗星像一只巨大的橡皮鸭，它的一部分比另一部分大，由一段狭窄的颈部相连（人们认为这颗彗星是由两个较小的天体低速撞击形成的）。彗星表面布满了卵石区和山脊，“罗塞塔号”团队努力寻找一个畅通无阻的地点来落下“菲莱”着陆器。

着陆点选定在彗星的“头部”，格林尼治时间2014年11月12日8：35，“罗塞塔号”释放出“菲莱”。将近8个小时后才得以确认“菲莱”已经落在了彗星表面，比预计的时间要长得多。着陆器设计为低速着陆——比在地球上物体从肩膀高度掉落的速度还慢——然后从支撑腿的顶端发射鱼叉使自己固定在地面上。然而，这

我们就在彗星的表面！我们所做的一切都是前所未有的。我们得到的数据是独一无二的。

——马特·泰勒

“罗塞塔号”项目科学家

在前往67P的途中，“罗塞塔号”利用了来自地球和火星的引力助推。当飞船掠过行星时，行星的引力场使之以更快的速度向前飞行。

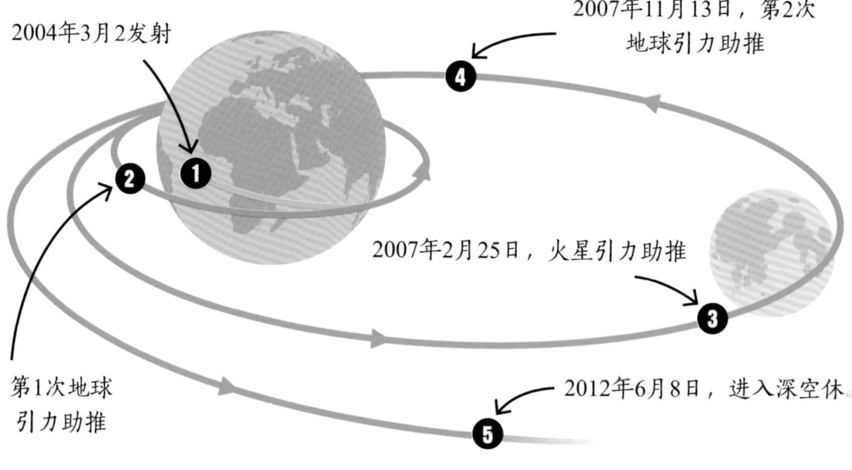

2016年7月16日，“罗塞塔号”距离67P的中心只有12.8千米。这幅图覆盖了450米宽的区域，显示出了一个布满灰尘的岩石表面。

个过程中出了些状况。据称，着陆器笨拙地降落并撞上了一块大石头，而彗星的引力很低，这使得“菲莱”再次被弹开了。后来的计算表明，“菲莱”被弹起到距彗星表面约1千米的高度，然后再次跌落，翻滚着掉到了目标着陆区域边缘。不幸的是，着陆器最终落在了悬崖的阴影里，而且似乎是倾斜着的。由于没有太阳光为电池充电，“菲莱”只有大约48小时来完成它的主要科学任务，发回有关尘埃和冰化学成分的数据，并使用“罗塞塔号”上的CONSERT仪器进行扫描。使用鱼叉（着陆时没有发射出去）将着陆器推至阳光下的最后一招也失败了，“菲莱”被关闭进入了安全模式。

接近太阳

尽管遭遇了这样的挫折，险象环生的“菲莱”着陆还是被认为是成功的。团队成员希望“菲莱”所处的阴影位置会随着彗星接近太阳而变得明亮起来。按计划，这颗彗星会在2015年8月到达近日点。在接近近日点的过程中，67P开始升温，其表面喷发出大量尘埃和等离子体。“罗塞塔号”被送到了一个复杂的轨道上，这样它就可以低空飞过彗星，穿过彗发中密度更大的区域。彗发是67P周围形成的物质云。“罗塞塔号”的飞行路线也让它飞得更远，可以提供一幅更完整的关于彗星进入太阳系温暖区域时如何变化的图片。

2015年6月中旬，“菲莱”接收到足够的阳光醒来，并开始与“罗塞塔号”进行不间断的通信，以实现进一步的CONSERT扫描。然而到7月初，“菲莱”又沉寂了下来。幸运的是，它在2016年9月2日被欧西里斯相机发现，当时它距离彗星2.7千米以内。知道“菲莱”的准确着陆点后，科学家们就可以对一年前它发回的数据进行分析。

2015年8月，67P经过近日点后，“罗塞塔号”的太阳能电力迅速下降。2016年9月，“罗塞塔号”接收指令慢慢靠近彗星。它在9月30日结束了它的使命，完成了一次受控的紧急迫降，并发回了撞击彗星那一刻之前的全部数据。

外星水源

67P中水的氘（重氢）含量远远大于地球上水中氘的含量，这与地球上的水是来自外太空的说法相悖。该任务发现了许多碳基化合物，但从中只检测到了一种氨基酸（蛋白质的组成部分），且没有检测到核酸（DNA的成分）。

“罗塞塔号”的探测结果将使天文学家更好地了解彗星以及67P是否是一颗典型的彗星。结合来自柯伊伯带的发现，它将有望揭示太阳形成时太阳系的构成。■

狂暴中诞生的太阳系

尼斯模型

背景介绍

关键天文学家：

罗德尼·戈梅斯（1954年—）
哈尔·李维森（1959年—）
亚历山德罗·莫比德利（1966年—）
克莱梅尼斯·齐甘尼斯（1974年—）

此前

1943年 肯尼斯·埃奇沃斯认为冥王星只是太阳系外众多天体中的一颗。

1950年 简·奥尔特认为，长周期彗星来自太阳系周围的一个遥远的星云。

1951年 杰拉德·柯伊伯提出，在太阳系的早期阶段，在冥王星之外存在一个彗星带。

1993年 美国行星科学家雷努·马尔霍特拉认为，太阳系中发生过行星的迁移。

1998年 柯伊伯带的存在被证实。

此后

2015年 "新视野号"飞船到达柯伊伯带。

到21世纪初，太阳系包含多种天体已成为共识。除了行星和小行星带，还有在巨行星之间被发现的被称为"半人马"天体的类彗星天体、与许多大行星共用轨道的特洛伊小行星，以及刚刚被发现的柯伊伯带。在所有这些天体的周围是一个遥远的被称为奥尔特云的彗星物质球形区域。

太阳系中充满了形形色色的天体，它们都围绕着太阳运行。

最外层的行星——土星、天王星和海王星从太阳附近迁移出去，形成了这些天体的排列。

最外层的行星清除掉了一个巨大的物质盘，留下了今天我们所见到的太阳系。

很难解释这样一个系统是如何从由尘埃和气体组成的原始太阳云团中演化而来的。来自太阳系外的证据表明，巨行星往往比以前认为的更接近于它们的恒星。因此，地球所处的太阳系中的大行星在离太阳更近的地方形成，这至少是可能的。

行星迁移

2005年，法国尼斯的4位天文学家利用计算机模拟了太阳系的演化。这就是著名的尼斯模型。他们认为太阳系的3颗外行星——土星、天王星和海王星，曾经比现在更接近太阳。木星比现在的5.5 AU稍远一些，但海王星要近得多，在17 AU处（现在它的轨道位于30 AU处）。从海王星的轨道开始，一个由被称为星子的小天体组成的巨大圆盘散布到了35 AU处。巨行星将这些星子向内拉，而作为"回报"，土星、天王星和海王星开始慢慢地远离太阳。遭遇木星强大引力的星子被弹射到了太阳系

参见：发现谷神星 94~99页，柯伊伯带 184页，奥尔特云 206页，探究陨石坑 212页，探索海王星之外 286~287页。

罗德尼·戈梅斯

巴西科学家罗德尼·戈梅斯是2005年声名鹊起的尼斯模型科学家四人组的成员之一。其他成员还包括美国的哈尔·李维森、意大利的亚历山德罗·莫比德利和希腊的克莱梅尼斯·齐甘尼斯。戈梅斯自20世纪80年代以来一直在巴西国家天文台工作，是研究太阳系引力模型的知名专家，已经应用了类似于建立尼斯模型的方法来理解一些看起来遵循不寻常轨道的柯伊伯带天体（KBOs）的运动。2012年，他再次动摇了人们对太阳系的普遍看法。戈梅斯提出，一颗海王星大小的行星（重量是地球的4倍）在距地球2,250亿千米的轨道上运行，而这颗神秘的行星正在扭曲KBOs的轨道。寻找这颗"X行星"的工作正在进行。

尼斯模型改变了整个学术界对行星如何形成以及它们如何在这些剧烈事件中运动的看法。

——哈尔·李维森

边缘并形成了奥尔特云，也导致了木星向内运动的效应（木星目前的轨道距离是5.2 AU）。

共振轨道

最终，土星移动到了与木星成1∶2的共振轨道上，这意味着土星每绕轨道转一圈，木星就会绕轨道转两圈。这个共振轨道的引力作用使土星、天王星和海王星进入了偏心率更大的轨道（拉伸得更厉害的椭圆）。这些巨大的冰行星席卷了剩下的星子盘，将大部分的星子散射开来，形成了大约发生在40亿年前的所谓的"晚期重轰击"。数以万计的陨星从太阳系外层的盘上被撞出，雨点般地落在了内行星上。

这个星子盘的大部分变成了柯伊伯带，与海王星的轨道在40 AU处相连。一些星子被行星捕获而成为卫星，另一些则像特洛伊天体那样填满稳定的轨道，还有一些可能进入了小行星带。星子也散布到了更远的地方，包括2003年和2005年发现的矮行星赛德娜和厄里斯。

尼斯模型适用于太阳系的许多初始场景。我们甚至有可能认为天王星最初是最外层的行星，只是在35亿年前和海王星互换了位置。■

在"晚期重轰击"期间，月球在陨石的撞击下闪闪发光。早期地球表面大部分是由火山形成的。

太阳系奇异天体的特写镜头

研究冥王星

背景介绍

关键天文学家：

艾伦·斯特恩（1957年—）

此前

1930年 克莱德·汤博发现了冥王星，它被认为是第九大行星。

1992年 冥王星被发现是众多围绕太阳运行的柯伊伯带天体之一。

2005年 在海王星轨道之外又发现了一颗与冥王星大小差不多的天体，被命名为厄里斯。

此后

2006年 冥王星、厄里斯和其他几个天体被重新归类为矮行星。

2016年 柯伊伯带天体的轨道倾斜表明，在更远的太空中有一颗海王星大小的行星，它每15,000年绕太阳运行一周。现在天文学家正在搜寻这个天体。

2006年1月，NASA的“新视野号”宇宙飞船发射升空，开始了前往冥王星及更遥远天体的航行。这一时刻见证了“新视野号”首席研究员艾伦·斯特恩的非凡毅力。

行星降级

那时，没有人知道冥王星到底是什么样子的。它很小且远在柯伊伯带的内边缘，即使是强大的哈勃空间望远镜也只能把它渲染成一颗由光和暗斑组成的像素球。20世纪90年代，由于NASA预算吃紧，近距离探索冥王星的计划受阻。到

参见：奥尔特云 206页，彗星的组成 207页，探测太阳系 260~267页，探索海王星之外 286~287页。

正如吉娃娃仍然是狗一样，这些冰质矮星仍然是行星体。

——艾伦·斯特恩

2000年，这些计划仍被搁置，但斯特恩提出了向冥王星——这颗最小且距离最远的行星发射探测器的理由。冥王星是由美国天文学家克莱德·汤博于1930年发现的。

2003年，斯特恩的“新视野号”计划被批准。2006年发射后，这艘宇宙飞船便开始了为期9年的冥王星之旅。事情瞬息万变。2006年8月，天文学家发现冥王星轨道之外可能还存在第十颗行星，由此推动了国际天文学联合会（IAU）在布拉格召开大会，讨论这一新发现所引发的问题。第一个问题是它到底是不是一颗行星。IAU同意这个被命名为厄里斯的新天体不是行星。它的引力太弱，无法将其他天体从轨道上清除出去。从水星到海王星，这些行星足够大，可以做到这一点，但小行星带的天体显然不能，冥王星也不能。然而，冥王星和厄里斯与大多数小行星不同。它们足够大，因此是球形的，而不是不规则的岩石和冰块。因此，IAU创造了一个新的天体类别：矮行星。冥王星、厄里斯和几个大型柯伊伯带天体被认定为矮行星。小行星带中最大的天体——谷神星，也被归为矮行星。对这些天体中的大多数来说，这是它们在太阳系中等级的一次提升，但对冥王星却不是。如果冥王星在“新视野号”发射之前就被剔除出了行星行列，那么这次任务是否会得到批准就不得而知了。

长途旅行

虽然冥王星的轨道在它248年的公转周期内，有时确实会比海王星的更接近太阳，但“新视野号”探测器的航程在太空探测史上也

冥王星离我们太远了，无法用望远镜观测到它的细节。

研究冥王星的唯一方法是发射一艘宇宙飞船。

宇宙飞船揭示了冥王星的冰结构是一种全新类型的行星体。

艾伦·斯特恩

1957年，斯特恩出生于路易斯安那州新奥尔良市，原名索尔·艾伦·斯特恩。斯特恩对冥王星的兴趣始于1989年，当时他在“旅行者号”项目组工作。也是在这期间，斯特恩见证了“旅行者2号”与海王星和它的卫星海卫一的最后一次邂逅。海卫一看起来像一颗冰球，与斯特恩和其他科学家想象的冥王星的样子非常相似（海卫一被认为是海王星捕获的柯伊伯带天体）。在20世纪90年代，斯特恩成为航天飞机的有效载荷专家（技术专家），但他从来没有机会飞上太空。相反，他重新开始了对冥王星、柯伊伯带和奥尔特云的研究。除了作为首席研究员主导“新视野号”任务，斯特恩还积极开发用于太空探测的新仪器和将宇航员送入轨道更经济有效的方法。

主要作品

2005年 《冥王星和冥卫一：太阳系边缘的冰雪世界》

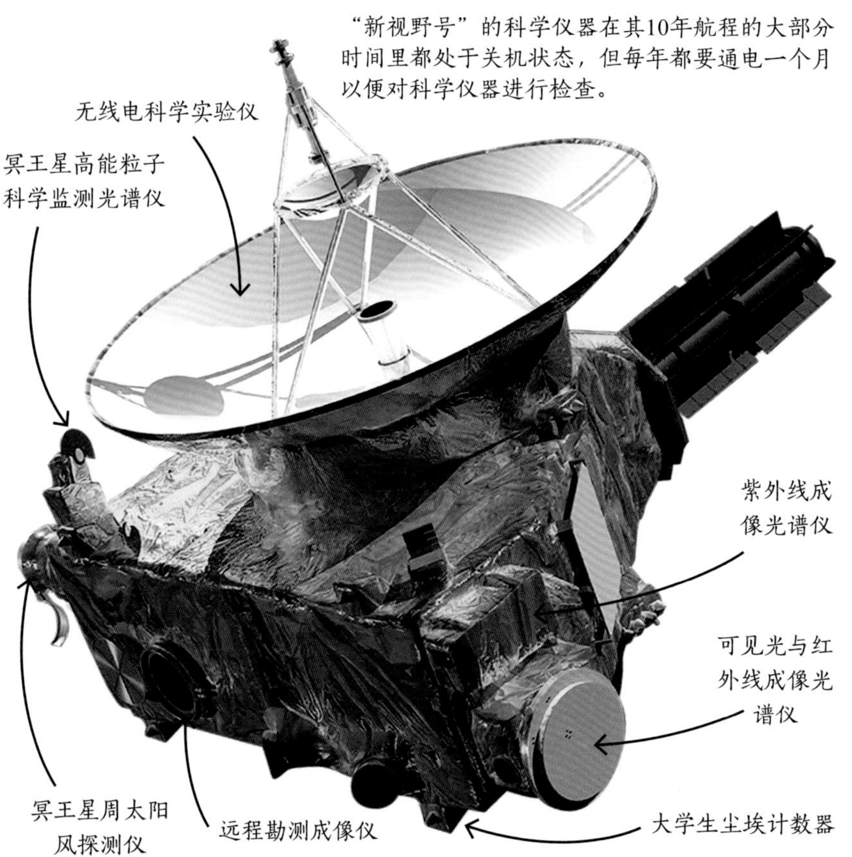

“新视野号”的科学仪器在其10年航程的大部分时间里都处于关机状态，但每年都要通电一个月以便对科学仪器进行检查。

是最长的，它将飞往最遥远的目标——30 AU处，即距离地球44亿千米处。为了到达那里，飞船以有史以来最快的速度发射，达到58,536千米/小时。发射一年后，飞船到达木星。除了对木星系统进行一些观测，“新视野号”还利用木星的引力获得了20%的速度提升。这将其飞往冥王星的时间从12年缩短到了9.5年。

飞船上的仪器

从木星出发的轨道精度对“新视野号”的成功至关重要。只要稍稍偏离一点，它就会与冥王星擦肩而过。主要的观测窗口大约有12小时长，在此之后“新视野号”就会把冥王星抛在身后。无线电信号从冥王星到达地球需要4.5个小时，再加上同样的时间才能发送返回信息。因此，即使是很小的航向修正也需要至少9个小时，到那时主要任务差不多已经完成了。

“新视野号”携带了7台仪器，其中包括两台成像光谱仪。它们是同时工作的，并以20世纪50年代美国情景喜剧《蜜月伴侣》中的人物命名。其中拉尔夫是用来绘制冥王星表面地图的可见光和红外线成像光谱仪，而爱丽丝则对紫外线很敏感，是紫外线成像光谱仪，她的任务是研究冥王星稀薄的大气层。雷克斯（无线电科学实验仪）将测量冥王星及其卫星的温度。洛丽（远程勘测成像仪）是一种望远镜摄像机，可以拍摄冥王星系统的最高分辨率图像。斯瓦普（冥王星周太阳风探测仪）用于观测冥王星与太阳风的相互作用。而泊普斯（冥王星高能粒子科学监测光谱仪）则能探测冥王星发射出的等离子体。这些仪器将有助于了解冥王星在其“夏季”接近太阳时，它的大气是如何由冰表面的升华（固体直接变成气体，然后在冬季再次冻结）而形成的。最后，SDC（大学生尘埃计数器）是一台由大学生在整个任务期间操作的仪器。这台仪器后来被重新命名为VBSDC，以纪念提出“冥王星”这个名字的英国女孩威尼西亚·伯尼。

到达目的地

2015年1月，“新视野号”开始执行它的任务。它做的第一件事就是精确测量冥王星的大小。这一直是一个棘手的问题。当冥王星首次被发现时，人们估计它的大小是

过去，冥王星不合群。现在看来，地球才是不合群的。太阳系中的大多数行星看起来都像冥王星，而不像类地行星。

——艾伦·斯特恩

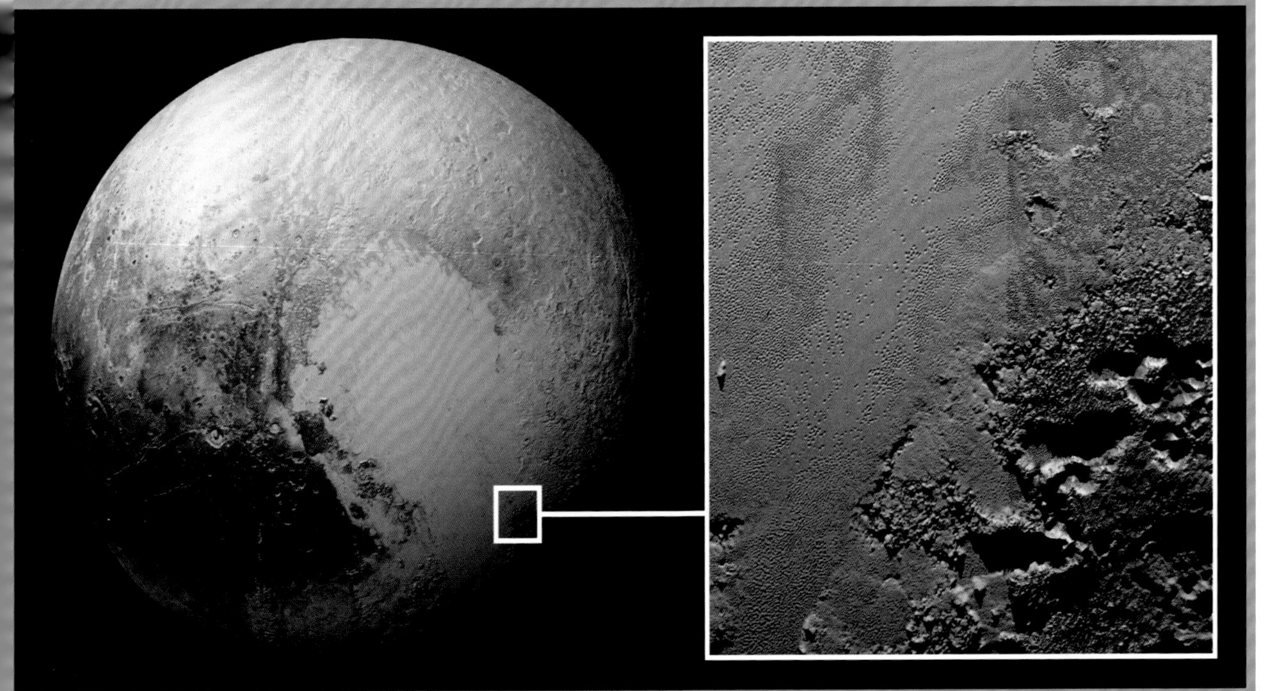

地球的7倍。到1978年，情况就清楚了，冥王星比月亮还小。然而，它也有一个巨大的卫星冥卫一，名为卡戎，大约是冥王星大小的三分之一，两个天体以一个双星系统的形式相互环绕。在发射时，计划人员还考虑了另外两颗小卫星，冥卫二和冥卫三，但到了2012年，“新视野号”已经在路上时，人们发现冥王星还有两颗小卫星——冥卫四和冥卫五，它们可能会干扰探测任务。

测量冥王星

这些担心终究都是多余的，洛丽得到了所有这些天体的测量数据。冥王星的直径为2,370千米，这意味着它比厄里斯大（虽然厄里斯更重）。2015年7月14日，“新视野号”在距冥王星最近的地方飞行了12,472千米。它的仪器正在收集大量的数据并将其反馈给地球。从冥王星的近景来看，它是一个由苍白的冰原和黑暗的高地组成的世界。冰主要是冻结的氮，由于冰冻体积大，因此冥王星成为一个非常明亮的天体。高地也有冰（尽管混合着类似于沥青的碳氢化合物）。冰被嵌入高于平原3千米的凹凸不平的山峰中。如此地貌是如何在这样寒冷而小的星球上形成的，这是“新视野号”任务的一个未解之谜。此外，他们还发现了类似陨石坑的结构，有可能是冰火山。

命名地标

NASA的科学家们给冥王星的表面特征起了非官方的名字。克苏鲁区是南天半球一个巨大的鲸鱼形状的深色斑块。其他地区以过去的空间任务命名：旅行者号、金星号和先驱者号。两个主要的山脉被清晰地描绘出来：诺尔盖蒙特斯和希拉里蒙特斯。然而，“新视野号”获得的冥王星部分地图的重要特征是汤博区，一个心形的平原。这片区域的一半是由斯普特尼克平原组成的，这是一块巨大的浮冰，布满了裂缝和沟槽，但没有陨石坑，这表明它是一个“年轻”的特征，正在雕刻出新的地表特征，就像地球上的冰川一样。

经过冥王星后，这艘飞船正在与其他的柯伊伯带天体会合。它的核动力电池将持续到2030年左右，届时这一任务将会有更多发现。■

从“新视野号”上可以看到冥王星大冰原的东南部分，那里的平原与崎岖、黑暗的高地接壤。

火星实验室

探索火星

背景介绍

关键组织：

NASA（火星探测计划）

此前

1970年 苏联的“月球车1号”着陆月球，成为第一辆在其他天体上使用的运载工具。

1971年 在NASA“阿波罗15号”任务期间，月球漫游车首次在月球上行驶。

1977年 NASA的“旅居者号”是第一个到达火星的探测器。

此后

2014年 “机遇号”火星车打破了在地外天体上漫游距离的记录。

2020年 NASA“火星2020漫游者”发射升空。

2020—2021年 “火星生命探测计划”漫游车将被欧洲航天局部署在奥克夏平原——一个充满黏土岩的洼地上。

2012年8月，“好奇号”火星科学实验漫游车在火星上着陆。这辆900千克重的轮式交通工具至今仍在火星表面漫游，它是一间移动的实验室，用来进行地质实验，目的是弄清这颗红色星球的自然历史。它是抵达火星的最新的机器人探测器，也是探索其他星球的多个探测器中最大、最先进的。

火星经历了被飞越、被环绕、被撞击、被雷达探测以及火箭着陆，也曾有探测器在火星上弹跳、滚动、铲挖、钻孔、烘烤，甚至爆破。即将到来的是：踏上火星。

——巴兹·奥尔德林

漫游者

太空漫游车的潜力早在1971年就显露出来了，当时“阿波罗15号”将一辆四轮月球漫游车送上了月球。这辆灵活的双座月球漫游车扩大了最后三次阿波罗登月任务的月球探索范围。例如，在1969年首次登月时，尼尔·阿姆斯特朗和巴兹·奥尔德林在月球上行走了两个半小时，他们离登月舱最远的距离是60米。然而，相比之下，在1972年“阿波罗17号”的最后一次登月任务中，两名宇航员尤金·塞尔南和哈里森·施密特在舱外呆了22个小时。他们的月球漫游车总共行驶了36千米，其中一次驾驶距离飞船7.6千米。月球漫游车是用来收集月球岩石的。六次阿波罗任务返回地球后带回了月球车收集的381千克重的岩石。

对这些岩石的分析揭示了月球的许多历史。月球最古老的岩石大约有46亿年的历史，它们的化学成分清楚地表明它们与地球上的岩石有着共同的“祖先”。测试没有发现有机化合物的相关证据，这表明月球一直是个干燥、无生命的世界。

月球车1号

苏联的探月计划始于20世纪60年代初，主要依靠无人探测器探测月球。苏联发射的三艘“月神号”探测器共带回了326克月球

地质学家兼宇航员哈里森·施密特在1972年“阿波罗17号”的任务中收集了月球表面的样本。他花了很长时间探测月球表面。

参见: 太空竞赛 242~249页, 探测太阳系 260~267页, 了解彗星 306~311页, 研究冥王星 314~317页。

苏联的"月球车1号"是第一辆登陆外星世界的漫游车，这是它在地球上测试时的模样——它的前身是"月球车0号"，于1969年发射升空，但未能进入轨道。

岩石。其后，1970年11月，苏联发射的"月神17号"着陆器抵达了月球上被称为"雨海"的广阔平原（月球上的许多地区都被以气象条件命名，它们曾被认为会对地球产生影响）。"月神17号"装载有遥控漫游车"月球车1号"。这是第一辆穿越外星世界的轮式交通工具，比第一辆阿波罗月球车早八个月到达。其背后的概念很简单—月球漫游车会在现场做分析，而不是把月球岩石送到地球上。

遥控探测器

月球漫游车长2.3米，就像一个电动浴缸。轮子是独立供电的，因此可以在崎岖的月球地面上保持牵引力。月球漫游车装备有发回月球电视画面的摄像机。一台X射线光谱仪用来分析岩石的化学成分，一台被称为透度计的设备会插入月球风化层（月壤）来测量其密度。

月球漫游车是由电池供电的，白天，漫游车顶部折叠的太阳能电池板会为这些电池充电。晚上，机器内部的放射性钋源会充当加热器，以保持机器运转。月球漫游车接收来自地球上控制人员的指令，以知道去哪儿以及何时进行实验。人类或许会干得更好，但漫游车可以在太空中连续停留数月而不需要来自地球的食物和水。

"月球车1号"的设计工作寿命为3个月，但它几乎持续工作了11个月。1973年1月，"月球车2号"在静海边缘的勒莫尼耶陨石坑着陆。到了6月，"月球车2号"已经行驶了39千米，这一记录保持了30多年。

随着时间的推移，你可以把火星改造成类似地球的样子。所以火星是一颗需要修缮的行星。

——埃隆·马斯克
加拿大太空企业家

火星漫步者

当"月球车1号"探索月球时，苏联的太空计划正着眼于更大的目标：火星漫游车。1971年12月，两艘代号为"火星2号"和"火星3号"的苏联宇宙飞船被送到了火星上。"火星2号"坠毁了，但"火星3号"成功着陆了——这是在火星上的首次着陆。然而，仅仅14.5秒后，控制人员就失去了和它的所有通信，这可能是由于强烈的沙尘暴造成的。科学家从未发现"火星3号"上的载荷出了什么问题，这辆名为Prop-M的漫游车，是一辆4.5千克重的小型车辆，利用两根雪橇型的腿行进。它通过一根15米长的电缆供电，一旦到达火星表面，它就会对火星土壤进行探测。尽管Prop-M被设定成在没有地球指令的情况下也能程序化运行，然而它不太可能完成它的使命。月球和地球之间的无线电信号传输时间不到2秒，但往返火星的信号需要3～21分钟才能到达。火星漫游车要想成为一个成功的探险者，它需要自主地工作。

我们降落在一个不错的平地上。漂亮，确实漂亮。

——亚当·施特尔茨纳

“好奇号”火星探测器首席着陆工程师

弹跳着陆

1976年，NASA的两艘“海盗号”着陆器发回了火星的第一张照片。在这次成功之后，NASA计划发射更多的探测器，但这些项目中的大多数探测器似乎受困于媒体所称的“火星诅咒”，从未到达目的地。NASA最终在1997年的火星探路者任务中取得了成功。同年7月，“探路者号”飞船进入了火星大气层。它首先在隔热罩的摩擦下减速，然后利用一个巨大的降落伞减缓速度，接着抛弃它的外保护罩，放下里面系在20米长的缆绳上的着陆器。当它接近火星表面时，巨大的安全气囊在着陆器周围膨胀，飞船上的反牵引火箭系在缆绳上发射以减缓下降的速度。然后缆绳被切断，着陆器在火星表面弹跳、滚动直到停止。幸运的是，安全气囊一放气，着陆器就会正面朝上。四面体着陆器的三个上侧面或“花瓣”向外折叠，便露出了11千克的漫游车。

在研发过程中，漫游车被称为MFEX，是“微型漫游车飞行试验”的简称。然而，公众称之为索杰纳，意为“旅居者”，因其与19世纪美国废奴主义者和人权活动家索杰纳·特鲁斯的联系而被选中。

在执行任务的83天里，索杰纳探测了火星表面约250平方米的区域，并拍摄了550张照片。

在火星上漫游

索杰纳是第一辆访问火星表面的漫游车。然而，探路者任务实际上是对创新着陆系统和技术的一次测试，它为未来更大的漫游车提供了动力。在其83天的任务中，这辆微型漫游车仅移动了100米，而且从未冒险远离着陆器超过12米。着陆器被命名为“卡尔·萨根纪念站”，用来将漫游车的数据传回地球。漫游车的大部分电力来自顶部的小型太阳能电池板。该任务的目标之一是测试这些太阳能电池板如何承受极端温度，以及在微弱的火星光下能产生多少电力。

火星漫游车的各项测试活动由位于加利福尼亚的NASA喷气推进实验室（JPL）负责，JPL一直是研发火星漫游车的主要机构。由于和火星通信存在固有的时间延迟，因此JPL不可能实时驾驶火星漫游车，它的每一段旅程都必须预先编程。为了实现这一目标，控制人员使用着陆器上的相机创建了环绕索杰纳的火星表面的虚拟模型。在为漫游车绘制路线之前，控制人员可以从任何角度以3D方式查看它所经过的区域。

“勇气号”和“机遇号”

尽管在规模和功率上有限制，但索杰纳任务仍是一个巨大的成功，NASA继续推进两辆火星探测漫游车（MERs）的任务。2003年6月，名为“勇气号”和“机遇

不管你在火星上的原因是什么，你在那儿我就很高兴。我希望能和你在一起。

——卡尔·萨根

给未来探险者的信息

这幅艺术家的印象画描绘了NASA的火星探测漫游车。2003年，“机遇号”和“勇气号”在几周内分别发射，并于2004年1月在火星上的两个地点着陆。

号”的火星车准备发射。它们的大小与月球漫游车差不多，但重量要轻得多，约180千克。第二年的1月底，两辆漫游车都穿越了火星的沙漠、丘陵和平原，拍摄了火星的地表特征，并对岩石样本和大气进行了化学分析。它们发回了迄今为止人们所见过的最壮丽的火星景观，使地质学家得以仔细研究火星的大尺度结构。

“勇气号”和“机遇号”使用与“旅居者号”相同的气囊缆绳系统着陆。和“旅居者号”一样，两者都依赖太阳能电池板，但新的漫游车是作为自给系统单元建造的，能够在距离着陆器很远的地方漫游。每辆车的6个轮子都安装在一个悬挂装置上，使得漫游车在穿越崎岖地形时至少能保持两个轮子在地面上。软件为漫游车提供了一定程度的自主性，可以对不可预测的事件做出反应，而无须等待来自地球的指令，如突然的沙尘暴。

低预期

不过，人们对这些火星车的期望很低。喷气推进实验室预计它们将行驶约600米，并持续工作90个火星日（约相当于90个地球日）。然而，在火星的冬季，研究小组并不确定太阳能火星车能否有足够的电力继续工作。在太阳系所有的岩质行星中，火星的季节与地球最相似，这是由于两颗行星的自转轴有相似的倾斜度。火星的冬天黑暗而寒冷，极地冰冠附近的地表温度低至-143°C。

正如所预测的那样，火星风将细尘吹到太阳能电池板上，限制了它们的发电能力；但风也会把电池板吹干净。随着冬天的临近，喷气推进实验室的团队开始寻找合适的地点，让火星车能够安全地冬眠。为了做到这一点，他们使用了一个利用火星漫游车的立体摄像机拍摄的图像所构建的三维查看器。为了最大限度地发电和给电池充电，他们选择了面朝旭日升起的陡峭斜坡。所有非必要的设备都被关闭，这样电力就可以转移到加热器上，使漫游车内部温度保持在-40°C以上。

任务持续

“冬眠”起作用了，令人难以置信的是，喷气推进实验室成功地将火星漫游车任务从几天延长到了几年。然而，在执行任务的第五年，“勇气号”陷入了泥中。所有试图通过远程控制将其从泥土里解救出来的努力都失败了，而且，由于无法将其迁移到冬季避难所，“勇气号”最终在10个月后失去了动力。它行驶了7.73千米。在此期间，“机遇号”远离灾难并继续运转。2014年，它打破了“月球车2号”的距离记录，到2015年8月，它完成了42.45千米的行驶距离。对于一颗距离地球几亿千米的行星来说，这绝非易事。

“好奇号”拍摄的火星形成的“金伯利”地形中，地层显示有水流印迹。远处是夏普山，以美国地质学家罗伯特·P. 夏普的名字命名。

需要“好奇号”

“勇气号”和“机遇号”配备了最新的探测器，包括用于矿物结构成像的显微镜和用于获取岩石内部样本的研磨工具。

然而，2012年8月紧随其后抵达火星的“好奇号”火星车所携带的仪器不仅研究了火星的地质情况，而且在寻找生物特征——表明火星上是否曾经存在生命的有机物质。这些仪器包括火星样品分析仪（SAM），该装置可以汽化火星表面岩石样品以便揭示其化学成分。此外，火星车还监测火星的辐射水平，以确定未来人类在火星上定居是否安全。

“好奇号”比之前的火星车要大得多，它以一种不同寻常的方式被送往火星。在任务的着陆阶段，无线电延迟（由火星与地球的绝对距离引起）时间为14分钟，而从大气层到地面的旅程只需7分钟——全部由自动驾驶仪控制（不是由地球远程控制的）。这造成了“恐怖7分钟”：地球上的工程师们知道，当“好奇号”进入火星大气层的信号到达时，火星车已经在地面上停留了7分钟——它可能已经可操作了，也可能被撞得粉碎。

恐怖的7分钟变成了胜利的7分钟。

——约翰·菲尔德
NASA原副局长

安全着陆

当“好奇号”的登陆艇穿过上层大气时，它的隔热罩因变热而发光，同时火箭调整下降速度以便顺利到达盖尔陨石坑，这是一个由大规模陨石撞击造成的古老陨石坑。降落伞使登陆艇减速到大约320千米/小时，但这对于着陆来说还是太快了。它继续在一个平坦的陨石坑区域缓慢下降，避开了其中心6,000米高的山。登陆艇到达离地面20米高的地方时，不得不开始盘旋，因为飞得太低会产生尘埃云，可能会损坏仪器。漫游车最终通过一个名为空中吊车的火箭动力悬停平台被送到了地面。然后漫游车分离并炸掉空中吊车让其远离该区域，这样它与火星的最终撞击才不会影响到未来的探索。

在着陆中幸存下来后，“好奇号”向地球发出信号，表明它已经安全抵达了。“好奇号”的电力供应预计将持续至少14年，最初的两年期任务现已无限期延长。到目前为止，“好奇号”已经测量了火星辐射水平，表明人类在火星上生存也许是可能的；发现了一个古老河床，暗示着火星上过去有水甚至可能有生命存在；发现了许多生命要素，包括氮、氧、氢和碳。■

地球之外漫游车所走过的距离

“月球车1号”
1970年7月1日
月球：10.5千米

“阿波罗17号”
1972年12月
月球：35.74千米

“月球车2号”
1973年1月至6月
月球：39千米

“旅居者号”
1997年7月至9月
火星：0.1千米

“好奇号”
2011年至今
火星：13.1千米

“勇气号”
2004年至2010年
火星：7.7千米

“机遇号”
2004年至今
火星：42.8千米

距离（千米） 0 10 20 30 40

火星生命探测计划

2022年，欧洲航天局将与俄罗斯宇航局合作，发射其第一辆火星漫游车ExoMars（火星生命探测计划），目标是在第二年登陆火星。除了寻找外星生命的踪迹，漫游车还将携带一台探地雷达，深入火星岩层以寻找地下水。ExoMars漫游车将通过于2016年发射的火星生命探测计划微量气体轨道器与地球通信。这个通信系统的数据传输被限制为一天两次。漫游车被设计成自动驾驶模式；它的控制软件将建立一个虚拟的地形模型为其导航。漫游车在英国斯蒂夫尼奇的一个名为“火星庭院”（Mars Yard，见上图）的火星表面实体模型中学习如何驾驶。

ExoMars漫游车预计至少运行7个月，并在火星表面行驶4千米。它将由一个机器人平台送到地面，然后留在原地研究着陆点周围的区域。

天空巨眼

遥望太空

背景介绍

关键研制成果：

欧洲特大望远镜（2014年—）

此前

1610年 伽利略首次使用望远镜进行了有记录的天文观测。

1668年 艾萨克·牛顿制造了第一台可用的反射望远镜。

1946年 莱曼·小斯皮策建议在太空中放置望远镜以避免地球大气的干扰。

1990年 哈勃空间望远镜发射。

此后

2015年 美国22米巨麦哲伦望远镜在智利开始建造。

2016年 LIGO探测到了太空中天体的引力波。

2021年 詹姆斯·韦伯空间望远镜将成为有史以来发射到太空的最大望远镜。

尽管名为欧洲南方天文台，但是这个天文台却位于智利北部干燥的沙漠和高山地区，这里是地基天文学的理想之地。这个由15个欧洲国家及巴西和智利组成的合作组织，50多年来一直在挑战天文学的极限。

大型天文望远镜

欧洲南方天文台（ESO）的望远镜使用其直译名。1989年，ESO开始运行新技术望远镜，这种新技术指的是自适应光学，可以降低由于大气湍流造成的图像模糊程度。1999年，甚大望远镜开始工作，它由4台可以同时使用的8.2米口径反射望远镜组成。阿塔卡马大型毫米波阵是拥有66面天线的巨型射电望远镜阵，2013年投入使用。它是迄今为止ESO最大的项目，也是有史以来最大的地基天文项目。然而，在2014年，ESO获得了对欧洲特大望远镜的资助。2024年完工后，它将成为有史以来最大的光学

欧洲南方天文台

ESO成立于1962年，现有17个成员国：奥地利、比利时、捷克、丹麦、芬兰、法国、德国、意大利、荷兰、波兰、葡萄牙、西班牙、瑞典、瑞士和英国，以及智利和巴西。它位于智利的阿塔卡马沙漠，这个位置因天空晴朗、没有湿气且没有光污染而被选中。ESO的总部在德国慕尼黑附近，但它的工作基地是帕拉纳天文台，一个位于偏远沙漠的超现代科学中心。在2008年的电影《量子危机》中，这座天文台的地下住所曾被用作片中反派的巢穴。该台址拟耗资10亿欧元（11亿美元）建造新的特大望远镜。ESO在拒绝了昂贵得多的超级大望远镜（OWL）后选择了特大望远镜项目，而超级大望远镜设计有100米口径的主镜。

参见：伽利略的望远镜 56~63页，引力理论 66~73页，空间望远镜 188~195页，研究遥远的恒星 304~305页。

在这幅艺术家的印象图中，当太阳在沙漠中落下时，欧洲特大望远镜的圆顶将被打开。整个建筑将高达78米。

望远镜，其分辨率是哈勃空间望远镜（参见第172~177页）的15倍。

巨大的镜子

欧洲特大望远镜有着不寻常的五镜设计，置于有半个足球场大的圆顶内。主镜（M1）由798面口径为1.45米的六角形子镜组成，用于收集可见光（和近红外光）。它们合在一起组成了一面直径为39.3米的镜子。相比之下，哈勃空间望远镜的主镜直径只有2.4米。即使是欧洲特大望远镜4.2米的副镜（M2），也比哈勃空间望远镜的主镜要大。

M1的形状可以进行微调，以抵消温度变化和望远镜转到不同位置时重力所造成的扭曲。M2将来自M1的光线穿过第四镜（M4）上的孔洞导向第三镜（M3）。光线又从M3反射回M4。M4是自适应光学镜，将大大降低由于大气产生的图像模糊程度。M4跟随着一颗人造“恒星”的闪烁，这颗人造“恒星”是通过向天空发射激光产生的。M4可以在一秒钟内使用放置在其下面的8,000个活塞改变形状1,000次。换句话说，这面令人称赞的镜子的798个部分可以实时地产生波纹和翘曲，以抵消大气带来的任何畸变。最终，第五镜（M5）将图像导入相机。

相比其他空间望远镜，虽然欧洲特大望远镜可以观测的波段范围要窄一些，但它可以观测的尺度范围更广。因此，欧洲特大望远镜将能够比以往更详细地观测系外行星、原行星盘（包括它们的化学成分）、黑洞和第一批星系。■

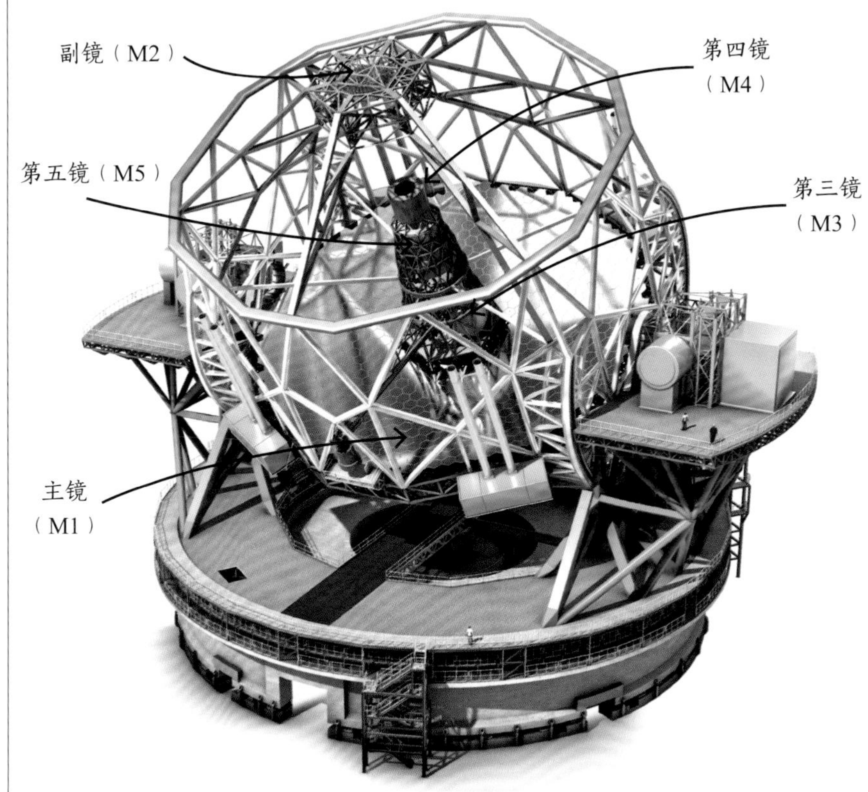

在欧洲特大望远镜的复杂镜面布局中，最核心的是巨大的主镜。它能收集的光比现有最大的光学望远镜多13倍，并由6个激光导星单元来辅助。

穿越时空的涟漪

引力波

背景介绍

关键组织：

激光干涉引力波天文台（2016年）

此前

1687年 艾萨克·牛顿将万有引力定律公式化，他认为引力是质量之间的力。

1915年 阿尔伯特·爱因斯坦提出了广义相对论，该理论认为引力是由质量引起的时空扭曲，并预言存在引力波。

1960年 美国物理学家约瑟夫·韦伯试图测量引力波。

1984年 赖·维斯和基普·索恩建立了激光干涉引力波天文台（LIGO）。

此后

2034年 空间激光干涉仪（eLISA）计划使用三艘飞船在日心轨道上搜寻引力波，三艘飞船之间会发射激光。

1916年，阿尔伯特·爱因斯坦在致力于他的相对论研究时曾预测，当一个物体运动时，它的引力会在时空结构中引起涟漪。每个质量都会产生这样的涟漪，而且更大的质量会产生更强的波，就跟扔进池塘里的小石子会产生越来越大的涟漪，而当流星冲击海洋时会产生海啸大小的海浪一样的道理。

2016年，也就是爱因斯坦预言的100年后，以LIGO的名义开展工作的科学家通力合作，宣布他们发现了这些涟漪——引力波。他们数十年的研究揭示了两个黑洞相互

参见：引力理论 66~73页，相对论 146~153页。

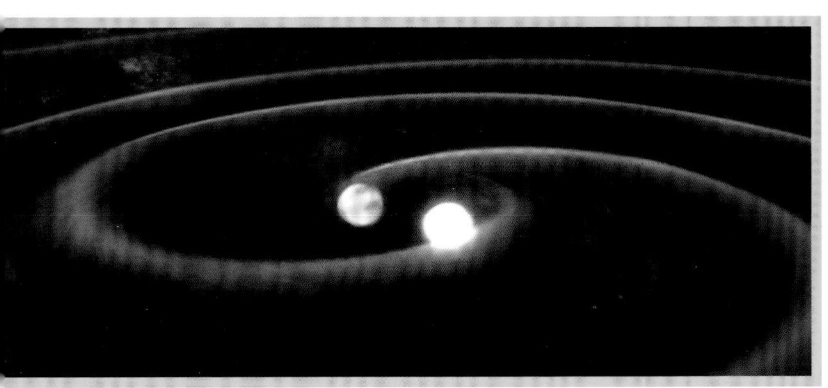

在20毫秒的时间内，LIGO探测到的两个黑洞在碰撞前的轨道速度从每秒30次增加到了每秒250次。

螺旋绕转然后碰撞所产生的引力海啸。

引力波的发现有望为天文学家提供一种观测宇宙的新方法。天文学家希望通过宇宙物质的引力效应而非光或其他电磁辐射来绘制宇宙地图。电磁辐射会因为许多原因而被减弱，包括大爆炸后38万年的早期宇宙中的不透明等离子体，而引力波却能穿过一切事物。这意味着，引力波天文学可以追溯到宇宙大爆炸后最初万亿分之一秒的时刻。

波的特性

LIGO是激光干涉引力波天文台的缩写。它是一套测量空间本身膨胀和收缩的不同寻常的仪器。这项任务并不容易完成。用直尺就做不到这一点，因为当空间改变大小时直尺也会发生改变，所以观测者根本测量不到任何变化。LIGO成功地使用了无论在任何空间都存在的常数作为基准：光速。光的行为像波，但它不需要介质来传播。相反，光（以及任何一种电磁辐射）是电磁场的振荡，换句话说，光是一种弥漫整个空间的电磁场中的扰动。

引力波可以理解为弥漫在宇宙中的引力场中的扰动。爱因斯坦描述了这些扰动是如何通过扭曲周围空间的物体的质量而引起的。所谓的引力牵引是指，一个小质量物体在遇到扭曲的空间区域时，会改变它的运动并“坠”向一个更大质量的物体。

所有的质量都在运动——行星、恒星，甚至星系，当它们运动时，其尾流中会留下引力扰动的痕迹。引力波的传播方式与声波相似，会扭曲其传播的介质。对声波来说，传播介质是由分子构成的，分子会发生振荡。而对于引力波来说，传播介质是时空，即宇宙的基本结构。爱因斯坦预言引力波的速度与光速相同，而时空的涟漪将向四面八方扩散。这些涟漪的强度随着距离的增加而（以距离的平方）迅速

相对论揭示了引力是由质量引起的时空扭曲。

↓

运动的物体会在时空中产生涟漪，即引力波。

↓

引力波可以通过测量时空的膨胀和压缩探测到。 → 引力波让天文学家能够看到更远的太空。

减弱，因此，要探测到太空中某个已知天体发出的明显的引力波，就需要一个非常强大的波源和一台非常灵敏的仪器。

在没有引力波的情况下，LIGO的光波在重新结合时会相互抵消。引力波拉伸一侧管臂，同时压缩另一侧管臂，这样一来，波形就不再是完全对齐的了，于是就产生了信号。

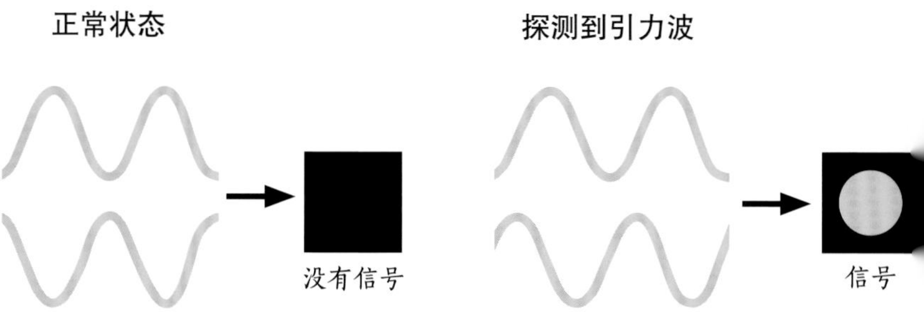

正常状态

没有信号

探测到引力波

信号

激光制导

顾名思义，LIGO采用了一种名为激光干涉测量的技术。它利用了波的一种叫作干涉的性质。当两个波相遇时，它们彼此相互干涉并生成一个单一的波。干涉结果如何取决于它们的相位——它们振荡的相对时间。如果波的相位完全相同——上升和下降完全同步，那么它们会发生相长干涉，合并产生两倍强度的波。相反，如果波的相位完全不同——一个上升另一个下降，干涉将发生相消，两个波会合并，互相抵消而导致其中一个完全消失。LIGO的波源是激光，这是一种包含单一颜色或波长的光束。此外，激光束中的光是相干的，这意味着它们的振荡在时间上都是完美一致的。这样的光束会以非常精确的方式相互干涉。

激光束被一分为二，产生的光束相互垂直地发射出去。它们都照到镜子上，然后直接反射回起点。每一束光通过的距离都受到非常精确的控制，以使一束光传播的距离比另一束光长半个波长（相差几千亿分之一米）。当两束光再次相遇时，它们的相位便完全不同了，于是就会发生干涉并迅速消失——除非光束在空间中传播时，有引力波通过。如果存在引力波，引力波会拉伸其中一条激光束，压缩另一条激光束，导致激光束的传播距离最终略有改变。

噪声滤波器

激光束被分开后，接着会在LIGO长4千米的臂中来回运动1,120千米，然后再重新结合。这让LIGO拥有探测空间中微小扰动的高灵敏度，这些扰动加起来只有质子宽度的千分之一。由于距离稍微不同步，因此发生干涉的光束将不会再相互抵消。相反，它们会产生一种光闪烁现象，也许是在暗示引力波正在穿过LIGO所处的空间角落。

难点在于，LIGO的灵敏性让它很容易受到穿越地球表面的频繁地震波的影响。为了确定是激光闪烁而不是地球震动，LIGO在美国的两端建造了两个完全相同的探测器：一个在路易斯安那州，另一个在华盛顿州。只有在两个探测器上都留下记录的信号才是引力波（这些信号实际上相隔10毫秒——光和引力波从路易斯安那州到华盛顿州所需要的时间）。LIGO从

赖·维斯和基普·索恩

LIGO是加州理工学院和麻省理工学院的合作项目，它还与法国和波兰进行的类似实验“Virgo”共享数据。数百名研究人员为发现引力波做出了贡献。然而，有两个美国人从中脱颖而出：赖·维斯（1932–）和基普·索恩（1940–）。1967年，维斯在麻省理工学院的时候，根据激光发明者之一的约瑟夫·韦伯的最初想法，研发了LIGO使用的激光干涉测量技术。1984年，维斯与加州理工学院的索恩共同创立了LIGO项目，索恩是相对论方面的权威专家。LIGO是美国政府所资助的最昂贵的科学项目，目前的成本为11亿美元。经过32年的努力，2016年维斯和索恩在华盛顿特区的一次新闻发布会上宣布：他们发现了引力波。

LIGO的精密仪器必须保持完全清洁。保持激光束的纯度是该项目面临的最大挑战之一。

2002年运营到2010年，但没有成功，然后在2015年再次启动，并提高了灵敏度。

黑洞碰撞

2015年9月14日，格林尼治时间9：50：45，两个10亿光年之外的黑洞相撞，并引起了空间构造的巨大扭曲。事实上，这一事件发生在10亿年前，但它们释放出的涟漪花了很长时间才到达地球，并被两个LIGO探测器都探测到了。研究人员又花了几个月的时间检查结果，并于2016年2月公布。

现在天文学家正在搜寻更多的引力波，而最佳的地方是在太空中搜寻。2015年12月，“空间激光干涉仪探路者号”飞船发射升空。它的轨道在L1点，这是太阳和地球之间的一个引力稳定的位置。在那里，飞船将在太空中测试激光干涉测量仪器，希望它们能用于一个雄心勃勃的实验——新型空间激光干涉仪（eLISA）。eLISA暂定于2034年发射，将使用三艘绕太阳三角定位的飞船。飞船之间将发射激光，使得激光的轨迹长达300万千米，因此eLISA对引力波的灵敏度是LIGO的许多倍。

引力波的发现将有可能改变天文学家对宇宙的看法。来自LIGO和未来项目的激光信号波动模式将带来新的信息，提供宇宙中质量分布的详细地图。■

引力波将为我们刻画精准的黑洞图像——它们所在时空的图像。

——基普·索恩

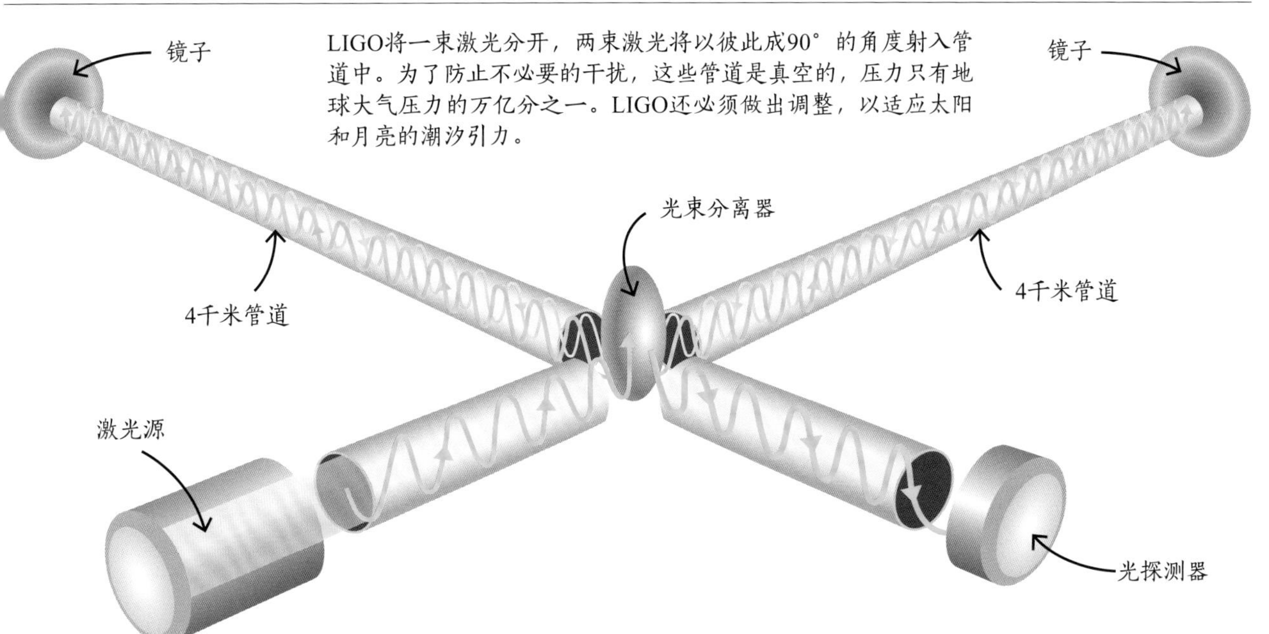

LIGO将一束激光分开，两束激光将以彼此成90°的角度射入管道中。为了防止不必要的干扰，这些管道是真空的，压力只有地球大气压力的万亿分之一。LIGO还必须做出调整，以适应太阳和月亮的潮汐引力。

DIRECTORY

天文学家名录

天文学家名录

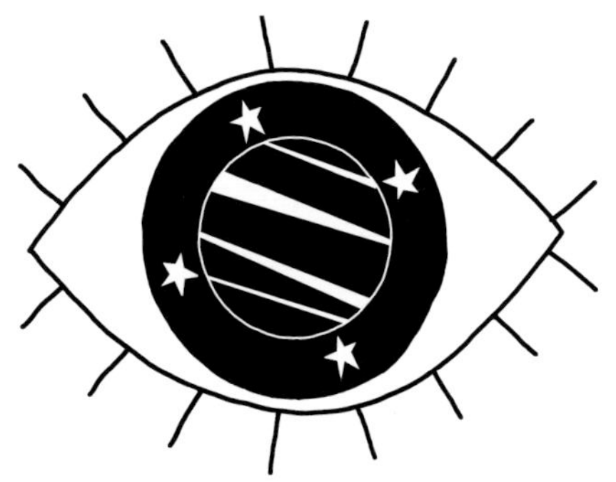

对于像天文学这样广泛的研究领域来说，不可能有足够的篇幅把每一位重要的科学家都包括在这本书里。以下几页列出了从公元前7世纪至今，其他一些做出了重要贡献的天文学家。在早期，天文学通常以个人或小团体的形式进行观测和计算。而今天，现代高科技的“大天文学”往往需要数百名甚至数千名科学家进行大规模合作。无论是在粒子加速器上做实验，还是将空间望远镜对准特定的方向，今天的天文学家都是构建未来伟大图景的巨大群体的一部分。

米利都的阿那克西曼德

公元前610—公元前546年

古希腊哲学家阿那克西曼德是最早对宇宙进行理性解释的人之一。他认为天体在绕着地球转圈，并因此推断：地球在太空中一定是自由漂浮、没有支撑的。他还指出，天体之间存在相互遮挡意味着宇宙具有深度——这是关于“空间”概念的最早记录。然而，阿那克西曼德把天体按错误的顺序排列，认为恒星离地球最近，然后是月球，最后才是太阳。

参见：地心说宇宙模型20页。

埃拉托色尼

约公元前276年—约公元前194年

古希腊学者埃拉托色尼是著名的亚历山大图书馆的第三任馆长，他对地理学做出了重大贡献。通过比较亚历山大和赛伊尼（今天的阿斯旺）仲夏日正午日影的角度，他测量了地球的周长。他已知两个城市间的距离，对日影角度的测量使他能够计算出这一角度所代表的地球完整周长的比例。他还精确测量了地球的轴向倾斜及地球到太阳和月球的距离，引入了闰日来修正一年的长度，并绘制了世界上最早的地图之一。

参见：知识巩固24~25页。

祖冲之

429—500年

中国数学家祖冲之为了完成南朝宋孝武帝要求制定的新历法，精确地测量了恒星年（地球相对于背景恒星的自转周期）、回归年（连续两次春分之间的时间）和农历月的长度。他用他的计算准确地预测了四次日食。祖冲之测量出了木星一年的长度为11.858个地球年，与目前公认的数值相差不到0.1%。

参见：太阳年28~29页。

阿尔-巴塔尼

约858—929年

阿拉伯天文学家和数学家阿尔-巴塔尼利用精确的观测改进了一年的长度、黄道的倾角及二分点进动。他发展了三角测量法来改进托勒密的计算，并证明了太阳到地球的距离随时间而变化。阿尔-巴塔尼最具影响力的著作是一部天文星表的汇编，它在12世纪被译成了拉丁文，对哥白尼产生了重大影响。

参见：知识巩固24~25页，哥白尼模型32~39页。

伊本·阿尔-海森姆

约965—1040年

伊本·阿尔-海森姆的拉丁名是阿尔哈森（Alhazen），他曾在开罗法蒂玛哈里发（Fatimid Caliphate）的宫廷工作。阿尔-海森姆是科学方法——通过实验来验证假设的先驱。他写了一部著作，普及了托勒密的《天文学大成》，后来又写了一本书，对托勒密体系的一些问题提出了质疑。

参见：知识巩固24~25页。

罗伯特·格罗斯泰斯特

约1175—1253年

英国主教罗伯特·格罗斯泰斯特完成了一系列关于光学、数学和天文学的论文。他把希腊文和阿拉伯文著作翻译成拉丁文，并将亚里士多德和托勒密的思想引入了中世纪欧洲的思想中。在他的著作《论光》中，格罗斯泰斯特进行了用数学定律来描述整个宇宙的早期尝试。他把光称为“第一种形式的存在”，并认为光让宇宙向各个方向扩散，这让人想到了大爆炸理论。

参见：地心说宇宙模型20页，知识巩固24 ~25页。

约翰·赫维留

1611—1687年

伊丽莎白·赫维留

1647—1693年

波兰天文学家约翰·赫维留在自家屋顶上建了一座天文台，并在那里绘制了月球表面的详细地图。

尽管他制作并使用了望远镜，但他更喜欢用六分仪和肉眼来绘制恒星的位置，他也是最后一位这样做的重要天文学家。赫维留于1663年娶了他的第二任妻子伊丽莎白，她帮助赫维留编纂了1,500多颗恒星的星表，并在赫维留死后将其完成并出版。凭着自己的能力，伊丽莎白成为第一批著名的女天文学家之一，也是一位精力旺盛和技术熟练的观测学家。

参见：第谷模型44~47页。

克里斯蒂安·惠更斯

1629—1695年

荷兰数学家和天文学家克里斯蒂安·惠更斯被土星和它两边突出的奇怪“把手”吸引住了。他和他的兄弟康斯坦丁一起建造了一架功能强大的望远镜，通过改良的透镜来研究这颗行星。惠更斯是第一个描述土星环真实形状的人，他描述土星环又薄又平，与土星轨道平面成20° 。1659年，他在《土星系统》一书中发表了自己的发现。而在4年前，他发现了土星最大的卫星土卫六。

参见：观测土星环65页。

奥勒·罗默

1644—1710年

在巴黎天文台工作的丹麦天文学家奥勒·罗默表明，光的速度是有限的。罗默致力于使用木星卫星的掩食来计算每天的时间，这是由伽利略首先提出的解决海上经度测量问题的方法。在多年时间里，罗默仔细计算了木卫一掩食木星的时间，发现掩食的持续时间取决于地球在朝木星移动还是在远离木星。他推断这种变化是由于从木卫一发出的光到达地球的时间不同造成的，并估计光通过相当于地球绕太阳公转轨道的直径的距离需要22分钟。他计算所得的光速达到220,000千米/秒，约为其真实数值的75%。罗默发现的光速有限性在1726年被证实，詹姆斯·布拉德利利用光速有限性解释了恒星光行差现象。

参见：恒星光行差78页。

约翰·米歇尔

1724—1793年

英国牧师约翰·米歇尔的研究涉及的科学领域相当广泛，包括地震学、磁学和引力。他设计了扭力天平，后来被他的朋友亨利·卡文迪什用来测量引力的强度。米歇尔也是第一位提出当一个物体质量足够大时甚至连光都无法逃脱其引力的人。他的计算表明，当一颗恒星的质量达到太阳的500倍时，它就会成为这样一个物体，他称之为“暗星”。在20世纪天文学家开始认真对待“黑洞”这一概念之前，米歇尔的想法一直都没有得到人们的关注。

参见：时空曲线154~155页，霍金辐射 255页。

约瑟夫–路易斯·拉格朗日

1736—1813年

法国数学家和天文学家约瑟夫–路易斯·拉格朗日研究了天体力学和引力的影响。他从数学的角度研究三体系统（如太阳、地球和月球）中的引力如何相互作用。他发现了一个小天体在绕两个较大天体运转时的稳定轨道位置，也就是现在所说的拉格朗日点。空间望远镜通常被放置在地球和太阳轨道的拉格朗日点附近。

参见：引力理论66~73页，研究遥远的恒星304~305页

让·巴蒂斯特·约瑟夫·德朗布尔

1736—1813年

1792年，法国大革命期间，德朗布尔已是科学界的领军人物了。他的任务是测量从敦刻尔克到巴塞罗那的子午线长度，目的是改进“米”制，即把“米”定义为从北极到赤道距离的千万分之一。1798年，他完成了这项任务。从1804年起，德朗布尔开始担任著名的巴黎天文台的台长。他在天文方面的工作包括制作精确的历表以给出木星卫星的位置。1809年，他估计太阳光到达地球需要8分12秒（现在的数据是8分20秒）。

参见：引力扰动92~93页

本杰明·阿普索普·古尔德

1824—1896年

美国神童本杰明·阿普索普·古尔德很早就从哈佛大学毕业了。1845年，他来到德国，师从著名数学家弗里德里希·高斯。在欧洲，他获得了天文学博士学位——成为第一位获得天文学博士学位的美国人。1849年，他回到美国，决心提升美国天文学的地位。为此，他创办了《天文学报》，发表美国的研究成果，这本期刊至今仍很活跃。1868—1885年，古尔德在阿根廷工作，并在科尔多瓦建立了国家天文台。他还协助建立了阿根廷国家气象局。古尔德在1879年出版了一本关于南天半球可见亮星的综合星表——《阿根廷测天图》。

理查德·卡灵顿

1826—1875年

英国业余天文学家理查德·卡灵顿对太阳进行了多年的仔细观测。1859年，他成为第一个观测到太阳耀斑的人。太阳耀斑是太阳表面的一种磁性爆发，会引起可见光的激增。耀斑之后全球电报系统中断，卡灵顿认为这种太阳活动可能对地球产生了电磁影响。1863年，通过对太阳黑子运动的记录，他证明了太阳的不同部分以不同的速度旋转。

参见：伽利略的望远镜56~63页，太阳表面 103页

艾萨克·罗伯茨

1829—1904年

19世纪80年代，英国业余天文学家艾萨克·罗伯茨在天体摄影领域取得了重大进展，首次让肉眼无法看到的夜空结构得以展现。罗伯茨研制了一种允许长时间曝光的仪器，因此可以收集到更多的光。他通过调整望远镜来补偿地球的自转，使望远镜可以始终指向天空中的固定位置。罗伯茨最著名的照片是1888年拍摄的仙女座星云，它以前所未有的细节展示了其旋涡结构。

参见：天体摄影118~119页

亨利·德雷珀

1837—1882年

作为天体摄影的先驱，医学博士亨利·德雷珀于1873年辞去了纽约大学医学院院长的职务，转而投身于天文学。在妻子安娜·玛丽的帮助下，德雷珀于1874年拍摄了金星凌日的照片，并于1880年第一次用相机捕捉到了猎户座星云，1881年第一次拍到了彗尾的广角照片。他发明了天体摄影的新技术，但是1882年，也就是照相开始被天文学家当作观测手段的几年前，他死于胸膜炎。在他死后，他的妻子以他的名字创立了一个基金会，资助爱德华·C. 皮克林和他的女天文学家团队对恒星进行的大规模的照相巡天，并形成了《亨利·德雷珀星表》。

参见：恒星星表120~121页，恒星特征122~127页。

雅克布斯·卡普坦

1851—1922年

荷兰天文学家雅克布斯·卡普坦使用南非大卫·吉尔提供的照相底片，对超过45万颗南天恒星进行了编目。在对银河系不同区域的恒星进行分组并测量它们的大小、径向速度和自行之后，卡普坦进行了大量的统计分析，揭示了星流现象——这表明恒星的运动不是随机的，而在朝两个相反的方向聚集。这是第一个明确表明银河系正在自转的证据。

参见：天体摄影118~119页。

爱德华·沃尔特·蒙德

1851—1928年

安妮·蒙德

1868—1947年

英国夫妇爱德华·沃尔特·蒙德和安妮·蒙德（原名安妮·斯科特·迪尔）在格林尼治皇家天文台合作研究太阳。他们对太阳黑子的研究揭示了黑子数量与地球气候之间的相关性。这使得他们发现了1645年到1715年间存在一个太阳活动减弱的周期，并与欧洲的温度低于平均温度的时间段吻合，现在这个时期被称为蒙德极小期。1916年，皇家天文学会取消了对女性的禁令，安妮·蒙德被选为学会的会员，之后她以个人名义发表了自己的观测结果。在此之前，她的很多工作都以她丈夫的名义出现在文章中。

参见：太阳表面103页，太阳黑子的性质129页。

E. E. 巴纳德

1857—1923年

美国天文学家E. E. 巴纳德是一位著名的观测天文学家，他发现了大约30颗新的彗星和大量的星云。1892年，巴纳德在木星周围发现了第五颗卫星，命名为“阿玛尔西亚”，这也是最后一颗通过肉眼观测而不是通过研究照相底片发现的卫星。作为天体摄影的先驱，巴纳德拍摄了一系列令人惊叹的银河系长时间曝光照片。在他死后，这些照片于1927年被出版为《银河系精选天区图册》。巴纳德星就是以他的名字命名的——1916年，他发现在所有已知的恒星中，这颗微弱的红矮星拥有已知最大的自行（恒星在天球上改变位置的速度）。

参见：伽利略的望远镜56~63页，天体摄影118~119页。

赫伯·道斯特·柯蒂斯

1872—1942年

美国古典文学教授赫伯·道斯特·柯蒂斯在1900年成为加州利克天文台的观测志愿者后，转向了天文学。1902年，在获得天文学博士学位后，柯蒂斯与利克天文台有了长期的联系。他在1918年完成了对已知星云的详细巡天。1920年，他在史密森尼博物馆参加了与天文学家哈洛·沙普利的“大辩论”。柯蒂斯认为遥远的星云是远离银河系的独立星系，而沙普利则认为它们就位于银河系中。

参见：旋涡星系156~161页，银河系之外 172~177页。

詹姆斯·琼斯

1877—1946年

英国数学家詹姆斯·琼斯研究了一系列与天体物理学有关的理论问题。1902年，他计算了星际气体云变得不稳定并坍缩形成新恒星的条件。1916年，在发展他的气体理论时，他解释了气体原子是如何随着时间的推移而逐渐脱离行星大气层的。在后来的生活中，琼斯致力于写作，并因他的9本畅销书而出名，其中包括《穿越时空》和《流转的星辰》。他提倡唯心主义哲学，认为精神和物质是理解宇宙的中心，他将这种哲学描述为“更接近伟大的思想，而不是伟大的机器”。

参见：巨分子云内部276~279页。

厄恩斯特·奥皮克

1893—1985年

爱沙尼亚天体物理学家厄恩斯

特·奥皮克在爱沙尼亚塔尔图大学获得博士学位，且从1921年到1944年，一直在那里工作，专门研究小行星、彗星和流星等小天体。1922年，他用一种基于仙女座星系自转速度的新方法估算了仙女座星系的距离。这种方法至今仍被使用。奥皮克还认为，彗星起源于冥王星之外的一片云，现在通常被称为奥尔特云，但有时也被称为奥皮克-奥尔特云。1944年，奥皮克流亡海外，最终定居在了北爱尔兰，并在阿马天文台工作。

参见：奥尔特云 206页。

克莱德·汤博

1906—1997年

20世纪20年代末，位于亚利桑那州的洛厄尔天文台开始系统研究一颗据说会扰乱天王星轨道的行星。为了完成这项工作，台长维斯托·斯莱弗聘请了年轻的业余天文学家克莱德·汤博。1930年2月18日，汤博在检查了10个月的照片后，发现了一个在海王星外绕太阳运行的天体。冥王星以罗马神话中掌管冥界的神的名字命名，它最初被归为第九大行星，但后来被降级为矮行星。因此发现，汤博获得了学位，并成为一名职业天文学家。

参见：旋涡星系156~161页，研究冥王星314~317页。

维克多·阿姆巴楚米扬

1908—1996年

苏联天文学家维克多·阿姆巴楚米扬是理论天体物理学领域的奠基人，对恒星形成和星系演化理论做出了贡献。他是年轻恒星形成于原恒星的最早提出者之一。1946年，他在亚美尼亚组织了比乌拉坎天文台的建设，直到1988年，他一直担任该天文台的台长。从1961年到1964年，他一直担任国际天文学联合会主席，组织召开了几次关于寻找地外生命的会议。

参见：致密分子云200 ~ 201页，巨分子云内部 276~279页。

格罗特·雷柏

1911—2002年

1937年，美国无线电工程师格罗特·雷柏在听说卡尔·央斯基发现了银河射电波后，在后院建造了自己的射电望远镜。在接下来的几年里，雷柏实际上是世界上唯一的射电天文学家，他完成了第一次射电巡天，并将结果发表在天文学和工程学的期刊上。雷柏的工作为二战后射电天文学的发展奠定了基础。为了在晴好的大气条件下进行进一步的射电研究，1954年，雷柏搬到了塔斯马尼亚，并在那里度过了余生。

参见：射电天文学179页。

约西夫·什克洛夫斯基

1916—1985年

1962年，苏联天体物理学家约西夫·什克洛夫斯基写了一本检验地外生命可能性的畅销书。4年后他与卡尔·萨根合著了其增订版，名为《宇宙中的智慧生命》。在这个版本中，两位作者的段落交替出现，萨根对什克洛夫斯基的原始观点进行了评论和延伸。后者的许多想法都是高度推测性的，其中一种观点认为，观测到的火星卫星火卫一的加速是因为它本身为一个中空的人造结构，是早已消失的火星文明的遗迹。

参见：其他星球上的生命228~235页。

马丁·赖尔

1918—1984年

同许多射电天文学先驱一样，英国人马丁·赖尔也在二战期间开始了他的雷达技术研发生涯。随后，他加入了剑桥的卡文迪什射电天文学小组，与安东尼·赫维希和乔斯林·贝尔·伯奈尔一起工作，开发射电天文学的新技术，并编纂了一系列射电源表。受战争经历的深刻影响，赖尔在生命的最后几年致力于促进科学的和平利用，对核武器和核能的危险发出了警告，并倡导对替代能源的研究。

参见：类星体和脉冲星236~239页。

哈尔顿·阿尔普

1927—2013页

在加利福尼亚的威尔逊山天文台近30年的工作经历，使天文学家哈尔顿·阿尔普成了一位娴熟的观测者。1966年，他制作了《特殊星系图册》，首次对附近星系中发现的数百种奇特结构进行了编目。今天我们知道，这些特征中有许多是星系碰撞的结果。在职业生涯的后期，阿尔普发现他由于质疑大爆炸理论而被边缘化了。他认为，红移程度不同的天体彼此之间距离很近，并非相距甚远。

参见：银河系之外172~177页。

罗杰·彭罗斯

1931年—

20世纪60年代，英国数学家和物理学家罗杰·彭罗斯解决了很多有关黑洞周围时空曲率的复杂数学问题。在与斯蒂芬·霍金的合作中，他展示了黑洞内的物质如何坍缩成奇点。最近，彭罗斯提出了一个循环宇宙学的理论，他认为一个宇宙的热死亡（终结状态）为另一个宇宙的大爆炸创造了条件。彭罗斯还撰写了一系列科普书籍，他在书中解释了宇宙中的物理规律，并对意识的起源提出了创新性的解释。

参见：时空曲线154~155页，霍金辐射 255页。

希夫·S. 库马尔

1939年—

印度出生的天文学家希夫·S. 库马尔在密歇根大学获得了天文学博士学位，并在美国开始了自己的职业生涯。他研究的理论问题包括太阳系的起源、宇宙中生命的进化和系外行星。1962年，库马尔预测存在小质量恒星，它们小到不足以维持核聚变。后来吉尔·塔特把它们命名为褐矮星，它们的存在于1995年被证实。

参见：系外行星288~295页。

布兰登·卡特

1942年—

1974年，澳大利亚物理学家布兰登·卡特提出了人择原理。这一理论认为，宇宙必须具有某些特征，人类才能生存。也就是说，宇宙的物理性质，如基本力的强度，必须有一定的限制，才能使类太阳恒星有能力维持生命的进化。自1986年以来，卡特一直是巴黎-墨东天文台的台长。他还对理解黑洞的性质做出了贡献。

参见：其他星球上的生命228~235页，霍金辐射255页。

吉尔·塔特

1944年—

吉尔·塔特是加州SETI研究中心的主任。30多年来，她一直是寻找地外生命的领军人物，在2012年退休前，她就这个课题进行了广泛的演讲。1975年，她创造了“褐矮星”一词，指的是由希夫·S. 库马尔发现的那种质量不足以维持核聚变的恒星。卡尔·萨根以塔特为原型创作了小说并拍成了电影《接触》。

参见：其他星球上的生命228~235页。

马克斯·泰格马克

1967年—

瑞典宇宙学家马克斯·泰格马克在麻省理工学院的研究重点是开发一种分析宇宙微波背景巡天产生的大量数据的方法。泰格马克也是多重宇宙的存在能够最好地解释量子力学这一观点的主要支持者。他提出了数学宇宙假说，认为一个纯粹的数学结构是对宇宙的最佳理解。

参见：观测宇宙微波背景辐射280~285页。

词汇表

绝对星等：恒星内禀亮度的尺度，将恒星放在距地球10秒差距（32.6光年）的地方测得的恒星的亮度。

吸积：较小的粒子或天体碰撞并结合形成较大天体的过程。

远日点：行星、小行星或彗星椭圆形轨道上离太阳最远的一点。

视星等：从地球上看到的恒星亮度。物体越暗，其视星等数值越高。肉眼可见的最暗恒星的视星等为6等。

浑天仪：一种模拟天球的仪器。它的中心是地球或太阳，其周围是代表天体经度线和纬度线的圆环框架。

小行星：独立绕太阳运行的小天体。小行星普遍存在于太阳系中，其中最集中的地方是火星和木星轨道之间的小行星带。它们的直径从几米到1,000千米不等。

天文单位（AU）：地球和太阳之间的平均距离。1个天文单位等于149,598,000千米。

大爆炸：在过去某个特定时间，宇宙始于一种炽热而致密的初始状态的事件。

黑体：一种理论上的理想物体，它吸收所有到达其表面的辐射，而不会有任何反射。黑体会发射出一种辐射光谱，峰值位于由其温度决定的特定波长上。

黑洞：极度稠密的物质周围的时空区域，它的引力使任何物质或辐射都无法逃脱。

蓝移：当光源向观测者运动时，光谱或其他辐射向短波长发生偏移。

博克球状体：由冷气体和尘埃组成的小型暗云，通常认为新的恒星正在其中形成。

褐矮星：一种类似恒星的气体球，它的质量不足以在其核心维持核聚变。

天球：以地球为中心的假想球体。如果假定恒星与其他天体位于天球上，则可以通过它们在球体上所处的方位来定义其位置。

造父变星：一类亮度增减存在规律性变化的脉动恒星。它越明亮，对应的变化周期就越长。

彗星：围绕太阳运行的小型冰质天体。当彗星接近太阳时，它的气体和尘埃从彗核（固体核心）处蒸发，形成一团彗发和一条或多条彗尾。

星座：天球上88个被命名的包含肉眼可见的恒星图案的区域之一。

宇宙微波背景（CMB）：从各个方向都能探测到的微弱微波辐射。宇宙微波背景辐射是宇宙中最古老的辐射，在宇宙演化至38万年时发出。大爆炸理论预言了它的存在，它于1964年首次被发现。

宇宙射线：电子和质子等高能粒子以接近光速的速度在空间中穿行。

宇宙常数：阿尔伯特·爱因斯坦在他的广义相对论方程中加入的一个数值，它可能对应使宇宙膨胀加速的暗能量。

暗能量：一种鲜为人知的能量形式，会产生排斥力，导致宇宙加速膨胀。

暗物质：一种不发出辐射的物质，除引力外不与其他物质以任何方式相互作用，占据宇宙全部物质总质量的85%。

简并压：一个压缩的气体球（如坍缩恒星）内部向外的压力，其存在可用两个有质量的粒子不可能处于相同的量子态这一原理来解释。

多普勒效应：观测者由于辐射源的相对运动而接收到的辐射频率的变化。

矮行星：沿轨道绕恒星运转的天体，其质量大到足以形成一个球形，但并未清除其轨道上的其他物质，如冥王星和谷神星。

矮星：也被称为主序星，是通过将氢转化为氦产能发光的恒星。大约90%的恒星都是矮星。

交食：另一天体经过天体与观测者或天体与其反射光源之间而产生的光的遮挡现象。

黄道：太阳穿过天球的视轨迹。它相当于地球轨道的平面。

电磁辐射：波以振荡的电磁扰动的形式在空间中传递能量。电磁波谱范围从短波的高能伽马射线到长波的低能量射电波，也包括可见光谱。

电子：带负电荷的亚原子粒子。在原子中，一团电子围绕中心带正电荷的原子核旋转。

分点：太阳一年两次到达一颗行星赤道上方。在这个时刻，整个行星上的昼夜时间大致相等。

逃逸速度：一个天体为了摆脱另一个更大天体（如行星）的引力而需要达到的最小速度。

视界：任何质量或光线都无法逃脱黑洞引力的某个边界。在这一边界，黑洞的逃逸速度等于光速。

系外行星：围绕太阳以外的恒星运行的行星。

夫琅和费线：德国人约瑟夫·冯·夫琅和费于19世纪在太阳光谱中发现的暗吸收光谱线。

星系：恒星、气体云和尘埃受引力聚集组成的一个大集合体。

伽利略卫星：木星最大的四颗卫星之一，1610年首次被伽利略发现。

广义相对论：把引力描述为质量存在引起的时空弯曲。由爱因斯坦在1916年提出，据此推断的许多预测如引力波等，现都已被实验证实。

地心的：以地球为中心的（系统或轨道）。

圭表：度量日影长度的一种天文仪器。

引力波：由质量加速产生并以光速传播的一种空间扭曲。

哈佛光谱分类：19世纪末，哈佛天文台首次提出的一种根据光谱形态对恒星进行分类的方法。

日心的：以太阳为中心的（系统或轨道）。

赫茨普龙-罗素图（赫罗图）：根据恒星的光度和表面温度绘制的散点图。

哈勃定律：揭示了观测到的星系红移与距离之间的关系，表明星系以与距离成正比的速度退行。量化这种关系的数值被称为哈勃常数。

暴胀：宇宙在大爆炸后经历的短暂快速膨胀。

电离：原子或分子获得或失去电子以获得正电荷或负电荷的过程。由此产生的带电粒子被称为离子。

开普勒行星运动定律：约翰尼斯·开普勒提出的三个用来描述行星围绕太阳运行轨道形状和速度的定律。

柯伊伯带：海王星以外的空间区域，在那里有大量的彗星围绕太阳运行。它是短周期彗星的来源。

光年：一种距离单位，表示光在一

年内走过的距离，等于94,600亿千米。

主序星：见矮星。

梅西耶天体：1784年查尔斯·梅西耶首次编入星表的星云之一。

陨石：从太空坠落到地球表面的岩石或金属块，以单块或多块碎片的形式出现。

星云：星际空间中由气体和尘埃组成的云。在20世纪之前，天空中任何弥散的物体都被称为星云；其中许多现在被认为是星系。

中微子：一种质量极低、电荷为零的亚原子粒子，其传播速度接近于光速。

中子：一种亚原子粒子，由三个夸克组成，电荷为零。

中子星：一种密度很高的致密星，几乎完全由密度很大的中子组成。中子星是大质量恒星的核心在超新星爆炸中坍缩而形成的。

新星：一颗在数周或数月后突然比原来亮几千倍，然后又恢复到原来亮度的恒星。

核聚变：原子核结合在一起形成较重原子核并释放能量的过程。在像太阳这样的恒星内部，这个过程包含氢原子聚变形成氦的过程。

奥尔特云：也被称为奥皮克-奥尔特云。它是太阳系边缘的一个球形区域，包含星子和彗星。它是长周期彗星的来源。

轨道：一个天体绕另一个质量更大的天体运行的轨迹。

视差：由于观测者运动到不同地方而引起的天体视位置的变化。

近日点：行星、小行星或彗星绕转太阳的椭圆形轨道上最接近太阳的一点。

摄动：天体轨道由于受到其他绕转天体的引力影响而产生的变化。观测到的天王星轨道的摄动引发了海王星的发现。

行星：一种不发光的天体，它围绕着太阳这样的恒星运动，其质量大到足以形成一个球形，并已清除了其轨道周围的小天体。

星子：岩质或冰质小天体。行星是由星子在吸积过程中结合在一起而形成的。

进动：旋转天体自转轴方向在近邻天体的引力作用下产生的变化。

自行：恒星在天球上改变其位置的速度。这种变化是由恒星相对于其他恒星的运动引起的。

质子：一种带正电荷的亚原子粒子，由三个夸克组成。氢元素的原子核含有一个质子。

原恒星：处于形成初期的恒星，由一团正在积聚物质但尚未开始核聚变的坍缩云组成。

脉冲星：一类快速自转的中子星。在地球上，脉冲星通过快速而有规律的射电波脉冲而被探测到。

象限仪：测量角度达90°的仪器。古代天文学家用象限仪来测量一颗恒星在天球上的位置。

夸克：基本的亚原子粒子。中子和质子是由三个夸克组成的。

类星体：“类星射电源”的简称，是一种致密而强大的辐射源，被认为是活动星系核。

径向速度：恒星或其他天体沿视线直接朝向或远离观测者的速度。

射电天文学：研究射电波辐射的天文学分支，20世纪30年代首次发现了来自太空的射电波。

红矮星：一类冷、红、低光度的恒星。

红巨星：一类巨大的、高光度恒

星。主序星在其生命后期会变成红巨星。

红移：当光源远离观测者时，光谱或其他辐射向较长波长偏移。

反射望远镜：通过在曲面镜上反射光线而形成图像的望远镜。

折射望远镜：通过聚光透镜弯曲光线而产生图像的望远镜。

相对论：阿尔伯特•爱因斯坦提出的描述空间和时间本质的理论。参见广义相对论。

卫星：围绕较大天体运行的小天体。

史瓦西半径：黑洞中心到其视界的距离。

SETI："寻找外星智慧生命"的简称。

塞弗特星系：一类拥有明亮致密核的旋涡星系。

恒星的：与恒星有关的。一恒星日相当于地球相对于背景恒星的自转周期。

奇点：密度无穷大的点，在这一点，已知的物理定律似乎被打破了。从理论上说，黑洞的中心存在一个奇点。

太阳风：太阳发出的、流经太阳系的、快速运动的带电粒子流。主要由电子和质子组成。

时空：三维空间与一维时间组成的四维组合。根据相对论，空间和时间不是作为独立的实体存在的。相反，它们作为连续统一体紧密地联系在一起。

光谱：电磁辐射的波长范围。全光谱的范围从波长比原子还短的伽马射线，到波长可达数米的射电波。

光谱学：研究物体光谱的学科。恒星的光谱包含了许多与其物理性质有关的信息。

旋涡星系：一类呈现中央核球或棒状、周围环绕着成旋臂状的扁平恒星盘的星系。

标准烛光：光度已知的天体，如造父变星。通过它们，天文学家能够测量对于恒星视差法来说太远而无法测量的距离。

恒星：通过核聚变产生能量的、发光的炽热气态天体。

稳态理论：一种认为物质在不断地产生的理论。该理论试图在不需要"大爆炸"的情况下解释宇宙的膨胀。

恒星光行差：观测者在垂直于恒星方向上运动时产生的恒星视运动。

亚原子粒子：小于原子的许多粒子中的一类，包括电子、中子和夸克。

太阳黑子：太阳表面的一个区域，因比周围温度低而显得黑暗。太阳黑子存在于磁场集中的区域。

超新星爆炸：恒星坍缩导致的爆炸，超新星可能比太阳亮数十亿倍。

时间膨胀：两个相对运动或处于不同引力场中的物体，经历不同的时间流的现象。

TNO："海王星外天体"的简称，包含比海王星离太阳（30个天文单位）更远的任何小天体（矮行星、小行星、彗星）。

凌：天体经过较大天体表面的过程。

波长：波中两个连续波峰或波谷之间的距离。

白矮星：一类光度低但表面温度高的恒星，它由于引力作用被压缩至近地球大小。

黄道带：绕天球一圈的条带，位于黄道两侧（各延伸9°），太阳、月亮和其他行星看似都会经过这里。黄道带穿过对应"黄道十二宫"的星座。

原著索引

Numbers in **bold** refer to a main entry

C

D

F

G

H

I

J

M

N

O

R

S

T

U

V

W

致 谢

Dorling Kindersley would like to thank Allie Collins, Sam Kennedy, and Kate Taylor for additional editorial assistance, Alexandra Beeden for proofreading, and Helen Peters for the index.

PICTURE CREDITS

The publisher would like to thank the following for their kind permission to reproduce their photographs:

(Key: A-Above; B Below/Bottom; C-Centre; F-Far; L-Left; R-Right; T-Top)

24 Wikipedia (bc). **25 Wikipedia** (tr). **27 ESO:** Dave Jones/http://creativecommons.org/licenses/by/3.0/ (bl). **28 Dreamstime.com:** Yang Zhang (bc). **29 Alamy Stock Photo:** JTB Media Creation, Inc. (bl). **31 Dreamstime.com:** Eranicle (br). **34 Dreamstime.com:** Nicku (bl). **36 Getty Images:** Bettmann (bl). **39 Tunc Tezel** (t). **45 Alamy Stock Photo:** Heritage Image Partnership Ltd (tr). **46 Alamy Stock Photo:** Heritage Image Partnership Ltd (bl). **47 Wellcome Images:** http://creativecommons.org/licenses/by/4.0/ (bl). **49 NASA:** M. Karovska/CXC/M.Weiss (tl). **52 Getty Images:** Bettmann (tr). **53 Wellcome Images:** http://creativecommons.org/licenses/by/4.0/ (tr). **55 Getty Images:** Print Collector (tr). **59 Dreamstime.com:** Brian Kushner (br). **Getty Images:** UniversalImagesGroup (tl). **61 Dreamstime.com:** Joseph Mercier (tr). **62-63 NASA:** DLR (t). **63 Dreamstime.com:** Nicku (bl). **64 NASA:** SDO/AIA (cr). **65 NASA:** ESA/E. Karkoschka (br). **68 Wellcome Images:** http://creativecommons.org/licenses/by/4.0/ (bl). **69 Science Photo Library:** Science Source (tr). **70 Dreamstime.com:** Zaclurs (bl). **71 NASA:** CXC/U.Texas/S. Park et al/ROSAT (bc). **72 Rice Digital Scholarship Archive:** http://creativecommons.org/licenses/by/3.0/ (bl). **75 Dreamstime.com:** Georgios Kollidas (tr). **Wikipedia** (tl). **77 NASA:** W. Liller (tr). **85 Dreamstime.com:** Georgios Kollidas (bl). **Wikipedia** (cr). **87 Adam Evans:** http://creativecommons.org/licenses/by/2.0/ (b). **88 Dreamstime.com:** Dennis Van De Water (c). **90 Science Photo Library:** Edward Kinsman (br). **91 Getty Images:** UniversalImagesGroup (tr). **93 Wellcome Images:** http://creativecommons.org/licenses/by/4.0/ (bl). **96 Wellcome Images:** http://creativecommons.org/licenses/by/4.0/ (bl). **97 NASA:** UCLA/MPS/DLR/IDA99 (tr). **98 Getty Images:** Science & Society Picture Library (bl). **99 NASA:** UCAL/MPS/DLR/IDA (bc). **100 Dreamstime.com:** Dennis Van De Water (bc). **101 Wellcome Images:** http://creativecommons.org/licenses/by/4.0/ (tr). **103 NASA:** SDO (br). **105 Wellcome Images:** http://creativecommons.org/licenses/by/4.0/(tr, bl). **107 Science Photo Library:** Royal Astronomical Society (tr). **115 NASA** (tl); **Wellcome Images:** http://creativecommons.org/licenses/by/4.0/ (tr). **116 Dreamstime.com:** Aarstudio (cr). **117 Wikipedia** (bc). **119 Getty Images:** Gallo Images (tc). **Wikipedia:** J E Mayall (bl). **121 Harvard College Observatory** (tr, bl). **124-125 Science Photo Library:** Christian Darkin (b). **127 Library of Congress, Washington, D.C.** (tr). **NASA** (bl). **129 NASA:** SDO (bc). **135 Dreamstime.com:** Kirsty Pargeter (tl). **136 NASA:** ESA/Hubble Heritage Team (tr). **139 Wikipedia** (bl). **140 NASA:** ESA/J. Hester/A. Loll (bc). **150 Wikipedia** (bl). **152 NASA:** Johns Hopkins University Applied Physics Laboratory/Carnegie Institution of Washington (bl). **155 Alamy Stock Photo:** Mary Evans Picture Library (tr). **158 Alamy Stock Photo:** Brian Green (bl). **160 Lowell Observatory Archives** (bl). **NASA** (tl). **161 NASA:** ESA/Z. Levay/R. van der Marel/STScI/T. Hallas and A. Mellinger (br). **163 Alamy Stock Photo:** PF-(bygone1) (tr). **164 Wikipedia:** Nick Risinger (cr). **165 ESA** (bl). **167 Library of Congress, Washington, D.C.** (bl). **NASA:** SDO (tl). **169 Getty Images:** Bettmann (tr). **174 Getty Images:** New York Times Co. (bl). **175 Getty Images:** Margaret Bourke-White (tl). **177 ESA:** D. Ducros (t). **179 NRAO:** AUI/NSF/http://creativecommons.org/licenses/by/3.0/ (cr). **181 Getty Images:** Bettmann (tr). **NASA** (tl). **183 Getty Images:** Ralph Morse (tr). **185 NASA:** ESA/A. van der Hoeven (cr). **186 NASA** (br). **190 Princeton Plasma Physics Laboratory:** (bl). **192 ESO:** Y. Beletsky/http://creativecommons.org/licenses/by/3.0/ (bl). **193 ESA** (br). **NASA** (tl). **194 NASA** (tl). **195 NASA** (tr). **199 Getty Images:** Express Newspapers (tr). **200 NASA**: ESA/N. Smith/STScI/AURA (bc). **201 Getty Images:** Jerry Cooke (tr). **207 ESA** (br). **208 Getty Images:** Keystone-France (cr). **209 Getty Images:** Detlev van Ravenswaay (bc). **Wikipedia** (tr). **211 Dreamstime.com:** Mark Williamson (tr). **215 Getty Images:** Handout (tr). **216 NASA:** CXC/NGST (t); GSFC/JAXA (bc). **217 ESA:** XMM-Newton/Gunther Hasinger, Nico Cappelluti, and the XMM-COSMOS collaboration (br). **219 NASA:** ESA/M. Mechtley, R. Windhorst, Arizona State University (bl). **220 ESO:** M. Kornmesser/http://creativecommons.org/licenses/by/3.0/ (tl). **221 California Institute of Technology** (bl). **NASA:** L. Ferrarese (Johns Hopkins University) (tc). **225 Science Photo Library:** Emilio Segre Visual Archives/American Institute of Physics (tr). **226 Getty Images:** Ted Thai (bl). **227 Science Photo Library:** Carlos Clarivan (tr); Emilio Segre Visual Archives/American Institute of Physics (bl). **230 Getty Images:** Bettmann (bl). **231 NASA:** Don Davis (tl). **232 NASA AMES Research Centre** (bl). **233 Science Photo Library** (tr). **234 NASA** (tr). **234-235 NASA:** Colby Gutierrez-Kraybill/https://creativecommons.org/licenses/by/2.0/ (b). **235 NASA** (tr). **237 NASA** (br). **239 Getty Images:** Daily Herald Archive (tr). **241 NASA:** ESA/Z. Levay/STScI (br). **244 NASA** (bl). **245 NASA:** NASA Archive (tl). **246 NASA** (tr, bl). **247 NASA** (b). **248 NASA** (tl). **249 NASA** (br). **253 Brookhaven National Laboratory** (tr). **254 NASA**: CXC/M.Weiss (br). **262 NASA** (tr). **263 NASA** (bl). **264 NASA** (tr). **265 Science Photo Library:** NASA/Detlev van Ravenswaay (br). **266 NASA** (tl). **267 NASA** (tl). **271 NASA:** ESA/HST (bl). **Science Photo Library:** Detlev van Ravenswaay (tr). **273 Getty Images:** Mike Pont (tr). **274 Massimo Ramella** (bc). **275 Science Photo Library:** Prof. Vincent Icke (br). **277 NASA:** ESA/Hubble Heritage Team (tr). **279 ALMA Observatory:** ESO/NAOJ/NRAO (bc). **ESO:** A. Plunkett/http://creativecommons.org/licenses/by/3.0/ (t). **282 NASA:** COBE Science Team (tr). **283 Michael Hoefner:** http://creativecommons.org/licenses/by/3.0/ (bl). **284 NASA** (bl). **285 NASA** (tr). **287 Getty Images:** Bettmann (bl). **Science Photo Library:** John R. Foster (tr). **290 Alamy Stock Photo:** EPA European Pressphoto Agency b.v. (bl). **291 Dreamstime.com:** Photoblueice (tr). **293 NASA Goddard Space Flight Center:** S. Wiessinger (b). **294 NASA:** Kepler Mission/Dana Berry (bc); Kepler Mission/Dana Berry (br). **296 NASA:** ESA/E. Hallman (cr). **297 NASA:** CXC/Stanford/I. Zhuravleva et al. (br). **301 NASA** (br). **302 Science Photo Library:** Fermi National Accelerator Laboratory/US Department of Energy (bl); **Lawrence Berkeley National Laboratory** (t). **303 Dreamstime.com:** Dmitriy Karelin (br). **304 ESA/Hubble:** C. Carreau (cr). **308 NASA:** UMD (bl). **309 ESA:** C. Carreau/ATG Medialab (tl). **310 Science Photo Library:** ESA/Rosetta/NAVCAM (tl). **311 ESA:** Rosetta/MPS for OSIRIS Team/UPD/LAM/IAA/SSO/INTA/UPM/DASP/IDA (tr). **313 Science Photo Library:** Chris Butler (br). **315 Southwest Research Institute** (tr). **316 NASA:** Johns Hopkins University Applied Physics Laboratory/Southwest Research Institute (tl). **317 NASA:** JHUAPL/SwRI (tl); JHUAPL/SwRI (tr). **320 NASA** (bl). **321 Getty Images:** Sovfoto (tl). **322 Science Photo Library:** NASA (bl). **323 NASA** (tr). **324 NASA:** MSSS (t). **325 Airbus Defence and Space** (tr). **327 ESO:** http://creativecommons.org/licenses/by/3.0/ (br); L. Calçada/http://creativecommons.org/licenses/by/3.0/ (tl). **329 NASA** (tl). **331 Laser Interferometer Gravitational Wave Observatory (LIGO)** (tl).